浙江省土地质量地质调查行动计划系列成果
浙江省土地质量地质调查成果丛书

金华市土壤元素背景值

JINHUA SHI TURANG YUANSU BEIJINGZHI

刘礼峰　占　玄　王其春　郑基滋　张玉淑　赵鑫江　等著

图书在版编目(CIP)数据

金华市土壤元素背景值/刘礼峰等著. —武汉:中国地质大学出版社,2023.10
ISBN 978-7-5625-5540-7

Ⅰ.①金… Ⅱ.①刘… Ⅲ.①土壤环境-环境背景值-金华 Ⅳ.①X825.01

中国国家版本馆 CIP 数据核字(2023)第 053190 号

金华市土壤元素背景值	刘礼峰 占 玄 王其春 郑基滋 张玉淑 赵鑫江 等著
责任编辑:唐然坤	选题策划:唐然坤 责任校对:徐蕾蕾

出版发行:中国地质大学出版社(武汉市洪山区鲁磨路388号)	邮政编码:430074
电　　话:(027)67883511　　传　真:(027)67883580	E-mail:cbb@cug.edu.cn
经　　销:全国新华书店	http://cugp.cug.edu.cn
开本:880毫米×1230毫米 1/16	字数:396千字　印张:12.5
版次:2023年10月第1版	印次:2023年10月第1次印刷
印刷:湖北新华印务有限公司	
ISBN 978-7-5625-5540-7	定价:168.00元

如有印装质量问题请与印刷厂联系调换

《金华市土壤元素背景值》编委会

领导小组

名誉主任	陈铁雄						
名誉副主任	黄志平	潘圣明	马　奇	张金根			
主　任	陈　龙						
副主任	邵向荣	陈远景	胡嘉临	李家银	邱建平	周　艳	张根红
成　员	邱鸿坤	孙乐玲	吴　玮	肖常贵	鲍海君	章　奇	龚日祥
	蔡子华	褚先尧	冯立新	毛智勇	卢维荣	施锡银	孔　军
	周育坤	刘礼峰	金旭东	何蒙奎	陈焕元	李　非	张雄邦
	陈必权	楼法生					

编制技术指导组

组　长	王援高						
副组长	董岩翔	孙文明	林钟扬				
成　员	陈忠大	范效仁	严卫能	何蒙奎	龚新法	陈焕元	叶泽富
	陈俊兵	钟庆华	唐小明	何元才	刘道荣	李巨宝	欧阳金保
	陈红金	朱有为	孔海民	黄绵欢	俞　洁	汪庆华	周国华
	吴小勇						

编辑委员会

主编	刘礼峰	占　玄	王其春	郑基滋	张玉淑	赵鑫江	
编委	邱施锋	汪一凡	严　鑫	刘　永	林钟扬	张　翔	张圆圆
	黄春雷	宋明义	许　杰	吕　青	吴问丹	李　猛	吴　尧
	唐榆杰	李良传	刘　强	王美华	周　漪	马晓庆	时　皓
	崔　琛	刘炎良	金　鹏	简中华	邵一先	谷安庆	谢邦廷
	龚冬琴	管敏琳	马建永	魏迎春	殷汉琴	曹岚宇	童　峰
	楼明君	李　伟	张　旭	顾睿文			

《金华市土壤元素背景值》组织委员会

主办单位：
  浙江省自然资源厅
  浙江省地质院
  自然资源部平原区农用地生态评价与修复工程技术创新中心
  中国地质调查局农业地质应用研究中心

协办单位：
  金华市自然资源和规划局
  金华市自然资源和规划局婺城分局
  金华市自然资源和规划局金义新区（金东区）分局
  兰溪市自然资源和规划局
  东阳市自然资源和规划局
  义乌市自然资源和规划局
  永康市自然资源和规划局
  浦江县自然资源和规划局
  武义县自然资源和规划局
  磐安县自然资源和规划局
  金华市自然资源和规划局金华经济开发区分局
  浙江省自然资源集团有限公司

承担单位：
  中化地质矿山总局浙江地质勘查院
  浙江省第三地质大队

序 一

土地质量地质调查，是以地学理论为指导、以地球化学测量为主要技术手段，通过对土壤及相关介质（岩石、风化物、水、大气、农作物等）环境中有益和有害元素含量的测定，进而对土地质量的优劣做出评判的过程。2016年，浙江省国土资源厅（现为浙江省自然资源厅）启动了"浙江省土地质量地质调查行动计划（2016—2020年）"，并在"十三五"期间完成了浙江省85个县（市、区）的1∶5万土地质量地质调查（覆盖浙江省耕地全域），获得了20余项元素/指标近500万条土壤地球化学数据。

浙江省的地质工作历来十分重视土壤元素背景值的调查研究。早在20世纪60—70年代，浙江省就开展了全省1∶20万区域地质填图，对土壤中20余项元素/指标进行了分析；20世纪80年代，开展了浙江省1∶20万水系沉积物测量工作，分析了沉积物中30余项元素/指标；20世纪90年代末，开展了1∶25万多目标区域地球化学调查，分析了表层和深层土壤中50余项元素/指标；2016—2020年，开展了浙江省土地质量地质调查，系统部署了1∶5万土壤地球化学测量工作，重点分析了土壤中的有益元素（如N、P、K、Ca、Mg、S、Fe、Mn、Mo、B、Se、Ge等）和有害元素（如Cd、Hg、Pb、As、Cr、Ni、Cu、Zn等）。上述各时期的调查都进行了元素地球化学背景值的统计计算，早期的土壤元素背景值调查为本次开展浙江省土壤元素背景值研究奠定了扎实的基础。

元素地球化学背景值的研究，不仅具有重要的科学意义，同时也具有重要的应用价值。基于本轮土地质量地质调查获得的数百万条高精度土壤地球化学数据，结合1∶25万多目标区域地球化学调查数据，浙江省自然资源厅组织相关单位和人员对不同行政区、土壤母质类型、土壤类型、土地利用类型、水系流域类型、地貌类型和大地构造单元的土壤元素/指标的基准值和背景值进行了统计，编制了浙江省及11个设区市（杭州市、宁波市、温州市、湖州市、嘉兴市、绍兴市、金华市、衢州市、舟山市、台州市、丽水市）的"浙江省土地质量地质调查成果丛书"。

该丛书具有数据基础量大、样本体量大、数据质量高、元素种类多、统计参数齐全的特点，是浙江省土地质量地质调查的一项标志性成果，对深化浙江省土壤地球化学研究、支撑浙江省第三次全国土壤普查工作成果共享、推进相关地方标准制定和成果社会化应用均具有积极的作用。同时该丛书还具有公共服务性的特点，可作为农业、环保、地质等技术工作人员的一套"工具书"，能进一步提升各级政府管理部门、科研院所在相关工作中对"浙江土壤"的基本认识，在自然资源、土地科学、农业种植、土壤污染防治、农产品安全追溯等行政管理领域具有广泛的科学价值和指导意义。

值此丛书出版之际，对参加项目调查工作和丛书编写工作的所有地质科技工作者致以崇高的敬意，并表示热烈的祝贺！

中国科学院院士

2023年10月

序 二

2002年，全国首个省部合作的农业地质调查项目落户浙江省，自此浙江省的农业地质工作犹如雨后春笋般不断开拓前行。农业地质调查成果支撑了土地资源管理，也服务了现代农业发展及土壤污染防治等诸多方面。2004—2005年，时任浙江省委书记习近平同志在两年间先后4次对浙江省的农业地质工作做出重要批示指示，指出"农业地质环境调查有意义，要应用其成果指导农业生产""农业地质环境调查有意义，应继续开展并扩大成果"。

近20年来，浙江省坚定不移地贯彻习近平总书记的批示指示精神，积极探索，勇于实践，将农业地质工作不断推向新高度。2016年，在实施最严格耕地保护政策、推动绿色发展和开展生态文明建设的时代背景下，浙江省国土资源厅（现为浙江省自然资源厅）立足于浙江省经济社会发展对地质工作的实际需求，启动了"浙江省土地质量地质调查行动计划（2016—2020年）"，旨在通过行动计划的实施，全面查明浙江省的土地质量现状，建立土地质量档案、推进成果应用转化，为实现土地数量、质量和生态"三位一体"管护提供技术支持。

本轮土地质量调查覆盖了浙江省85个县（市、区），历时5年完成，涉及18家地勘单位、10家分析测试单位，有近千名技术人员参加，取得了多方面的成果。一是查明了浙江省耕地土壤养分丰缺状况，土壤重金属污染状况和富硒、富锗土地分布情况，成为全国首个完成1:5万精度县级全覆盖耕地质量调查的省份；二是采用"文-图-卡-码-库五位一体"表达形式，建成了浙江省1000万亩（1亩≈666.67m²）永久基本农田示范区土地质量地球化学档案；三是汇集了土壤、水、生物等750万条实测数据，建成了浙江省土地质量地质调查数据库与管理平台；四是初步建立了2000个浙江省耕地质量地球化学监测点；五是圈定了334万亩天然富硒土地、680万亩天然富锗土地，并编制了相关区划图；六是圈出了约2575万亩清洁土地，建立了最优先保护和最优先修复耕地类别清单。

立足于地学优势、以中大比例尺精度开展的浙江省土地质量地质调查在全国尚属首次。此次调查积累了大量的土壤元素含量实测数据和相关基础资料，为全省土壤元素地球化学背景的研究奠定了坚实基础。浙江省及11个设区市的土壤元素背景值研究是浙江省土地质量地质调查行动计划取得的一项重要基础性研究成果，该研究成果的出版将全面更新浙江省的土地（土壤）资料，大大提升浙江省土地科学的研究程度，也将为自然资源"两统一"职责履行、生态安全保障提供重要的基础支撑，从而助力乡村振兴，助推共同富裕示范区建设。

浙江省土地质量地质调查行动计划是迄今浙江省乃至全国覆盖范围最广、调查精度最高的县级尺度土壤地球化学调查行动计划。基于调查成果编写而成的"浙江省土地质量地质调查成果丛书"，具有数据样本量大、数据质量高、元素种类多、统计参数全的特点，实现了土壤学与地学的有机融合，是对数十年来浙江省土壤地球化学调查工作的系统总结，也是全面反映浙江省土壤元素环境背景研究的最新成果。该丛书可供地质、土壤、环境、生态、农学等相关专业技术人员以及有关政府管理部门和科研院校参考使用。

原浙江省国土资源厅党组书记、厅长

陈铁雄

2023年10月

前 言

土壤元素背景值一直是国内外学者关注的重点。20世纪70年代,国家"七五"重点科技攻关项目建立了全国41个土类60余种元素的土壤背景值,并出版了《中国土壤环境背景值图集》。同期,农业部(现为农业农村部)主持完成了我国13个省(自治区、直辖市)主要农业土壤及粮食作物中几种污染元素的背景值研究,建立了我国主要粮食生产区土壤与粮食作物背景值。21世纪初,国土资源部(现为自然资源部)中国地质调查局与有关省(自治区、直辖市)联合,在全国范围内部署开展了1:25万多目标区域地球化学调查工作,累计完成调查面积260余万平方千米,相继出版了部分省(自治区、直辖市)或重要区域的多目标区域地球化学图集,发布了区域土壤背景值与基准值研究成果。不同时期各地各部门的大量研究学者针对各地区情况陆续开展了大量的背景值调查研究工作,获得的许多宝贵数据资料为区域背景值研究打下了坚实基础。

土壤元素背景值是指在一定历史时期、特定区域内,不受或者很少受人类活动和现代工业污染影响(排除局部点源污染影响)的土壤元素与化合物的含量水平,是一种原始状态或近似原始状态下的物质丰度,也代表了地质演化与成土过程发展到特定历史阶段,土壤与各环境要素之间物质和能量交换达到动态平衡时元素与化合物的含量状态。土壤元素背景值是制定土壤环境质量标准的重要依据。元素背景值研究必须具备3个条件:一是要有一定面积区域范围的系统调查资料;二是要有统一的调查采样与测试分析方法;三是要有科学的数理统计方法。多年来,浙江省的土地质量地质调查(含1:25万多目标区域地球化学调查)均符合上述元素背景值研究条件,为浙江省级、市级土壤元素背景值研究提供了充分必要条件。

2002—2016年,1:25万多目标区域地球化学调查工作实现了对金华市的全覆盖。项目由浙江省地质调查院承担,共获得2756件表层土壤组合样、690件深层土壤组合样。样品测试由中国地质科学院地球物理地球化学勘查研究所实验测试中心、浙江省地质矿产研究所承担,分析测试了Ag、As、Au、B、Ba、Be、Bi、Br、Cd、Ce、Cl、Co、Cr、Cu、F、Ga、Ge、Hg、I、La、Li、Mn、Mo、N、Nb、Ni、P、Pb、Rb、S、Sb、Sc、Se、Sn、Sr、Th、Ti、Tl、U、V、W、Y、Zn、Zr、SiO_2、Al_2O_3、TFe_2O_3、MgO、CaO、Na_2O、K_2O、TC、Corg、pH共54项元素/指标,获取分析数据18.53万条。2010—2014年,金华市系统开展了农业地质环境调查工作,项目由浙江省地质调查院承担,按照平均4件/km^2的采样密度,共采集19 626件表层土壤样品。样品测试由浙江省地质矿产研究所承担,分析测试了pH、N、S、Zn、Cu、Se、F、As、Cd、Hg、Pb、Cr、Ni、Tl共14项元素/指标,获取分析数据27.48万条。2016—2020年,在金华市农业地质环境调查的基础上,金华市系统开展了9个县(市、区)土地质量地质调查工作,按照补充至平均9~10件/km^2的采样密度,共补充采集8804件表层土壤样品,分析测试了As、B、Cd、Co、Cr、Cu、Ge、Hg、Mn、Mo、N、Ni、P、Pb、Se、V、Zn、K_2O、Corg、pH共20项元素/指标,同时对金华市农业地质环境调查的样品补充测试B、Co、Ge、Mn、Mo、P、V、K_2O、Corg共9项元素/指标,获取分析数据35.27万条。项目分别由中化地质矿山总局浙江地质勘查院、浙江省地质调查院、浙江省第三地质大队、中煤浙江检测技术有限公司和江西省地质调查研究院5家单位承担。样品测试由浙江省地质矿产研究所、自然资源部南昌矿产资源监督检测中心、承德华勘五一四地矿测试研究有限公司、江苏地质矿产设计研究院和中化地质矿山总局中心实验室5家单位承担。严格按照相关规范要求，开展样品采集与测试分析，从而确保调查数据质量，通过数据整理、分布形态检验、异常值剔除等，进行了土壤元素背景值参数的统计与计算。

金华市土壤元素背景值是金华市土地质量地质调查（含1∶25万多目标区域地球化学调查）的集成性、标志性成果之一，而《金华市土壤元素背景值》的出版不仅为科学研究、地方土壤环境标准制定、环境演化研究与生态修复等提供了最新基础数据，也填补了金华市土壤元素背景值研究的空白。

本书共分为6章。第一章区域概况，简要介绍了金华市自然地理与社会经济、区域地质特征、土壤资源与土地利用现状，由刘礼峰、郑基滋、占玄、王其春等执笔；第二章数据基础及研究方法，详细介绍了本项目工作的数据来源、质量监控及土壤元素背景值的计算方法，由郑基滋、刘礼峰、张玉淑、占玄、赵鑫江等执笔；第三章土壤地球化学基准值，介绍了金华市土壤地球化学基准值，由占玄、王其春、郑基滋、张玉淑、汪一凡等执笔；第四章土壤元素背景值，介绍了金华市土壤元素背景值，由郑基滋、占玄、王其春、赵鑫江、汪一凡、张玉淑等执笔；第五章土壤碳与特色土地资源评价，介绍了金华市土壤碳与特色土地资源评价，由郑基滋、刘礼峰、张翔、占玄、王其春、张玉淑等执笔；第六章结语，由刘礼峰、郑基滋、董岩翔执笔；全书由郑基滋、刘礼峰、占玄、王其春负责统稿。

本书在编写过程中得到了浙江省生态环境厅、浙江省农业农村厅、浙江省生态环境监测中心、浙江省耕地质量与肥料管理总站、浙江省国土整治中心、浙江省自然资源调查登记中心等单位的大力支持与帮助。中国地质调查局奚小环教授级高级工程师、中国地质科学院地球物理地球化学勘查研究所周国华教授级高级工程师、中国地质大学（北京）杨忠芳教授、浙江大学翁焕新教授等对本书内容提出了诸多宝贵意见和建议，在此一并表示衷心的感谢！

"浙江省土壤元素背景值"是一项具有公共服务性的基础性研究成果，特点为样本体量大、数据质量高、元素种类多、统计参数齐全，亮点是做到了土壤学与地学的结合。为尽快实现背景值调查研究成果的共享，根据浙江省自然资源厅的要求，本次公开出版不同层级（省级、地级市）的土壤元素背景值研究专著，这也是对浙江省第三次全国土壤普查工作成果共享的支持。《金华市土壤元素背景值》是地级市的系列成果之一，在编制过程中得到了金华市及各县（市、区）自然资源主管部门的积极协助，得到了农业、环保等部门的大力支持。中国地质大学出版社为本书的出版付出了辛勤劳动。

受水平所限，书中难免有疏漏，敬请各位读者不吝赐教！

著　者

2023年6月

目 录

第一章 区域概况 (1)

第一节 自然地理与社会经济 (1)
一、自然地理 (1)
二、社会经济概况 (2)

第二节 区域地质特征 (2)
一、岩石地层 (3)
二、侵入岩类 (8)
三、区域构造 (8)
四、矿产资源 (9)
五、水文地质 (9)

第三节 土壤资源与土地利用 (10)
一、土壤母质类型 (10)
二、土壤类型 (14)
三、土壤酸碱性 (17)
四、土壤有机质 (18)
五、土地利用现状 (18)

第二章 数据基础及研究方法 (21)

第一节 1∶25万多目标区域地球化学调查 (21)
一、样品布设与采集 (22)
二、分析测试与质量控制 (24)

第二节 1∶5万土地质量地质调查 (26)
一、样点布设与采集 (27)
二、分析测试与质量监控 (28)

第三节 土壤元素背景值研究方法 (30)
一、概念与约定 (30)
二、参数计算方法 (30)
三、统计单元划分 (31)
四、数据处理与背景值确定 (32)

第三章 土壤地球化学基准值 (33)

第一节 各行政区土壤地球化学基准值 (33)

一、金华市土壤地球化学基准值 ………………………………………………………………… (33)
　　二、婺城区土壤地球化学基准值 ………………………………………………………………… (33)
　　三、金东区土壤地球化学基准值 ………………………………………………………………… (36)
　　四、义乌市土壤地球化学基准值 ………………………………………………………………… (36)
　　五、永康市土壤地球化学基准值 ………………………………………………………………… (43)
　　六、兰溪市土壤地球化学基准值 ………………………………………………………………… (43)
　　七、东阳市土壤地球化学基准值 ………………………………………………………………… (48)
　　八、武义县土壤地球化学基准值 ………………………………………………………………… (48)
　　九、浦江县土壤地球化学基准值 ………………………………………………………………… (53)
　　十、磐安县土壤地球化学基准值 ………………………………………………………………… (53)
　第二节　主要土壤母质类型地球化学基准值 ………………………………………………………… (58)
　　一、松散岩类沉积物土壤母质地球化学基准值 ………………………………………………… (58)
　　二、古土壤风化物土壤母质地球化学基准值 …………………………………………………… (58)
　　三、碎屑岩类风化物土壤母质地球化学基准值 ………………………………………………… (58)
　　四、紫色碎屑岩类风化物土壤母质地球化学基准值 …………………………………………… (65)
　　五、中酸性火成岩类风化物土壤母质地球化学基准值 ………………………………………… (65)
　　六、基性火成岩类风化物土壤母质地球化学基准值 …………………………………………… (65)
　　七、变质岩类风化物土壤母质地球化学基准值 ………………………………………………… (72)
　第三节　主要土壤类型地球化学基准值 ……………………………………………………………… (72)
　　一、黄壤土壤地球化学基准值 …………………………………………………………………… (72)
　　二、红壤土壤地球化学基准值 …………………………………………………………………… (77)
　　三、粗骨土土壤地球化学基准值 ………………………………………………………………… (77)
　　四、紫色土土壤地球化学基准值 ………………………………………………………………… (77)
　　五、水稻土土壤地球化学基准值 ………………………………………………………………… (84)
　　六、基性岩土土壤地球化学基准值 ……………………………………………………………… (84)
　第四节　主要土地利用类型地球化学基准值 ………………………………………………………… (84)
　　一、水田土壤地球化学基准值 …………………………………………………………………… (84)
　　二、旱地土壤地球化学基准值 …………………………………………………………………… (91)
　　三、园地土壤地球化学基准值 …………………………………………………………………… (91)
　　四、林地土壤地球化学基准值 …………………………………………………………………… (91)

第四章　土壤元素背景值 ……………………………………………………………………………… (98)

　第一节　各行政区土壤元素背景值 …………………………………………………………………… (98)
　　一、金华市土壤元素背景值 ……………………………………………………………………… (98)
　　二、婺城区土壤元素背景值 ……………………………………………………………………… (98)
　　三、金东区土壤元素背景值 ……………………………………………………………………… (103)
　　四、义乌市土壤元素背景值 ……………………………………………………………………… (103)
　　五、永康市土壤元素背景值 ……………………………………………………………………… (108)
　　六、兰溪市土壤元素背景值 ……………………………………………………………………… (108)
　　七、东阳市土壤元素背景值 ……………………………………………………………………… (113)
　　八、武义县土壤元素背景值 ……………………………………………………………………… (113)

九、浦江县土壤元素背景值 …………………………………………………………………………（118）
　　十、磐安县土壤元素背景值 …………………………………………………………………………（118）
 第二节　主要土壤母质类型元素背景值 ………………………………………………………………（123）
　　一、松散岩类沉积物土壤母质元素背景值 …………………………………………………………（123）
　　二、古土壤风化物土壤母质元素背景值 ……………………………………………………………（123）
　　三、碎屑岩类风化物土壤母质元素背景值 …………………………………………………………（128）
　　四、碳酸盐岩类风化物土壤母质元素背景值 ………………………………………………………（128）
　　五、紫色碎屑岩类风化物土壤母质元素背景值 ……………………………………………………（133）
　　六、中酸性火成岩类风化物土壤母质元素背景值 …………………………………………………（133）
　　七、基性火成岩类风化物土壤母质元素背景值 ……………………………………………………（133）
　　八、变质岩类风化物土壤母质元素背景值 …………………………………………………………（140）
 第三节　主要土壤类型元素背景值 ……………………………………………………………………（140）
　　一、黄壤土壤元素背景值 ……………………………………………………………………………（140）
　　二、红壤土壤元素背景值 ……………………………………………………………………………（145）
　　三、粗骨土土壤元素背景值 …………………………………………………………………………（145）
　　四、石灰岩土土壤元素背景值 ………………………………………………………………………（150）
　　五、紫色土土壤元素背景值 …………………………………………………………………………（150）
　　六、水稻土土壤元素背景值 …………………………………………………………………………（150）
　　七、基性岩土土壤元素背景值 ………………………………………………………………………（157）
 第四节　主要土地利用类型元素背景值 ………………………………………………………………（157）
　　一、水田土壤元素背景值 ……………………………………………………………………………（157）
　　二、旱地土壤元素背景值 ……………………………………………………………………………（162）
　　三、园地土壤元素背景值 ……………………………………………………………………………（162）
　　四、林地土壤元素背景值 ……………………………………………………………………………（162）

第五章　土壤碳与特色土地资源评价 …………………………………………………………………（170）

 第一节　土壤碳储量估算 ………………………………………………………………………………（170）
　　一、土壤碳与有机碳的区域分布 ……………………………………………………………………（170）
　　二、单位土壤碳量与碳储量计算方法 ………………………………………………………………（171）
　　三、土壤碳密度分布特征 ……………………………………………………………………………（173）
　　四、土壤碳储量分布特征 ……………………………………………………………………………（174）
 第二节　特色土地资源评价 ……………………………………………………………………………（180）
　　一、土壤硒地球化学特征 ……………………………………………………………………………（180）
　　二、土壤硒评价 ………………………………………………………………………………………（180）
　　三、富硒土地 …………………………………………………………………………………………（183）
　　四、天然富硒土地圈定 ………………………………………………………………………………（184）
　　五、天然富硒土地分级 ………………………………………………………………………………（185）

第六章　结　语 …………………………………………………………………………………………（186）

主要参考文献 …………………………………………………………………………………………（187）

第一章　区域概况

第一节　自然地理与社会经济

一、自然地理

1. 地理区位

金华市位于浙江省中部,为省辖地级市,长江三角洲(简称长三角)中心区 27 个城市之一,为长三角 G60 科创走廊的中心城市。金华市域介于东经 119°14′—120°46.5′和北纬 28°32′—29°41′,东邻台州市,南毗丽水市,西连衢州市,北接绍兴市、杭州市,东西长 151km,南北宽 129km,土地面积约 10 942km²。其中,山地和丘陵占总面积的 83.3%,平原和盆地共占总面积的 16.7%。

2. 地形地貌

金华市地处金衢盆地东段,为浙中丘陵盆地地区,地势南北高、中部低。"三面环山夹一川,盆地错落涵三江"是金华市地貌的基本特征。山地内侧分布起伏相对和缓的丘陵,市境的中部以金衢盆地东段为主体,四周镶嵌着武义盆地、永康盆地等山间小盆地,整个大盆地大致呈东北-西南走向,大小盆地内浅丘起伏,海拔在 50~250m 之间,相对高差不到 100m。盆地底部是宽窄不一的冲积平原,地势低平。

金华市境内海拔千米以上的山峰有 208 座。全市最高峰是位于武义县与遂昌县交界处的牛头山主峰,海拔 1 560.2m。山地以 500~1 000m 低山为主,分布在金华市南、北两侧,将军岩海拔 23m,为全市最低点。

金华市地貌按成因类型总体可分为侵蚀地貌和堆积地貌两个大类,构造侵蚀山地丘陵、侵蚀溶蚀低山丘陵、侵蚀剥蚀丘陵台地、山麓斜坡堆积、河谷堆积 5 个地貌亚类(表 1-1)。

表 1-1　金华市地貌分类分区表

地貌分类	亚类	主要分布区
侵蚀地貌	构造侵蚀山地丘陵地貌	主要分布于金华市西南部、东部以及兰溪市与婺城区交界的大盘山一带
	侵蚀溶蚀低山丘陵地貌	分布于兰溪市以西、浦江县以北局部地区
	侵蚀剥蚀丘陵台地地貌	广布于金华市中部各盆地周边
堆积地貌	山麓斜坡堆积地貌	主要分布于金华江两侧,并以南岸为主;坳沟及局部山前地区
	河谷堆积地貌	分布于各个盆地的中部,金华江、武义江、义乌江以及厚大溪、白沙溪、梅溪等大江(溪)的两岸

侵蚀地貌区主要分布于磐安县、东阳市、武义县、浦江县、兰溪市等地,占金华市总面积的68%左右,按照成因和海拔可分为构造侵蚀山地丘陵地貌、侵蚀溶蚀低山丘陵地貌和侵蚀剥蚀丘陵台地地貌3个亚类;堆积地貌区主要分布于中生盆地中部,占金华市总面积的32%左右,按照成因可分为山麓斜坡堆积地貌和河谷堆积地貌2个亚类。

3. 行政区划

根据《2022年金华市人口主要数据公报》,截至2022年末,金华市下辖婺城区、金东区(金义新区)2个区,兰溪市、义乌市、东阳市、永康市4个县级市,武义县、浦江县、磐安县3个县。全市有146个乡镇(街道),其中30个乡、74个镇、42个街道,以及409个社区居委会、2841个村民委员会。截至2022年末,金华市户籍人口496.87万人,全市常住人口712.7万人,其中城镇人口为494.3万人,农村人口为218.4万人。

4. 气候与水文

金华市属中亚热带季风气候,四季分明,年温适中,热量丰富,雨量较多,有明显的干、湿两季。春早秋短,夏季长而炎热,冬季光温互补。盆地小气候多样,有一定垂直差异。灾害性天气频繁,全年平均气温为17.5℃。境内年降水较为充沛,但降水的季节变化、年际变化、地域差异都很大。季节降水量分布呈单峰型,为春雨多、梅雨量大,夏、秋、冬降水少,年均降水量为1424mm。

金华市境内河流分属钱塘江、瓯江和椒江三大水系。钱塘江水系流域面积为9 674.0km^2,占全市河流总面积的88.61%,有兰江干流及上游的衢江和一级支流金华江、壶源江、浦阳江和曹娥江,曹娥江在金华市境内有夹溪和梓溪等;瓯江水系流域面积为902.0km^2,占全市河流总面积的8.26%,有一级支流宣平溪、小安溪和好溪;椒江水系流域面积为342.0km^2,占全市河流总面积的3.13%,有永安溪支流北岙坑和一级支流始丰溪。集雨面积在50km^{2}以上的江河、溪流有76条。

二、社会经济概况

根据《2022年金华市国民经济和社会发展统计公报》,2022年全市地区生产总值5 562.47亿元,按可比价格计算,同比增长2.5%。从产业看,第一产业增加值161.77亿元,比上年增长1.9%;第二产业增加值2 328.48亿元,比上年增长3.0%;第三产业增加值3 072.22亿元,比上年增长2.1%。全市人均GDP为78 086元(按年平均汇率折算为11 609美元),比上年增长2.0%。第一、二、三产业增加值对GDP增长的贡献率分别为2.3%、49.2%、48.5%,三次产业增加值结构为2.9:41.9:55.2。

2022年,全市一般公共预算收入489.16亿元,比上年增长6.9%。一般公共预算收入中,税收收入410.19亿元,比上年增长0.6%。其中,增值税137.56亿元,比上年增长8.0%;企业所得税69.94亿元,比上年增长9.9%;个人所得税21.62亿元,比上年下降0.5%。全市一般公共预算支出830.4亿元,比上年增长4.8%。2022年一般公共预算支出的75.1%用于保障和改善民生。其中,文化旅游体育与传媒支出、卫生健康支出、住房保障支出、社会保障和就业支出分别比上年增长15.6%、39.5%、17.7%、6.6%。

第二节 区域地质特征

金华市位于扬子与华夏两个一级大地构造单元的接合部位,作为扬子地块和东南地块对接带的江山-绍兴区域性深大断裂带沿北东向穿境而过。由于长期的构造运动作用和区域抬升剥蚀作用,区内岩石地层出露不全,出露地层相对简单。

江山-绍兴断裂带南东侧为浙东南地层区,中—新元古界、古生界缺失,出露地层简单,仅见古元古界、中生界—新生界。岩性以中生代火山碎屑岩和陆相红盆沉积岩夹火山岩为主,地貌以构造侵蚀山地丘陵地貌为主,土壤母质相对单一,元素种类与含量变化小。

江山-绍兴断裂带北西侧属于浙西北地层区,出露地层相对齐全,岩性复杂多样,由老至新依次出现:中—新元古界双溪坞群变质火山碎屑岩、河上镇群沉积碎屑岩夹火山碎屑岩、南华系碎屑岩与震旦系碳酸盐岩,古生界寒武系海相硅质岩、碳酸盐岩,奥陶系滨海相细碎屑岩,石炭系浅海碳酸盐岩,中生界三叠系、侏罗系碎屑岩,上侏罗统—下白垩统火山沉积相碎屑岩,上白垩统系湖盆相沉积碎屑岩,新生界第四系残坡积相和冲洪积相松散沉积物等。岩石类型变化大,矿物成分复杂,形成了不同的地球化学分区。

一、岩石地层

从区域地质学角度分析,金华市出露地层及主要岩石特征见表1-2。为突出地层岩石对农业地质背景的控制作用,对金华市的地层岩石进行归集与分类,按变质岩类、海相沉积岩类、火山岩与火山碎屑岩类、陆源碎屑沉积岩类、第四系松散沉积物5个大类进行论述。

表1-2 金华市岩石地层简表

年代地层			岩石地层		主要岩性	
界	系	统	浙西北区	浙东南区		
新生界	第四系	全新统	鄞江桥组		上部为粉砂质亚黏土;下部为含砂质砾石层	
		上更新统	莲花组		浅黄色亚黏土、亚砂土和砾石层	
		中更新统	之江组		棕红色亚黏土、亚砂土,具网纹构造	
		下更新统	汤溪组		上部为棕黄色、橘红色粉砂、黏土,具粗大的垂直网纹;下部为棕黄色、灰褐色砾石层	
	古近系	渐新统		嵊县组	玄武岩夹泥岩、粉砂岩、砂砾岩、硅藻土、褐煤等	
中生界	白垩系	上白垩统	衢江群	衢县组		砾岩、砂砾岩、粉砂岩
				金华组		砾岩、粉砂岩、泥岩
				中戴组		砾岩、含砾砂岩、粉砂岩夹泥岩
				天台群	赤城山组	紫红色砂砾岩、砾岩,间夹含砾粉砂岩、粉砂质泥岩
					塘上组	以酸性火山碎屑岩为主,夹酸性、中性熔岩及紫红色砂岩、粉砂岩、砂岩
				永康群	方岩组	灰紫色、紫红色厚层块状砂砾岩、砾岩
					朝川组	粉砂质泥岩、粉砂岩及砂岩
					馆头组	灰绿色、灰红色等杂色砂岩泥岩夹酸性火山岩
		下白垩统	横山组	九里坪组	紫红色富含钙质结核粉砂岩夹细砂岩	流纹质熔岩、斑岩
			寿昌组	茶湾组	杂色砂页岩夹酸性火山岩	凝灰质砂岩夹流纹质凝灰岩及中酸性熔岩
			建德群 黄尖组	磨石山群 西山头组	基性—酸性熔岩夹火山碎屑岩	流纹质晶屑玻屑熔结凝灰岩
			劳村组	高坞组	上段为粉砂质泥岩、粉砂岩夹流纹质凝灰岩;下段为砾岩、砂岩	流纹质晶屑熔结凝灰岩
				大爽组		流纹质玻屑熔结凝灰岩

续表 1-2

年代地层			岩石地层		主要岩性	
界	系	统	浙西北区	浙东南区		
中生界	侏罗系	中侏罗统	同山群	渔山尖组		灰绿色砂岩、粉砂质泥岩夹含砾砂岩、砾岩
				马涧组		灰绿色砾岩、含砾砂岩粉砂岩及粉砂质泥岩、泥质粉砂岩夹煤线
	三叠系	上三叠统		乌灶组		含砾石英砂岩、中细粒长石石英砂岩
古生界	二叠系	下二叠统	船山组			灰色厚层结晶含藻球灰岩、生物屑灰岩，夹深灰色中—厚层状微晶灰岩
	石炭系	上石炭统				
		中石炭统	藕塘底组			石英砂砾岩、砂岩、泥岩
	奥陶系	上奥陶统	长坞组			粉砂质泥岩、粉砂岩
	寒武系	上寒武统	西阳山组			泥质灰岩夹饼状灰岩
			华严寺组			条带状泥质灰岩
		中寒武统	杨柳岗组			透镜状灰岩与泥质灰岩互层
		下寒武统	大陈岭组			白云质灰岩、灌木、茅草等
			荷塘组			硅质岩、硅质页岩、硅质粉砂岩夹煤层
新元古界	震旦系	上震旦统	灯影组			白云质灰岩、白云岩
		下震旦统	陡山沱组			硅质白云岩、泥质白云岩夹粉砂岩
	南华系	上南华统	南沱组			含砾岩屑砂岩、长石岩屑砂岩
		下南华统	休宁组			粉砂质泥岩、长石岩屑砂岩夹凝灰质砂岩
	青白口系		河上镇群	上墅组		下部安玄岩；上部流纹岩
				骆家门组		底部为花岗质砾岩；下部为含砾砂岩夹酸性火山碎屑岩；中上部为砂岩，粉砂岩、泥岩、硅质泥岩组成的韵律层，夹玄武岩
中元古界			双溪坞群	岩山组	陈蔡岩群 徐岸岩组	片理化沉凝灰岩、凝灰质粉砂质泥岩、凝灰质砂岩	以深灰色变粒岩为主，局部为黑云斜长片麻岩
					下吴宅岩组	上部为片理化蚀变英安岩含角砾玻屑凝灰岩；下部为安山质角砾凝灰岩和凝灰质粉砂质泥岩	灰黑色斜长角闪岩、角闪黑云变粒岩
				北坞组	下河图组		大理岩、石墨石英片岩和石英岩

（一）变质岩类

1. 陈蔡岩群

陈蔡岩群主要分布于义乌市毛店—尚阳一带，近东西向展布，面积约 108 km²，另外在金华市婺城区沙畈乡、义乌市佛堂镇钟村、东阳市画水镇南岸村等地有零星出露，主要分为下河图组、下吴宅岩组和徐岸岩组 3 个组级岩石地层单位。

(1) 下河图组（Jxx）：主要岩性为大理岩、石墨石英片岩和石英岩，其他岩性有浅粒岩、变粒岩、斜长角闪岩及片麻岩等，厚度大于359m。

(2) 下吴宅岩组（Jxrw）：主体岩性为黑云斜长片麻岩、粒状斜长片麻岩夹黑云片岩。岩石中普遍含石墨，厚度大于995m，大部分片麻岩沉积原岩主要为砂岩、粉砂岩、泥岩。

(3) 徐岸岩组（Jxra）：主体岩性为石墨黑云片岩夹石墨黑云斜长片麻岩，厚度大于1008m。岩石富含石墨和黑云母，原岩以黏土为主。

2. 八都岩群

八都岩群主要分布于金华市婺城区塔石乡一带，出露面积较小，为一套中深变质岩系。岩性主要为黑云斜长片麻岩、黑云二长片麻岩等，原岩主要为杂砂岩和中酸性火山岩，岩石变质作用较强，较易风化成壤。受构造抬升与岩浆侵入顶托作用，八都岩群分布区为构造侵蚀低山地貌。

（二）海相沉积岩类

1. 碎屑岩类

(1) 休宁组（Nh_1x）：主要分布于浦江县北部上河村至金泥村一线、兰溪市诸葛镇双牌村西北。岩性大体可分3个部分：底部为紫红色砾岩、砂砾岩、含砾粗砂岩、岩屑砂岩；下部为灰绿色、紫红色凝灰质粉细砂岩夹沉凝灰岩；上部为灰绿色、灰白色凝灰质粉砂岩、细砂岩、泥岩夹硅质条带、沉凝灰岩，总厚度约为994m。

(2) 南沱组（Nh_2n）：分布区与休宁组地层相邻，出露面积很小。主要岩性组合分3个部分：下部和上部由冰期沉积的冰碛含砾砂泥岩、冰碛含砾泥岩组成（分别称下冰期和上冰期）；中部为间冰期沉积的含锰白云质泥岩或含锰白云岩。

(3) 荷塘组（ϵ_1h）：分布于兰溪市诸葛镇双牌村西北、浦江县北部东坞底村以北。主要岩性为黑色薄层状碳质硅质岩、碳质硅质泥岩、页岩、石煤层夹灰岩透镜体及磷结核（磷矿层），厚度在29.7~547m之间。

(4) 藕塘底组（C_2o）：在金衢盆地的北缘洞井一带有零星出露。主要岩性为中—厚层状石英砂岩、石英砂砾岩、粉砂岩、泥岩，夹白云岩、灰岩、泥质灰岩层或透镜体，厚度在15~43m之间。

(5) 长坞组（O_3c）：分布于兰溪市北部黄店镇—永昌街道—诸葛镇一带，主要岩性为粉砂岩与粉砂质泥岩互层组成的类复理石韵律层，厚319~198m。

2. 碳酸盐岩类

(1) 陡山沱组（Z_1d）：零星分布于兰溪市小月岭、浦江县北部东坞底村以北。主要岩性为灰岩、含锰白云岩，夹泥岩、含钾粉砂岩、粉砂质泥岩，局部可夹含碳硅质泥岩，底部普遍有一层含锰白云岩或含锰白云质灰岩，厚3~6m。

(2) 灯影组（Z_2dy）：分布于兰溪市小月岭，主要岩性为白云岩、藻白云岩、泥质白云岩，夹白云质灰岩、硅质泥岩、硅质岩等，厚度在76~108m之间。

(3) 大陈岭组（ϵ_1d）：主要岩性为薄层—块状白云质灰岩，夹碳质硅质岩、硅质岩、白云岩。

(4) 杨柳岗组（ϵ_2y）：主要岩性为白云质灰岩、泥质灰岩，夹碳质泥岩、硅质泥岩，厚度在45~373m之间。

(5) 华严寺组（ϵ_3h）：以薄—中层条带状灰岩为主体，夹薄层泥质灰岩，含碳钙质泥岩、页岩及角砾状、球砾状灰岩。

(6) 西阳山组（ϵOx）：主要岩性下部为中层状泥质灰岩、含灰岩透镜体泥质灰岩、饼状灰岩；上部为中—块状泥质灰岩、瘤状(网纹状)灰岩、小饼灰岩交互组成的韵律层。

(7)船山组(C_2P_1c):主要岩性为泥晶灰岩、生物屑泥晶灰岩、泥晶灰岩夹亮晶灰岩、藻(球)灰岩、砂屑灰岩、细晶灰岩,上部中、薄夹层较多,厚度在123～246m之间,分布在兰溪市、金华市一带,厚度一般小于130m。

(三)火山岩与火山碎屑岩类

区内白垩纪火山岩较为发育。火山-沉积岩分上、下两个岩系:下岩系以火山岩为主,岩性主要为流纹岩和流纹质火山碎屑岩;上岩系以红色沉积岩为主。

1. 双溪坞群

(1)北坞组(Pt_2b):出露面积约8km²,主要岩性为片理化流纹质—英安质含角砾玻屑凝灰岩,下部为蚀变安山质含角砾玻屑凝灰岩,熔结凝灰岩夹凝灰质粉砂质泥岩、安山质沉凝灰岩,厚度大于350m。

(2)岩山组(Pt_2y):出露面积约6km²,主体为沉积岩夹少量火山岩。在浦江县平湖村一带,该组岩性为绢云砂质板岩,厚度大于116m。

2. 河上镇群

(1)上墅组(Pt_3s):主要分布在金衢盆地西北边缘和东南边缘。岩性以火山碎屑岩类为主,酸性流纹岩类占比较小。

(2)骆家门组(Pt_3l):本组在区内主要出露中上部,所见岩性以砂岩、粉砂岩、泥岩、硅质泥岩为主。

3. 磨石山群

(1)大爽组(K_1d):在区内出露于义乌市八宝山附近。岩性以酸性火山碎屑岩为主,厚度大于300m。

(2)高坞组(K_1g):分布于岭上镇(已撤销)—安地镇—岭下镇—赤岸镇一线以及磐安县东北部三单和东阳市北部虎鹿镇等地,面积约774km²。高坞组主要为一套块状流纹质晶屑熔结凝灰岩,成分主要是石英和长石,微量黑云母,厚度在1020～1330m之间。

(3)西山头组(K_1x):广泛出露在金衢盆地的南部及调查区东部磐安县一带,出露面积约3022km²。主要岩性为流纹质晶屑玻屑凝灰岩、熔结凝灰岩、流纹斑岩、球泡流纹岩、角砾玻屑凝灰岩、英安流纹质含角砾晶玻屑熔结凝灰岩。

(4)茶湾组(K_1c):零星分布于武义县、永康市和磐安县一带,下部为喷发沉积相堆积组合,具有河湖相沉积特点。

(5)九里坪组(K_1j):在分布区与茶湾组地层相邻,出露面积很小。九里坪组以酸性岩浆大规模喷溢为主,岩性以石英霏细岩、流纹岩为主。

4. 建德群

(1)劳村组(K_1l):主要分布于兰溪市黄店镇、女埠街道、柏社乡,浦江县花桥乡以及金东区源东乡等地,面积约396km²。主要岩性为泥质粗砂岩、砂岩,厚度在526～1318m之间。

(2)黄尖组(K_1h):主要分布于浦江县的中部和北部地区、兰溪市马涧镇的南部以及义乌市的西北部地区,面积约402km²。主要岩性为流纹斑岩、流纹岩、晶屑熔结凝灰岩、流纹质凝灰熔岩、凝灰岩。

(3)寿昌组(K_1s):主要分布在兰溪市—浦江县一带。主要岩性为砂岩、页岩。

(4)横山组(K_1hs):主要分布于兰溪市的马涧镇、梅江镇一带。主要岩性为粉砂岩、粉砂质泥岩、粗粒杂砂岩,厚度在214～1320m之间。

5. 嵊县组

嵊县组(E_3s)主要分布于磐安县东北部地区。主要岩性为玄武岩。

(四)陆源碎屑沉积岩类

1. 三叠系—侏罗系

(1)乌灶组(T_3w):为一套冲积相及湖沼相沉积,由含砾石英砂岩、石英粗砂岩及黑色泥岩层、黑色粉砂岩组成。

(2)马涧组(J_2m):分布于兰溪市马涧镇。主要岩性为粉砂岩、粉砂质泥岩、含砾石英粗砂岩,夹煤层,厚度为345m,煤层厚度为0.2~0.8m不等。

(3)渔山尖组(J_2y):主要分布于兰溪市马涧镇。岩性主要为砂岩、粉砂岩、粉砂质泥岩,夹含砾砂岩、块状砾岩。

2. 永康群

永康群在武义县、永康市、东阳市、磐安县等地广泛出露,分为馆头镇、朝川镇、方岩镇3个地层单元。

(1)馆头组(K_1gt):出露面积约392km^2。主要岩性为砂砾岩、砾岩夹粉砂岩,厚度大于56m。

(2)朝川组(K_1cc):出露面积513km^2。主要岩性下部为块状玄武岩,厚度约160m;上部为含钙质结核凝灰质砂岩、粉砂岩、粗砂岩、砂砾岩,厚度大于135m。

(3)方岩组(K_1f):出露面积约247km^2。主要岩性为块状砂砾岩、砾岩、细砾岩,偶夹粉砂岩、粉砂质泥岩,厚度大于200m。

3. 天台群

(1)塘上组(K_2t):主要分布于永康市的东南部。主要岩性为流纹质含角砾晶玻屑凝灰岩、泥岩、粉砂质泥岩、砂砾岩以及英安质晶玻屑熔结凝灰岩、英安质角砾凝灰岩等。

(2)赤城山组(K_2c):零星出露于永康市、武义县。赤城山组由一套粗碎屑物组成,岩性主要为砾岩、砂砾岩、含砾中粗粒砂岩。

4. 衢江群

衢江群为区内主要地层,由中戴组(K_2z)、金华组(K_2j)、衢县组(K_2q)组成,为一套河湖相陆源碎屑沉积岩。

(1)中戴组(K_2z):分布于金华市中戴村—义乌市倍磊街一线,出露面积约216km^2。主要岩性为砾岩、砂砾岩,夹砂岩、粉砂岩、粉砂质泥岩,岩石中局部含钙质,砾石成分主要为火山岩,厚度为201~800m。

(2)金华组(K_2j):分布于金衢盆地中部,在金华市孝顺镇、兰溪市永昌街道一线大面积出露,出露面积约596km^2。主要岩性为粉砂质泥岩、泥质粉砂岩,夹细砂岩、粗砂岩,厚度在800~3000m之间。

(3)衢县组(K_2q):分布于金衢盆地北缘兰溪市诸葛镇、女埠街道一带,出露面积约194km^2。主要岩性为砾岩、砂砾岩、含砾砂岩、粗砂—细砂岩、粉砂岩、泥岩,厚度在1000~2361m之间。

(五)第四系松散沉积物

区内第四系以冲积、冲洪积物为主,主要分布在金华江、义乌江、武义江、兰江、浦阳江、白沙溪、梅溪等河流两侧,少量分布在谷地及凹沟地带,分布面积约1770km^2。第四系划分为下更新统汤溪组、中更新统之江组、上更新统莲花组和全新统鄞江桥组。

1. 汤溪组（Qp_1t）

汤溪组分布于金衢盆地汤溪镇一带,出露面积约$46km^2$。主要岩性下部为砾石层,砾石风化强烈,胶结较密实,厚度约为4.30m;上部为粉砂黏土,偶见垂直网纹,有铁质团块或条带,厚度约为4.0m。本组常构成二级至三级阶地,以冲积—洪积相成因为特征。

2. 之江组（Qp_2z）

之江组广泛分布于金衢盆地汤溪镇、仙桥镇、上溪镇一带,在浦江盆地潘宅镇（现浦南街道）、岩头镇、黄宅镇也有一定分布,出露面积约$190km^2$,地貌上组成基座阶地（岗地）。主要岩性为亚黏土、亚砂土,为冲积、洪积、坡积成因的混合类型。本组常与汤溪组组成相对高15～30m的二级至三级基座阶地,或与衢江群构成一级至二级阶地,往往分布于丘陵边缘或山前、沟口一带,以洪积阶地的地貌形态出现。

3. 莲花组（Qp_3l）

莲花组主体分布于金华市汤溪镇、白龙桥镇、浦江县潘宅镇等地,出露面积约$193km^2$,地貌组成有坡洪斜地、冲洪积平原和冲积平原。主要岩性上部为亚黏土,下部为砾石层或砂砾石层,厚度在4～13m之间,以冲积成因为主。莲花组一般分布于河谷两岸、山前、山麓地带,常组成一级阶地和高河漫滩阶地。

4. 鄞江桥组（Qhy）

鄞江桥组广泛分布于金衢盆地、浦江盆地,金华江、兰江等河流两岸的高低漫滩及江心沙洲,出露面积约$1344km^2$,地貌上为冲积平原。主要岩性为砂、砂砾石,含少量粉砂,厚度一般在2～10m之间。鄞江桥组以河流沉积为主,常组成河漫滩或高河漫滩阶地。

二、侵入岩类

调查区内主要发育燕山期浅成、超浅成侵入岩,呈岩枝、岩脉、小岩株产出。受构造和裂隙控制,岩性以酸性侵入岩为主,成岩时代主要为早白垩世和青白口纪。

早白垩世侵入岩在调查区分布广泛,分布面积达$540km^2$左右,分布较为集中的区域主要有婺城区南部塔石乡—安地镇一带、兰溪市黄店镇的北部、浦江县的北部及东阳市的东北部等地。岩性主要有花岗斑岩（$\gamma\pi$）、流纹斑岩（$\lambda\pi$）、二长花岗岩（$\eta\gamma$）、闪长岩（δ）、花岗闪长岩（$\gamma\delta$）、石英闪长岩（δo）、霏细斑岩（$\upsilon\pi$）、石英霏细斑岩（$\upsilon o\pi$）、英安玢岩（$\zeta\mu$）、安山玢岩（$a\mu$）、玄武玢岩（$\beta\mu$）、碱性辉绿玢岩（$\tau\beta\mu$）等。其中,闪长岩、英安玢岩、安山玢岩、玄武玢岩等中基性侵入岩面积约为$160km^2$。

青白口纪侵入岩仅在婺城区北部罗店镇一带分布,面积仅有$32km^2$左右,岩石类型为花岗闪长岩和石英闪长岩。

三、区域构造

以江山-绍兴深断裂为界,西北属扬子准地台,钱塘台坳,常山-诸暨台拱;东南属华南褶皱系,浙东南褶皱带,丽水-宁波槽凸。

区域性北东向构造和东西向构造构成了金华市的基本格局。区域性北东向构造造成西北沉降带和东南隆起带的分界,并控制着西北部地层的发育及东南部基底隆起的展布,它在兰溪市—龙游县一线以西和溪口镇—尚阳村一带最为清晰,由一系列褶皱、断裂、挤压带等构造形迹组成;东西向构造具多期次活动特点,主要分布于金华市中部,由断裂、褶皱等形迹组成。其中,早期东西向构造控制了古老变质岩系的形成;晚期东西向构造则制约着金华市中部金华组(K_2j)的展布;区域性北东向构造与东西向构造联合控制金衢盆地的形成。

金华市北北东向构造和北西向构造在南部极为发育,它们共同制约着内生矿产的形成。其中,武义县萤石矿与北北东、北西向断裂构造的关系尤为密切。

四、矿产资源

根据《金华市矿产资源规划(2021—2025)》,金华市境内发现的矿产有56种,探明资源储量的矿产为27种。矿产以非金属居多,其中以萤石矿储量最为丰富,是国内的主要产地之一,成群成带分布,探明储量及有地质根据计算的总储量在3000万t以上,主要分布在武义县、永康市、义乌市、东阳市、金东区等;其次为石灰岩矿,储量为2.5亿t以上,主要分布于金华市—兰溪市之间的金华山南坡,金华市九龙村—山口村岩矿储量约为0.8亿t;沸石矿主要分布于金华市汤溪镇、永康市中山乡、东阳市马宅镇一带。

金华市探明或基本探明储量的矿产有萤石、石灰岩、凝灰岩和黏土、金、银、铜、铅、锌、煤、石煤、铀、磷、石墨、珍珠岩、方解石等。其中,主要已经开发利用的矿产有萤石、水泥用灰岩、砖瓦用黏土、建筑石料、建筑用砂、饰面用花岗石、黏土岩、蒙脱石黏土岩、珍珠岩、沸石、钾长石、高岭土、陶瓷土、金银矿、煤、矿泉水、地热水17种,其中萤石、水泥用灰岩、建筑石料、饰面用花岗石、钾长石、矿泉水、地热水等为金华市优势矿产。

五、水文地质

根据地下水的含水介质、赋存形式、水理性质及水力特征,区内地下水可划分为第四系松散岩类孔隙潜水、红色碎屑岩类孔隙裂隙水、基岩裂隙水、碳酸盐岩裂隙溶洞水及地热水5种基本类型。

(一)第四系松散岩类孔隙潜水

第四系松散岩类孔隙潜水主要分布在全新统冲积砂砾、砾、卵石含水层与中上更新统亚黏土、亚砂土含水层中,面积约有1416km²。

1. 全新统冲积砂砾、砾、卵石孔隙潜水

全新统冲积砂砾、砾、卵石孔隙潜水主要分布在金华江上下游、东阳江、兰江、武义江、浦阳江、衢江下游及较大支流的河漫滩。含水层岩性以砂砾、砾、卵石为主,水化学类型以HCO_3-Ca型为主,天然水质良好,无超标组分,溶解性总固体(TDS)含量一般小于0.2g/L,水量丰富,单井出水量一般大于1000m³/d。

2. 中、上更新统亚黏土、亚砂土孔隙潜水

中、上更新统亚黏土、亚砂土孔隙潜水广泛分布于山区河漫滩地带。含水层岩性以亚黏土、亚砂土为主,水质良好,无超标组分,TDS含量一般小于0.15g/L,水量贫乏,单井出水量一般在10~100m³/d之间,部分地段小于10m³/d。

(二)红色碎屑岩类孔隙裂隙水

红色碎屑岩类孔隙裂隙水广泛分布于金华盆地、义乌-东阳盆地、墩头盆地、永康-南马盆地、浦江盆地、武义-宣平盆地等区域内,面积约2603km²,俗称"红层水"。红色碎屑岩类孔隙裂隙水由溶蚀孔隙裂隙水、层间孔隙裂隙水、构造孔隙裂隙水等亚类组成。

1. 溶蚀孔隙裂隙水

该含水层的岩性以钙质岩类为主,夹钙质较多及含钙质的泥岩、粉砂岩类。含水介质为被溶蚀扩大的构造裂隙及溶孔、溶穴。水量和水质都具有垂直分带性。

2. 层间孔隙裂隙水

层间孔隙裂隙水主要分布于金华盆地、义乌-东阳盆地、永康-南马盆地等区域。含水层为白垩系馆头组、方岩组,岩性为砂岩、粉砂岩、砾岩。水量大小主要受含水层厚度控制,单井出水量一般在 $100\sim600m^3/d$ 之间。

3. 构造孔隙裂隙水

构造孔隙裂隙水分布于各红层盆地。含水层为白垩系砂岩、粉砂岩、砾岩、火山岩。构造裂隙具储水、导水作用,单井出水量一般在 $100\sim300m^3/d$ 之间。水质优良,水化学类型以 $HCO_3-Ca\cdot Na$ 型为主,TDS 含量一般小于 $0.5g/L$,无超标组分。

（三）基岩裂隙水

基岩裂隙水分布于金华市北部大盘山、鸡龙山,中西部八宝村、安地镇、塔石乡、雄鸡岩村及东南部大坞尖、棋架山及方山顶一带。基岩裂隙水主要有以砂（页）、泥（硅）质岩类为主的层状岩类裂隙水,以火山岩类为主的块状岩类构造裂隙水,以及以变质岩类、侵入岩石类为主的风化网状裂隙水等亚类。

基岩裂隙水往往以泉的形式排泄,水量较小,大部分小于 $0.1L/s$,TDS 一般小于 $0.2g/L$,水质良好,无超标组分,口感好。水化学类型以 HCO_3-Ca、$HCO_3-Ca\cdot Mg$、$HCO_3-Ca\cdot Na$ 型为主。

（四）碳酸盐岩裂隙溶洞水

碳酸盐岩裂隙溶洞水主要分布在兰溪市洞源村至金华市洞殿下村的灰岩区。碳酸盐岩裂隙溶洞水 TDS 一般小于 $0.3g/L$,水质优良,口感好,无超标组分,单井涌水量一般小于 $10m^3/d$。碳酸盐岩裂隙溶洞水补给水源为大气降水、地表水及基岩裂隙水,灰岩中的断裂及溶洞是地下水的主要径流渠道,地下水以泉水、溶洞出口等方式沿坡、沟谷排泄。碳酸盐岩裂隙溶洞水流量随季节变化明显,在雨季溶洞地下河水流量可达 $200L/s$,其他季节一般为 $30L/s$。

（五）地热水

地热水主要分布于武义县熟溪街道塔山下、溪里村、鱼形角、大田乡徐村、茭道镇杨家村、婺城区汤溪镇等地,以武义县城附近的塔山下—溪里村一带较为集中,属断裂破碎带状热储类型,受断裂构造控制。

第三节　土壤资源与土地利用

一、土壤母质类型

地质背景决定了成土母质或母岩,是除气候、地貌、生物等因素之外,对土壤形成类型、分布及其地球化学特征有影响的关键因素。土壤母质,即成土母质,是指母岩（基岩）经风化剥蚀、搬运及堆积等作用后于地表形成的松散风化壳的表层。因此,成土母质对母岩具有较强的承袭性。成土母质又是形成土壤的物质基础,对土壤的形成和发育具有特别重要的意义,在一定的生物、气候条件下,成土母质的差异性往往成为土壤分异的主要因素。

按岩石的地质成因及地球化学特征,金华市成土母质可划分为2种成因类型8种成土母质类型(表1-3,图1-1)。

运积型成土母质类型:主要母质类型为松散岩类沉积物,在区域分布上,该类成土母质主要分布于山间河流谷地和河口平原区。受流水作用,成土母质经基岩风化后,存在一定的搬运距离,按搬运距离由近到远,沉积物颗粒逐渐由粗变细,岩石物质成分混杂。在地形地貌上,该类成土母质成分主要涉及区内的河谷平原地貌类型,主要岩性包括河流相冲积、冲(洪)积沉积物,河口相淤泥、粉砂沉积物等。

残坡积型成土母质类型:经基岩风化形成后,未出现明显搬运或搬运距离有限,母质中砾石岩性成分可识别,并与周边基岩有一定的对应性。金华市根据岩石地球化学性质,总体划分为古土壤风化物、碎屑岩类风化物、碳酸盐岩类风化物、紫色碎屑岩类风化物、中酸性火成岩类风化物、基性火成岩类风化物、变质岩类风化物七大类。该类成土母质主要分布于山地丘陵区,表现为质地较粗,所形成的土壤对原岩具有明显的续承性特征。

表1-3 金华市主要成土母质分类表

成因类型	母质类型	地形地貌	主要岩性与岩石类型特征
运积型	松散岩类沉积物	河谷平原	河口相淤泥、粉砂沉积物
			河流相冲积、冲(洪)积沉积物
残坡积型	古土壤风化物	山地丘陵区	更新统红土、网纹红土等风化物
	碎屑岩类风化物		泥页岩、砂(砾)岩、砂泥互层类风化物
			硅质岩类风化物
	碳酸盐岩类风化物		灰岩、泥质灰岩类风化物
			白云岩类风化物
	紫色碎屑岩类风化物		钙质紫色泥岩、砂岩类风化物
			非钙质紫色泥岩、砂岩类风化物
	中酸性火成岩类风化物		花岗岩、中性岩类风化物
			酸性火山岩类风化物
	基性火成岩类风化物		基性侵入岩类风化物
			基性火山岩类风化物
	变质岩类风化物		浅、深变质岩类风化物

1. 松散岩类沉积物

松散岩类沉积物是指岩石风化物经动力搬运和分选后,在一定部位沉积下来的松散堆积物,面积约1340km^2,约占全市统计总面积的12.36%。松散岩类沉积物主要分布于河谷滩地、山前洪积阶地或盆地边缘洪积扇上。

松散岩类沉积物土地厚度一般不足1m,剖面分异不明显,质地变化幅度较大,以砂质壤土为主,常含较多砾石。矿物组成以石英为主,夹少量长石、伊利石、蒙脱石,土壤通透性好,保蓄性差。

2. 古土壤风化物

古土壤风化物面积约429km^2,约占全市统计总面积的3.96%,主要分布于河流两岸和山前平原。

古土壤风化物土体较厚,一般大于1m,土壤发育较好,剖面分异明显,呈红棕色,质地较黏重,多为壤

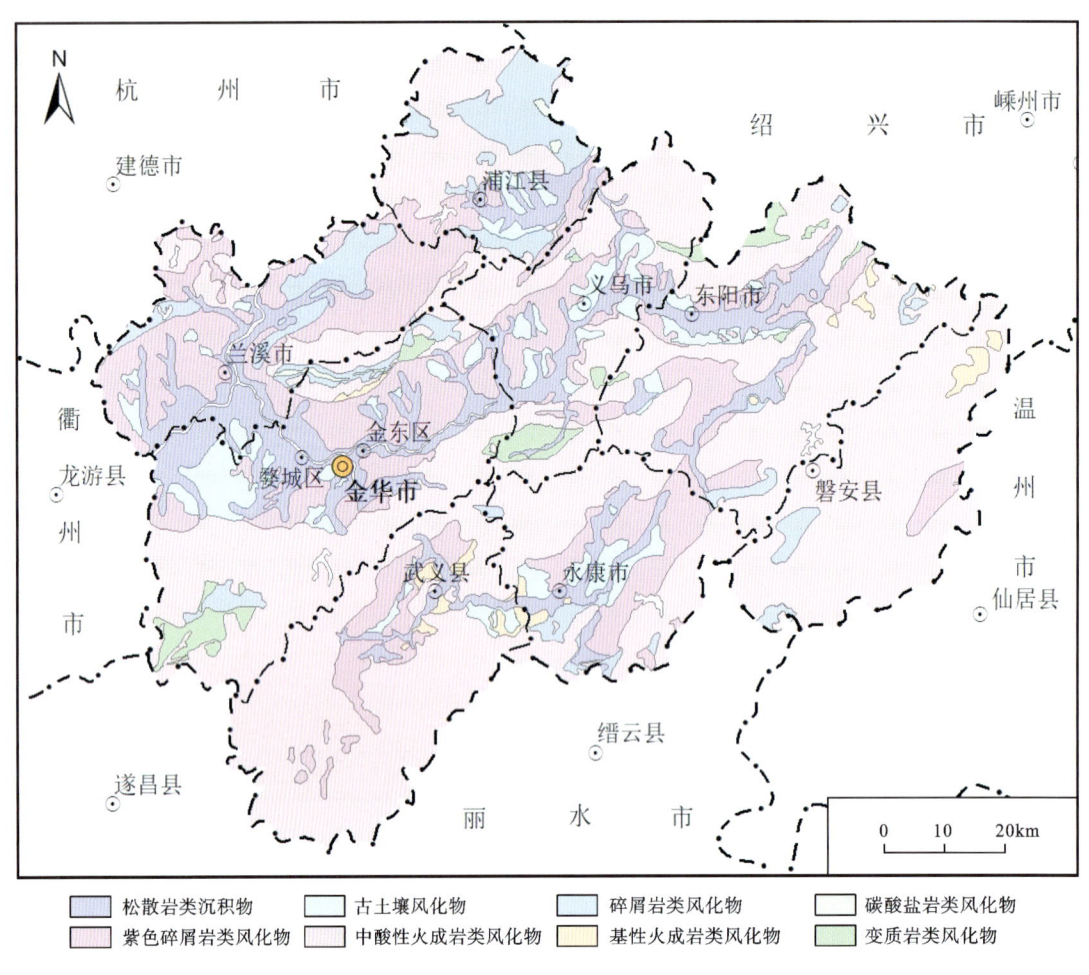

图1-1 金华市不同土壤母质分布图

质黏土、黏土,呈酸性。矿物组成以石英、钾长石、斜长石为主,次生矿物有伊利石、蒙脱石、高岭土等。古土壤风化物因地形平缓、光热条件好、适种性广泛,是水稻土的主要成土母质。

3. 碎屑岩类风化物

碎屑岩类风化物是指由元古宙、古生代沉积碎屑岩所形成的各类风化残积物,面积约为118km²,约占全市统计总面积的1.09%,主要零星分布于金华市西北部地区。依据岩石结构和元素地球化学特征,该类风化物又可分为砂(砾)岩类风化物、砂泥互层类风化物、泥页岩类风化物和硅质岩类风化物4种类型。

砂(砾)岩类风化物主要由砂岩、砂砾岩风化而成。这类岩石具有砂状结构,碎屑物以石英、长石、岩屑为主,母岩抗风化能力较强,土体较浅薄,剖面发育差,下部含较多碎石,质地较轻,土壤疏松,通透性好。砂泥互层类风化物主要由石炭系叶家塘组、藕塘底组地层形成。该地层砂岩与泥岩互层产出,形成的土体较厚,质地适中,以壤质黏土为主。泥页岩类风化物主要由奥陶系长坞组和前震旦系休宁组地层形成,主要岩性有页岩、泥岩、粉砂岩、钙质泥岩等,土体厚度在50~100cm之间,土壤剖面发育较差,屑粒状结构,含较多半风化页岩碎片,质地较黏,为壤黏土,易水土流失。硅质岩类风化物主要由下寒武统荷塘组地层形成,岩性主要为硅质岩、泥质硅质岩,富含磷、碳、岩性坚硬、抗风化能力强,形成的土层浅薄(土体厚度小于50cm),土壤剖面发育差,土壤呈强酸性,主要土壤类型为粗骨土。

4. 碳酸盐岩类风化物

碳酸盐岩类风化物出露极小,主要分布于兰溪市、浦江县境内,面积约22km²,约占全市统计总面积的

0.20%。土壤母质岩性为灰岩、白云质灰岩、泥质灰岩。根据母岩的矿物成分和化学成分,碳酸盐岩类风化物划分为灰岩类风化物、泥质灰岩类风化物和白云岩类风化物3种类型。3种类型的共同的特点是,土体浅薄,质地黏重,易溶蚀,土壤多呈弱酸性—中性。

5. 紫色碎屑岩类风化物

紫色碎屑岩风化物是出露于本市中生代陆相盆地内的紫色沉积岩,面积约为3230km^2,约占全市统计总面积的29.79%。侏罗系渔山尖组、马涧组、白垩系劳村组、寿昌组、横山组、馆头组、朝川组、金华组、衢县组是紫色碎屑岩风化物的原岩。此类岩性脆弱,风化速度快,易侵蚀,成土显初育性。依据岩石结构与元素地球化学特征,紫色碎屑岩风化物划分为钙质紫色砂岩类风化物、钙质紫色泥岩类风化物、非钙质紫色砂岩类风化物和非钙质紫色泥岩类风化物4种类型。

钙质紫色砂岩类风化物和钙质紫色泥岩类风化物土体较浅,一般小于100cm,剖面分异差,多为A-C型或A-Ac-C型。钙质紫色砂岩类风化物质地较轻,以砂质壤黏土为主,通透性好,适种性强;钙质紫色泥岩类风化物质地黏重,为壤质黏土、黏土。由于该类母质土层较薄,底层存在石灰性反应,农业种植受一定限制。

非钙质紫色泥岩类风化物和非钙质紫色砂岩类风化物土体浅薄,厚度不足1m,剖面分异差,以A-C型为主,质地分别为壤黏土和砂质壤土,无石灰性反应。非钙质紫色泥岩类风化物土壤有机质相对较高;非钙质紫色砂岩类风化物土壤养分较贫瘠,含砂量高,结构松散,面蚀和沟蚀严重,在局部土层较厚处宜种植水果。

6. 中酸性火成岩类风化物

金华市地区火山岩出露广泛,是形成山地地貌的主要岩石类型。其中,中酸性火成岩类风化物主要集中分布于武义县、磐安县、东阳市、永康市、婺城区等地的山区,是红壤、黄壤的成土母质,面积约为5462km^2,约占全市统计总面积的50.38%。依据岩石化学性质,中酸性火成岩类风化物可划分为酸性火山岩类风化物、花岗岩类风化物和中性岩类风化物3种类型,其中酸性火山岩类风化物的出露面积最大。

酸性火山岩类风化物主要由白垩系高坞组、西山头组、茶湾组、九里坪组火山岩风化而成,主要岩性为流纹质凝灰岩、熔结凝灰岩、流纹岩,岩石基质致密,抗风化能力强,是本区红壤、黄壤的主要成土母质。受地形地貌影响,成土母质层厚度及土壤剖面的发育情况存在差异:在低丘缓坡区土层厚为1m左右,土壤剖面发育良好,多为A-(B)-C型,质地以壤质黏土为主,呈酸性;在低山丘陵区,土体厚度不足1m,质地以黏壤土为主,含碎块较多,表层疏松,底土坚实;在中低山区多形成黄壤,土体厚薄不一,剖面构型多为A0-A-(B)-C型,质地以壤黏土为主,呈酸性或强酸性。这类母质区主要为林木种植区。

花岗岩类风化物主要呈北东向条带状分布于本市范围之内,主要岩性为花岗斑岩、花岗闪长岩。矿物成分主要为石英、钾长石、斜长石,有少量云母、磁铁矿,岩石呈斑状、粒状结构,极易风化,风化残积层厚度较大,可达1m至数米,风化物中石英砂砾含量较高,结持性弱,易侵蚀,常形成平缓的山丘。由于土体深厚,剖面分异明显,质地较轻,为黏壤土、壤质黏土,土层疏松,通透性好,钾素较高,少盐基。这类母质上发育的土壤(红壤)十分适宜种植茶、果木和经济林木。

中性岩类风化物的母岩主要为安山岩、英安岩。这类母岩在区内分布较少,由于岩石中含暗色矿物(斜长石、角闪石)较多,风化残积物中的盐基成分较花岗岩类风化物中的盐基成分更高。

7. 基性火成岩类风化物

基性火成岩类风化物主要分布于磐安县、东阳市境内,母岩主要为玄武岩,面积为54km^2,约占全市统计总面积的0.50%。岩石具斑状和细粒状结构,块状构造,常形成台地地貌,矿物成分为斜长石、辉石、角闪石等,易风化。土层较厚(多在1m以上),土壤发育较好,剖面分异明显,土壤质地匀细,微团结体发育,心土层紧实,土壤质地黏重,富含盐基,矿质元素丰富,保蓄性能好,适宜于桑树、果树、药材等作物的种植。

8. 变质岩类风化物

变质岩地层在本市出露面积不大,主要分布于浦江县、婺城区、义乌市境内,面积为186km², 占全市统计总面积的1.72%。根据成土特征,可划分为浅变质岩类风化物和深变质岩类风化物两种类型。浅变质岩类风化物土体较厚(在150cm左右),剖面构型为A-(B)-C型,质地为壤土,屑粒状结构,土层松软,矿物组成以石英、斜长石为主,次生矿物为伊利石、高岭石、蒙脱石,矿物质元素丰富,土壤呈酸性。深变质岩类风化物土体深厚(土体厚度大于100cm),土壤发育良好,质地为壤黏土,成土后,土壤的团聚体发育,呈酸性,矿物组成以石英、钾长石、伊利石为主,土壤矿质元素含量较高,适种性较广泛,是良好的林木种植土壤。

二、土壤类型

根据金华市第二次土壤普查资料,金华市土壤主要为红壤、黄壤、紫色土、石灰岩土、基性岩土、粗骨土和水稻土7个土类共43个土种(表1-4,图1-2)。其中,红壤、水稻土、粗骨土、紫色土和黄壤分布面积较大,分别占总面积的35.4%、25.2%、14.8%、12.7%、10.8%。

表1-4 金华市土壤类型分类表

土类	亚类	土属	土种	面积/hm²	所占总土壤比例/%
红壤	红壤	红筋泥	红筋泥	384 800	35.4
		红泥土	红泥土		
		红黏土	红黏土		
	黄红壤	亚黄筋泥	亚黄筋泥		
		黄泥土	黄泥土		
			黄泥砂土		
			黄砾泥		
		黄红泥	黄红泥土		
		黄黏泥	黄黏泥		
		黄松泥	黄松泥		
	红壤性土	粉红泥土	粉红泥土		
		油红泥	油红泥		
黄壤	黄壤	山黄泥土	山黄泥土	118 000	10.8
			山黄泥砂土		
			山黄砾泥		
			山香灰土		
		山黄黏泥	山黄黏泥		

续表 1-4

土类	亚类	土属	土种	面积/hm²	所占总土壤比例/%
紫色土	钙性紫色土	紫色土	紫砂土	138 600	12.7
		红紫色土	红紫泥土		
	酸性紫色土	酸性紫色土	酸性紫泥土		
		红紫砾土	红紫砾土		
		红砂土	红砂土		
石灰岩土	棕色石灰岩土	油黄泥	油黄泥	1800	0.2
基性岩土	基性岩土	棕泥土	棕泥土	10 500	0.9
		灰黄泥土	灰黄泥土		
粗骨土	铁铝粗骨土	石砂土	石砂土	161 400	14.8
		红泥骨	红泥骨		
水稻土	淹育水稻土	红砂田	红砂田	275 100	25.2
	渗育水稻土	黄泥田	黄泥田		
		紫泥田	钙性紫砂田		
		黄筋泥田	黄筋泥田		
		红泥田	红泥田		
		黄油泥田	黄油泥田		
		棕泥田	棕泥田		
		培泥砂田	培泥砂田		
	潴育水稻土	洪积泥砂田	洪积泥砂田		
		黄泥砂田	黄泥砂田		
		泥砂田	泥砂田		
		泥质田	泥质田		
		紫泥砂田	紫泥砂田		
		红紫泥砂田	红紫泥砂田		
	潜育水稻土	棕泥砂田	棕泥砂田		
		烂泥田	烂泥田		

在自然作用和人类生产活动的影响下，土壤在调查区的分布具有明显规律性。红壤和黄壤是在中亚热带生物气候条件下形成的，是金华市水平带上和垂直带上的两个地带性土类。其中，红壤是全市面积最大的土壤资源，为发育较好的铁铝土，主要分布在高阶地和丘陵上，总面积384 800hm²，占全市土壤总面积的35.4%。红壤土层深厚，质地黏重，均为壤质黏土，表土层黏粒含量为31.28%，土壤矿物质风化度高，粉黏比在0.83~0.98之间，黏粒矿物以高岭石为主，伊利石次之。红壤呈酸性，表层pH在5.5~6.0之间。红壤土类可划分为红壤、黄红壤、红壤性土3个亚类。

黄壤分布在海拔650~750m的中、低山地区，分布面积118 000hm²，占全市土壤总面积的10.8%。黄壤的母质层风化很差，母岩特性较明显，土体较坚实，缺乏多孔性和松脆性，土体厚度较红壤偏薄。黄壤质地一般多为粉砂质壤土或黏壤土，比红壤质地较粗，粉砂性较显著，粉黏比在1.34~2.94之间。黄壤具强

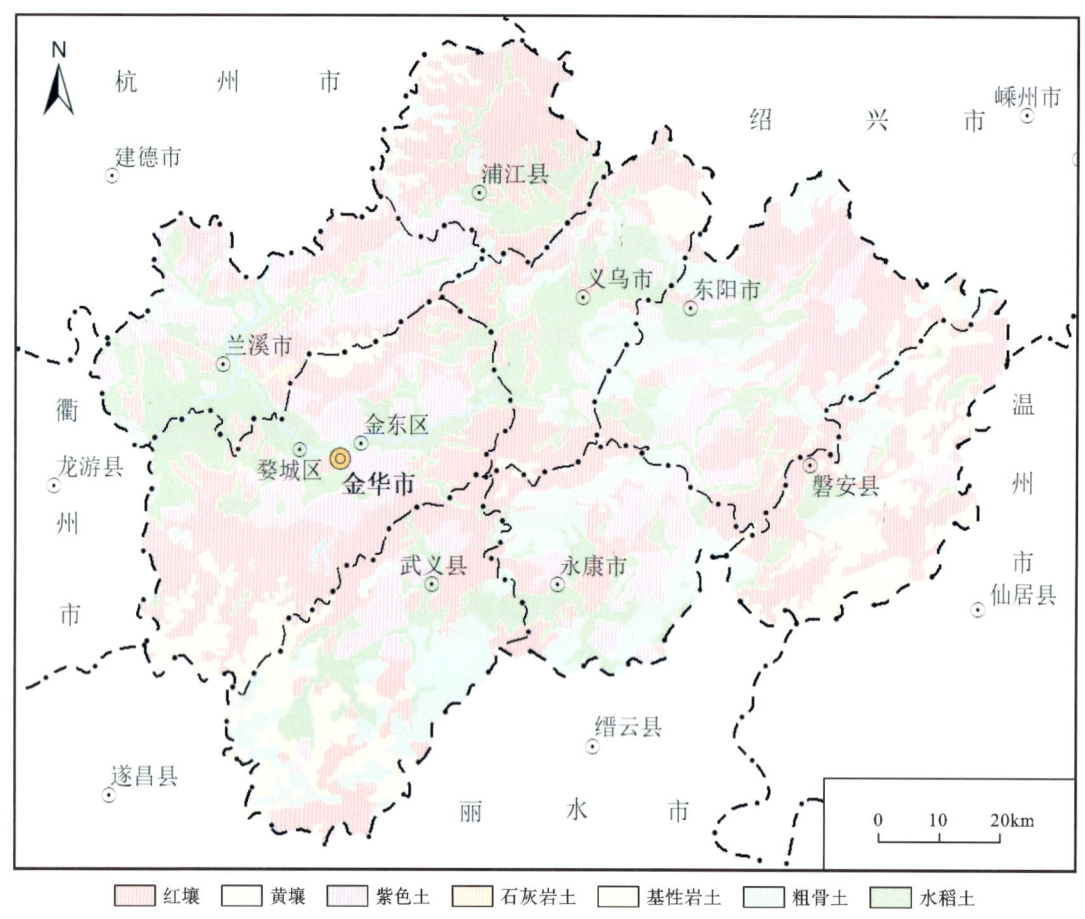

图1-2 金华市不同土壤类型分布图

酸性,pH小于5.5。黏粒矿物以蛭石、绿泥石、高岭石为主,伴有伊利石和石英。

紫色土、石灰岩土、基性岩土、粗骨土和水稻土是金华市的地域性土类。紫色土主要分布于兰溪市、金东区、东阳市、永康市、武义县等地丘陵阶地上,总面积138 600hm²,占全市土壤总面积的12.7%。紫色土尚未显示富铝化作用,表层保持钙质新风化体的特征。土壤剖面发育极为微弱,土体浅薄,一般不足50cm,土壤质地随母质不同而不同,从砂质壤土至壤质黏土,粉黏比平均值在0.8～1.6之间,粉砂性较突出。紫色土土壤结持性差,易遭冲刷,水土流失严重。pH随不同母质而异,一般在5.0～7.5之间。黏粒矿物组成以伊利石为主,次为高岭石、蛭石、蒙脱石。紫色土类可进一步分为钙性紫色土、酸性紫色土2个亚类。

粗骨土广泛分布于义乌市—东阳市—永康市—武义县一带,呈北东向条带展布,多分布于易受侵蚀的坡陡地段,总面积为161 400hm²,占全市土壤总面积的14.8%。粗骨土的成土母质为各种岩类的残积物,土体浅薄,土体(A+C层)厚52cm。质地为砂质壤土至砂质黏壤土,土体中2/3为砾石和砂粒,显粗骨性。粗骨土一般呈强酸性、酸性,少数呈微酸性,pH多数小于5.0,土壤片蚀严重。

水稻土的形成是长期的人类活动、耕作熟化和定向培育的结果。在耕作熟化过程中,土壤属性与母土相比均有明显差别。水稻土集中分布于金衢盆地,总面积275 100hm²,在金华市所有土壤类型中面积位居第二,占全市土壤总面积的25.2%。根据水稻土土体内的水分状况和特征层的基本性质特征,可分为潴育、潜育、渗育、淹育4个亚类。

石灰岩土和基性岩土在金华市分布面积较少。石灰岩土因受母质影响,抗风化力强,表土易冲刷,土壤停留在幼龄土发育阶段。

在区域上,金华江、衢江和兰江及一级支流的河谷平原分布着水稻土。金衢盆地东段(含婺城区、金东区、兰溪市、义乌市和东阳市西北部)的底部分布着紫色土以及由其发育形成的(钙质)紫泥田和紫泥砂田土属;武义县、永康市、浦江盆地的底部,分布着红紫色土和红紫泥砂田土属;而在南马盆地和墩头盆地的底部,上述土属均有分布。婺城区的汤溪镇、白龙桥镇及义乌市的义亭镇和苏溪镇等区域是金华市红筋泥土属集中连片分布区,因地势较为平坦,故土层保留完整,土体深厚。东南部东阳市、磐安县一带的大盘山地,西南部婺城区南山、武义县牛头山等地仙霞岭余脉和浦江至兰溪的龙门山脉一带,以黄泥土土属为主。永康市北部、义乌市西南部、东阳市西部的中部山地,以粗骨土为主。在义乌市尚阳盆地、婺城区南山西侧250~500m的山地,分布黄松泥和黄泥砂土,风化体均较深厚。在磐安县玉山台地集中分布着红黏土。在义乌市北部大陈镇、楂林镇、湖门村等地低丘地带和武义县南部丘陵(桃溪镇泽村等地),分布着灰黄泥土。在金华市双龙洞至兰溪市灵栖洞(海拔400~600m)、兰溪市西北部双牌村一带、浦江县白马镇等地,分布油黄泥和黄红泥两种土属。

三、土壤酸碱性

土壤酸碱度是土壤理化性质的一项重要指标,也是影响土壤肥力、重金属活性等的重要因素。土壤酸碱度是由土壤成因、母质来源、地貌类型及土地利用方式等因素决定的。

金华市表层土壤酸碱度统计主要依据1:25万多目标区域地球化学调查(2014—2016年)、金华市农业地质环境调查和1:5万土地质量地质调查的数据,按照强酸性、酸性、中性、碱性和强碱性5个等级的分级标准进行统计分析,结果如表1-5所示(图1-3、图1-4)。

表1-5 金华市表层土壤酸碱度分布情况统计表

土壤酸碱度等级	强酸性	酸性	中性	碱性	强碱性
pH分级	pH<5.0	5.0≤pH<6.5	6.5≤pH<7.5	7.5≤pH<8.5	pH≥8.5
样本数/件	10 663	16 418	1716	848	34
占比/%	35.93	55.32	5.78	2.86	0.11

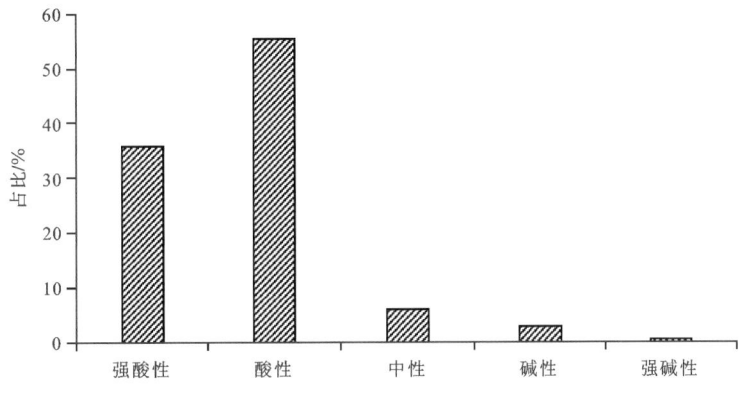

图1-3 金华市表层土壤酸碱度占比统计柱状图

金华市表层土壤pH总体变化范围为3.25~9.17,平均值为5.34。全市土壤以酸性、强酸性为主,两者样本数所占比例之和达91.25%,几乎覆盖了金华市的大部分面积;中性、碱性、强碱性土壤分布面积较少。由图1-4可知,强酸性土壤广泛分布于低丘岗地,成土母质以中酸性火成岩类风化物为主;酸性土壤主要在金衢盆地底部、沿江地带分布;中性、碱性和强碱性土壤零星分布在兰溪市、婺城区、金东区、义乌市等地,该类土壤母质类型主要为碳酸盐岩类风化物。

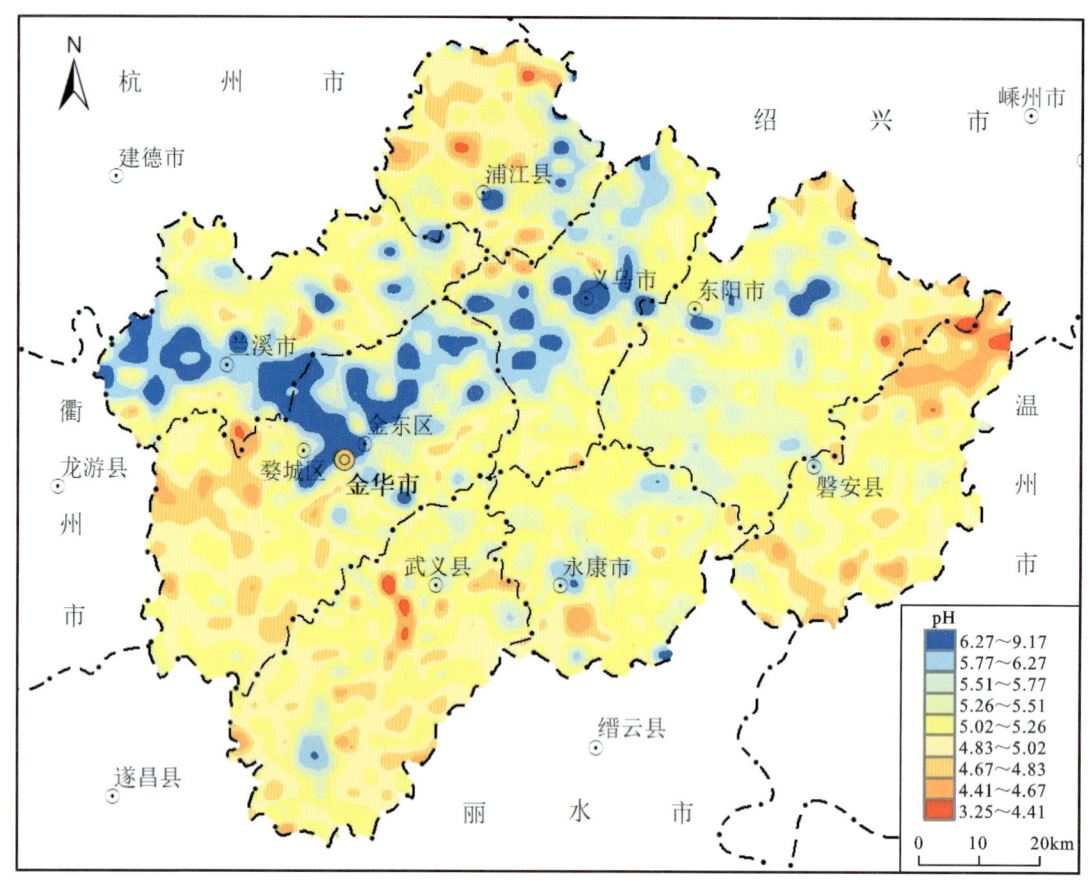

图 1-4　金华市表层土壤酸碱度分布图

四、土壤有机质

土壤有机质是指土壤中各种动植物残体在土壤生物作用下形成的一种化合物,具有矿化作用和腐殖化作用。它可以促进土壤结构形成,改善土壤物理性质。因此,土壤有机质是土壤质量评价中的一项重要指标。

金华市表层土壤有机质含量变化区间较大,在 0.10%～25.35% 之间,平均值为 2.19%。土壤有机质地球化学图(图 1-5)显示,金华市表层土壤有机质低背景区主要分布于义乌市、东阳市、兰溪市和金东区等地;表层土壤有机质高背景区则集中分布于婺城区、武义县、磐安县和浦江县等地,有机质含量高于 2.57%。

从土壤有机质的空间分布来看,有机质分布特征与成土母质类型关系密切,中酸性火成岩类风化物中有机质含量相对丰富,而松散岩类沉积物、紫色碎屑岩类风化物中有机质含量明显贫乏。

五、土地利用现状

根据金华市第三次全国国土调查(2018—2021 年)结果,金华市域土地总面积为 1 082 366.10 hm²。其中,耕地面积为 145 593.18 hm²,占比 13.45%;园地面积为 84 629.30 hm²,占比 7.82%;林地面积为 646 142.42 hm²,占比 59.70%;草地面积为 4 028.27 hm²,占比 0.37%;湿地面积为 414.67 hm²,占比 0.04%;城镇村及工矿用地面积为 118 083.41 hm²,占比 10.91%;交通运输用地面积为 26 496.38 hm²,占比 2.45%;水域及水利设施用地面积为 56 978.47 hm²,占比 5.26%。金华市土地利用现状统计见表 1-6。

第一章 区域概况

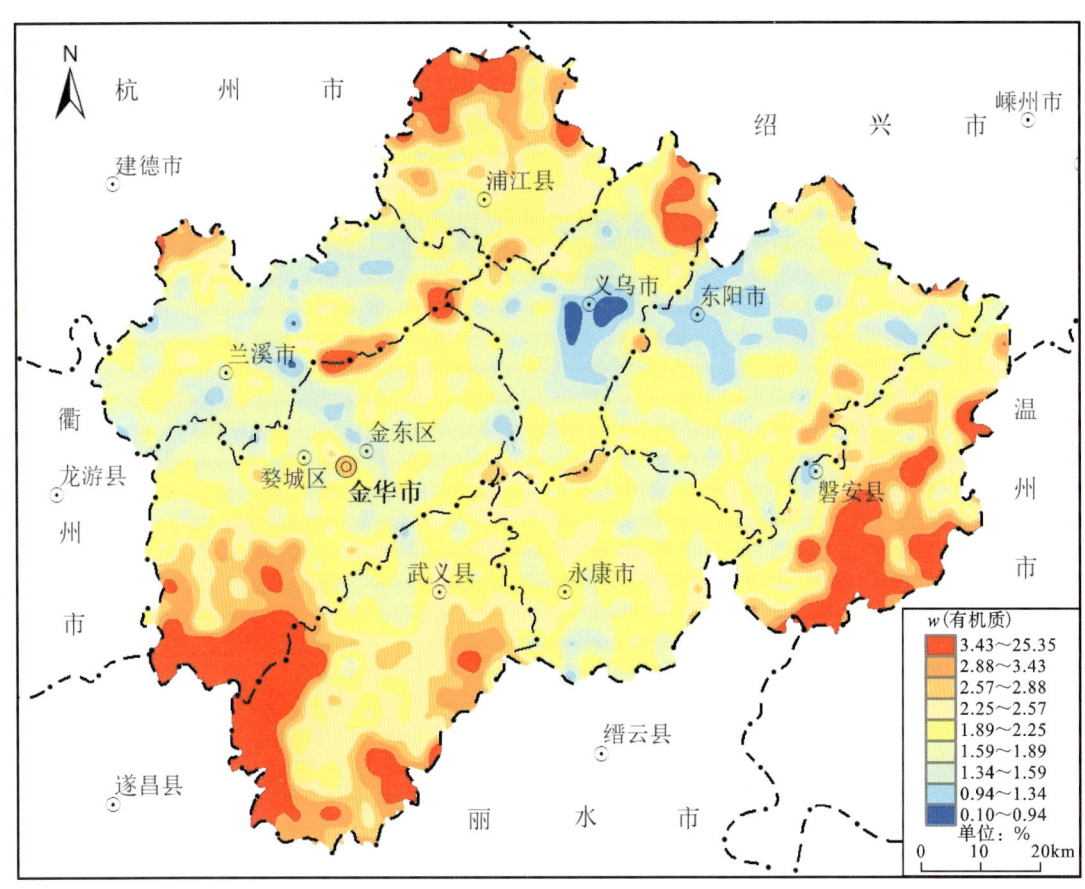

图 1-5 金华市表层土壤有机质地球化学图

表 1-6 金华市土地利用现状(利用结构)统计表

地类		面积/hm²		占比/%
		分项面积	小计	
耕地	水田	116 996.75	145 593.18	13.45
	旱地	28 596.43		
园地	果园	50 409.40	84 629.30	7.82
	茶园	19 536.03		
	其他园地	14 683.87		
林地	乔木林地	512 438.24	646 142.42	59.70
	竹林地	58 595.80		
	灌木林地	27 615.16		
	其他林地	47 493.22		
草地	其他草地	4 028.27	4 028.27	0.37
湿地	内陆滩涂	409.75	414.67	0.04
	沼泽地	4.92		

续表 1-6

地类		面积/hm²		占比/%
		分项面积	小计	
城镇村及工矿用地	城市用地	30 458.69	118 083.41	10.91
	建制镇用地	23 540.33		
	村庄用地	58 983.93		
	采矿用地	2 749.54		
	风景名胜及特殊用地	2 350.92		
交通运输用地	铁路用地	1 503.01	26 496.38	2.45
	轨道交通用地	108.28		
	公路用地	15 505.16		
	农村道路	9 302.29		
	机场用地	62.01		
	港口码头用地	15.30		
	管道运输用地	0.33		
水域及水利设施用地	河流水面	14 159.89	56 978.47	5.26
	水库水面	11 887.16		
	坑塘水面	25 536.29		
	沟渠	2 969.82		
	水工建筑用地	2 425.31		
土地总面积		1 082 366.10	1 082 366.10	100.00

第二章 数据基础及研究方法

自 2002 年至 2022 年,20 年间金华市相继开展了 1∶25 万多目标区域地球化学调查、1∶5 万土地质量地质调查工作,积累了大量的土壤元素含量实测数据和相关基础资料,为该地区土壤元素背景值研究奠定了坚实基础。

第一节 1∶25 万多目标区域地球化学调查

多目标区域地球化学调查是一项基础性地质调查工作,通过系统的"双层网格化"土壤采集分析,获得了高精度、高质量的地球化学数据,为基础地质、农业生产、土地利用规划与管护、生态环境保护等多领域研究、多部门应用提供多层级的基础资料。

金华市 1∶25 万多目标区域地球化学调查始于 2002 年,于 2016 年结束,前后历经 2 个阶段,完成了全域覆盖的系统调查工作(图 2-1,表 2-1),共采集 2756 件表层土壤组合样、690 件深层土壤组合样。

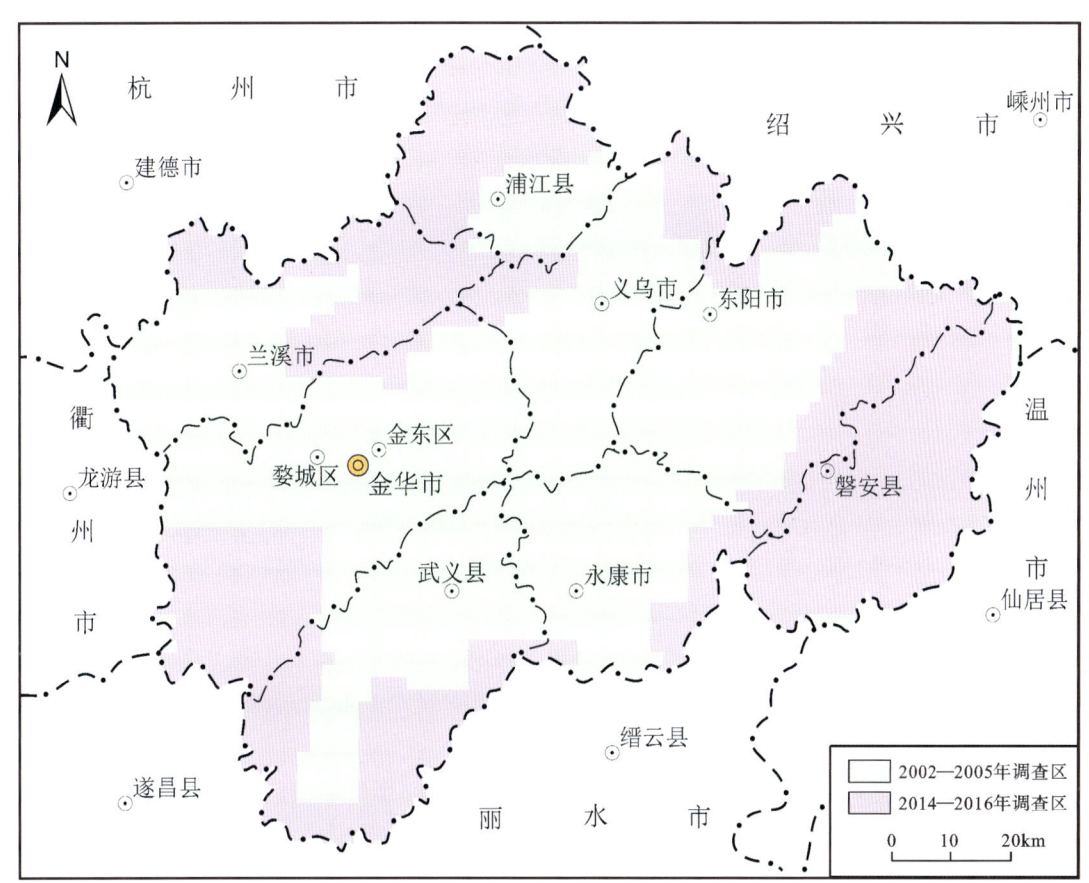

图 2-1 金华市 1∶25 万多目标区域地球化学调查工作程度图

表2-1　金华市1∶25万多目标区域地球化学调查工作统计表

时间	项目名称	主要负责人	调查区域
2002—2005年	浙江省1∶25万多目标区域地球化学调查	吴小勇	东部平原区
2014—2016年	浙西北地区1∶25万多目标区域地球化学调查	解怀生、黄春雷	低山丘陵区

2002—2005年,在省部合作的"浙江省农业地质环境调查"项目中,浙江省地质调查院组织开展了"浙江省1∶25万多目标区域地球化学调查"项目,完成了金华市婺城区、金东区、义乌市、东阳市、永康市、武义县、兰溪市、浦江县等东部平原区的调查工作。2014—2016年,"浙西北地区1∶25万多目标区域地球化学调查"项目完成了金华市浦江县、兰溪市、婺城区、金东区、义乌市、东阳市、磐安县、永康市、武义县等低山丘陵区的调查工作。至此,金华市完成了1∶25万多目标区域地球化学调查全覆盖。

一、样品布设与采集

金华市1∶25万多目标区域地球化学调查执行中国地质调查局《多目标区域地球化学调查规范(1∶250 000)》(DZ/T 0258—2014)、《区域地球化学勘查规范》(DZ/T 0167—2016)、《土壤地球化学测量规范》(DZ/T 0145—2017)、《区域生态地球化学评价规范》(DZ/T 0289—2015)等。主要方法技术简述如下。

(一)样品布设和采集

1∶25万多目标区域地球化学调查,采用"网格+图斑"双层网格化方式布设,样点布设以代表性为首要原则,兼顾均匀性、特殊性。代表性原则指按规定的基本密度,将样点布设在网格单元内主要土地利用、主要土壤类型或地质单元的最大图斑内。均匀性原则指样点与样点之间应保持相对固定的距离,以规定的基本密度形成网格。一般情况下,样点应布设于网格中心部位,每个网格均应有样点控制,不得出现连续4个或以上的空白小格。特殊性原则指水库、湖泊等采样难度较大区域,按照最低采样密度要求进行布设,一般选择沿水域边部采集水下淤泥物质。城镇、居民区等区域样点布设可适当放宽均匀性原则,一般布设于公园、绿化地等"老土"区域。

表层土壤样采集深层为0~20cm,平原区深层土壤采集深度为150cm以下,低山丘陵区深层土壤采集深度为120cm以下。

1. 表层土壤样

表层土壤样点布设以1∶5万标准地形图4km²的方里网格为采样大格,以1km²为采样单元格,布设并采集样品,再按1件/4km²的密度组合成分析样品。样品自左向右、自上而下依次编号。

在平原区及山间盆地区,样点通常布设于单元格中间部位附近,以耕地为主要采样对象。在野外现场根据实际情况,选择具有代表性的地块100m范围内,采用"X"形或"S"形进行多点组合采样,注意远离村庄、主干交通线、矿山、工厂等点污染源,严禁采集人工搬运堆积土,避开田间堆肥区及养殖场等受人为影响的局部位置。

在丘陵坡地区,样点通常布设于沟谷下部、平缓坡地、山间平坝等土壤易于汇集处,原则上选择单元格内大面积分布的土地利用类型区,如林地区、园地区等,同时兼顾面积较大的耕地区。在布设的样点周边100m范围内多点采集子样组合成1件样品。

在湖泊、水库及宽大的河流水域区,当水域面积超过2/3单元格面积时,于单元格中间近岸部位采集水底沉积物样品,当水域面积较小时采集岸边土壤样品。

在中低山林地区,由于通行困难,局部地段土层较薄,可在山脊、鞍部或相对平坦、土层较厚、土壤发育成熟地段进行多点组合样品采集。

表层土壤样采集深度为0～20cm,采集过程中去除表层枯枝落叶及样品中的砾石、草根等杂物,上下均匀采集。土壤样品原始质量大于1000g,确保筛分后质量不低于500g。采样时远离矿山、工厂等污染源,严禁采集人工搬运的堆积土等。

在野外采样时,原则上在预布点位采样,不得随意移动采样点位,以保证样点分布的均匀性、代表性。在实际采样时,可根据通行条件或者矿点、工厂等污染源分布情况,适当合理地移动采样点位,并在备注栏中说明,同时该采样点与四临样点间距离不小于500m。

2. 深层土壤样

深层土壤样品采样点以1件/4km²的密度布设,再按1件/16km²(4km×4km)的密度组合成分析样。样品采样点布设以1:10万标准地形图16km²的方里网格为采样大格,以4km²为采样单元格,自左向右、自上而下依次编号。

在平原及山间盆地区,采样点通常布设于单元格中间部位,采集深度为150cm以下,样品为10～50cm的长土柱。

在山地丘陵及中低山区,样品通常布设于沟谷下部平缓部位或是山脊、鞍部土层较厚部位。由于土层通常较薄,采样深度控制在120cm以下;当反复尝试发现土壤厚度达不到要求时,可将采集控制深度放松至100cm以下。当单孔样品量不足时,可在周边合适地段多孔采集。

深层土壤样品原始质量大于1000g,要求采集发育成熟的土壤,避开山区河谷中的砂砾石层及山坡上残坡积物下部(半)风化的基岩层。

样品采集原则同表层土壤,按照预布点位进行采集,不得随意移动采样点位。在实际采样时,可根据土层厚度、土壤成熟度等情况适当合理地移动采样点位,并在备注栏中说明,同时要求该采样点与四临样点间距离不小于1000m。

(二)样品加工与组合

选择在干净、通风、无污染的场地进行样品加工,加工时对加工工具进行全面清洁,防止发生人为玷污。样品采用日光晒干和自然风干,干燥后采用木榼敲打达到自然粒级,用20目尼龙筛全样过筛。加工过程中表层、深层样加工工具分开专用,样品加工好后保留副样500～550g,分析测试子样质量达70g以上,认真核对填写标签,并装瓶、装袋。装瓶样品及分析子样按(表层1:5万、深层1:10万)图幅排放整理,填写副样单或子样清单,移交样品库管理人员,做好交接手续。

在样品库管理人员的监督指导下开展分析样品组合工作,组合分析样质量不少于200g。每次只取4件需组合的分析子样,等量取样称重后进行组合,并充分混合均匀后装袋。填写送样单并核对,在技术人员检查清点后,送往实验室进行分析。

(三)样品库建设

区域土壤地球化学调查采集的土壤实物样品将长期保存。样品按图幅号存放,并根据表层土壤和深层土壤样品编码图建立样品资料档案。样品库保持定期通风、干燥、防火、防虫。建立定期检查制度,发现样品标签不清、样品瓶破损等情况要及时处理。样品出入库时办理交接手续。

(四)样品采集质量控制

质量检查组对样品采集、加工、组合、副样入库等进行全过程质量跟踪监管,从采样点位的代表性,采样深度,野外标记,记录的客观性、全面性等方面抽查。野外检查内容主要包括:①样品采集质量,样品防玷污措施,记录卡填写内容的完整性、准确性,记录卡、样品、点位图的一致性;②GPS航点航迹资料的完整性及存储情况等;③样品加工检查,主要核对野外采样组移交样品的一致性,要求样袋完好、编号清楚、原始质量满足要求,样本数与样袋数一致,样品编号与样袋编号对应;④填写野外样品加工日常检查登记表,组合与副样入库等过程符合规范要求。

二、分析测试与质量控制

1. 分析指标

金华市 1∶25 万多目标区域地球化学调查土壤样品测试由中国地质科学院地球物理地球化学勘查研究所实验测试中心、浙江省地质矿产研究所承担,共分析 54 项元素/指标:银(Ag)、砷(As)、金(Au)、硼(B)、钡(Ba)、铍(Be)、铋(Bi)、溴(Br)、碳(C)、镉(Cd)、铈(Ce)、氯(Cl)、钴(Co)、铬(Cr)、铜(Cu)、氟(F)、镓(Ga)、锗(Ge)、汞(Hg)、碘(I)、镧(La)、锂(Li)、锰(Mn)、钼(Mo)、氮(N)、铌(Nb)、镍(Ni)、磷(P)、铅(Pb)、铷(Rb)、硫(S)、锑(Sb)、钪(Sc)、硒(Se)、锡(Sn)、锶(Sr)、钍(Th)、钛(Ti)、铊(Tl)、铀(U)、钒(V)、钨(W)、钇(Y)、锌(Zn)、锆(Zr)、硅(SiO_2)、铝(Al_2O_3)、铁(Fe_2O_3)、镁(MgO)、钙(CaO)、钠(Na_2O)、钾(K_2O)、有机碳(Corg)、pH。

2. 分析方法及检出限

优化选择以 X 射线荧光光谱法(XRF)、电感耦合等离子体质谱法(ICP-MS)为主,以发射光谱法(ES)、原子荧光光谱法(AFS)、催化分光光度法(COL)以及离子选择性电极法(ISE)等为辅的分析方法配套方案。该套分析方案技术参数均满足中国地质调查局规范要求。分析测试方法和要求方法的检出限列于表 2-2。

表 2-2 各元素/指标分析方法及检出限

元素/指标		分析方法	检出限	元素/指标		分析方法	检出限
Ag	银	ES	0.02μg/kg	Mn	锰	ICP-OES	10mg/kg
Al_2O_3	铝	XRF	0.05%	Mo	钼	ICP-MS	0.2mg/kg
As	砷	HG-AFS	1mg/kg	N	氮	KD-VM	20mg/kg
Au	金	GF-AAS	0.2μg/kg	Na_2O	钠	ICP-OES	0.05%
B	硼	ES	1mg/kg	Nb	铌	ICP-MS	2mg/kg
Ba	钡	ICP-OES	10mg/kg	Ni	镍	ICP-MS	2mg/kg
Be	铍	ICP-OES	0.2mg/kg	P	磷	ICP-OES	10mg/kg
Bi	铋	ICP-MS	0.05mg/kg	Pb	铅	ICP-MS	2mg/kg
Br	溴	XRF	1.5mg/kg	Rb	铷	XRF	5mg/kg
TC	碳	氧化热解-电导法	0.1%	S	硫	XRF	50mg/kg
CaO	钙	XRF	0.05%	Sb	锑	ICP-MS	0.05mg/kg
Cd	镉	ICP-MS	0.03mg/kg	Sc	钪	ICP-MS	1mg/kg
Ce	铈	ICP-MS	2mg/kg	Se	硒	HG-AFS	0.01mg/kg
Cl	氯	XRF	20mg/kg	SiO_2	硅	XRF	0.1%
Co	钴	ICP-MS	1mg/kg	Sn	锡	ES	1mg/kg
Cr	铬	ICP-MS	5mg/kg	Sr	锶	ICP-OES	5mg/kg
Cu	铜	ICP-MS	1mg/kg	Th	钍	ICP-MS	1mg/kg

续表2-2

元素/指标		分析方法	检出限	元素/指标		分析方法	检出限
F	氟	ISE	100mg/kg	Ti	钛	ICP-OES	10mg/kg
Fe_2O_3	铁	XRF	0.1%	Tl	铊	ICP-MS	0.1mg/kg
Ga	镓	ICP-MS	2mg/kg	U	铀	ICP-MS	0.1mg/kg
Ge	锗	HG-AFS	0.1mg/kg	V	钒	ICP-OES	5mg/kg
Hg	汞	CV-AFS	3μg/kg	W	钨	ICP-MS	0.2mg/kg
I	碘	COL	0.5mg/kg	Y	钇	ICP-MS	1mg/kg
K_2O	钾	XRF	0.05%	Zn	锌	ICP-OES	2mg/kg
La	镧	ICP-MS	1mg/kg	Zr	锆	XRF	2mg/kg
Li	锂	ICP-MS	1mg/kg	Corg	有机碳	氧化热解-电导法	0.1%
MgO	镁	ICP-OES	0.05%	pH		电位法	0.1

注：ICP-MS为电感耦合等离子体质谱法；XRF为X射线荧光光谱法；ICP-OES为电感耦合等离子体光学发射光谱法；HG-AFS为氢化物发生-原子荧光光谱法；GF-AAS为石墨炉原子吸收光谱法；ISE为离子选择性电极法；CV-AFS为冷蒸气-原子荧光光谱法；ES为发射光谱法；COL为催化分光光度法；KD-VM为凯氏蒸馏-容量法。

3. 实验室内部质量控制

(1)报出率(P)：土壤分析样品各元素报出率均为99.99%以上，满足《多目标区域地球化学调查规范(1:250 000)》(DZ/T 0258—2014)不低于95%的要求，说明所采用分析方法能完全满足分析要求。

(2)准确度和精密度：按《多目标区域地球化学调查规范(1:250 000)》(DZ/T 0258—2014)中"土壤地球化学样品分析测试质量要求及质量控制"的有关规定，根据国家一级土壤地球化学标准物质12种分析值，统计测定平均值与标准值之间的对数误差($\Delta lgC=|lgC_i-lgC_s|$)和相对标准偏差(RSD)，结果表明对数误差(ΔlgC)和相对标准偏差(RSD)均满足规范要求。

Au采用国家一级痕量金标准物质的12次Au元素分析值，统计得到$|\Delta lgC|\leqslant 0.026$，RSD$\leqslant$10.0%，满足规范要求。

pH项目参照《生态地球化学评价样品分析技术要求(试行)》(DD 2005-03)要求，依据国家一级土壤有效态标准物质pH指标的6种分析值计算，绝对偏差的绝对值小于等于0.1，满足规范要求。

(3)异常点检验：每批次样品分析测试工作完成后，检查各项指标的含量范围，对部分指标特高含量试样进行了异常点重复性分析，异常点检验合格率均为100%。

(4)重复性检验监控：土壤测试分析按不低于5.0%的比例进行重复性检验，计算两次分析之间相对偏差(RD)，对照规范允许限，统计合格率，其中Au重复性检验比例为10%。重复性检验合格率满足《多目标区域地球化学调查规范(1:250 000)》(DZ/T 0258—2014)一次重复性检验合格率90%的要求。

4. 用户方数据质量检验

(1)重复样检验：在区域地球化学调查中，为了监控野外调查采样质量及分析测试质量，一般均按不低于2%的比例要求插入重复样。重复样与基本样品一样，以密码形式连续编号进行送检分析。在收到分析测试数据之后，计算相对偏差(RD)，根据相对偏差允许限量要求，统计合格率，元素合格率要求在90%以上。

(2)元素地球化学图检验：依据实验室提供的样品分析数据，按照《多目标区域地球化学调查规范(1:250 000)》(DZ/T 0258—2014)相关要求绘制地球化学图。地球化学图采用累积频率法成图，按累积频率的 0.5%、1.5%、4%、8%、15%、25%、40%、60%、75%、85%、92%、96%、98.5%、99.5%、100%划分等值线含量,进行色阶分级。各元素地球化学图所反映的背景和异常分布情况与地质背景基本吻合,图面结构"协调",未出现阶梯状、条带状或区块状图形。

5. 分析数据质量检查验收

根据中国地质调查局有关区域地球化学样品测试要求,中国地质调查局区域化探样品质量检查组对全部样品测试分析数据进行了质量检查验收。检查组重点对测试分析中配套方法的选择,实验室内、外部质量监控,标准样插入比例,异常点复检、外检、日常准确度、精密度复核等进行了仔细检查。检查结果显示,各项测试分析数据质量指标达到规定要求,检查组同意通过验收。

第二节 1∶5万土地质量地质调查

2010年10月,浙江省国土资源厅下达了《金华市农业地质环境调查工作任务书》(浙土资厅函〔2010〕1145号,项目编号〔省资〕2010002)。根据任务书要求,浙江省地质调查院于2010—2014年落实完成了全市9个县(市、区)的农用地(水田、旱地、园地)1∶5万农业地质环境调查;2016年8月5日,浙江省国土资源厅发布了《浙江省土地质量地质调查行动计划(2016—2020年)》(浙土资发〔2016〕15号),在全省范围内全面部署实施"711"土地质量调查工程。根据文件要求,金华市自然资源和规划局在"金华市农业地质环境调查"项目的基础上,于2017—2020年相继落实完成了金华市范围内9个县(市、区)的1∶5万土地质量地质调查补充工作,全面完成了全市耕地区土地质量地质调查任务,共采集表层土壤地球化学样品28 430件。

全市以各县(市、区)行政辖区为调查范围,共分10个土地质量地质调查项目,选择5家项目承担单位、5家测试单位共同完成,具体工作情况见表2-3。

表2-3 金华市土地质量地质调查工作情况一览表

序号	工作区	承担单位	项目负责人	样品测试单位
1	婺城区	浙江省地质调查院	邵一先	浙江省地质矿产研究所
2	金东区	中煤浙江检测技术有限公司	顾睿文	江苏地质矿产设计研究院
3	兰溪市	浙江省第三地质大队	童峰、钟南翀	承德华勘五一四地矿测试研究有限公司
4	东阳市	江西省地质调查研究院	张旭、黄东荣、聂文昌	自然资源部南昌矿产资源监督检测中心
5	义乌市	浙江省地质调查院	张翔	浙江省地质矿产研究所
6	永康市	中化地质矿山总局浙江地质勘查院	张玉淑、王其春	江苏地质矿产设计研究院
7	浦江县	中化地质矿山总局浙江地质勘查院	王美华、刘强	中化地质矿山总局中心实验室
8	武义县	中化地质矿山总局浙江地质勘查院	郑基滋、王其春	江苏地质矿产设计研究院
9	磐安县	浙江省第三地质大队	曹岚宇、楼明君	承德华勘五一四地矿测试研究有限公司
10	金华经济技术开发区	浙江省地质调查院	谷安庆	浙江省地质矿产研究所

金华市土地质量地质调查严格按照《土地质量地球化学评价规范》(DZ/T 0295—2016)等技术规范要求,开展土壤地球化学调查采样点的布设和样品采集、加工、分析测试等工作。金华市1∶5万土地质量地

质调查土壤采样点分布如图2-2所示。

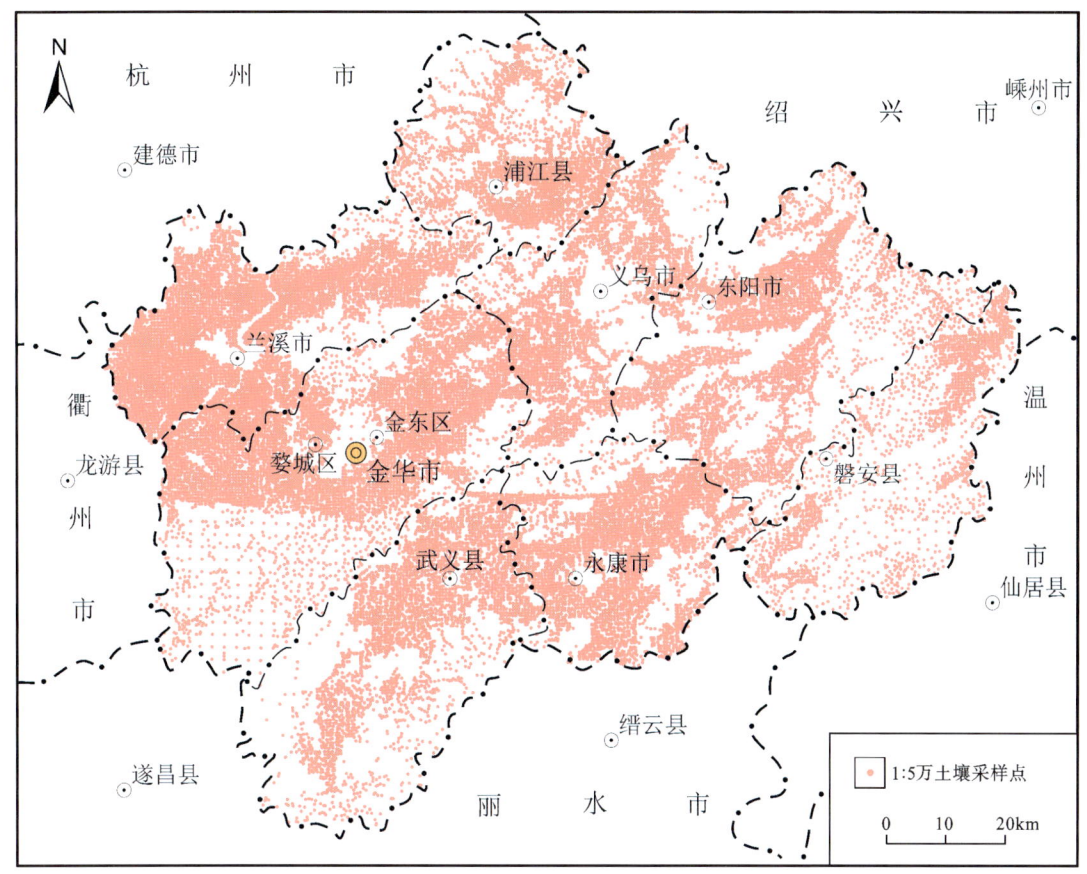

图2-2 金华市1∶5万土地质量地质调查土壤采样点分布图

一、样点布设与采集

1. 样点布设

以"二调"图斑为基本调查单元,根据市内地形地貌、地质背景、成土母质、土地利用方式、地球化学异常、工矿企业分布以及种植结构特点等(遥感影像图及踏勘情况),将调查区划分为地球化学异常区、重要农业产区、低山丘陵区及一般耕地区。按照不同分区采样密度布设样点,异常区为11~12件/km²,农业产区为9~10件/km²,低山丘陵区为7~8件/km²,一般耕地区为4~6件/km²;控制全市平均采样密度约为9件/km²。在地形地貌复杂、土地利用方式多样、人为污染强烈、元素及污染物含量空间变异性大的地区,根据实际情况适当增加采样密度。

样品主要布设在耕地中,对调查范围内园地、林地以及未利用地等进行有效控制。样品布设时避开沟渠、田埂、路边、人工堆土及微地形高低不平等无代表性地段。每件样品均由5件分样等量均匀混合而成,采样深度为0~20cm。

样品由左至右、自上而下连续顺序编号,每50件样品随机取1个号码为重复采样号。样品编号时将县(市、区)名称汉语拼音的第一字母缩写(大写)作为样品编号的前缀,如婺城区样品编号为WC0001,便于成果资料供县级使用。

2. 样品采集与记录

选择种植现状具有代表性的地块,在采样图斑中央采集样品。采样时避开人为干扰较大地段,用不锈钢小铲一点多坑(5个点以上)均匀采集地表至20cm深处的土柱组合成1件样品。样品装于干净布袋中,湿度大的样品在布袋外套塑料密封袋隔离,防止样品间相互污染。土壤样品质量要达到1500g以上。野外利用GPS定位仪确定地理坐标,以布设的采样点为主采样坑,定点误差均小于10m,保存所有采样点航点与航迹文件。

现场用2H铅笔填写土壤样品野外采集记录卡,根据设计要求,主要采用代码和简明文字记录样品的各种特征。记录卡填写的内容真实、正确、齐全,字迹要清晰、工整,不得涂擦,对于需要修改的文字要先轻轻划掉后,再将正确内容填写好。

3. 样品保存与加工

保存当日野外调查航迹文件,收队前清点采集的样本数量,与布样图进行编号核对,并在野外手图中汇总;晚上对信息采集记录卡、航点航迹等进行检查,完成当天自检和互检工作,资料由专人管理。

从野外采回的土壤样品及时清理登记后,由专人进行晾晒和加工处理,并按要求填写样品加工登记表。加工场地和加工处理均严格按照下列要求进行。

样品晾晒场地应确保无污染。将样品置于干净整洁的室内通风场地晾晒,或悬挂在样品架上自然风干,严禁暴晒和烘烤,并注意防止雨淋以及酸、碱等气体和灰尘污染。在风干过程中,适时翻动,并将大土块用木棒敲碎以防止结固,加速干燥,同时剔除土壤以外的杂物。

将风干后样品平铺在制样板上,用木棍或塑料棍碾压,并将植物残体、石块等侵入体和新生体剔除干净,细小已断的植物须根可采用静电吸附的方法清除。压碎的土样要全部通过2mm(10目)的孔径筛;未过筛的土粒必须重新碾压过筛,直至全部样品通过2mm孔径筛为止。

过筛后土壤样品充分混匀、缩分、称重,分为正样、副样两件样品。正样送实验室分析,用塑料瓶或纸袋盛装(质量一般在500g左右)。副样(质量不低于500 g)装入干净塑料瓶,送样品库长期保存。

4. 质量管理

野外各项工作严格按照质量管理要求开展小组自(互)检、二级部门抽检、单位抽检等三级质量检查,并在全部野外工作结束前,由当地自然资源部门组织专家进行野外工作检查验收,确保各项野外工作系统、规范、质量可靠。

二、分析测试与质量监控

1. 分析实验室及资质

金华市各县(市、区)10个土地质量地质调查项目的样品测试由5家测试单位承担,分别为浙江省地质矿产研究所、江苏地质矿产设计研究院、中化地质矿山总局中心实验室、承德华勘五一四地矿测试研究有限公司、自然资源部南昌矿产资源监督检测中心,以上各测试单位均具有省级检验检测机构资质认定证书,并得到中国地质调查局的资质认定,完全满足本次土地质量地质调查项目的样品检测工作要求。

2. 分析测试指标

根据技术规范要求,本次土地质量地质调查土壤全量测试砷(As)、硼(B)、镉(Cd)、钴(Co)、铬(Cr)、铜(Cu)、锗(Ge)、汞(Hg)、锰(Mn)、钼(Mo)、氮(N)、镍(Ni)、磷(P)、铅(Pb)、硒(Se)、钒(V)、锌(Zn)、钾

（K_2O）、有机碳（Corg）、pH 共 20 项元素/指标。

3. 分析方法配套方案

依据国家标准方法和相关行业标准分析方法，制订了以 X 射线荧光光谱法（XRF）、电感耦合等离子体质谱法（ICP-MS）为主，以发射光谱法（ES）、原子荧光光谱法（AFS）以及容量法（VOL）等为辅的分析方法配套方案。提供以下指标的分析数据，具体见表 2-4。

表 2-4　土壤样品元素/指标全量分析方法配套方案

分析方法	简称	项数/项	测定元素/指标
电感耦合等离子体质谱法	ICP-MS	6	Cd、Co、Cu、Mo、Ni、Ge
X 射线荧光光谱法	XRF	8	Cr、Cu、Mn、P、Pb、V、Zn、K_2O
交流电弧-发射光谱法	ES	1	B
氢化物-原子荧光光谱法	HG-AFS	2	As、Se
冷蒸气-原子荧光光谱法	CV-AFS	1	Hg
容量法	VOL	1	N
玻璃电极法	—	1	pH
重铬酸钾容量法	VOL	1	Corg

4. 分析方法的检出限

本配套方案各分析方法检出限见表 2-5，满足《多目标区域地球化学调查规范（1∶250 000）》（DZ/T 0258—2014）和《生态地球化学评价样品分析技术要求（试行）》（DD 2005-03）的要求。

表 2-5　各元素/指标分析方法检出限要求

元素/指标	单位	要求检出限	方法检出限	元素/指标	单位	要求检出限	方法检出限
pH		0.1	0.1	Cu[②]	mg/kg	1	0.5
Cr	mg/kg	5	3	Mo	mg/kg	0.3	0.2
Cu[①]	mg/kg	1	0.1	Ni	mg/kg	2	0.2
Mn	mg/kg	10	10	Ge	mg/kg	0.1	0.1
P	mg/kg	10	10	B	mg/kg	1	1
Pb	mg/kg	2	2	K_2O	%	0.05	0.01
V	mg/kg	5	5	As	mg/kg	1	0.5
Zn	mg/kg	4	1	Hg	mg/kg	0.000 5	0.000 5
Cd	mg/kg	0.03	0.02	Se	mg/kg	0.01	0.01
Corg	mg/kg	250	200	N	mg/kg	20	20
Co	mg/kg	1	0.1				

注：Cu[①] 和 Cu[②] 采用不同检测方法，Cu[①] 采用 X 射线荧光光谱法，Cu[②] 采用电感耦合等离子体质谱法。

5. 分析测试质量控制

（1）实验室资质能力条件：选择的实验室均具备相应资质要求，软硬件、人员技术能力等方面均具备相关分析测试条件,均制订了工作实施方案并严格按照方案要求开展各类样品测试工作。

(2)实验室内部质量监控:实验室在接受委托任务后,制订了行之有效的工作方案,并严格按照方案进行各类样品分析测试,各类样品分析选择的分析方法、检出限、准确度、精密度等均满足相关规范要求;内部质量监控各环节均有效运行,均满足规范要求。

(3)实验室外部质量监控:主要通过密码外控样和外检样的形式进行监控,各批次监控样品相对偏差均符合规范要求。

(4)土壤元素/指标含量分布与土壤环境背景吻合状况:依据实验室提供的分析数据,按照规定要求绘制了各元素/指标的地球化学图。元素土壤地球化学图反映的地球化学背景和异常分布与地质、土壤和地貌等基本吻合;未发现明显成图台阶,不存在明显的由非地质条件引起的条带异常;依据土壤元素含量评价得出的土壤环境质量、养分等级分布规律与地质背景、土地利用、人类活动影响等情况基本一致。

6. 测试分析数据质量检查验收

在完成样品测试分析提交验收使用之前,由浙江省自然资源厅项目管理办公室邀请国内权威专家,对每个县区分析测试数据质量进行了检查验收。验收专家认为各项目样品分析质量和质量监控已达到《多目标区域地球化学调查规范(1∶250 000)》(DZ/T 0258—2014)和《生态地球化学评价样品分析技术要求(试行)》(DD 2005-03)要求,一致同意予以验收通过。

第三节 土壤元素背景值研究方法

一、概念与约定

土壤元素地球化学基准值是土壤地球化学本底的量值,反映了一定范围内深层土壤地球化学特征,是指在未受人为影响(污染)条件下,原始沉积环境中的元素含量水平;通常以深层土壤地球化学元素含量来表征,其含量水平主要受地形地貌、地质背景、成土母质来源与类型等因素影响,以区域地球化学调查取得的深层土壤地球化学资料作为土壤元素地球化学基准值统计的资料依据。

土壤元素(环境)背景值是指在不受或少受人类活动及现代工业污染影响下的土壤元素与化合物的含量水平。但人类活动与现代工业发展的影响已遍布全球,现在已很难找到绝对不受人类活动影响的土壤,严格意义上的土壤自然背景已很难确定。因此,土壤元素背景值只能是一个相对的概念,即土壤在一定自然历史时期、一定地域内元素(或化合物)的丰度或含量水平。目前,一般以区域地球化学调查获取的表层土壤地球化学资料作为土壤元素背景值统计的资料依据。

基准值和背景值的求取必须同时满足以下条件:样品要有足够的代表性;样品分析方法技术先进,分析质量可靠,数据具有权威性;经过地球化学分布形态检验。在此基础上,统计系列地球化学参数,确定地球化学基准值和背景值。

二、参数计算方法

土壤元素地球化学基准值、背景值统计参数主要有样本数(N)、极大值(X_{max})、极小值(X_{min})、算术平均值($\overline{X}$)、几何平均值($\overline{X}_g$)、中位数(X_{me})、众值(X_{mo})、算术标准差(S)、几何标准差(S_g)、变异系数(CV)、分位值($X_{5\%}$、$X_{10\%}$、$X_{25\%}$、$X_{50\%}$、$X_{75\%}$、$X_{90\%}$、$X_{95\%}$)等。

算术平均值$(\overline{X})$：$\overline{X} = \dfrac{1}{N}\sum\limits_{i=1}^{N} X_i$

几何平均值$(\overline{X}_g)$：$\overline{X}_g = \sqrt[N]{\prod\limits_{i=1}^{N} X_i} = \dfrac{1}{N}\sum\limits_{i=1}^{N} \ln X_i$

算术标准差(S)：$S = \sqrt{\dfrac{\sum\limits_{i=1}^{N}(X_i - \overline{X})^2}{N}}$

几何标准差(S_g)：$S_g = \exp\left(\sqrt{\dfrac{\sum\limits_{i=1}^{N}(\ln X_i - \ln \overline{X}_g)^2}{N}}\right)$

变异系数(CV)：$CV = \dfrac{S}{\overline{X}} \times 100\%$

中位数(X_{me})：将一组数据排序后，处于中间位置的数值。当样本数为奇数时，中位数为第$(N+1)/2$位的数值；当样本数为偶数时，中位数为第$N/2$位与第$(N+1)/2$位数的平均值。

众值(X_{mo})：一组数据中出现频率最高的那个数值。

pH 平均值计算方法：在进行 pH 参数统计时，先将土壤 pH 换算为[H^+]平均浓度进行统计计算，然后换算成 pH。换算公式为：$[H^+] = 10^{-pH}$，$[H^+]_{平均浓度} = \sum 10^{-pH}/N$，$pH = -\lg[H^+]_{平均浓度}$。

三、统计单元划分

科学合理的统计单元划分是统计土壤元素地球化学参数，确定地球化学基准值和背景值的前提性工作。

本次金华市土壤元素地球化学基准值、背景值参数统计，参照区域土壤元素地球化学基准值和背景值研究的通用方法，结合代杰瑞和庞绪贵(2019)、张伟等(2021)、苗国文等(2020)及陈永宁等(2014)的研究成果，按照行政区、土壤母质类型、土壤类型、土地利用类型等划分统计单元，分别进行地球化学参数统计。

1. 行政区

根据金华市行政区及最新统计数据划分情况，分别按照金华市(全市)、婺城区(包括金华经济技术开发区)、金东区、义乌市、永康市、兰溪市、东阳市、武义县、浦江县、磐安县进行统计单元划分。

2. 土壤母质类型

基于金华市岩石地层地质成因及地球化学特征，金华市土壤母质类型将按照松散岩类沉积物、古土壤风化物、碎屑岩类风化物、碳酸盐岩类风化物、紫红色碎屑岩类风化物、中酸性火成岩类风化物、基性火成岩类风化物、变质岩类风化物 8 种类型划分统计单元。其中，碳酸盐岩类风化物区仅采集深层土壤样品 1 件，本次不进行地球化学基准值统计。

3. 土壤类型

金华市地貌类型多样，成土环境复杂，土壤性质差异较大，全市共有 7 个土类 13 个亚类 38 个土属 43 个土种。本次土壤元素地球化学基准值、背景值研究按照黄壤、红壤、石灰岩土、粗骨土、紫色土、水稻土、基性岩土 7 种土壤类型进行统计单元划分。其中，石灰岩土区仅采集深层土壤样品 1 件，本次不进行地球化学基准值统计。

4. 土地利用类型

由于本次调查主要涉及农用地,因此根据土地利用分类,结合第三次全国国土调查情况,土地利用类型按照水田、旱地、园地(茶园、果园、其他园地)、林地(林地、草地、湿地)4类划分统计单元。

四、数据处理与背景值确定

基于统计单元内样本数据,依据《区域性土壤环境背景含量统计技术导则(试行)》(HJ 1185—2021)进行数据分布类型检验、异常值判别与剔除及区域土壤地球化学参数统计、地球化学基准值与背景值的确定。

1. 数据分布形态检验

依据《数据的统计处理和解释正态性检验》(GB/T 4882—2001)进行样本数据的分布形态检验。利用SPSS 19对原始数据频率分布进行正态分布检验,不符合正态分布的数据进行对数转换后再进行对数正态分布检验。当数据不服从正态分布或对数正态分布时,采用箱线图法判别剔除异常值,再进行正态分布或对数正态分布检验。注意:部分统计单元(或部分元素/指标)因样品较少无法进行正态分布检验。

2. 异常值判别与剔除

对于明显来源于局部受污染场所的数据,或者因样品采集、分析检测等导致的异常值,必须进行判别和剔除。由于本次金华市土壤元素地球化学基准值、背景值研究的数据样本量较大,采用箱线图法判别并剔除异常值。

根据收集整理的原始数据各项元素/指标分别计算第一四分位数(Q_1)、第三四分位数(Q_3),以及四分位距($IQR=Q_3-Q_1$)、$Q_3+1.5IQR$值、$Q_1-1.5IQR$内限值。根据计算结果对内限值以外的异常数据,结合频率分布直方图与点位区域分布特征逐个甄别并剔除。

3. 参数表征与背景值确定

(1)参数表征主要包括统计样本数(N)、极大值(X_{max})、极小值(X_{min})、算术平均值($\overline{X}$)、几何平均值($\overline{X}_g$)、中位数(X_{me})、众值(X_{mo})、算术标准差(S)、几何标准差(S_g)、变异系数(CV)、分位值($X_{5\%}$、$X_{10\%}$、$X_{25\%}$、$X_{50\%}$、$X_{75\%}$、$X_{90\%}$、$X_{95\%}$)、数据分布类型等。

(2)地球化学基准值、背景值分以下几种情况加以确定:①当数据为正态分布或剔除异常值后正态分布时,取算术平均值作为地球化学基准值、背景值;②当数据为对数正态分布或剔除异常值后对数正态分布时,取几何平均值作为地球化学基准值、背景值;③当数据经反复剔除后,仍不服从正态分布或剔除异常值后对数正态分布时,取众值作为地球化学基准值、背景值,有2个众值时取靠近中位数的众值,3个众值时取中间位众值;④对于样本数少于30件的统计单元,则取中位数作为地球化学基准值、背景值。

(3)数值有效位数确定原则:参数统计结果取值原则,数值小于等于50的小数点后保留2位,数值大于50小于等于100的小数点后保留1位,数值大于100的取整数。注意:极个别数据保留3位小数。

说明:本书中样本数单位统一为"件";变异系数(CV)为无量纲,按照计算公式结果用百分数表示,为方便表示本书统一换算成小数,且小数点后保留2位;氧化物、TC、Corg单位为%,N、P单位为g/kg,Au、Ag单位为μg/kg,pH为无量纲,其他元素/指标单位为mg/kg。

第三章 土壤地球化学基准值

第一节 各行政区土壤地球化学基准值

一、金华市土壤地球化学基准值

金华市土壤地球化学基准值数据经正态分布检验,结果表明,原始数据中仅 Ce、Ga、Rb、Al_2O_3、K_2O 符合正态分布,As、B、Br、Cl、Co、Cr、Cu、Ge、Hg、I、Mn、N、Ni、P、Sc、Se、Sn、Sr、Tl、V、Y、Zn、TFe_2O_3、MgO、CaO、Na_2O、TC、Corg、pH 共 29 项元素/指标符合对数正态分布,Cd、La、Nb、Pb、Ti、W、Zr、SiO_2 剔除异常值后符合正态分布(简称剔除后正态分布),Ag、Au、Be、Li、Mo、Sb、Th、U 剔除异常值后符合对数正态分布(简称剔除后对数分布),其他元素/指标不符合正态分布或对数正态分布(表 3-1)。

金华市深层土壤总体呈酸性,土壤 pH 极大值为 7.95,极小值为 4.54,基准值为 5.68,接近于浙江省基准值,略低于中国基准值。

金华市深层土壤各元素/指标中,多数元素/指标变异系数小于 0.40,分布相对均匀;Cl、Mn、Corg、Se、Au、B、Co、Na_2O、P、I、Br、Cr、Cu、Hg、Sr、As、Ni、CaO、pH、Sn 共 20 项元素/指标变异系数大于 0.40,其中 CaO、pH、Sn 变异系数大于 0.80,空间变异性较大。

与浙江省土壤基准值相比,金华市土壤基准值中 B、Cr、Sr、V 基准值明显偏低,为浙江省基准值的 60% 以下,其中 B 基准值最低,仅为浙江省基准值的 39%;而 Co、I、S 基准值略低于浙江省基准值,为浙江省基准值的 60%~80%;Ba、Cu、Sn 基准值略高于浙江省基准值,与浙江省基准值比值在 1.2~1.4 之间;Br、Mo、CaO、Na_2O 基准值明显高于浙江省基准值,为浙江省基准值的 1.4 倍以上,Na_2O 基准值最高,为浙江省背景值的 3.31 倍;其他元素/指标基准值则与浙江省基准值基本接近。

与中国土壤基准值相比,金华市土壤基准值中 CaO、Na_2O、Sr、MgO、TC、Ni、S、P 基准值明显偏低,为中国基准值的 60% 以下,其中 CaO 基准值为 0.32%,是中国基准值的 12%;而 Cl、Cr、B、Cu、Sb 基准值略低于中国基准值,为中国基准值的 60%~80%;N、Ti、Li、Br、La、W、Pb、Corg、Ce、Se 基准值略高于中国基准值,与中国基准值比值在 1.2~1.4 之间;Mo、Rb、U、Tl、Zr、Th、Nb、Hg、I 基准值明显高于中国基准值,为中国基准值的 1.4 倍以上,其中 Hg、I 明显相对富集,基准值是中国基准值的 2.0 倍以上,I 基准值为 2.82mg/kg,是中国基准值的 2.82 倍;其他元素/指标基准值则与中国基准值基本接近。

二、婺城区土壤地球化学基准值

婺城区(包括金华经济技术开发区)土壤地球化学基准值数据经正态分布检验,结果表明,原始数据中 Au、B、Ba、Bi、Ce、Ga、Ge、I、La、Mn、N、Rb、S、Se、Ti、Tl、V、W、Zr、SiO_2、Al_2O_3、TFe_2O_3、Na_2O、K_2O 共 24 项元素/指标符合正态分布,Ag、As、Be、Br、Cd、Cl、Co、Cu、Hg、Li、Mo、Nb、Ni、P、Sb、Sc、Sn、Sr、Th、U、Y、Zn、MgO、CaO、TC、Corg、pH 共 27 项元素/指标符合对数正态分布,Cr、Pb 剔除异常值后符合正态分布,

表 3-1 金华市土壤地球化学基准值参数统计表

元素/指标	N	$X_{5\%}$	$X_{10\%}$	$X_{25\%}$	$X_{50\%}$	$X_{75\%}$	$X_{90\%}$	$X_{95\%}$	$\bar{X}$	S	$\bar{X}_g$	S_g	X_{max}	X_{min}	CV	X_{me}	X_{mo}	分布类型	金华市基准值	浙江省基准值	中国基准值
Ag	647	34.00	38.00	47.00	60.0	73.5	89.0	100.0	61.9	20.19	58.7	10.57	120	20.00	0.33	60.0	110	剔除后对数分布	58.7	70.0	70.0
As	690	3.49	4.16	5.24	7.10	9.65	13.50	16.00	8.47	6.42	7.32	3.65	89.5	2.16	0.76	7.10	7.60	对数正态分布	7.32	6.83	9.00
Au	653	0.46	0.54	0.69	0.90	1.30	1.70	2.00	1.03	0.46	0.93	1.55	2.41	0.27	0.45	0.90	0.90	剔除后对数分布	0.93	1.10	1.10
B	690	15.00	16.40	21.02	29.00	38.00	54.0	61.5	31.78	14.67	28.82	7.74	101	6.00	0.46	29.00	29.00	剔除后对数分布	28.82	73.0	41.00
Ba	676	325	377	466	598	779	945	1033	633	220	595	39.16	1289	180	0.35	598	606	偏峰分布	606	482	522
Be	663	1.71	1.80	1.96	2.20	2.47	2.75	2.95	2.24	0.37	2.21	1.60	3.29	1.27	0.17	2.20	2.22	剔除后对数分布	2.21	2.31	2.00
Bi	653	0.16	0.17	0.20	0.23	0.27	0.34	0.37	0.24	0.06	0.24	2.36	0.42	0.10	0.26	0.23	0.22	其他分布	0.22	0.24	0.27
Br	690	1.00	1.26	1.73	2.23	3.22	4.60	5.82	2.69	1.66	2.35	1.94	15.03	0.73	0.62	2.23	1.00	对数分布	2.35	1.50	1.80
Cd	659	0.07	0.08	0.10	0.12	0.15	0.17	0.18	0.12	0.03	0.12	3.50	0.22	0.03	0.27	0.12	0.12	对数正态分布	0.12	0.11	0.11
Ce	690	64.0	68.4	74.5	83.4	94.4	104	112	85.2	14.98	83.9	12.72	162	49.75	0.18	83.4	107	正态分布	85.2	84.1	62.0
Cl	690	26.50	29.79	36.43	45.00	54.9	65.8	75.0	47.53	19.30	44.96	9.22	339	20.10	0.41	45.00	41.00	对数正态分布	44.96	39.00	72.0
Co	690	4.79	5.40	6.65	8.51	11.09	15.41	18.40	9.66	4.75	8.82	3.75	45.15	2.90	0.49	8.51	5.80	对数正态分布	8.82	11.90	11.0
Cr	690	11.80	14.40	21.14	33.25	47.09	62.8	73.5	37.32	23.29	31.63	8.44	252	5.10	0.62	33.25	21.10	对数正态分布	31.63	71.0	50.0
Cu	690	6.95	8.00	10.15	13.43	17.40	22.97	29.82	15.42	10.18	13.74	4.99	164	4.30	0.66	13.43	11.20	对数正态分布	13.74	11.20	19.00
F	649	331	366	422	491	575	663	717	503	116	490	35.41	867	257	0.23	491	498	偏峰分布	498	431	456
Ga	690	13.65	14.20	15.81	17.40	19.20	21.00	22.50	17.59	2.70	17.39	5.14	27.37	11.27	0.15	17.40	17.00	正态分布	17.59	18.92	15.00
Ge	690	1.26	1.31	1.42	1.54	1.69	1.86	1.97	1.56	0.21	1.55	1.33	2.51	1.05	0.14	1.54	1.53	对数正态分布	1.55	1.50	1.30
Hg	690	0.03	0.03	0.04	0.05	0.06	0.08	0.09	0.05	0.04	0.05	6.22	0.69	0.02	0.69	0.05	0.05	对数正态分布	0.05	0.048	0.018
I	690	1.18	1.42	1.95	2.88	4.03	5.48	6.49	3.24	1.76	2.82	2.15	12.40	0.34	0.54	2.88	3.77	对数正态分布	2.82	3.86	1.00
La	667	32.94	34.70	38.36	42.16	46.20	49.30	51.9	42.24	5.72	41.85	8.64	58.6	26.70	0.14	42.16	42.80	剔除后对数分布	42.24	41.00	32.00
Li	658	27.10	29.20	33.10	37.50	42.80	48.93	53.2	38.36	7.60	37.63	8.30	60.1	22.10	0.20	37.50	34.50	剔除后对数分布	37.63	37.51	29.00
Mn	690	335	394	506	652	869	1061	1228	704	286	651	40.98	2493	189	0.41	652	699	对数正态分布	651	713	562
Mo	650	0.60	0.67	0.78	0.98	1.27	1.56	1.80	1.06	0.36	0.99	1.43	2.07	0.16	0.34	0.98	0.95	对数正态分布	0.99	0.62	0.70
N	690	0.31	0.34	0.39	0.47	0.57	0.70	0.83	0.50	0.17	0.48	1.70	1.89	0.14	0.34	0.47	0.43	对数正态分布	0.48	0.49	0.399
Nb	656	16.99	17.77	19.60	21.51	24.01	26.00	27.61	21.80	3.32	21.55	5.87	31.60	13.20	0.15	21.51	21.00	剔除后对数分布	21.80	19.60	12.00
Ni	690	5.33	6.07	8.10	11.40	16.10	21.81	29.43	13.92	10.76	11.75	4.70	137	2.98	0.77	11.40	10.50	对数正态分布	11.75	11.00	22.00
P	690	0.13	0.15	0.20	0.27	0.39	0.49	0.59	0.31	0.16	0.27	2.55	1.47	0.07	0.53	0.27	0.22	对数正态分布	0.27	0.24	0.488
Pb	646	21.95	23.30	25.60	28.12	31.16	34.31	36.62	28.55	4.35	28.22	6.87	40.85	16.90	0.15	28.12	27.00	剔除后正态分布	28.55	30.00	21.00

第三章 土壤地球化学基准值

续表 3-1

元素/指标	N	$X_{5\%}$	$X_{10\%}$	$X_{25\%}$	$X_{50\%}$	$X_{75\%}$	$X_{90\%}$	$X_{95\%}$	$\bar{X}$	S	$\bar{X}_g$	S_g	X_{max}	X_{min}	CV	X_{me}	X_{mo}	分布类型	金华市基准值	浙江省基准值	中国基准值
Rb	690	88.5	97.0	114	133	156	172	187	136	33.02	132	16.48	378	62.2	0.24	133	157	正态分布	136	128	96.0
S	657	56.0	62.0	76.0	93.0	124	154	170	102	35.68	95.9	13.88	205	8.10	0.35	93.0	89.0	偏峰分布	89.0	114	166
Sb	646	0.33	0.37	0.43	0.52	0.64	0.80	0.91	0.55	0.17	0.53	1.56	1.06	0.19	0.31	0.52	0.52	剔除后对数分布	0.53	0.53	0.67
Sc	690	6.40	6.80	7.50	8.60	10.00	12.01	13.40	9.08	2.34	8.83	3.61	23.20	5.20	0.26	8.60	7.70	对数正态分布	8.83	9.70	9.00
Se	690	0.09	0.11	0.14	0.18	0.23	0.30	0.35	0.19	0.08	0.18	2.91	0.61	0.06	0.43	0.18	0.17	对数正态分布	0.18	0.21	0.13
Sn	690	2.00	2.17	2.52	3.09	3.99	5.48	6.55	3.69	4.13	3.29	2.19	102	1.36	1.12	3.09	3.00	对数正态分布	3.29	2.60	3.00
Sr	690	34.52	39.30	49.70	62.2	83.8	123	151	74.7	51.6	66.4	11.59	967	22.50	0.69	62.2	63.0	剔除后对数分布	66.4	112	197
Th	667	11.64	12.78	14.59	16.50	18.71	21.25	22.87	16.77	3.32	16.43	5.07	25.90	7.92	0.20	16.50	16.30	剔除后正态分布	16.43	14.50	10.00
Ti	650	3015	3271	3712	4188	4753	5321	5783	4256	819	4177	123	6655	1979	0.19	4188	4200	对数正态分布	4256	4602	3406
Tl	690	0.57	0.62	0.73	0.86	1.04	1.19	1.33	0.90	0.26	0.87	1.34	2.83	0.33	0.29	0.86	1.10	对数正态分布	0.87	0.82	0.60
U	656	2.60	2.81	3.08	3.40	3.75	4.25	4.37	3.45	0.53	3.41	2.07	4.89	2.20	0.15	3.40	3.33	剔除后正态分布	3.41	3.14	2.40
V	690	32.97	39.60	50.2	62.4	77.5	100.0	120	67.1	27.08	62.6	11.29	235	19.90	0.40	62.4	56.5	剔除后对数分布	62.6	110	67.0
W	642	1.44	1.60	1.75	1.99	2.26	2.53	2.73	2.02	0.39	1.98	1.55	3.13	1.01	0.19	1.99	1.84	剔除后正态分布	1.98	1.93	1.50
Y	690	19.60	20.69	22.80	25.40	28.58	32.47	36.58	26.34	5.52	25.83	6.66	59.5	15.50	0.21	25.40	25.00	对数正态分布	25.83	26.13	23.00
Zn	690	46.49	49.69	56.4	64.8	76.2	91.4	106	69.6	23.22	66.9	11.13	300	35.90	0.33	64.8	61.1	对数正态分布	66.9	77.4	60.0
Zr	672	239	261	287	318	349	381	402	319	46.92	316	27.84	444	193	0.15	318	290	剔除后正态分布	319	287	215
SiO₂	669	65.5	67.3	69.4	71.9	74.6	76.6	77.6	71.9	3.72	71.8	11.86	81.2	61.8	0.05	71.9	71.9	正态分布	71.9	70.5	67.9
Al₂O₃	690	11.38	11.90	12.91	14.06	15.30	16.54	17.40	14.21	1.91	14.09	4.56	22.14	9.74	0.13	14.06	15.00	正态分布	14.21	14.82	11.90
TFe₂O₃	690	3.00	3.23	3.67	4.19	4.97	5.98	6.81	4.47	1.29	4.32	2.41	13.87	2.36	0.29	4.19	4.09	对数正态分布	4.32	4.70	4.10
MgO	690	0.43	0.46	0.54	0.66	0.85	1.07	1.26	0.72	0.27	0.68	1.49	1.93	0.27	0.37	0.66	0.54	对数正态分布	0.68	0.67	1.36
CaO	690	0.14	0.17	0.23	0.31	0.42	0.55	0.77	0.37	0.35	0.32	2.30	7.73	0.08	0.96	0.31	0.22	对数正态分布	0.32	0.22	2.57
Na₂O	690	0.17	0.25	0.38	0.57	0.79	1.03	1.16	0.61	0.31	0.53	1.96	1.95	0.06	0.50	0.57	0.64	对数正态分布	0.53	0.16	1.81
K₂O	690	1.73	1.95	2.37	2.85	3.25	3.62	3.81	2.81	0.63	2.74	1.84	5.11	1.28	0.22	2.85	3.07	正态分布	2.81	2.99	2.36
TC	690	0.31	0.33	0.38	0.46	0.58	0.72	0.82	0.50	0.19	0.48	1.72	2.26	0.14	0.37	0.46	0.42	对数正态分布	0.48	0.43	0.90
Corg	690	0.25	0.27	0.32	0.39	0.51	0.66	0.79	0.44	0.18	0.41	1.92	2.09	0.19	0.42	0.39	0.35	对数正态分布	0.41	0.42	0.30
pH	690	4.88	4.95	5.18	5.50	6.05	6.72	7.07	5.35	5.34	5.68	2.75	7.95	4.54	1.00	5.50	5.12	对数正态分布	5.68	5.12	8.10

注: 氧化物、TC、Corg 单位为 %, N、P 单位为 g/kg, Au、Ag 单位为 μg/kg, pH 为无量纲, 其他元素/指标单位为 mg/kg; 浙江省基准值引自《浙江省土壤元素背景值》(黄春雷等, 2023); 中国基准值引自《全国地球化学基准网建立与土壤地球化学基准值特征》(王学求等, 2016); 后表单位和资料来源相同。

F不符合正态分布或对数正态分布(表3-2)。

婺城区深层土壤总体呈酸性，土壤pH极大值为7.45，极小值为4.68，基准值为5.42，接近于金华市基准值和浙江省基准值。

婺城区深层土壤各元素/指标中，约一半元素/指标变异系数小于0.40，分布相对均匀；S、Se、TC、Sr、B、Sb、Cr、Bi、Hg、I、Corg、Zn、V、P、Cd、Co、Sn、Cu、As、Au、Ag、Na_2O、Br、Ni、CaO、pH、Mo共27项元素/指标变异系数大于0.40，其中pH、Mo变异系数大于0.80，空间变异性较大。

与金华市土壤基准值相比，婺城区土壤基准值中Sr、CaO基准值略低于金华市基准值；U、Br、Ni、Au、Th、Tl、Sn、Cr基准值略高于金华市基准值，与金华市基准值比值在1.2～1.4之间；Mo、I、Se、Bi、S基准值明显高于金华市基准值，为金华市基准值的1.4倍以上，其中S基准值最高，为金华市基准值的1.71倍；其他元素/指标基准值则与金华市基准值基本接近。

与浙江省土壤基准值相比，婺城区土壤基准值中B、Sr、V基准值明显偏低，为浙江省基准值的60%以下，其中Sr基准值最低，为浙江省基准值的44%；而Co、Cr基准值略低于浙江省基准值，为浙江省基准值的60%～80%；Cu、Nb、Ni、Rb、S、Se、U基准值略高于浙江省基准值，与浙江省基准值比值在1.2～1.4之间；Bi、Br、Mo、Sn、Th、Tl、Na_2O基准值明显高于浙江省基准值，是浙江省基准值的1.4倍以上，其中Na_2O基准值最高，为浙江省基准值的2.88倍；其他元素/指标基准值则与浙江省基准值基本接近。

三、金东区土壤地球化学基准值

金东区土壤地球化学基准值数据经正态分布检验，结果表明，原始数据中Ag、As、B、Ba、Be、Bi、Br、Cd、Ce、Cl、Co、Cr、Cu、F、Ga、Ge、I、La、Li、Mn、Mo、N、Nb、Ni、P、Pb、Rb、S、Sb、Sc、Se、Th、Ti、Tl、U、V、W、Y、Zn、Zr、SiO_2、Al_2O_3、TFe_2O_3、MgO、Na_2O、K_2O、Corg、pH共48项元素/指标符合正态分布，Au、Hg、Sn、CaO、TC符合对数正态分布，Sr剔除异常值后符合正态分布(表3-3)。

金东区深层土壤总体呈酸性，土壤pH极大值为7.24，极小值为4.95，基准值为5.46，接近于金华市基准值和浙江省基准值。

金东区深层土壤各元素/指标中，大多数元素/指标变异系数小于0.40，分布相对均匀；Br、Cr、B、Co、Ni、P、Au、Cu、CaO、Hg、pH共11项元素/指标变异系数大于0.40，其中pH变异系数大于0.80，空间变异性较大。

与金华市土壤基准值相比，金东区土壤基准值中绝大多数元素/指标基准值与金华市基准值基本接近；Au、Sb、Na_2O、Cu、As、B、Cr基准值略高于金华市基准值，与金华市基准值比值在1.2～1.4之间。

与浙江省土壤基准值相比，金东区土壤基准值中B、Sr基准值明显偏低，在浙江省基准值的60%以下，其中B基准值最低，为浙江省基准值的52%；而Ag、Cr、I、Mn、S、V、Zn基准值略低于浙江省基准值，为浙江省基准值的60%～80%；Br、Ni、Sb基准值略高于浙江省基准值，为浙江省基准值的1.2～1.4倍；As、Cu、Mo、CaO、Na_2O明显相对富集，基准值为浙江省基准值的1.4倍以上；其他元素/指标基准值则与浙江省基准值基本接近。

四、义乌市土壤地球化学基准值

义乌市土壤地球化学基准值数据经正态分布检验，结果表明，原始数据中As、Au、B、Ba、Be、Br、Cr、Ga、Ge、I、La、Mn、N、Nb、P、Rb、S、Sb、Sc、Se、Th、Ti、U、W、Y、Zn、Zr、SiO_2、Al_2O_3、MgO、CaO、Na_2O、K_2O、TC、Corg、pH共36项元素/指标符合正态分布，Ag、Bi、Cd、Cl、Co、Cu、Hg、Li、Mo、Ni、Pb、Sn、Sr、Tl、V、TFe_2O_3共16项元素/指标符合对数正态分布，Ce、F剔除异常值后符合正态分布(表3-4)。

义乌市深层土壤总体呈酸性，土壤pH极大值为7.67，极小值为4.69，基准值为5.46，接近于金华市基准值和浙江省基准值。

第三章 土壤地球化学基准值

表3-2 婺城区土壤地球化学基准值参数统计表

元素/指标	N	$X_{5\%}$	$X_{10\%}$	$X_{25\%}$	$X_{50\%}$	$X_{75\%}$	$X_{90\%}$	$X_{95\%}$	$\overline{X}$	S	$\overline{X}_g$	S_g	X_{max}	X_{min}	CV	X_{me}	X_{mo}	分布类型	婺城区基准值	金华市基准值	浙江省基准值
Ag	88	27.70	33.00	47.00	64.5	85.8	135	177	77.5	50.9	66.0	11.31	320	20.00	0.66	64.5	55.0	对数正态分布	66.0	58.7	70.0
As	88	3.97	4.23	5.39	7.18	9.80	13.43	15.19	8.33	5.12	7.37	3.61	41.50	2.43	0.61	7.18	8.12	对数正态分布	7.37	7.32	6.83
Au	88	0.43	0.49	0.68	1.00	1.50	2.04	2.36	1.19	0.74	1.02	1.77	4.50	0.27	0.62	1.00	1.30	正态分布	1.19	0.93	1.10
B	88	13.35	16.00	23.00	31.50	45.00	57.3	67.6	34.56	15.92	30.76	8.10	76.0	6.00	0.46	31.50	34.00	正态分布	34.56	28.82	73.0
Ba	88	273	291	402	490	644	784	913	536	198	502	34.89	1137	236	0.37	490	470	正态分布	536	606	482
Be	88	1.69	1.86	2.10	2.48	2.87	3.45	4.15	2.64	0.90	2.53	1.77	7.20	1.58	0.34	2.48	2.10	对数正态分布	2.53	2.21	2.31
Bi	88	0.17	0.20	0.23	0.30	0.42	0.51	0.61	0.35	0.17	0.32	2.18	1.24	0.12	0.49	0.30	0.24	正态分布	0.35	0.22	0.24
Br	88	1.11	1.26	1.87	2.86	4.68	6.40	7.41	3.55	2.39	2.93	2.24	15.03	0.12	0.68	2.86	1.00	对数正态分布	2.93	2.35	1.50
Cd	88	0.06	0.09	0.11	0.13	0.15	0.21	0.30	0.15	0.08	0.13	3.54	0.56	0.05	0.55	0.13	0.12	对数正态分布	0.13	0.12	0.11
Ce	88	63.8	66.2	73.4	85.9	94.8	104	112	86.5	16.72	85.0	12.68	162	56.7	0.19	85.9	85.8	正态分布	86.5	85.2	84.1
Cl	88	28.17	29.86	32.98	40.50	44.05	55.4	70.7	42.56	16.77	40.46	8.56	139	23.00	0.39	40.50	41.00	对数正态分布	40.46	44.96	39.00
Co	88	4.69	5.16	6.24	7.79	10.69	14.53	18.85	9.35	5.39	8.35	3.67	40.10	2.90	0.58	7.79	8.92	正态分布	8.35	8.82	11.90
Cr	84	15.63	20.33	25.40	38.84	55.3	75.2	82.5	42.96	20.62	38.23	9.13	103	13.10	0.48	38.84	40.31	剔除后正态分布	42.96	31.63	71.0
Cu	88	8.01	8.87	10.35	14.26	20.88	26.06	37.08	17.14	10.32	15.16	5.24	77.6	6.90	0.60	14.26	7.90	对数正态分布	15.16	13.74	11.20
F	83	388	393	424	482	562	628	660	497	95.4	488	35.00	752	314	0.19	482	431	偏峰分布	431	498	431
Ga	88	14.44	15.57	16.98	18.55	20.80	23.33	24.93	18.96	3.14	18.70	5.31	27.00	12.20	0.17	18.55	19.70	正态分布	18.96	17.59	18.92
Ge	88	1.27	1.31	1.38	1.53	1.61	1.72	1.76	1.52	0.18	1.51	1.31	2.39	1.19	0.12	1.53	1.61	正态分布	1.52	1.55	1.50
Hg	88	0.03	0.03	0.04	0.05	0.06	0.08	0.11	0.06	0.03	0.05	5.82	0.22	0.02	0.50	0.05	0.05	对数正态分布	0.05	0.05	0.048
I	88	1.34	1.72	2.71	3.80	5.20	7.43	7.86	4.18	2.08	3.66	2.36	10.40	0.74	0.50	3.80	3.42	正态分布	4.18	2.82	3.86
La	88	31.48	32.67	35.88	42.28	46.77	50.9	51.7	41.74	7.42	41.11	8.52	69.4	24.90	0.18	42.28	36.50	正态分布	41.74	42.24	41.00
Li	88	27.43	29.37	33.85	38.01	44.05	55.3	66.8	41.26	14.31	39.47	8.53	122	16.20	0.35	38.01	42.73	对数正态分布	39.47	37.63	37.51
Mn	88	306	347	427	601	726	904	999	611	235	569	37.19	1538	226	0.39	601	653	正态分布	611	651	713
Mo	88	0.85	0.92	1.11	1.32	1.54	2.18	3.18	1.73	2.16	1.41	1.69	19.30	0.69	1.25	1.32	1.33	对数正态分布	1.41	0.99	0.62
N	88	0.33	0.35	0.39	0.50	0.64	0.80	0.90	0.54	0.18	0.51	1.70	1.15	0.28	0.34	0.50	0.37	正态分布	0.54	0.48	0.49
Nb	88	18.22	19.54	22.22	24.15	25.91	27.95	31.02	24.45	4.78	24.05	6.22	47.76	16.04	0.20	24.15	23.90	对数正态分布	24.05	21.80	19.60
Ni	88	7.04	7.98	10.22	13.60	20.10	27.16	36.07	17.49	13.04	14.77	5.19	82.0	5.92	0.75	13.60	20.10	对数正态分布	14.77	11.75	11.00
P	88	0.12	0.14	0.19	0.25	0.32	0.46	0.50	0.28	0.15	0.25	2.61	1.18	0.07	0.53	0.25	0.26	对数正态分布	0.25	0.27	0.24
Pb	75	25.07	25.95	29.44	33.00	37.05	40.02	41.54	33.03	5.50	32.55	7.34	46.50	18.26	0.17	33.00	33.81	剔除后正态分布	33.03	28.55	30.00

续表 3-2

元素/指标	N	$X_{5\%}$	$X_{10\%}$	$X_{25\%}$	$X_{50\%}$	$X_{75\%}$	$X_{90\%}$	$X_{95\%}$	$\bar{X}$	S	$\bar{X}_g$	S_g	X_{max}	X_{min}	CV	X_{me}	X_{mo}	分布类型	婺城区基准值	金华市基准值	浙江省基准值
Rb	88	89.8	96.8	128	151	178	205	268	158	53.2	150	17.52	378	70.1	0.34	151	141	正态分布	158	136	128
S	88	74.3	79.7	99.2	144	192	240	268	152	62.2	140	16.87	315	53.0	0.41	144	123	正态分布	152	89.0	114
Sb	88	0.31	0.37	0.43	0.56	0.69	0.92	1.13	0.61	0.29	0.56	1.64	2.06	0.19	0.47	0.56	0.49	对数正态分布	0.56	0.53	0.53
Sc	88	7.24	7.57	8.00	9.26	10.40	12.62	13.54	9.82	2.77	9.52	3.73	23.20	6.40	0.28	9.26	7.70	对数正态分布	9.52	8.83	9.70
Se	88	0.13	0.14	0.18	0.24	0.33	0.42	0.50	0.27	0.11	0.25	2.49	0.58	0.09	0.42	0.24	0.33	正态分布	0.27	0.18	0.21
Sn	88	2.50	2.87	3.30	3.95	5.58	7.64	8.56	4.92	2.88	4.41	2.50	19.45	1.80	0.58	3.95	3.30	对数正态分布	4.41	3.29	2.60
Sr	88	30.08	31.88	39.00	48.49	60.3	75.5	85.4	53.2	23.64	49.66	9.74	199	23.98	0.44	48.49	51.5	对数正态分布	49.66	66.4	112
Th	88	13.97	15.25	18.14	21.14	23.98	30.54	37.38	22.45	8.19	21.36	5.77	66.5	11.33	0.36	21.14	22.50	对数正态分布	21.36	16.43	14.50
Ti	88	2712	2982	3363	3877	4790	5790	5966	4188	1185	4041	121	8542	2317	0.28	3877	4187	正态分布	4188	4256	4602
Tl	88	0.64	0.72	0.90	1.08	1.33	1.67	1.81	1.15	0.41	1.09	1.40	2.83	0.42	0.35	1.08	1.13	正态分布	1.15	0.87	0.82
U	88	2.99	3.27	3.64	4.18	4.55	5.54	5.97	4.43	1.71	4.24	2.38	14.00	2.50	0.38	4.18	4.27	对数正态分布	4.24	3.41	3.14
V	88	28.54	32.25	40.02	55.4	78.8	106	129	65.6	34.32	58.5	11.29	209	27.60	0.52	55.4	74.7	正态分布	65.6	62.6	110
W	88	1.32	1.60	1.86	2.12	2.40	2.85	3.15	2.17	0.54	2.11	1.64	3.80	0.85	0.25	2.12	2.21	正态分布	2.17	2.02	1.93
Y	88	18.15	19.56	23.33	26.35	28.82	31.93	37.63	26.89	6.60	26.21	6.56	54.9	16.05	0.25	26.35	27.80	对数正态分布	26.21	25.83	26.13
Zn	88	49.88	53.3	59.9	72.4	87.4	143	175	84.6	43.38	77.4	11.93	300	42.70	0.51	72.4	71.5	对数正态分布	77.4	66.9	77.4
Zr	88	234	247	280	305	334	358	377	306	44.42	302	27.09	397	159	0.15	305	286	正态分布	306	319	287
SiO$_2$	88	62.8	65.3	67.7	70.9	73.7	75.0	76.3	70.3	4.79	70.2	11.66	77.9	52.5	0.07	70.9	70.1	正态分布	70.3	71.9	70.5
Al$_2$O$_3$	88	12.33	12.87	13.63	14.82	16.20	17.39	17.90	15.01	1.97	14.88	4.68	21.50	10.46	0.13	14.82	15.70	正态分布	15.01	14.21	14.82
TFe$_2$O$_3$	88	3.02	3.32	3.56	4.41	5.37	6.33	6.80	4.66	1.48	4.47	2.46	10.80	2.36	0.32	4.41	4.67	正态分布	4.66	4.32	4.70
MgO	88	0.40	0.43	0.48	0.55	0.75	1.06	1.14	0.66	0.26	0.61	1.57	1.59	0.34	0.40	0.55	0.69	对数正态分布	0.61	0.68	0.67
CaO	88	0.11	0.13	0.18	0.22	0.32	0.43	0.56	0.28	0.21	0.24	2.62	1.58	0.08	0.76	0.22	0.19	对数正态分布	0.24	0.32	0.22
Na$_2$O	88	0.10	0.14	0.23	0.39	0.60	0.89	0.97	0.46	0.30	0.36	2.46	1.39	0.09	0.66	0.39	0.09	正态分布	0.46	0.53	0.16
K$_2$O	88	1.48	1.62	2.27	2.79	3.19	3.75	3.80	2.72	0.72	2.62	1.82	4.24	1.28	0.26	2.79	3.07	正态分布	2.72	2.81	2.99
TC	88	0.30	0.33	0.38	0.48	0.64	0.86	0.99	0.55	0.23	0.51	1.78	1.42	0.28	0.43	0.48	0.43	对数正态分布	0.51	0.48	0.43
Corg	88	0.25	0.26	0.31	0.40	0.63	0.81	0.94	0.48	0.24	0.44	2.03	1.36	0.19	0.50	0.40	0.42	对数正态分布	0.44	0.41	0.42
pH	88	4.82	4.90	5.01	5.20	5.63	6.39	6.77	5.18	5.32	5.42	2.68	7.45	4.68	1.03	5.20	5.17	对数正态分布	5.42	5.68	5.12

第三章 土壤地球化学基准值

表 3-3 金东区土壤地球化学基准值参数统计表

元素/指标	N	$X_{5\%}$	$X_{10\%}$	$X_{25\%}$	$X_{50\%}$	$X_{75\%}$	$X_{90\%}$	$X_{95\%}$	$\overline{X}$	S	$\overline{X}_g$	S_g	X_{max}	X_{min}	CV	X_{me}	X_{mo}	分布类型	金东区基准值	金华市基准值	浙江省基准值
Ag	40	32.95	34.00	40.00	53.5	62.0	73.1	89.1	53.8	16.23	51.5	9.87	93.0	30.00	0.30	53.5	54.0	正态分布	53.8	58.7	70.0
As	40	5.48	5.95	7.20	9.45	11.92	13.84	14.33	9.58	3.03	9.09	3.84	15.50	3.95	0.32	9.45	9.60	正态分布	9.58	7.32	6.83
Au	40	0.60	0.78	0.90	1.10	1.40	1.95	2.61	1.27	0.62	1.16	1.52	3.40	0.60	0.49	1.10	1.00	对数正态分布	1.16	0.93	1.10
B	40	18.67	23.60	26.00	34.50	44.25	59.1	66.7	38.03	16.02	35.15	8.56	81.0	17.00	0.42	34.50	29.00	正态分布	38.03	28.82	73.0
Ba	40	316	345	409	493	600	717	773	512	152	491	33.96	931	267	0.30	493	518	正态分布	512	606	482
Be	40	1.51	1.72	1.84	2.01	2.29	2.42	2.48	2.03	0.31	2.00	1.53	2.61	1.31	0.15	2.01	1.98	正态分布	2.03	2.21	2.31
Bi	40	0.18	0.19	0.21	0.24	0.28	0.35	0.37	0.25	0.06	0.24	2.29	0.40	0.15	0.25	0.24	0.24	正态分布	0.25	0.22	0.24
Br	40	1.00	1.00	1.56	1.88	2.26	2.97	3.94	1.99	0.82	1.85	1.64	4.38	1.00	0.41	1.88	1.00	正态分布	1.99	2.35	1.50
Cd	40	0.08	0.09	0.10	0.11	0.14	0.16	0.18	0.13	0.05	0.12	3.56	0.35	0.07	0.40	0.11	0.09	正态分布	0.13	0.12	0.11
Ce	40	56.3	60.4	73.7	80.0	90.0	96.0	99.3	80.7	15.55	79.2	12.23	135	52.1	0.19	80.0	80.5	正态分布	80.7	85.2	84.1
Cl	40	29.95	31.50	37.75	42.00	52.0	60.1	65.7	45.12	12.84	43.52	8.67	82.0	24.60	0.28	42.00	38.00	正态分布	45.12	44.96	39.00
Co	40	4.96	5.10	6.81	8.51	11.90	14.96	16.59	9.61	4.03	8.83	3.81	20.09	3.50	0.42	8.51	8.50	正态分布	9.61	8.82	11.90
Cr	40	14.21	20.06	31.18	45.50	53.5	68.2	69.6	43.43	17.82	39.11	9.28	87.5	8.40	0.41	45.50	26.00	正态分布	43.43	31.63	71.0
Cu	40	10.40	11.23	12.41	14.75	19.52	29.77	34.38	17.90	9.11	16.31	5.36	55.8	7.01	0.51	14.75	12.87	正态分布	17.90	13.74	11.20
F	40	338	355	420	475	575	635	665	490	107	478	34.37	729	323	0.22	475	498	正态分布	490	498	431
Ga	40	12.02	13.22	14.09	15.99	17.36	18.72	20.20	15.95	2.39	15.77	4.84	21.37	11.27	0.15	15.99	16.86	正态分布	15.95	17.59	18.92
Ge	40	1.31	1.33	1.41	1.48	1.60	1.71	1.73	1.50	0.15	1.50	1.28	1.87	1.24	0.10	1.48	1.42	正态分布	1.50	1.55	1.50
Hg	40	0.02	0.03	0.03	0.04	0.05	0.06	0.06	0.04	0.03	0.04	7.02	0.21	0.02	0.68	0.04	0.03	对数正态分布	0.04	0.05	0.048
I	40	1.29	1.53	1.82	2.33	2.86	3.18	4.05	2.43	0.96	2.25	1.84	5.64	0.48	0.39	2.33	2.86	正态分布	2.43	2.82	3.86
La	40	30.81	32.63	38.82	42.15	46.58	52.5	55.5	43.13	8.28	42.38	8.52	68.8	27.48	0.19	42.15	42.73	正态分布	43.13	42.24	41.00
Li	40	31.96	33.14	38.44	40.15	44.36	50.3	53.6	41.30	7.00	40.72	8.48	58.9	26.07	0.17	40.15	39.49	正态分布	41.30	37.63	37.51
Mn	40	302	357	412	511	646	782	841	534	172	507	35.42	932	216	0.32	511	414	正态分布	534	651	713
Mo	40	0.70	0.77	0.83	0.95	1.12	1.25	1.83	1.03	0.33	0.99	1.30	2.20	0.65	0.32	0.95	0.82	正态分布	1.03	0.99	0.62
N	40	0.28	0.31	0.36	0.40	0.49	0.65	0.69	0.45	0.16	0.43	1.78	1.02	0.28	0.35	0.40	0.37	正态分布	0.45	0.48	0.49
Nb	40	15.73	16.65	18.70	19.98	23.24	25.68	27.11	20.79	3.52	20.50	5.64	28.72	14.20	0.17	19.98	20.84	正态分布	20.79	21.80	19.60
Ni	40	5.56	6.94	9.82	12.95	16.78	21.44	25.30	13.95	6.10	12.68	4.85	29.70	4.70	0.44	12.95	13.40	正态分布	13.95	11.75	11.00
P	40	0.09	0.12	0.15	0.20	0.27	0.40	0.43	0.22	0.11	0.20	2.87	0.54	0.08	0.48	0.20	0.15	正态分布	0.22	0.27	0.24
Pb	40	19.30	20.13	24.41	27.48	31.43	33.91	34.31	27.40	4.83	26.96	6.60	35.53	18.30	0.18	27.48	24.70	正态分布	27.40	28.55	30.00

续表 3-3

元素/指标	N	$X_{5\%}$	$X_{10\%}$	$X_{25\%}$	$X_{50\%}$	$X_{75\%}$	$X_{90\%}$	$X_{95\%}$	$\overline{X}$	S	$\overline{X}_g$	S_g	X_{max}	X_{min}	CV	X_{me}	X_{mo}	分布类型	金东区基准值	金华市基准值	浙江省基准值
Rb	40	69.1	78.8	89.8	113	137	169	184	118	36.02	113	14.74	206	62.2	0.31	113	137	正态分布	118	136	128
S	40	42.95	46.80	62.8	76.0	101	136	153	85.2	33.70	79.4	12.21	168	41.00	0.40	76.0	77.0	正态分布	85.2	89.0	114
Sb	40	0.50	0.52	0.57	0.67	0.78	0.88	0.92	0.68	0.14	0.66	1.36	0.96	0.33	0.21	0.67	0.64	正态分布	0.68	0.53	0.53
Sc	40	7.10	7.19	7.66	8.95	10.50	12.43	13.31	9.39	2.26	9.15	3.64	16.90	6.60	0.24	8.95	9.30	正态分布	9.39	8.83	9.70
Se	40	0.12	0.13	0.14	0.18	0.23	0.28	0.30	0.19	0.06	0.19	2.77	0.32	0.08	0.31	0.18	0.14	对数正态分布	0.19	0.18	0.21
Sn	40	2.00	2.09	2.48	2.70	3.10	3.73	4.39	2.96	1.04	2.83	1.91	7.60	1.60	0.35	2.70	2.70	正态分布	2.83	3.29	2.60
Sr	34	39.69	40.99	49.80	58.2	67.0	76.8	81.7	58.8	13.39	57.3	10.35	86.8	34.90	0.23	58.2	65.6	剔除后正态分布	58.8	66.4	112
Th	40	11.20	11.61	14.45	15.80	18.16	22.39	22.66	16.34	3.82	15.91	4.94	25.26	8.07	0.23	15.80	16.42	正态分布	16.34	16.43	14.50
Ti	40	3098	3257	3776	4252	4874	5336	6185	4374	904	4284	123	6625	2540	0.21	4252	3876	正态分布	4374	4256	4602
Tl	40	0.43	0.48	0.59	0.73	0.88	1.02	1.16	0.75	0.23	0.72	1.46	1.33	0.33	0.30	0.73	0.70	正态分布	0.75	0.87	0.82
U	40	2.59	3.05	3.32	3.59	4.02	4.79	5.09	3.68	0.74	3.60	2.16	5.21	1.83	0.20	3.59	3.33	正态分布	3.68	3.41	3.14
V	40	39.98	44.31	55.5	67.5	82.5	101	115	71.2	23.75	67.2	11.81	137	24.40	0.33	67.5	73.2	正态分布	71.2	62.6	110
W	40	1.60	1.66	1.82	2.05	2.33	2.50	2.70	2.14	0.53	2.09	1.60	4.61	1.29	0.25	2.05	1.82	正态分布	2.14	2.02	1.93
Y	40	18.18	19.70	23.60	25.50	29.26	31.03	35.64	26.31	5.39	25.80	6.53	41.90	16.05	0.20	25.50	23.70	正态分布	26.31	25.83	26.13
Zn	40	40.41	42.15	48.68	56.2	66.0	77.3	78.0	57.6	12.47	56.4	10.03	85.5	35.90	0.22	56.2	78.0	正态分布	57.6	66.9	77.4
Zr	40	237	259	290	319	361	379	406	323	51.0	319	27.83	438	228	0.16	319	296	正态分布	323	319	287
SiO₂	40	66.8	67.5	70.8	73.3	76.0	77.0	77.8	72.7	4.03	72.6	11.72	78.5	61.0	0.06	73.3	71.1	正态分布	72.7	71.9	70.5
Al₂O₃	40	11.21	11.35	12.02	13.31	14.66	16.41	16.83	13.61	1.99	13.47	4.45	19.62	10.94	0.15	13.31	13.57	正态分布	13.61	14.21	14.82
TFe₂O₃	40	2.75	3.11	3.66	4.30	5.00	5.83	6.03	4.39	1.06	4.27	2.41	6.71	2.69	0.24	4.30	4.35	正态分布	4.39	4.32	4.70
MgO	40	0.43	0.45	0.51	0.64	0.92	1.10	1.16	0.72	0.25	0.68	1.49	1.31	0.42	0.35	0.64	0.61	正态分布	0.72	0.68	0.67
CaO	40	0.14	0.18	0.26	0.35	0.45	0.74	1.15	0.42	0.27	0.36	2.13	1.20	0.13	0.64	0.35	0.29	对数正态分布	0.42	0.32	0.22
Na₂O	40	0.33	0.41	0.49	0.69	0.85	0.98	1.00	0.68	0.25	0.63	1.65	1.34	0.18	0.36	0.69	0.64	正态分布	0.68	0.53	0.16
K₂O	40	1.47	1.63	2.00	2.28	2.94	3.61	3.92	2.49	0.74	2.39	1.72	4.08	1.36	0.30	2.28	2.91	正态分布	2.49	2.81	2.99
TC	40	0.29	0.31	0.32	0.41	0.44	0.53	0.73	0.43	0.15	0.41	1.83	1.00	0.26	0.36	0.41	0.31	对数正态分布	0.43	0.48	0.43
Corg	40	0.24	0.25	0.27	0.30	0.36	0.41	0.52	0.34	0.13	0.32	2.10	0.94	0.20	0.38	0.30	0.29	正态分布	0.34	0.41	0.42
pH	40	4.99	5.06	5.29	5.63	6.42	6.99	7.06	5.46	5.45	5.85	2.80	7.24	4.95	1.00	5.63	6.12	正态分布	5.46	5.68	5.12

第三章 土壤地球化学基准值

表3-4 义乌市土壤地球化学基准参数统计表

元素/指标	N	$X_{5\%}$	$X_{10\%}$	$X_{25\%}$	$X_{50\%}$	$X_{75\%}$	$X_{90\%}$	$X_{95\%}$	$\bar{X}$	S	$\bar{X}_g$	S_g	X_{max}	X_{min}	CV	X_{me}	X_{mo}	分布类型	义乌市基准值	金华市基准值	浙江省基准值
Ag	72	36.00	40.20	48.75	60.0	72.2	86.6	99.9	64.4	26.85	60.4	10.64	186	27.00	0.42	60.0	71.0	对数正态分布	60.4	58.7	70.0
As	72	4.98	5.62	6.92	8.55	10.22	13.29	15.10	9.09	3.66	8.53	3.70	28.60	4.44	0.40	8.55	9.80	正态分布	9.09	7.32	6.83
Au	72	0.60	0.69	0.90	1.10	1.52	1.99	2.22	1.26	0.55	1.16	1.53	3.07	0.57	0.43	1.10	1.40	正态分布	1.26	0.93	1.10
B	72	20.78	23.43	27.75	35.00	48.00	59.5	65.7	38.10	14.21	35.73	8.57	76.0	18.00	0.37	35.00	50.00	正态分布	38.10	28.82	73.0
Ba	72	319	362	434	515	609	651	771	524	133	507	35.32	878	269	0.25	515	487	正态分布	524	606	482
Be	72	1.74	1.83	1.91	2.14	2.35	2.50	2.57	2.15	0.30	2.13	1.55	3.19	1.65	0.14	2.14	1.91	正态分布	2.15	2.21	2.31
Bi	72	0.18	0.19	0.21	0.25	0.29	0.34	0.38	0.30	0.39	0.26	2.37	3.56	0.16	1.32	0.25	0.22	对数正态分布	0.26	0.22	0.24
Br	72	1.28	1.35	1.60	1.93	2.48	2.82	3.73	2.14	0.79	2.02	1.65	5.10	1.00	0.37	1.93	1.92	正态分布	2.14	2.35	1.50
Cd	72	0.07	0.08	0.10	0.11	0.13	0.16	0.19	0.12	0.04	0.12	3.69	0.34	0.05	0.37	0.11	0.13	对数正态分布	0.12	0.12	0.11
Ce	64	64.7	70.3	73.9	78.5	84.5	87.6	88.7	78.7	7.58	78.3	12.20	98.6	60.0	0.10	78.5	73.9	剔除后正态分布	78.7	85.2	84.1
Cl	72	35.55	37.10	39.75	46.50	51.9	62.0	64.1	48.79	15.66	47.26	9.19	157	32.00	0.32	46.50	46.00	对数正态分布	47.26	44.96	39.00
Co	72	5.25	6.18	7.12	8.82	10.69	13.93	16.75	9.69	4.00	9.07	3.72	28.50	4.80	0.41	8.82	10.30	正态分布	9.07	8.82	11.90
Cr	72	18.26	20.68	27.97	41.16	55.4	73.3	79.6	45.46	24.93	40.03	9.26	150	12.50	0.55	41.16	51.7	对数正态分布	45.46	31.63	71.0
Cu	72	9.00	10.05	11.85	14.94	17.95	24.48	30.86	16.40	7.76	15.15	5.06	53.0	7.90	0.47	14.94	11.20	剔除后正态分布	16.40	13.74	11.20
F	69	339	382	425	475	548	633	650	488	93.8	479	34.51	663	268	0.19	475	445	正态分布	488	498	431
Ga	72	13.00	13.51	14.55	16.41	17.91	18.81	19.23	16.34	2.22	16.19	4.89	23.60	11.86	0.14	16.41	15.20	正态分布	16.34	17.59	18.92
Ge	72	1.20	1.26	1.33	1.48	1.69	1.95	2.00	1.54	0.25	1.52	1.30	2.10	1.15	0.16	1.48	1.48	正态分布	1.54	1.55	1.50
Hg	72	0.03	0.03	0.03	0.04	0.05	0.07	0.08	0.05	0.02	0.04	6.47	0.13	0.02	0.42	0.04	0.04	对数正态分布	0.04	0.05	0.048
I	72	1.40	1.58	2.00	2.79	3.61	3.84	4.07	2.78	1.02	2.59	1.94	5.56	0.91	0.37	2.79	3.77	正态分布	2.78	2.82	3.86
La	72	35.92	37.01	38.95	42.22	46.62	49.34	61.2	43.83	7.90	43.23	8.82	79.2	28.24	0.18	42.22	41.70	正态分布	43.83	42.24	41.00
Li	72	30.59	33.61	35.88	39.15	44.52	54.0	59.9	43.85	20.39	41.60	8.61	184	28.20	0.47	39.15	41.65	正态分布	41.60	37.63	37.51
Mn	72	295	369	465	590	756	991	1095	643	261	595	38.09	1454	256	0.41	590	644	正态分布	643	651	713
Mo	72	0.64	0.69	0.76	0.92	1.19	1.60	2.06	1.32	2.40	1.02	1.63	21.08	0.59	1.82	0.92	0.88	对数正态分布	1.02	0.99	0.62
N	72	0.29	0.33	0.37	0.44	0.52	0.58	0.65	0.45	0.11	0.43	1.70	0.74	0.17	0.25	0.44	0.49	正态分布	0.45	0.48	0.49
Nb	72	16.97	18.06	18.88	21.00	23.62	24.68	26.21	21.19	3.22	20.94	5.76	30.20	11.60	0.15	21.00	21.10	正态分布	21.19	21.80	19.60
Ni	72	6.61	7.73	9.38	13.10	17.15	19.96	27.14	14.76	8.43	13.22	4.77	59.0	6.00	0.57	13.10	14.80	正态分布	14.76	11.75	11.00
P	72	0.13	0.14	0.16	0.22	0.31	0.38	0.44	0.25	0.11	0.23	2.70	0.60	0.10	0.43	0.22	0.19	正态分布	0.25	0.27	0.24
Pb	72	23.33	23.91	25.80	27.65	30.36	32.40	38.18	28.65	5.16	28.28	6.87	53.6	21.30	0.18	27.65	27.50	对数正态分布	28.28	28.55	30.00

续表 3-4

元素/指标	N	$X_{5\%}$	$X_{10\%}$	$X_{25\%}$	$X_{50\%}$	$X_{75\%}$	$X_{90\%}$	$X_{95\%}$	$\bar{X}$	S	$\bar{X}_g$	S_g	X_{max}	X_{min}	CV	X_{me}	X_{mo}	分布类型	义乌市基准值	金华市基准值	浙江省基准值
Rb	72	83.8	90.2	100.0	119	142	157	166	122	26.56	119	15.30	183	70.2	0.22	119	131	正态分布	122	136	128
S	72	58.6	63.1	73.8	89.0	107	129	172	95.1	31.93	90.5	13.69	185	48.00	0.34	89.0	94.0	正态分布	95.1	89.0	114
Sb	72	0.40	0.44	0.49	0.59	0.73	0.92	1.08	0.64	0.21	0.61	1.48	1.29	0.28	0.32	0.59	0.59	正态分布	0.64	0.53	0.53
Sc	72	6.20	6.41	7.25	8.35	9.99	11.19	12.54	8.79	2.23	8.55	3.52	16.90	5.60	0.25	8.35	7.70	正态分布	8.79	8.83	9.70
Se	72	0.09	0.10	0.14	0.18	0.22	0.27	0.32	0.19	0.08	0.17	2.84	0.51	0.07	0.41	0.18	0.21	正态分布	0.19	0.18	0.21
Sn	72	2.28	2.31	2.80	3.10	4.22	5.39	6.53	3.68	1.73	3.43	2.19	14.00	1.80	0.47	3.10	3.10	对数正态分布	3.43	3.29	2.60
Sr	72	32.65	40.42	46.65	57.4	75.4	90.5	104	64.6	30.05	59.9	10.55	218	28.50	0.47	57.4	59.9	对数正态分布	59.9	66.4	112
Th	72	13.19	13.99	15.16	16.91	18.91	21.41	22.38	17.15	3.23	16.84	5.12	27.95	8.12	0.19	16.91	16.94	正态分布	17.15	16.43	14.50
Ti	72	3266	3409	3794	4106	4548	5237	5797	4234	764	4172	122	6843	2862	0.18	4106	4140	正态分布	4234	4256	4602
Tl	72	0.56	0.59	0.69	0.79	0.96	1.10	1.24	0.84	0.25	0.81	1.35	1.83	0.48	0.30	0.79	0.70	对数正态分布	0.81	0.87	0.82
U	72	2.62	2.79	3.11	3.39	3.76	4.15	4.37	3.43	0.54	3.39	2.05	4.58	1.92	0.16	3.39	3.29	正态分布	3.43	3.41	3.14
V	72	42.98	45.83	55.5	64.0	74.2	96.6	110	69.0	22.86	65.9	11.31	158	37.00	0.33	64.0	67.3	对数正态分布	65.9	62.6	110
W	72	1.60	1.64	1.84	2.10	2.30	2.53	2.88	2.13	0.45	2.09	1.60	3.84	1.32	0.21	2.10	2.10	正态分布	2.13	2.02	1.93
Y	72	19.62	21.12	23.52	25.86	29.46	32.05	33.12	26.77	5.76	26.27	6.65	59.5	16.33	0.22	25.86	24.50	正态分布	26.77	25.83	26.13
Zn	72	42.23	45.84	50.3	57.9	70.5	76.7	90.8	61.5	15.62	59.8	10.32	124	37.80	0.25	57.9	53.0	正态分布	61.5	66.9	77.4
Zr	72	234	270	290	318	338	364	379	314	43.89	311	27.70	433	182	0.14	318	303	正态分布	314	319	287
SiO$_2$	72	65.7	69.1	71.2	73.4	76.4	78.1	79.1	73.5	4.10	73.4	11.94	81.2	60.0	0.06	73.4	73.5	正态分布	73.5	71.9	70.5
Al$_2$O$_3$	72	11.08	11.41	11.88	13.27	14.53	15.37	15.81	13.38	1.67	13.28	4.39	18.79	10.23	0.12	13.27	13.88	正态分布	13.38	14.21	14.82
TFe$_2$O$_3$	72	3.02	3.35	3.70	4.14	4.71	5.85	6.53	4.39	1.09	4.27	2.38	8.08	2.74	0.25	4.14	4.03	对数正态分布	4.39	4.32	4.70
MgO	72	0.46	0.49	0.57	0.66	0.80	0.93	1.05	0.71	0.22	0.68	1.43	1.64	0.38	0.30	0.66	0.60	正态分布	0.71	0.68	0.67
CaO	72	0.15	0.19	0.27	0.33	0.46	0.58	0.74	0.38	0.18	0.34	2.20	0.95	0.09	0.48	0.33	0.33	正态分布	0.38	0.32	0.22
Na$_2$O	72	0.24	0.29	0.49	0.65	0.92	1.06	1.18	0.68	0.30	0.60	1.86	1.43	0.07	0.44	0.65	0.67	正态分布	0.68	0.53	0.16
K$_2$O	72	1.63	1.72	2.17	2.54	2.98	3.21	3.31	2.52	0.56	2.45	1.71	3.45	1.35	0.22	2.54	2.59	正态分布	2.52	2.81	2.99
TC	72	0.34	0.35	0.38	0.43	0.54	0.60	0.64	0.46	0.11	0.45	1.67	0.80	0.29	0.23	0.43	0.38	正态分布	0.46	0.48	0.43
Corg	72	0.26	0.27	0.31	0.36	0.42	0.51	0.58	0.38	0.09	0.37	1.88	0.70	0.25	0.25	0.36	0.32	正态分布	0.38	0.41	0.42
pH	72	4.92	5.08	5.30	5.71	6.40	6.95	7.23	5.46	5.37	5.87	2.80	7.67	4.69	0.98	5.71	5.29	正态分布	5.46	5.68	5.12

义乌市深层土壤各元素/指标中,大多数元素/指标变异系数小于0.40,分布相对均匀;Co、Mn、Se、Ag、Hg、Au、P、Na$_2$O、Cu、Li、Sn、Sr、CaO、Cr、Ni、pH、Bi、Mo共18项元素/指标变异系数大于0.40,其中pH、Bi、Mo变异系数大于0.80,空间变异性较大。

与金华市土壤基准值相比,义乌市土壤基准值中绝大多数元素/指标基准值与金华市基准值基本接近;Sb、As、Na$_2$O、B、Au基准值略高于金华市基准值,为金华市基准值的1.2~1.4倍;其中Cr基准值明显偏高,为金华市基准值的1.44倍。

与浙江省土壤基准值相比,义乌市土壤基准值中B、Sr、V基准值明显偏低,在浙江省基准值的60%以下,其中B基准值最低,为浙江省基准值的52%;而Co、Cr、I、Zn基准值略低于浙江省基准值,为浙江省基准值的60%~80%;As、Cl、Cu、Ni、Sb、Sn基准值略高于浙江省基准值,是浙江省基准值的1.2~1.4倍;Br、Mo、CaO、Na$_2$O基准值明显高于浙江省基准值,为浙江省基准值的1.4倍以上;其他元素/指标基准值则与浙江省基准值基本接近。

五、永康市土壤地球化学基准值

永康市土壤地球化学基准值数据经正态分布检验,结果表明,原始数据中As、B、Ba、Br、Ce、Co、Cr、Ga、Ge、Hg、I、La、Li、N、Nb、Ni、P、Rb、S、Sb、Sc、Se、Sn、Th、Ti、Tl、U、V、W、Zn、Zr、SiO$_2$、Al$_2$O$_3$、TFe$_2$O$_3$、MgO、Na$_2$O、K$_2$O、TC、Corg、pH共40项元素/指标符合正态分布,Ag、Au、Be、Bi、Cd、Cl、Cu、Mo、Pb、Sr、Y、CaO共12项元素/指标符合对数正态分布,F、Mn剔除异常值后符合正态分布(表3-5)。

永康市深层土壤总体呈酸性,土壤pH极大值为6.96,极小值为4.55,基准值为5.31,接近于金华市基准值和浙江省基准值。

永康市深层土壤各元素/指标中,大多数元素/指标变异系数小于0.40,分布相对均匀;Hg、As、I、Cr、Na$_2$O、P、Au、Mo、Cl、Pb、pH、Bi、Sr、Cu、Ag、CaO共16项元素/指标变异系数大于0.40,其中pH、Bi、Sr、Cu、Ag、CaO变异系数大于0.80,空间变异性较大。

与金华市土壤基准值相比,永康市土壤基准值中大多数元素/指标基准值与金华市基准值基本接近;Ni、I、Br、Cr基准值略低于金华市基准值,为金华市基准值的60%~80%;Sr、Cl、Ba基准值略高于金华市基准值,为金华市基准值的1.2~1.4倍;Na$_2$O基准值明显偏高,为金华市基准值的1.45倍。

与浙江省土壤基准值相比,永康市土壤基准值中B、Cr、I、V基准值明显偏低,均为浙江省基准值的60%以下,其中Cr基准值最低,为浙江省基准值的35%;Co、Ni、S、Se、Sr、Zn基准值略低于浙江省基准值,为浙江省基准值的60%~80%;Mo、Zr基准值略高于浙江省基准值,为浙江省基准值的1.2~1.4倍;Ba、Cl、CaO、Na$_2$O明显相对富集,基准值为浙江省基准值的1.4倍以上;其他元素/指标基准值则与浙江省基准值基本接近。

六、兰溪市土壤地球化学基准值

兰溪市土壤地球化学基准值数据经正态分布检验,结果表明,原始数据中Ag、B、Ba、Be、Bi、Ce、Cl、Co、F、Ga、Ge、I、La、Li、Mn、N、P、Pb、Rb、Sc、Se、Sn、Th、Tl、U、Y、Zr、SiO$_2$、Al$_2$O$_3$、TFe$_2$O$_3$、MgO、Na$_2$O、K$_2$O、TC、Corg、pH共36项元素/指标符合正态分布,As、Au、Br、Cd、Cr、Cu、Hg、Mo、Nb、Ni、S、Sb、Sr、W、Zn、CaO共16项元素/指标符合对数正态分布,Ti、V剔除异常值后符合正态分布(表3-6)。

兰溪市深层土壤总体呈酸性,土壤pH极大值为7.95,极小值为4.56,基准值为5.49,接近于金华市基准值和浙江省基准值。

兰溪市深层土壤各元素/指标中,大多数元素/指标变异系数小于0.40,分布相对均匀;B、Mn、S、Sb、Se、Sr、Mo、Cd、Na$_2$O、As、I、Br、Au、CaO、Hg、pH共16项元素/指标变异系数大于0.40,其中pH变异系数大于0.80,空间变异性较大。

与金华市土壤基准值相比,兰溪市土壤基准值大多数元素/指标基准值与金华市基准值基本接近;Br、

表 3-5 永康市土壤地球化学基准值参数统计表

元素/指标	N	$X_{5\%}$	$X_{10\%}$	$X_{25\%}$	$X_{50\%}$	$X_{75\%}$	$X_{90\%}$	$X_{95\%}$	$\overline{X}$	S	$\overline{X}_g$	S_g	X_{max}	X_{min}	CV	X_{me}	X_{mo}	分布类型	永康市基准值	金华市基准值	浙江省基准值
Ag	64	35.00	39.30	49.75	59.0	72.2	118	158	87.9	166	64.7	10.88	1370	28.00	1.89	59.0	59.0	对数正态分布	64.7	58.7	70.0
As	64	3.84	4.42	5.67	7.25	8.75	12.10	15.27	7.96	3.52	7.31	3.46	21.20	2.41	0.44	7.25	8.70	正态分布	7.96	7.32	6.83
Au	64	0.47	0.60	0.70	0.91	1.30	1.99	2.30	1.11	0.58	0.99	1.60	3.10	0.39	0.52	0.91	0.80	对数正态分布	0.99	0.93	1.10
B	64	13.23	15.21	20.00	25.40	34.00	39.40	45.55	26.77	9.84	24.92	6.89	51.0	6.00	0.37	25.40	20.00	正态分布	26.77	28.82	73.0
Ba	64	410	455	573	786	1089	1290	1508	848	335	782	46.26	1635	242	0.39	786	1200	正态分布	848	606	482
Be	64	1.69	1.74	1.85	2.00	2.16	2.40	2.63	2.06	0.34	2.03	1.54	3.65	1.53	0.16	2.00	2.04	对数正态分布	2.03	2.21	2.31
Bi	64	0.13	0.15	0.17	0.21	0.25	0.29	0.29	0.24	0.24	0.21	2.71	2.12	0.10	1.02	0.21	0.21	对数正态分布	0.21	0.22	0.24
Br	64	1.00	1.00	1.22	1.54	2.28	2.87	2.95	1.79	0.72	1.66	1.63	3.92	0.88	0.40	1.54	1.00	对数正态分布	1.79	2.35	1.50
Cd	64	0.09	0.09	0.11	0.13	0.15	0.17	0.26	0.14	0.05	0.13	3.34	0.34	0.04	0.39	0.13	0.14	对数正态分布	0.13	0.12	0.11
Ce	64	63.4	65.3	70.0	80.1	96.9	109	118	84.3	17.67	82.6	12.61	123	57.1	0.21	80.1	65.1	对数正态分布	84.3	85.2	84.1
Cl	64	36.60	41.30	46.95	56.3	75.0	85.4	91.9	65.4	39.84	59.9	10.99	339	30.00	0.61	56.3	54.0	对数正态分布	59.9	44.96	39.00
Co	64	4.33	4.73	5.74	7.48	9.04	11.10	12.62	7.69	2.68	7.27	3.25	15.60	3.53	0.35	7.48	8.43	正态分布	7.69	8.82	11.90
Cr	64	7.95	10.20	16.15	24.90	32.28	43.54	45.80	25.19	12.19	21.95	6.70	54.6	5.10	0.48	24.90	27.60	对数正态分布	25.19	31.63	71.0
Cu	64	6.74	7.79	9.31	12.30	14.33	16.63	18.72	14.46	19.29	12.07	4.50	164	4.70	1.33	12.30	8.93	剔除后正态分布	12.07	13.74	11.20
F	62	298	318	373	424	493	577	612	436	94.2	426	32.33	664	257	0.22	424	445	正态分布	436	498	431
Ga	64	13.03	13.60	15.00	16.25	17.73	19.19	20.08	16.38	2.20	16.23	5.00	22.00	11.40	0.13	16.25	15.90	正态分布	16.38	17.59	18.92
Ge	64	1.21	1.30	1.38	1.48	1.60	1.72	1.79	1.50	0.19	1.49	1.30	2.10	1.05	0.13	1.48	1.56	正态分布	1.50	1.55	1.50
Hg	64	0.02	0.03	0.03	0.04	0.05	0.06	0.06	0.04	0.02	0.04	6.64	0.14	0.02	0.41	0.04	0.04	正态分布	0.04	0.05	0.048
I	64	0.93	1.13	1.48	1.91	2.70	3.48	3.74	2.13	0.95	1.94	1.81	5.36	0.64	0.45	1.91	1.93	正态分布	2.13	2.82	3.86
La	64	32.69	34.19	37.94	44.03	47.46	53.4	60.3	44.24	9.49	43.39	8.86	86.5	32.08	0.21	44.03	37.94	正态分布	44.24	42.24	41.00
Li	64	28.62	31.13	34.91	39.54	45.55	52.2	59.0	41.54	10.39	40.45	8.53	79.6	27.10	0.25	39.54	41.50	正态分布	41.54	37.63	37.51
Mn	62	440	452	495	601	818	1025	1062	666	214	635	40.35	1187	342	0.32	601	528	剔除后正态分布	666	651	713
Mo	64	0.46	0.55	0.67	0.80	1.02	1.40	1.88	0.91	0.48	0.82	1.59	3.34	0.20	0.53	0.80	0.67	对数正态分布	0.82	0.99	0.62
N	64	0.29	0.33	0.37	0.43	0.54	0.62	0.64	0.46	0.12	0.45	1.66	0.95	0.26	0.26	0.43	0.43	正态分布	0.46	0.48	0.49
Nb	64	17.03	17.71	18.79	21.00	22.61	25.60	26.31	21.24	3.11	21.03	5.87	32.80	15.41	0.15	21.00	20.90	正态分布	21.24	21.80	19.60
Ni	64	3.92	4.70	6.07	8.00	9.43	12.00	13.15	7.99	2.70	7.53	3.47	14.40	2.98	0.34	8.00	8.20	正态分布	7.99	11.75	11.00
P	64	0.10	0.12	0.15	0.22	0.30	0.45	0.50	0.25	0.13	0.22	2.80	0.58	0.10	0.51	0.22	0.15	正态分布	0.25	0.27	0.24
Pb	64	24.91	25.16	26.40	28.02	30.21	35.23	44.08	32.09	20.06	30.07	7.10	182	23.27	0.62	28.02	27.58	对数正态分布	30.07	28.55	30.00

续表 3-5

元素/指标	N	$X_{5\%}$	$X_{10\%}$	$X_{25\%}$	$X_{50\%}$	$X_{75\%}$	$X_{90\%}$	$X_{95\%}$	$\overline{X}$	S	$\overline{X}_g$	S_g	X_{max}	X_{min}	CV	X_{me}	X_{mo}	分布类型	永康市基准值	金华市基准值	浙江省基准值
Rb	64	96.4	102	116	137	151	165	177	135	25.14	132	16.70	190	81.9	0.19	137	141	正态分布	135	136	128
S	64	48.05	57.3	65.8	77.0	89.8	108	111	79.2	19.56	76.8	12.37	129	42.00	0.25	77.0	77.0	正态分布	79.2	89.0	114
Sb	64	0.37	0.43	0.45	0.54	0.58	0.69	0.84	0.54	0.14	0.53	1.55	1.10	0.30	0.26	0.54	0.56	正态分布	0.54	0.53	0.53
Sc	64	6.20	6.52	7.10	8.47	9.60	10.38	11.33	8.50	1.62	8.35	3.48	13.02	5.90	0.19	8.47	9.40	正态分布	8.50	8.83	9.70
Se	64	0.08	0.09	0.11	0.15	0.20	0.24	0.26	0.16	0.06	0.15	3.04	0.38	0.08	0.37	0.15	0.19	正态分布	0.16	0.18	0.21
Sn	64	1.90	2.00	2.20	2.65	3.21	3.93	4.44	2.84	1.04	2.70	1.90	7.50	1.40	0.37	2.65	2.20	正态分布	2.84	3.29	2.60
Sr	64	42.14	47.83	57.8	82.3	120	176	230	110	122	87.7	13.57	967	27.80	1.11	82.3	107	对数正态分布	87.7	66.4	112
Th	64	12.05	12.97	13.91	15.91	17.15	19.06	20.12	15.80	2.38	15.62	4.94	21.13	11.04	0.15	15.91	13.43	正态分布	15.80	16.43	14.50
Ti	64	2939	3152	3584	3895	4913	5491	6116	4205	1030	4091	119	8005	2214	0.24	3895	4195	正态分布	4205	4256	4602
Tl	64	0.55	0.59	0.71	0.82	0.95	1.08	1.12	0.83	0.18	0.81	1.29	1.34	0.49	0.22	0.82	0.84	正态分布	0.83	0.87	0.82
U	64	2.60	2.70	2.90	3.12	3.34	3.93	4.25	3.20	0.47	3.17	2.00	4.37	2.50	0.15	3.12	3.33	正态分布	3.20	3.41	3.14
V	64	31.60	36.32	45.48	55.5	71.8	82.3	90.9	58.9	20.10	55.8	10.10	132	26.90	0.34	55.5	55.0	正态分布	58.9	62.6	110
W	64	1.22	1.38	1.54	1.73	2.07	2.41	2.58	1.80	0.47	1.72	1.59	2.89	0.39	0.26	1.73	1.66	正态分布	1.80	2.02	1.93
Y	64	20.42	21.47	22.90	25.35	28.28	32.27	40.29	26.57	5.62	26.08	6.73	44.80	19.59	0.21	25.35	25.55	对数正态分布	26.08	25.83	26.13
Zn	64	43.43	45.61	49.85	58.3	64.5	71.9	84.9	59.0	12.41	57.9	10.30	97.7	38.00	0.21	58.3	60.3	正态分布	59.0	66.9	77.4
Zr	64	275	292	312	339	364	426	448	345	49.06	342	28.77	478	259	0.14	339	309	正态分布	345	319	287
SiO$_2$	64	65.9	67.8	70.1	72.7	75.8	77.2	77.8	72.7	3.89	72.6	11.81	82.9	63.4	0.05	72.7	71.7	正态分布	72.7	71.9	70.5
Al$_2$O$_3$	64	10.58	11.40	12.31	13.48	14.75	16.02	16.86	13.54	1.85	13.41	4.45	18.10	9.74	0.14	13.48	11.76	正态分布	13.54	14.21	14.82
TFe$_2$O$_3$	64	2.86	2.95	3.30	3.96	4.63	5.30	5.71	4.04	1.00	3.93	2.25	6.99	2.41	0.25	3.96	4.63	正态分布	4.04	4.32	4.70
MgO	64	0.42	0.45	0.50	0.59	0.78	0.87	0.92	0.64	0.18	0.61	1.47	1.24	0.39	0.28	0.59	0.58	正态分布	0.64	0.68	0.67
CaO	64	0.18	0.20	0.26	0.33	0.46	0.60	0.65	0.48	0.94	0.35	2.37	7.73	0.11	1.94	0.33	0.26	对数正态分布	0.35	0.32	0.22
Na$_2$O	64	0.23	0.32	0.48	0.69	1.09	1.26	1.50	0.77	0.38	0.67	1.87	1.77	0.13	0.50	0.69	0.65	正态分布	0.77	0.53	0.16
K$_2$O	64	1.95	2.09	2.51	3.20	3.65	3.96	4.12	3.10	0.72	3.02	1.97	5.11	1.80	0.23	3.20	3.41	正态分布	3.10	2.81	2.99
TC	64	0.31	0.33	0.37	0.45	0.50	0.58	0.63	0.45	0.10	0.44	1.67	0.77	0.30	0.23	0.45	0.33	正态分布	0.45	0.48	0.43
Corg	64	0.24	0.25	0.29	0.35	0.43	0.50	0.54	0.37	0.09	0.35	1.90	0.58	0.23	0.26	0.35	0.35	正态分布	0.37	0.41	0.42
pH	64	4.87	4.90	5.12	5.54	6.05	6.35	6.50	5.31	5.28	5.61	2.67	6.96	4.55	0.99	5.54	5.12	正态分布	5.31	5.68	5.12

金华市土壤元素背景值

表 3-6 兰溪市土壤地球化学基准值参数统计表

元素/指标	N	$X_{5\%}$	$X_{10\%}$	$X_{25\%}$	$X_{50\%}$	$X_{75\%}$	$X_{90\%}$	$X_{95\%}$	$\overline{X}$	S	$\overline{X}_g$	S_g	X_{max}	X_{min}	CV	X_{me}	X_{mo}	分布类型	兰溪市基准值	金华市基准值	浙江省基准值
Ag	81	29.00	34.00	42.00	56.0	76.0	84.0	96.0	59.7	21.67	55.8	10.58	114	25.00	0.36	56.0	56.0	正态分布	59.7	58.7	70.0
As	81	4.44	4.62	5.64	8.00	10.00	13.50	20.30	8.90	4.52	8.03	3.70	25.60	3.35	0.51	8.00	8.30	对数正态分布	8.03	7.32	6.83
Au	81	0.47	0.61	0.73	1.02	1.50	1.80	2.30	1.22	0.76	1.06	1.70	5.00	0.29	0.62	1.02	1.20	对数正态分布	1.06	0.93	1.10
B	81	21.00	24.00	30.00	40.00	58.0	66.0	72.0	43.63	17.83	40.18	9.13	101	15.00	0.41	40.00	32.00	正态分布	43.63	28.82	73.0
Ba	81	263	301	381	476	580	663	681	480	130	461	33.34	710	235	0.27	476	483	正态分布	480	606	482
Be	81	1.60	1.68	1.91	2.18	2.48	2.81	3.08	2.21	0.44	2.16	1.62	3.30	1.27	0.20	2.18	2.18	正态分布	2.21	2.21	2.31
Bi	81	0.20	0.21	0.23	0.26	0.32	0.36	0.39	0.28	0.06	0.27	2.14	0.45	0.15	0.23	0.26	0.22	正态分布	0.28	0.22	0.24
Br	81	1.00	1.05	1.33	1.91	2.23	2.68	3.07	1.97	1.16	1.80	1.66	10.70	0.73	0.59	1.91	1.00	对数正态分布	1.80	2.35	1.50
Cd	81	0.07	0.08	0.10	0.12	0.15	0.17	0.19	0.13	0.07	0.12	3.48	0.61	0.03	0.50	0.12	0.12	对数正态分布	0.12	0.12	0.11
Ce	81	61.8	67.7	72.3	76.4	81.6	86.9	92.0	77.2	9.76	76.6	12.13	121	49.75	0.13	76.4	78.0	正态分布	77.2	85.2	84.1
Cl	81	23.70	25.20	28.20	35.00	45.00	56.4	61.0	37.74	11.88	36.04	8.31	68.0	20.10	0.31	35.00	36.00	正态分布	37.74	44.96	39.00
Co	81	6.50	7.40	8.42	10.20	12.60	14.99	17.30	11.10	4.25	10.48	3.94	31.30	4.62	0.38	10.20	13.10	对数正态分布	11.10	8.82	11.90
Cr	81	33.50	35.00	39.00	45.10	56.8	67.7	71.4	48.62	13.26	46.88	9.53	84.5	20.50	0.27	45.10	44.00	对数正态分布	46.88	31.63	71.0
Cu	81	13.50	14.20	15.80	17.80	21.50	25.00	30.60	19.50	6.96	18.67	5.52	57.7	10.50	0.36	17.80	20.00	对数正态分布	18.67	13.74	11.20
F	81	341	356	404	490	575	695	729	519	169	497	36.52	1191	295	0.33	490	498	正态分布	519	498	431
Ga	81	13.80	14.21	15.25	16.60	17.88	19.70	21.60	16.84	2.38	16.69	5.03	25.20	12.14	0.14	16.60	16.70	正态分布	16.84	17.59	18.92
Ge	81	1.30	1.34	1.43	1.55	1.68	1.83	1.94	1.56	0.20	1.55	1.31	2.09	1.13	0.13	1.55	1.61	正态分布	1.56	1.55	1.50
Hg	81	0.03	0.03	0.04	0.04	0.06	0.09	0.10	0.06	0.04	0.05	6.03	0.33	0.02	0.74	0.04	0.04	对数正态分布	0.05	0.05	0.048
I	81	1.14	1.27	1.68	2.14	3.18	3.92	4.16	2.50	1.34	2.23	1.87	10.10	0.83	0.54	2.14	1.76	正态分布	2.50	2.82	3.86
La	81	33.70	34.80	38.20	41.50	44.90	48.00	48.40	41.29	5.68	40.89	8.54	62.6	23.53	0.14	41.50	41.50	正态分布	41.29	42.24	41.00
Li	81	26.70	27.80	33.10	37.20	44.70	54.1	57.1	39.91	12.63	38.43	8.42	111	22.40	0.32	37.20	38.70	正态分布	39.91	37.63	37.51
Mn	81	267	306	427	572	737	912	1053	614	270	561	37.42	1671	189	0.44	572	568	正态分布	614	651	713
Mo	81	0.53	0.62	0.71	0.97	1.21	1.50	1.84	1.04	0.51	0.95	1.51	3.70	0.32	0.49	0.97	0.90	对数正态分布	0.95	0.99	0.62
N	81	0.32	0.34	0.37	0.44	0.49	0.58	0.63	0.45	0.11	0.44	1.65	0.82	0.28	0.23	0.44	0.46	正态分布	0.45	0.48	0.49
Nb	81	14.50	16.00	17.80	19.80	22.20	25.70	32.60	21.01	6.44	20.33	5.66	52.5	13.20	0.31	19.80	21.10	对数正态分布	20.33	21.80	19.60
Ni	81	11.00	12.50	14.00	16.30	19.70	24.70	28.30	17.94	6.41	17.07	5.34	44.90	9.21	0.36	16.30	16.20	对数正态分布	17.07	11.75	11.00
P	81	0.15	0.17	0.23	0.28	0.36	0.46	0.55	0.31	0.12	0.28	2.36	0.68	0.12	0.39	0.28	0.31	正态分布	0.31	0.27	0.24
Pb	81	20.60	21.40	23.34	25.88	27.86	31.53	34.20	25.96	4.48	25.58	6.60	40.30	14.80	0.17	25.88	27.00	正态分布	25.96	28.55	30.00

续表 3-6

元素/指标	N	$X_{5\%}$	$X_{10\%}$	$X_{25\%}$	$X_{50\%}$	$X_{75\%}$	$X_{90\%}$	$X_{95\%}$	$\overline{X}$	S	$\overline{X}_g$	S_g	X_{max}	X_{min}	CV	X_{me}	X_{mo}	分布类型	兰溪市基准值	金华市基准值	浙江省基准值
Rb	81	84.2	90.6	99.7	113	128	146	162	116	22.77	114	15.25	169	63.9	0.20	113	114	正态分布	116	136	128
S	81	51.4	56.0	69.8	87.0	115	149	181	97.5	43.09	90.0	13.61	263	40.00	0.44	87.0	60.0	对数正态分布	90.0	89.0	114
Sb	81	0.43	0.48	0.55	0.68	0.89	1.18	1.38	0.77	0.34	0.72	1.50	2.15	0.36	0.44	0.68	0.53	对数正态分布	0.72	0.53	0.53
Sc	81	6.80	7.40	8.10	9.30	10.40	11.40	12.30	9.46	2.00	9.28	3.68	18.10	6.10	0.21	9.30	9.30	正态分布	9.46	8.83	9.70
Se	81	0.07	0.07	0.12	0.15	0.21	0.31	0.32	0.17	0.08	0.15	3.09	0.34	0.06	0.45	0.15	0.14	正态分布	0.17	0.18	0.21
Sn	81	1.76	2.13	2.62	3.30	4.42	5.40	6.22	3.60	1.38	3.36	2.22	7.51	1.49	0.38	3.30	3.50	正态分布	3.60	3.29	2.60
Sr	81	33.70	39.30	49.70	58.1	74.0	110	135	67.3	32.22	61.6	10.69	216	22.50	0.48	58.1	60.6	对数正态分布	61.6	66.4	112
Th	81	10.80	11.60	13.67	14.94	16.40	17.89	18.25	14.83	2.44	14.61	4.77	21.22	6.97	0.16	14.94	14.48	剔除后正态分布	14.83	16.43	14.50
Ti	76	3381	3527	3828	4292	4720	5338	5608	4352	739	4292	122	6351	2710	0.17	4292	4382	正态分布	4352	4256	4602
Tl	81	0.54	0.61	0.64	0.73	0.82	0.91	0.93	0.73	0.13	0.72	1.30	1.16	0.37	0.18	0.73	0.74	正态分布	0.73	0.87	0.82
U	81	2.39	2.60	2.98	3.28	3.73	4.27	4.48	3.35	0.65	3.29	2.06	5.03	1.71	0.19	3.28	3.27	正态分布	3.35	3.41	3.14
V	78	53.7	56.1	61.2	67.9	79.1	94.8	100.0	71.7	15.88	70.0	11.73	113	32.00	0.22	67.9	67.6	剔除后正态分布	71.7	62.6	110
W	81	1.42	1.60	1.70	1.90	2.20	2.57	2.74	2.06	0.68	1.99	1.58	6.12	1.20	0.33	1.90	1.98	对数正态分布	2.06	2.02	1.93
Y	81	17.80	20.20	22.77	25.20	30.92	33.66	39.30	26.70	6.69	25.96	6.66	52.3	15.50	0.25	25.20	25.90	正态分布	26.70	25.83	26.13
Zn	81	50.6	52.4	57.6	62.2	72.4	86.4	108	67.2	16.66	65.5	11.06	137	44.30	0.25	62.2	64.8	对数正态分布	65.5	66.9	77.4
Zr	81	219	235	266	296	319	366	423	301	62.4	296	26.37	537	193	0.21	296	299	正态分布	301	319	287
SiO$_2$	81	66.0	67.7	70.5	72.4	74.0	75.7	77.2	72.0	3.58	71.9	11.77	80.4	58.8	0.05	72.4	71.9	正态分布	72.0	71.9	70.5
Al$_2$O$_3$	81	11.67	12.14	12.83	13.70	14.32	15.50	16.10	13.79	1.62	13.71	4.49	21.05	10.45	0.12	13.70	13.80	正态分布	13.79	14.21	14.82
TFe$_2$O$_3$	81	3.44	3.78	4.09	4.49	5.44	5.84	6.50	4.78	1.08	4.67	2.46	9.37	2.59	0.23	4.49	4.72	正态分布	4.78	4.32	4.70
MgO	81	0.56	0.62	0.69	0.85	1.07	1.23	1.40	0.89	0.26	0.86	1.34	1.55	0.50	0.29	0.85	0.85	正态分布	0.89	0.68	0.67
CaO	81	0.19	0.21	0.29	0.37	0.51	0.78	0.86	0.47	0.34	0.40	2.15	2.39	0.08	0.72	0.37	0.37	对数正态分布	0.40	0.32	0.22
Na$_2$O	81	0.14	0.17	0.36	0.54	0.73	0.84	0.98	0.53	0.27	0.45	2.19	1.15	0.06	0.50	0.54	0.54	正态分布	0.53	0.53	0.16
K$_2$O	81	1.69	1.84	2.12	2.57	2.91	3.26	3.58	2.55	0.58	2.49	1.75	4.12	1.45	0.23	2.57	2.12	正态分布	2.55	2.81	2.99
TC	81	0.27	0.30	0.33	0.40	0.46	0.58	0.61	0.42	0.12	0.40	1.76	0.82	0.24	0.29	0.40	0.40	正态分布	0.42	0.48	0.43
Corg	81	0.23	0.25	0.29	0.34	0.41	0.46	0.51	0.35	0.10	0.34	1.93	0.72	0.21	0.27	0.34	0.35	正态分布	0.35	0.41	0.42
pH	81	4.90	5.12	5.31	6.08	6.87	7.46	7.66	5.49	5.30	6.16	2.86	7.95	4.56	0.96	6.08	5.36	正态分布	5.49	5.68	5.12

Ba 基准值略低于金华市基准值,为金华市基准值的 60%~80%;CaO、Co、Bi、MgO、Sb、Cu 基准值略高于金华市基准值,是金华市基准值的 1.2~1.4 倍;Ni、Cr、B 基准值明显高于金华市基准值,是金华市基准值的 1.4 倍以上,其中 B 基准值最高,为金华市基准值的 1.51 倍。

与浙江省土壤基准值相比,兰溪市土壤基准值中 B、Sr 基准值明显低于浙江省基准值,不足浙江省基准值的 60%;Cl、I、S、V 基准值略低于浙江省基准值,为浙江省基准值的 60%~80%;Br、F、P、Sb、Sn、MgO 基准值略高于浙江省基准值,为浙江省基准值的 1.2~1.4 倍;Cu、Mo、Ni、CaO、Na_2O 基准值明显高于浙江省基准值,为浙江省基准值的 1.4 倍以上;其他元素/指标基准值则与浙江省基准值基本接近。

七、东阳市土壤地球化学基准值

东阳市土壤地球化学基准值数据经正态分布检验,结果表明,原始数据中 Ag、As、B、Ba、Cd、Ce、Cl、Cr、Ga、Ge、I、Li、Mn、N、Rb、Sb、Se、Sn、Tl、Y、Zr、SiO_2、Al_2O_3、Na_2O、K_2O、TC、Corg、pH 28 项元素/指标符合正态分布,Au、Be、Bi、Br、Co、Cu、F、Hg、La、Mo、Nb、P、Pb、S、Sc、Sr、Th、U、V、W、Zn、TFe_2O_3、MgO、CaO 24 项元素/指标符合对数正态分布,Ni、Ti 剔除异常值后符合正态分布(表 3-7)。

东阳市深层土壤总体呈酸性,土壤 pH 极大值为 7.42,极小值为 4.73,基准值为 5.48,接近于金华市基准值和浙江省基准值。

东阳市深层土壤各元素/指标中,大多数元素/指标变异系数小于 0.40,分布相对均匀;Ag、Co、Pb、Cu、I、As、Sr、Mo、CaO、Hg、P、Cr、Au、pH 共 14 项指标变异系数大于 0.40,其中 pH 变异系数大于 0.80,空间变异性较大。

与金华市土壤基准值相比,东阳市土壤基准值中绝大多数元素/指标基准值与金华市基准值基本接近;Ba、Sr 基准值略高于金华市基准值;Na_2O 基准值明显偏高,为金华市基准值的 1.45 倍。

与浙江省土壤基准值相比,东阳市土壤基准值中 V、Cr、B 基准值明显偏低,在浙江省基准值的 60% 以下,其中 B 基准值最低,为浙江省基准值的 36%;而 Co、I、S、Se、Sr、Zn 基准值略低于浙江省基准值,为浙江省基准值的 60%~80%;Br、Cl、Th 背景值略高于浙江省基准值,为浙江省基准值的 1.2~1.4 倍;Ba、Mo、CaO、Na_2O 明显相对富集,基准值为浙江省基准值的 1.4 倍以上;其他元素/指标基准值则与浙江省基准值基本接近。

八、武义县土壤地球化学基准值

武义县土壤地球化学基准值数据经正态分布检验,结果表明,原始数据中 As、B、Ba、Be、Ce、Cl、Cr、Ga、Ge、Hg、I、La、Li、Nb、Rb、S、Sc、Th、Tl、U、W、Y、Zn、Zr、SiO_2、Al_2O_3、Na_2O、K_2O、pH 共 29 项元素/指标符合正态分布,Ag、Au、Bi、Br、Co、Cu、F、Mn、Mo、N、Ni、P、Pb、Se、Sn、Sr、V、TFe_2O_3、MgO、CaO、TC、Corg 共 22 项元素/指标符合对数正态分布,Cd、Sb、Ti 剔除异常值后符合正态分布(表 3-8)。

武义县深层土壤总体呈酸性,土壤 pH 极大值为 6.48,极小值为 4.54,基准值为 5.13,接近于金华市基准值和浙江省基准值。

武义县深层土壤各元素/指标中,多数元素/指标变异系数小于 0.40,分布相对均匀;As、MgO、Cu、Sr、Pb、Cr、V、P、Bi、I、Na_2O、Co、CaO、Br、Mo、Ni、Au、pH、F、Ag、Sn 共 21 项指标变异系数大于 0.40,其中 pH、F、Ag、Sn 变异系数大于 0.80,空间变异性较大。

与金华市土壤基准值相比,武义县土壤基准值中绝大多数元素/指标基准值与金华市基准值基本接近,无明显偏低元素/指标;CaO 基准值略低于金华市基准值,为金华市基准值的 75%;Se、Hg 基准值略高于金华市基准值,为金华市基准值的 1.2~1.4 倍;Br、S、I 基准值明显偏高,是金华市基准值的 1.4~1.6 倍。

与浙江省土壤基准值相比,武义县土壤基准值中 B、Cr、Sr、V 基准值明显偏低,为浙江省基准值的 60% 以下,其中 B 基准值最低,为浙江省基准值的 34%;Co 基准值略低于浙江省基准值,为浙江省基准值

第三章 土壤地球化学基准值

表 3-7 东阳市土壤地球化学基准值参数统计表

元素/指标	N	$X_{5\%}$	$X_{10\%}$	$X_{25\%}$	$X_{50\%}$	$X_{75\%}$	$X_{90\%}$	$X_{95\%}$	$\bar{X}$	S	$\bar{X}_g$	S_g	X_{max}	X_{min}	CV	X_{me}	X_{mo}	分布类型	东阳市基准值	金华市基准值	浙江省基准值
Ag	112	35.55	41.00	47.75	62.5	79.2	96.5	110	66.7	27.55	62.3	11.01	190	29.00	0.41	62.5	49.00	正态分布	66.7	58.7	70.0
As	112	3.31	3.64	4.80	6.10	8.22	11.09	12.47	6.94	3.50	6.33	3.24	31.00	2.35	0.50	6.10	7.60	正态分布	6.94	7.32	6.83
Au	112	0.50	0.58	0.70	0.91	1.35	1.99	2.54	1.20	0.88	1.02	1.70	6.20	0.44	0.73	0.91	0.90	对数正态分布	1.02	0.93	1.10
B	112	14.86	16.03	19.63	25.00	31.00	40.00	44.80	26.56	9.52	25.00	6.91	56.0	11.00	0.36	25.00	27.00	正态分布	26.56	28.82	73.0
Ba	112	407	461	597	710	862	1031	1132	737	226	704	42.73	1516	323	0.31	710	821	正态分布	737	606	482
Be	112	1.77	1.83	1.96	2.16	2.37	2.67	2.95	2.25	0.63	2.20	1.62	7.81	1.70	0.28	2.16	1.95	对数正态分布	2.20	2.21	2.31
Bi	112	0.16	0.17	0.20	0.23	0.26	0.30	0.35	0.24	0.07	0.23	2.43	0.61	0.13	0.29	0.23	0.24	对数正态分布	0.23	0.22	0.24
Br	112	1.09	1.38	1.77	2.09	2.42	3.06	3.54	2.19	0.78	2.07	1.67	6.07	1.00	0.36	2.09	1.00	正态分布	2.07	2.35	1.50
Cd	112	0.07	0.08	0.10	0.13	0.14	0.16	0.21	0.13	0.04	0.12	3.46	0.31	0.06	0.32	0.13	0.12	对数正态分布	0.13	0.12	0.11
Ce	112	65.7	69.6	73.4	85.1	96.2	102	112	86.1	14.90	84.9	12.76	136	59.7	0.17	85.1	85.7	正态分布	86.1	85.2	84.1
Cl	112	35.00	38.00	43.00	48.25	54.2	61.2	66.8	49.53	10.91	48.44	9.36	103	27.00	0.22	48.25	43.00	对数正态分布	49.53	44.96	39.00
Co	112	4.74	5.59	6.79	8.18	10.63	15.60	16.82	9.32	4.01	8.65	3.64	28.50	4.02	0.43	8.18	7.00	正态分布	8.65	8.82	11.90
Cr	112	11.03	12.66	18.23	29.85	42.25	55.3	64.9	33.03	20.64	27.90	7.93	140	7.10	0.62	29.85	31.10	对数正态分布	33.03	31.63	71.0
Cu	112	6.66	7.50	9.38	12.45	15.43	19.18	23.90	13.41	6.24	12.34	4.65	44.60	5.90	0.47	12.45	13.00	对数正态分布	12.34	13.74	11.20
F	112	341	357	418	475	530	662	742	495	122	482	34.91	965	317	0.25	475	498	正态分布	482	498	431
Ga	112	13.58	13.92	14.89	16.55	18.20	20.68	22.57	16.88	2.62	16.69	5.00	24.40	12.52	0.16	16.55	17.00	对数正态分布	16.88	17.59	18.92
Ge	112	1.30	1.32	1.43	1.54	1.73	1.85	1.95	1.58	0.21	1.57	1.31	2.12	1.14	0.13	1.54	1.53	正态分布	1.58	1.55	1.50
Hg	112	0.03	0.03	0.03	0.04	0.05	0.06	0.08	0.05	0.03	0.04	6.56	0.26	0.02	0.58	0.04	0.04	对数正态分布	0.04	0.05	0.048
I	112	1.13	1.35	1.74	2.36	3.23	4.36	5.76	2.67	1.28	2.41	1.97	6.84	0.87	0.48	2.36	1.97	正态分布	2.67	2.82	3.86
La	112	34.38	36.25	39.60	43.55	47.55	53.3	58.0	44.76	8.65	44.07	8.92	86.9	32.00	0.19	43.55	46.20	对数正态分布	44.07	42.24	41.00
Li	112	28.27	29.72	32.63	36.72	41.07	46.28	50.8	37.80	7.35	37.15	8.10	63.6	24.21	0.19	36.72	37.44	对数正态分布	37.80	37.63	37.51
Mn	112	375	394	533	660	840	962	1119	697	266	654	40.69	2166	265	0.38	660	699	正态分布	697	651	713
Mo	112	0.61	0.68	0.75	0.90	1.14	1.58	1.85	1.05	0.58	0.97	1.46	4.98	0.52	0.55	0.90	0.97	对数正态分布	0.97	0.99	0.62
N	112	0.29	0.32	0.37	0.44	0.52	0.60	0.63	0.45	0.11	0.43	1.74	0.86	0.14	0.25	0.44	0.43	正态分布	0.45	0.48	0.49
Nb	112	18.01	18.70	19.80	21.00	22.76	25.20	27.69	21.68	3.29	21.46	5.90	36.50	15.10	0.15	21.00	21.00	对数正态分布	21.46	21.80	19.60
Ni	102	5.35	5.75	7.12	9.55	11.88	15.58	17.84	10.19	3.90	9.51	3.98	22.20	4.46	0.38	9.55	9.60	对数正态分布	10.19	11.75	11.00
P	112	0.13	0.16	0.19	0.27	0.37	0.55	0.67	0.31	0.19	0.27	2.59	1.47	0.07	0.61	0.27	0.36	剔除后正态分布	0.27	0.27	0.24
Pb	112	24.51	25.52	27.05	29.00	30.71	33.69	38.88	30.76	13.09	29.74	7.09	159	21.80	0.43	29.00	30.50	对数正态分布	29.74	28.55	30.00

续表 3-7

元素/指标	N	$X_{5\%}$	$X_{10\%}$	$X_{25\%}$	$X_{50\%}$	$X_{75\%}$	$X_{90\%}$	$X_{95\%}$	$\bar{X}$	S	$\bar{X}_g$	S_g	X_{max}	X_{min}	CV	X_{me}	X_{mo}	分布类型	东阳市基准值	金华市基准值	浙江省基准值
Rb	112	105	111	123	136	155	164	170	138	20.77	136	16.65	188	93.8	0.15	136	157	正态分布	138	136	128
S	112	56.7	62.0	70.8	85.6	108	135	153	93.0	31.26	88.6	13.26	223	47.00	0.34	85.6	89.0	对数正态分布	88.6	89.0	114
Sb	112	0.30	0.33	0.39	0.48	0.56	0.68	0.76	0.49	0.14	0.48	1.60	0.97	0.28	0.27	0.48	0.52	对数正态分布	0.49	0.53	0.53
Sc	112	6.17	6.51	7.00	7.85	9.22	11.67	13.14	8.49	2.22	8.25	3.47	17.90	5.20	0.26	7.85	7.60	对数正态分布	8.25	8.83	9.70
Se	112	0.09	0.10	0.12	0.15	0.20	0.24	0.26	0.16	0.05	0.15	3.02	0.31	0.07	0.34	0.15	0.11	正态分布	0.16	0.18	0.21
Sn	112	1.98	2.12	2.49	2.90	3.32	3.89	4.34	2.98	0.80	2.88	1.94	6.10	1.60	0.27	2.90	2.50	对数正态分布	2.98	3.29	2.60
Sr	112	40.49	47.93	62.6	80.1	103	142	159	90.5	45.42	82.1	12.77	316	33.10	0.50	80.1	102	对数正态分布	82.1	66.4	112
Th	112	14.22	14.71	15.95	17.42	19.37	20.68	23.17	17.73	2.87	17.52	5.22	28.20	10.95	0.16	17.42	18.10	正态分布	17.52	16.43	14.50
Ti	102	3172	3369	3620	4130	4704	5303	5467	4181	740	4116	121	5827	2382	0.18	4130	4181	剔除后正态分布	4181	4256	4602
Tl	112	0.65	0.73	0.80	0.89	1.04	1.11	1.20	0.92	0.18	0.90	1.24	1.75	0.53	0.20	0.89	1.01	正态分布	0.92	0.87	0.82
U	112	2.82	2.98	3.21	3.46	3.75	4.06	4.25	3.50	0.52	3.47	2.08	5.77	2.33	0.15	3.46	3.75	对数正态分布	3.47	3.41	3.14
V	112	39.43	42.42	50.2	60.7	72.3	87.6	105	63.9	21.37	60.9	10.74	146	26.00	0.33	60.7	60.2	对数正态分布	60.9	62.6	110
W	112	1.56	1.60	1.69	1.87	2.10	2.39	2.56	1.96	0.43	1.92	1.53	4.40	1.20	0.22	1.87	1.73	对数正态分布	1.92	2.02	1.93
Y	112	19.46	20.52	21.88	23.95	26.90	29.43	31.49	24.67	3.75	24.40	6.48	37.74	18.20	0.15	23.95	25.25	正态分布	24.67	25.83	26.13
Zn	112	47.66	49.11	52.5	59.6	67.6	79.1	96.2	63.4	16.59	61.7	10.72	155	41.10	0.26	59.6	53.4	对数正态分布	61.7	66.9	77.4
Zr	112	242	266	287	316	341	369	391	317	44.39	314	27.75	444	222	0.14	316	287	正态分布	317	319	287
SiO_2	112	61.9	65.8	69.3	72.4	75.4	77.4	79.2	71.9	5.03	71.7	11.83	82.6	55.6	0.07	72.4	75.7	正态分布	71.9	71.9	70.5
Al_2O_3	112	11.23	11.45	12.66	13.74	15.24	16.27	17.90	14.02	2.13	13.87	4.50	22.14	10.25	0.15	13.74	14.67	正态分布	14.02	14.21	14.82
TFe_2O_3	112	2.72	3.13	3.46	3.98	4.62	5.75	6.68	4.23	1.19	4.09	2.33	8.85	2.42	0.28	3.98	4.04	对数正态分布	4.09	4.32	4.70
MgO	112	0.39	0.44	0.53	0.63	0.74	0.94	1.21	0.68	0.25	0.64	1.49	1.72	0.35	0.36	0.63	0.61	对数正态分布	0.64	0.68	0.67
CaO	112	0.16	0.18	0.26	0.33	0.43	0.51	0.67	0.36	0.20	0.33	2.23	1.58	0.08	0.55	0.33	0.31	对数正态分布	0.33	0.32	0.22
Na_2O	112	0.31	0.40	0.59	0.72	0.97	1.14	1.23	0.77	0.28	0.71	1.57	1.46	0.17	0.37	0.72	0.71	正态分布	0.77	0.53	0.16
K_2O	112	2.15	2.29	2.59	3.06	3.28	3.60	3.71	2.96	0.50	2.92	1.86	4.03	1.74	0.17	3.06	3.08	正态分布	2.96	2.81	2.99
TC	112	0.35	0.35	0.40	0.45	0.54	0.64	0.67	0.47	0.12	0.46	1.67	1.10	0.14	0.25	0.45	0.41	正态分布	0.47	0.48	0.43
Corg	112	0.28	0.29	0.33	0.39	0.47	0.55	0.59	0.41	0.11	0.40	1.83	0.98	0.21	0.28	0.39	0.35	正态分布	0.41	0.41	0.42
pH	112	5.06	5.12	5.32	5.60	6.04	6.33	6.70	5.48	5.49	5.71	2.75	7.42	4.73	1.00	5.60	5.64	正态分布	5.48	5.68	5.12

第三章 土壤地球化学基准值

表3-8 武义县土壤地球化学基准值参数统计表

元素/指标	N	$X_{5\%}$	$X_{10\%}$	$X_{25\%}$	$X_{50\%}$	$X_{75\%}$	$X_{90\%}$	$X_{95\%}$	$\overline{X}$	S	$\overline{X}_g$	S_g	X_{max}	X_{min}	CV	X_{me}	X_{mo}	分布类型	武义县基准值	金华市基准值	浙江省基准值
Ag	99	37.00	41.00	46.50	56.0	74.0	102	130	81.8	132	62.7	11.19	1110	26.00	1.62	56.0	51.0	对数正态分布	62.7	58.7	70.0
As	99	2.73	3.33	4.31	5.47	7.00	8.94	9.85	5.92	2.47	5.49	2.93	16.30	2.25	0.42	5.47	5.30	正态分布	5.92	7.32	6.83
Au	99	0.42	0.46	0.57	0.80	1.25	1.82	2.70	1.07	0.79	0.89	1.77	5.63	0.32	0.74	0.80	1.10	对数正态分布	0.89	0.93	1.10
B	99	12.90	14.00	17.00	24.00	31.00	36.00	38.10	24.78	8.09	23.41	6.51	43.00	10.00	0.33	24.00	23.00	正态分布	24.78	28.82	73.0
Ba	99	400	458	537	658	894	1027	1142	724	247	684	43.61	1532	263	0.34	658	551	正态分布	724	606	482
Be	99	1.77	1.89	1.98	2.26	2.58	2.82	2.96	2.29	0.40	2.26	1.62	3.38	1.46	0.17	2.26	2.29	正态分布	2.29	2.21	2.31
Bi	99	0.16	0.17	0.19	0.23	0.26	0.32	0.46	0.25	0.13	0.23	2.44	1.16	0.11	0.51	0.23	0.25	对数正态分布	0.23	0.22	0.24
Br	99	1.59	1.83	2.27	3.38	4.39	6.08	8.50	3.79	2.22	3.32	2.26	12.20	1.00	0.59	3.38	3.80	对数正态分布	3.32	2.35	1.50
Cd	96	0.07	0.08	0.11	0.13	0.16	0.18	0.19	0.13	0.04	0.13	3.31	0.22	0.04	0.29	0.13	0.12	剔除后正态分布	0.13	0.12	0.11
Ce	99	66.8	69.4	80.3	90.0	98.3	110	115	90.2	15.87	88.9	13.16	145	57.5	0.18	90.0	107	正态分布	90.2	85.2	84.1
Cl	99	24.97	26.30	30.25	41.50	54.0	66.0	72.2	43.57	16.04	40.90	9.24	98.9	20.80	0.37	41.50	49.00	正态分布	43.57	44.96	39.00
Co	99	4.81	5.35	6.06	7.90	9.91	16.04	20.26	9.20	4.88	8.32	3.62	29.00	3.80	0.53	7.90	5.80	对数正态分布	8.32	8.82	11.90
Cr	99	11.90	14.68	18.85	25.50	36.38	48.96	57.7	29.44	14.07	26.21	7.21	66.8	6.27	0.48	25.50	17.90	对数正态分布	29.44	31.63	71.0
Cu	99	6.40	6.98	8.70	11.10	14.34	19.40	21.87	12.16	5.17	11.23	4.40	30.00	4.30	0.43	11.10	8.70	对数正态分布	11.23	13.74	11.20
F	99	312	332	443	536	664	926	1042	666	779	564	38.57	7780	286	1.17	536	484	对数正态分布	564	498	431
Ga	99	15.76	16.43	17.40	18.82	20.29	21.53	22.52	18.95	2.19	18.82	5.40	25.20	14.16	0.12	18.82	18.60	正态分布	18.95	17.59	18.92
Ge	99	1.33	1.37	1.48	1.56	1.66	1.74	1.81	1.57	0.17	1.56	1.31	2.16	1.18	0.11	1.56	1.57	正态分布	1.57	1.55	1.50
Hg	99	0.03	0.03	0.04	0.06	0.07	0.09	0.09	0.06	0.02	0.05	5.79	0.12	0.02	0.35	0.06	0.06	对数正态分布	0.06	0.05	0.048
I	99	1.65	2.04	2.89	3.96	5.19	6.96	9.21	4.38	2.22	3.85	2.51	12.40	0.34	0.51	3.96	4.11	正态分布	4.38	2.82	3.86
La	99	33.19	34.14	37.43	41.50	45.41	51.9	52.7	42.35	6.96	41.80	8.65	65.5	26.70	0.16	41.50	41.50	正态分布	42.35	42.24	41.00
Li	99	24.06	26.90	30.55	34.20	38.21	41.80	47.29	34.51	6.35	33.94	7.76	51.1	22.10	0.18	34.20	34.00	正态分布	34.51	37.63	37.51
Mn	99	393	423	556	644	816	1022	1171	701	251	660	42.37	1600	258	0.36	644	644	正态分布	660	651	713
Mo	99	0.64	0.76	0.88	1.06	1.31	1.74	2.15	1.24	0.80	1.12	1.52	5.80	0.52	0.64	1.06	1.22	对数正态分布	1.12	0.99	0.62
N	99	0.39	0.43	0.47	0.54	0.65	0.86	0.95	0.59	0.17	0.57	1.53	1.05	0.36	0.29	0.54	0.50	对数正态分布	0.57	0.48	0.49
Nb	99	17.59	19.36	20.45	23.60	25.85	29.47	31.23	23.86	4.68	23.45	6.08	44.20	15.39	0.20	23.60	25.00	正态分布	23.86	21.80	19.60
Ni	99	4.76	5.49	7.50	9.20	13.65	19.42	29.30	11.85	7.98	10.17	4.22	51.9	3.80	0.67	9.20	11.60	对数正态分布	10.17	11.75	11.00
P	99	0.17	0.18	0.21	0.25	0.37	0.48	0.57	0.31	0.15	0.28	2.33	1.04	0.13	0.49	0.25	0.30	对数正态分布	0.28	0.27	0.24
Pb	99	24.57	25.37	27.47	30.71	34.46	40.70	45.85	33.75	15.68	32.05	7.51	155	22.09	0.46	30.71	33.90	对数正态分布	32.05	28.55	30.00

续表 3-8

元素/指标	N	$X_{5\%}$	$X_{10\%}$	$X_{25\%}$	$X_{50\%}$	$X_{75\%}$	$X_{90\%}$	$X_{95\%}$	$\overline{X}$	S	$\overline{X}_g$	S_g	X_{max}	X_{min}	CV	X_{me}	X_{mo}	分布类型	武义县基准值	金华市基准值	浙江省基准值
Rb	99	108	114	128	146	169	186	197	148	28.72	146	17.44	218	81.1	0.19	146	157	正态分布	148	136	128
S	99	69.0	75.4	91.5	121	150	187	209	126	42.99	120	15.62	270	54.0	0.34	121	121	正态分布	126	89.0	114
Sb	96	0.31	0.35	0.42	0.45	0.52	0.60	0.63	0.47	0.10	0.46	1.60	0.72	0.24	0.21	0.45	0.45	剔除后正态分布	0.47	0.53	0.53
Sc	99	6.60	6.90	7.70	8.75	10.62	12.29	14.52	9.45	2.33	9.20	3.76	17.10	6.10	0.25	8.75	8.60	正态分布	9.45	8.83	9.70
Se	99	0.13	0.15	0.17	0.21	0.26	0.33	0.40	0.23	0.09	0.22	2.55	0.61	0.10	0.37	0.21	0.17	对数正态分布	0.22	0.18	0.21
Sn	99	2.09	2.14	2.42	3.05	4.29	5.73	6.21	4.56	10.03	3.40	2.36	102	1.50	2.20	3.05	2.60	对数正态分布	3.40	3.29	2.60
Sr	99	33.70	36.34	44.95	56.1	70.1	96.0	122	62.6	26.99	57.9	10.88	161	25.30	0.43	56.1	55.0	正态分布	57.9	66.4	112
Th	99	12.60	13.97	15.87	18.40	20.70	23.12	24.82	18.64	3.86	18.25	5.33	32.50	10.10	0.21	18.40	15.72	剔除后正态分布	18.64	16.43	14.50
Ti	91	3026	3238	3670	4144	4783	5224	6175	4270	893	4182	123	6700	2635	0.21	4144	4271	正态分布	4270	4256	4602
Tl	99	0.69	0.74	0.87	0.99	1.12	1.24	1.29	1.00	0.20	0.98	1.22	1.64	0.57	0.20	0.99	1.14	正态分布	1.00	0.87	0.82
U	99	2.59	2.71	3.12	3.44	3.84	4.17	4.33	3.48	0.58	3.44	2.08	5.52	2.29	0.17	3.44	3.44	正态分布	3.48	3.41	3.14
V	99	30.47	31.84	39.34	54.3	74.4	100.0	130	61.1	29.11	55.3	10.77	145	19.90	0.48	54.3	56.5	对数正态分布	55.3	62.6	110
W	99	1.38	1.62	1.73	2.03	2.33	2.76	3.11	2.09	0.51	2.03	1.58	3.54	1.01	0.24	2.03	1.63	正态分布	2.09	2.02	1.93
Y	99	20.54	21.61	24.01	26.40	29.05	32.39	35.01	26.80	4.22	26.48	6.68	39.20	18.10	0.16	26.40	26.40	正态分布	26.80	25.83	26.13
Zn	99	54.1	57.1	61.7	72.0	80.9	93.6	102	73.3	14.46	72.0	11.64	115	50.4	0.20	72.0	73.2	正态分布	73.3	66.9	77.4
Zr	99	246	260	302	338	368	410	426	336	54.8	331	28.46	495	235	0.16	338	341	正态分布	336	319	287
SiO_2	99	64.0	66.4	68.8	70.6	73.0	75.7	76.2	70.7	3.66	70.6	11.62	78.0	61.2	0.05	70.6	70.6	正态分布	70.7	71.9	70.5
Al_2O_3	99	12.50	12.86	13.85	14.90	15.77	16.98	17.65	14.93	1.67	14.84	4.75	20.45	11.25	0.11	14.90	15.00	正态分布	14.93	14.21	14.82
TFe_2O_3	99	3.07	3.24	3.48	4.18	4.95	6.32	7.17	4.47	1.29	4.31	2.44	8.56	2.55	0.29	4.18	4.72	对数正态分布	4.31	4.32	4.70
MgO	99	0.42	0.45	0.51	0.63	0.79	1.05	1.33	0.71	0.30	0.66	1.52	1.89	0.34	0.42	0.63	0.45	对数正态分布	0.66	0.68	0.67
CaO	99	0.14	0.15	0.18	0.22	0.28	0.43	0.55	0.26	0.15	0.24	2.53	0.98	0.12	0.57	0.22	0.22	对数正态分布	0.24	0.32	0.22
Na_2O	99	0.17	0.22	0.27	0.39	0.53	0.65	0.73	0.43	0.22	0.38	2.02	1.65	0.11	0.51	0.39	0.25	正态分布	0.43	0.53	0.16
K_2O	99	1.97	2.26	2.60	2.94	3.40	3.60	3.80	2.94	0.55	2.89	1.89	4.18	1.46	0.19	2.94	2.97	正态分布	2.94	2.81	2.99
TC	99	0.36	0.40	0.45	0.52	0.64	0.82	0.94	0.57	0.18	0.55	1.59	1.26	0.30	0.32	0.52	0.51	对数正态分布	0.55	0.48	0.43
Corg	99	0.32	0.36	0.40	0.50	0.60	0.80	0.87	0.52	0.18	0.49	1.71	1.08	0.22	0.34	0.50	0.50	对数正态分布	0.49	0.41	0.42
pH	99	4.79	4.86	4.98	5.19	5.44	5.84	6.05	5.13	5.29	5.26	2.60	6.48	4.54	1.03	5.19	5.26	正态分布	5.13	5.68	5.12

的70%；Hg、F、Nb、Sn、Th、Tl、TC基准值略高于浙江省基准值，为浙江省基准值的1.2～1.4倍；Ba、Br、Mo、Na$_2$O明显相对富集，基准值为浙江省基准值的1.4倍以上；其他元素/指标基准值则与浙江省基准值基本接近。

九、浦江县土壤地球化学基准值

浦江县土壤地球化学基准值数据经正态分布检验，结果表明，原始数据中B、Ba、Ce、Cl、Cr、F、Ga、Ge、I、La、Li、Mn、Nb、P、Pb、Rb、S、Se、Sn、Sr、Th、W、Y、Zn、Zr、SiO$_2$、Al$_2$O$_3$、CaO、Na$_2$O、K$_2$O、pH共31项元素/指标符合正态分布，Ag、As、Au、Be、Bi、Br、Cd、Co、Cu、Hg、Mo、N、Ni、Sb、Sc、Tl、U、V、TFe$_2$O$_3$、MgO、TC、Corg共22项元素/指标符合对数正态分布，Ti剔除异常值后符合正态分布（表3-9）。

浦江县深层土壤总体呈酸性，土壤pH极大值为7.72，极小值为4.82，基准值为5.41，接近于金华市基准值和浙江省基准值。

浦江县深层土壤各元素/指标中，约一半元素/指标变异系数小于0.40，分布相对均匀；Mn、MgO、CaO、Co、Be、Sn、I、S、Cr、N、Na$_2$O、V、P、Cd、Cu、Bi、TC、Br、Corg、Ag、Ni、Sb、Au、As、pH、Mo、Hg共27项元素/指标变异系数大于0.40，其中As、pH、Mo、Hg变异系数大于0.80，空间变异性较大。

与金华市土壤基准值相比，浦江县土壤基准值中大多数元素/指标基准值与金华市基准值基本接近；Au、Be、Bi、Cr、Ag、Sn、I、Mn、S、P、B、Li基准值略高于金华市基准值，为金华市基准值的1.2～1.4倍；W、Mo、Sb、As基准值明显偏高，为金华市基准值的1.4倍以上。

与浙江省土壤基准值相比，浦江县土壤基准值中V基准值略低于浙江省基准值，为浙江省基准值的60%～80%；B、Cr、Sr基准值明显偏低，均在浙江省基准值的60%以下；Hg、F、Li、Nb、Ni、Zr基准值略高于浙江省基准值，均为浙江省基准值的1.2～1.4倍；As、Br、Cu、Mo、P、Sb、Sn、W、CaO、Na$_2$O明显相对富集，基准值是浙江省基准值的1.4倍以上；其他元素/指标基准值则与浙江省基准值基本接近。

十、磐安县土壤地球化学基准值

磐安县土壤地球化学基准值数据经正态分布检验，结果表明，原始数据中Ag、B、Ba、Be、Bi、Br、Cd、Ce、Cl、Ga、Ge、Hg、I、La、Li、Mn、N、Pb、Rb、S、Sb、Se、Sn、Th、Tl、U、W、Y、Zr、Al$_2$O$_3$、Na$_2$O、K$_2$O、TC、Corg、pH共35项元素/指标符合正态分布，As、Au、Co、Cr、Cu、Mo、Nb、Ni、P、Sc、Sr、V、Zn、TFe$_2$O$_3$、MgO、CaO共16项元素/指标符合对数正态分布，F、Ti、SiO$_2$剔除异常值后符合正态分布（表3-10）。

磐安县深层土壤总体呈酸性，土壤pH极大值为6.94，极小值为4.88，基准值为5.52，接近于金华市基准值和浙江省基准值。

磐安县深层土壤各元素/指标中，大多数元素/指标变异系数小于0.40，分布相对均匀；I、CaO、Sr、Au、As、Co、Mo、Cr、Cu、pH、Ni共11项元素/指标变异系数大于0.40，其中Mo、Cr、Cu、pH、Ni变异系数大于0.80，空间变异性较大。

与金华市土壤基准值相比，磐安县土壤基准值中Cr、B、As、Ni、Cu基准值略低于金华市基准值，为金华市基准值的60%～80%；F、Ag、Sr、TC、Cl、S、Corg、Br、I、Ba基准值略高于金华市基准值，为金华市基准值的1.2～1.4倍；Mn、P基准值明显偏高，为金华市基准值的1.4倍以上；其他元素/指标基准值则与金华市基准值基本接近。

与浙江省土壤基准值相比，磐安县土壤基准值中B、Cr基准值明显偏低，均在浙江省基准值的60%以下；Au、Co、Sr、V基准值略低于浙江省基准值，均为浙江省基准值的60%～80%；F、Mn、TC、Corg基准值略高于浙江省基准值，均为浙江省基准值的1.2～1.4倍；Ba、Br、Cl、Mo、P、CaO、Na$_2$O明显相对富集，基准值是浙江省基准值的1.4倍以上；其他元素/指标基准值则与浙江省基准值基本接近。

表 3-9 浦江县土壤地球化学基准值参数统计表

元素/指标	N	$X_{5\%}$	$X_{10\%}$	$X_{25\%}$	$X_{50\%}$	$X_{75\%}$	$X_{90\%}$	$X_{95\%}$	$\overline{X}$	S	$\overline{X}_g$	S_g	X_{max}	X_{min}	CV	X_{me}	X_{mo}	分布类型	浦江县基准值	金华市基准值	浙江省基准值
Ag	60	45.85	47.00	61.0	71.5	90.0	112	133	83.9	53.9	75.3	12.59	420	34.00	0.64	71.5	110	对数正态分布	75.3	58.7	70.0
As	60	6.35	7.28	9.48	13.20	17.55	26.23	42.05	17.13	15.07	13.85	4.92	89.5	5.20	0.88	13.20	18.00	对数正态分布	13.85	7.32	6.83
Au	60	0.54	0.60	0.78	1.00	1.73	2.42	2.84	1.35	0.94	1.13	1.78	4.96	0.39	0.69	1.00	0.90	对数正态分布	1.13	0.93	1.10
B	60	21.95	23.90	28.00	37.50	49.50	57.4	66.1	39.75	14.62	37.29	8.43	83.0	18.00	0.37	37.50	38.00	正态分布	39.75	28.82	73.0
Ba	60	374	421	460	540	623	702	749	554	135	540	36.68	1097	330	0.24	540	540	正态分布	554	606	482
Be	60	1.94	2.01	2.16	2.51	2.94	3.95	4.96	2.85	1.21	2.69	1.90	9.25	1.70	0.43	2.51	2.16	对数正态分布	2.69	2.21	2.31
Bi	60	0.16	0.19	0.22	0.26	0.32	0.40	0.43	0.29	0.16	0.27	2.34	1.24	0.14	0.55	0.26	0.22	对数正态分布	0.27	0.22	0.24
Br	60	1.22	1.51	1.81	2.44	3.85	5.46	6.06	3.04	1.74	2.64	2.14	8.89	1.00	0.57	2.44	1.00	对数正态分布	2.64	2.35	1.50
Cd	60	0.07	0.09	0.11	0.13	0.16	0.21	0.26	0.15	0.08	0.13	3.44	0.50	0.06	0.53	0.13	0.14	对数正态分布	0.13	0.12	0.11
Ce	60	64.4	69.0	74.7	79.7	83.5	90.8	97.4	79.8	9.76	79.2	12.28	107	55.1	0.12	79.7	79.7	正态分布	79.8	85.2	84.1
Cl	60	26.43	27.63	32.48	39.20	46.65	52.2	60.1	40.03	10.29	38.78	8.52	66.5	24.00	0.26	39.20	48.00	对数正态分布	40.03	44.96	39.00
Co	60	6.45	7.08	8.38	9.94	12.03	16.94	23.55	11.16	4.68	10.42	3.90	25.90	5.47	0.42	9.94	11.00	对数正态分布	10.42	8.82	11.90
Cr	60	17.38	20.98	27.05	36.60	45.45	58.6	72.3	39.47	18.34	36.06	8.23	123	14.30	0.46	36.60	35.60	对数正态分布	39.47	31.63	71.0
Cu	60	11.09	11.76	12.97	15.00	17.57	22.27	31.10	17.35	9.32	16.10	5.03	73.5	10.60	0.54	15.00	15.00	对数正态分布	17.35	13.74	11.20
F	60	367	385	478	562	653	782	879	584	158	565	37.80	1135	349	0.27	562	367	正态分布	584	498	431
Ga	60	14.19	15.29	16.18	18.05	19.80	20.81	21.73	17.94	2.33	17.79	5.20	23.40	12.40	0.13	18.05	18.30	正态分布	17.94	17.59	18.92
Ge	60	1.34	1.45	1.54	1.73	1.88	2.02	2.16	1.72	0.26	1.70	1.40	2.51	1.14	0.15	1.73	1.77	正态分布	1.72	1.55	1.50
Hg	60	0.03	0.04	0.05	0.06	0.08	0.09	0.13	0.08	0.09	0.06	5.25	0.69	0.03	1.13	0.06	0.05	对数正态分布	0.06	0.05	0.048
I	60	1.15	1.60	2.42	3.65	4.56	5.23	6.23	3.63	1.62	3.24	2.30	8.44	0.81	0.45	3.65	4.06	正态分布	3.63	2.82	3.86
La	60	32.40	34.22	37.23	40.20	44.23	46.30	47.03	40.40	4.94	40.11	8.39	57.3	32.10	0.12	40.20	40.20	正态分布	40.40	42.24	41.00
Li	60	33.45	36.36	40.45	47.85	56.9	69.9	79.1	52.2	19.66	49.66	9.46	142	28.20	0.38	47.85	43.00	对数正态分布	52.2	37.63	37.51
Mn	60	404	482	564	824	1014	1210	1304	846	350	785	45.76	2493	335	0.41	824	552	正态分布	846	651	713
Mo	60	0.70	0.80	1.06	1.31	1.85	2.43	3.23	1.71	1.75	1.42	1.73	13.90	0.64	1.02	1.31	1.46	对数正态分布	1.42	0.99	0.62
N	60	0.33	0.37	0.44	0.53	0.69	0.87	1.02	0.60	0.28	0.56	1.64	1.89	0.28	0.46	0.53	0.45	对数正态分布	0.56	0.48	0.49
Nb	60	17.28	18.58	20.56	23.79	30.12	35.34	42.61	25.95	7.53	25.02	6.54	50.1	16.40	0.29	23.79	22.60	对数正态分布	25.95	21.80	19.60
Ni	60	7.59	7.81	10.47	13.55	16.70	21.61	33.97	15.76	10.02	13.95	4.78	61.4	6.07	0.64	13.55	17.50	对数正态分布	13.95	11.75	11.00
P	60	0.13	0.18	0.24	0.34	0.40	0.56	0.69	0.36	0.17	0.32	2.35	0.94	0.10	0.48	0.34	0.39	对数正态分布	0.36	0.27	0.24
Pb	60	19.18	20.59	22.65	25.00	27.42	29.08	32.33	25.22	4.42	24.86	6.41	40.40	15.90	0.18	25.00	25.20	正态分布	25.22	28.55	30.00

续表 3-9

元素/指标	N	$X_{5\%}$	$X_{10\%}$	$X_{25\%}$	$X_{50\%}$	$X_{75\%}$	$X_{90\%}$	$X_{95\%}$	$\overline{X}$	S	$\overline{X}_g$	S_g	X_{max}	X_{min}	CV	X_{me}	X_{mo}	分布类型	浦江县基准值	金华市基准值	浙江省基准值
Rb	60	90.3	96.4	109	124	135	152	161	124	21.08	122	15.73	171	75.1	0.17	124	129	正态分布	124	136	128
S	60	60.7	64.3	78.6	108	147	175	203	116	52.1	104	15.56	312	8.10	0.45	108	115	正态分布	116	89.0	114
Sb	60	0.48	0.57	0.68	0.92	1.25	1.66	2.20	1.10	0.73	0.96	1.61	4.79	0.41	0.67	0.92	1.06	对数正态分布	0.96	0.53	0.53
Sc	60	6.79	7.08	7.50	8.55	9.40	10.82	14.10	8.95	2.15	8.74	3.51	17.30	5.70	0.24	8.55	8.20	对数正态分布	8.74	8.83	9.70
Se	60	0.10	0.11	0.14	0.20	0.24	0.28	0.32	0.20	0.08	0.19	2.79	0.54	0.08	0.40	0.20	0.22	正态分布	0.20	0.18	0.21
Sn	60	2.23	2.58	3.20	3.80	4.74	5.88	7.99	4.23	1.83	3.92	2.45	12.36	1.42	0.43	3.80	3.30	正态分布	4.23	3.29	2.60
Sr	60	39.02	43.68	48.38	61.2	73.0	86.5	99.6	63.9	21.21	60.9	10.72	140	31.50	0.33	61.2	63.0	正态分布	63.9	66.4	112
Th	60	10.24	10.89	12.25	13.60	14.74	16.20	17.04	13.49	2.21	13.28	4.50	17.90	5.68	0.16	13.60	13.60	剔除后正态分布	13.49	16.43	14.50
Ti	53	3933	4127	4302	4531	4907	5148	5709	4617	520	4589	126	5918	3278	0.11	4531	4615	对数正态分布	4617	4256	4602
Tl	60	0.56	0.57	0.65	0.73	0.77	0.94	1.04	0.75	0.19	0.73	1.34	1.55	0.40	0.26	0.73	0.75	对数正态分布	0.73	0.87	0.82
U	60	2.50	2.57	3.06	3.30	3.62	4.51	4.93	3.44	0.97	3.34	2.08	8.60	1.48	0.28	3.30	3.11	对数正态分布	3.34	3.41	3.14
V	60	40.67	41.99	53.7	64.0	75.8	95.2	137	71.4	33.55	66.1	11.27	235	29.30	0.47	64.0	57.0	对数正态分布	66.1	62.6	110
W	60	1.84	1.90	2.25	2.62	3.28	3.95	4.40	2.86	0.88	2.74	1.90	5.63	1.50	0.31	2.62	2.45	正态分布	2.86	2.02	1.93
Y	60	23.36	24.15	25.95	28.76	33.67	39.15	42.74	30.48	6.26	29.89	7.17	46.70	21.13	0.21	28.76	31.30	正态分布	30.48	25.83	26.13
Zn	60	50.7	52.2	62.3	75.0	92.0	107	120	78.6	22.34	75.6	11.98	146	36.90	0.28	75.0	104	正态分布	78.6	66.9	77.4
Zr	60	244	266	289	336	396	454	487	348	74.4	340	29.08	541	240	0.21	336	316	正态分布	348	319	287
SiO$_2$	60	67.0	68.1	71.0	72.9	75.3	77.1	77.3	72.6	3.68	72.5	11.81	77.8	58.9	0.05	72.9	71.4	正态分布	72.6	71.9	70.5
Al$_2$O$_3$	60	11.88	12.21	12.69	13.23	14.25	15.62	16.31	13.60	1.39	13.53	4.45	18.20	11.07	0.10	13.23	13.10	对数正态分布	13.60	14.21	14.82
TFe$_2$O$_3$	60	3.46	3.62	4.04	4.53	4.91	5.65	6.90	4.65	1.10	4.55	2.40	8.98	2.97	0.24	4.53	4.53	对数正态分布	4.65	4.32	4.70
MgO	60	0.48	0.49	0.57	0.68	0.93	1.33	1.44	0.80	0.33	0.75	1.50	1.93	0.45	0.41	0.68	0.78	正态分布	0.80	0.68	0.67
CaO	60	0.20	0.22	0.24	0.32	0.41	0.49	0.62	0.35	0.14	0.33	2.12	0.94	0.17	0.41	0.32	0.23	正态分布	0.35	0.32	0.22
Na$_2$O	60	0.28	0.33	0.43	0.59	0.74	0.94	1.08	0.63	0.29	0.57	1.67	1.95	0.23	0.46	0.59	0.64	正态分布	0.63	0.53	0.16
K$_2$O	60	1.84	2.11	2.37	2.80	3.16	3.48	3.71	2.80	0.59	2.73	1.82	4.46	1.52	0.21	2.80	2.82	正态分布	2.80	2.81	2.99
TC	60	0.29	0.31	0.41	0.48	0.61	0.76	0.91	0.55	0.31	0.50	1.72	2.26	0.27	0.56	0.48	0.56	对数正态分布	0.50	0.48	0.43
Corg	60	0.27	0.28	0.33	0.43	0.58	0.74	0.86	0.51	0.30	0.46	1.86	2.09	0.26	0.59	0.43	0.42	对数正态分布	0.46	0.41	0.42
pH	60	4.93	5.02	5.23	5.46	6.21	6.99	7.23	5.41	5.41	5.77	2.75	7.72	4.82	1.00	5.46	5.45	正态分布	5.41	5.68	5.12

表 3-10 磐安县土壤地球化学基准值参数统计表

元素/指标	N	$X_{5\%}$	$X_{10\%}$	$X_{25\%}$	$X_{50\%}$	$X_{75\%}$	$X_{90\%}$	$X_{95\%}$	$\bar{X}$	S	$\bar{X}_g$	S_g	X_{max}	X_{min}	CV	X_{me}	X_{mo}	分布类型	磐安县基准值	金华市基准值	浙江省基准值
Ag	74	38.65	43.30	55.0	67.5	85.8	110	123	72.9	26.88	68.6	11.43	160	27.00	0.37	67.5	110	正态分布	72.9	58.7	70.0
As	74	3.33	3.48	4.27	5.25	6.38	8.98	9.82	6.09	3.88	5.48	2.88	31.40	2.16	0.64	5.25	4.46	对数正态分布	5.48	7.32	6.83
Au	74	0.49	0.53	0.60	0.73	0.90	1.10	1.30	0.84	0.48	0.77	1.48	3.72	0.44	0.57	0.73	0.59	对数正态分布	0.77	0.93	1.10
B	74	15.00	15.49	16.55	19.60	23.98	29.27	31.04	21.13	6.44	20.38	5.68	55.2	12.60	0.30	19.60	17.00	正态分布	21.13	28.82	73.0
Ba	74	596	628	737	847	926	1034	1150	842	195	816	48.01	1439	180	0.23	847	907	正态分布	842	606	482
Be	74	2.03	2.11	2.19	2.37	2.52	2.78	3.03	2.40	0.30	2.39	1.68	3.26	1.85	0.12	2.37	2.22	正态分布	2.40	2.21	2.31
Bi	74	0.16	0.17	0.20	0.22	0.24	0.29	0.30	0.22	0.05	0.22	2.44	0.38	0.10	0.21	0.22	0.21	正态分布	0.22	0.22	0.24
Br	74	1.66	1.84	2.36	3.13	3.68	4.58	5.11	3.15	1.07	2.98	2.00	6.55	1.27	0.34	3.13	2.91	正态分布	3.15	2.35	1.50
Cd	74	0.08	0.08	0.09	0.12	0.14	0.16	0.17	0.12	0.03	0.12	3.56	0.21	0.06	0.28	0.12	0.13	正态分布	0.12	0.12	0.11
Ce	74	79.1	84.3	90.4	95.3	98.6	104	107	94.6	8.87	94.2	13.73	121	70.9	0.09	95.3	96.4	正态分布	94.6	85.2	84.1
Cl	74	41.66	45.37	48.02	55.4	62.6	74.7	78.4	57.2	11.38	56.1	10.27	95.2	37.50	0.20	55.4	48.00	剔除后正态分布	57.2	44.96	39.00
Co	74	4.53	4.99	5.96	8.14	11.25	17.89	23.90	10.09	6.75	8.71	3.84	45.15	4.16	0.67	8.14	5.94	对数正态分布	8.71	8.82	11.90
Cr	74	9.32	11.09	13.72	17.70	27.82	45.25	69.9	25.75	23.82	20.57	6.16	159	8.10	0.92	17.70	24.60	对数正态分布	20.57	31.63	71.0
Cu	74	6.37	6.53	8.10	9.35	13.07	24.70	33.97	13.33	12.37	10.97	4.32	93.5	5.30	0.93	9.35	8.10	对数正态分布	10.97	13.74	11.20
F	71	394	443	500	574	678	820	877	599	144	583	39.72	957	368	0.24	574	581	正态分布	599	498	431
Ga	74	15.96	16.73	17.60	18.55	19.70	21.25	23.93	18.94	2.25	18.82	5.41	27.37	15.40	0.12	18.55	17.90	正态分布	18.94	17.59	18.92
Ge	74	1.25	1.28	1.42	1.52	1.74	1.92	2.00	1.58	0.25	1.56	1.37	2.23	1.15	0.16	1.52	1.48	正态分布	1.58	1.55	1.50
Hg	74	0.03	0.04	0.04	0.05	0.06	0.06	0.08	0.05	0.01	0.05	5.94	0.11	0.02	0.28	0.05	0.05	正态分布	0.05	0.05	0.048
I	74	1.49	1.86	2.52	3.60	4.94	5.84	6.59	3.79	1.59	3.44	2.25	8.12	1.04	0.42	3.60	3.60	正态分布	3.79	2.82	3.86
La	74	37.23	40.23	42.12	44.45	46.30	48.47	54.2	44.55	4.63	44.31	8.95	57.8	32.86	0.10	44.45	46.30	正态分布	44.55	42.24	41.00
Li	74	26.30	27.45	30.70	35.50	41.78	48.62	51.7	36.76	8.32	35.90	8.11	68.4	23.40	0.23	35.50	39.60	正态分布	36.76	37.63	37.51
Mn	74	513	624	844	970	1118	1281	1326	966	239	934	50.9	1529	448	0.25	970	968	正态分布	966	651	713
Mo	74	0.54	0.64	0.82	1.12	1.50	1.85	2.22	1.31	1.09	1.10	1.78	8.95	0.16	0.83	1.12	1.28	对数正态分布	1.10	0.99	0.62
N	74	0.34	0.37	0.41	0.53	0.62	0.76	0.85	0.54	0.16	0.52	1.62	1.09	0.27	0.30	0.53	0.54	正态分布	0.54	0.48	0.49
Nb	74	17.67	18.33	19.80	21.90	23.08	25.37	28.69	22.44	5.06	22.03	5.91	54.8	13.90	0.23	21.90	21.90	对数正态分布	22.03	21.80	19.60
Ni	74	4.66	5.00	6.19	7.85	10.50	17.21	32.63	12.83	19.18	9.12	4.11	137	3.96	1.49	7.85	10.50	对数正态分布	9.12	11.75	11.00
P	74	0.26	0.30	0.37	0.43	0.49	0.62	0.82	0.46	0.17	0.44	1.78	1.16	0.21	0.36	0.43	0.44	对数正态分布	0.44	0.27	0.24
Pb	74	22.41	24.20	25.60	28.65	31.38	33.37	34.10	28.55	3.85	28.29	6.86	38.20	19.60	0.13	28.65	29.80	正态分布	28.55	28.55	30.00

续表 3-10

元素/指标	N	$X_{5\%}$	$X_{10\%}$	$X_{25\%}$	$X_{50\%}$	$X_{75\%}$	$X_{90\%}$	$X_{95\%}$	$\overline{X}$	S	$\overline{X}_g$	S_g	X_{max}	X_{min}	CV	X_{me}	X_{mo}	分布类型	磐安县基准值	金华市基准值	浙江省基准值
Rb	74	111	121	136	146	162	172	179	147	21.73	145	17.82	202	78.6	0.15	146	137	正态分布	147	136	128
S	74	74.0	79.0	90.2	107	130	156	188	115	33.92	110	15.05	221	59.0	0.30	107	105	正态分布	115	89.0	114
Sb	74	0.32	0.34	0.37	0.42	0.48	0.58	0.63	0.44	0.10	0.43	1.71	0.80	0.27	0.22	0.42	0.36	对数正态分布	0.44	0.53	0.53
Sc	74	6.30	6.63	7.30	8.05	9.60	12.52	14.19	8.93	2.76	8.60	3.51	20.00	5.70	0.31	8.05	8.30	对数正态分布	8.60	8.83	9.70
Se	74	0.09	0.11	0.13	0.16	0.20	0.26	0.28	0.17	0.06	0.16	3.09	0.32	0.06	0.33	0.16	0.16	正态分布	0.17	0.18	0.21
Sn	74	1.97	2.07	2.36	2.85	3.27	3.82	3.98	2.89	0.71	2.81	1.89	5.80	1.36	0.25	2.85	2.90	正态分布	2.89	3.29	2.60
Sr	74	50.00	56.5	62.6	75.8	102	161	172	90.3	42.06	82.7	13.48	227	25.70	0.47	75.8	90.0	对数正态分布	82.7	66.4	112
Th	74	11.66	12.86	14.86	16.55	17.40	19.31	19.91	16.06	2.74	15.80	5.04	23.30	7.92	0.17	16.55	16.60	正态分布	16.06	16.43	14.50
Ti	64	3347	3711	4047	4421	4680	5215	5640	4438	648	4392	125	6227	2907	0.15	4421	4422	剔除后正态分布	4438	4256	4602
Tl	74	0.65	0.76	0.83	0.94	1.08	1.13	1.20	0.94	0.17	0.92	1.22	1.41	0.50	0.19	0.94	1.02	正态分布	0.94	0.87	0.82
U	74	2.73	2.81	3.01	3.31	3.57	3.76	3.88	3.28	0.43	3.25	2.01	4.42	1.65	0.13	3.31	3.37	正态分布	3.28	3.41	3.14
V	74	44.88	52.5	56.3	64.7	82.3	105	125	73.5	28.72	69.3	11.68	191	31.60	0.39	64.7	73.4	对数正态分布	69.3	62.6	110
W	74	1.13	1.63	1.80	2.01	2.32	2.59	3.00	2.04	0.53	1.95	1.70	3.66	0.43	0.26	2.01	2.03	正态分布	2.04	2.02	1.93
Y	74	20.13	20.46	21.73	23.00	24.50	25.41	27.70	23.21	2.28	23.10	6.09	31.40	19.00	0.10	23.00	23.00	正态分布	23.21	25.83	26.13
Zn	74	60.1	61.2	66.7	72.0	80.3	86.4	92.5	75.2	17.17	73.9	11.75	189	57.5	0.23	72.0	69.3	对数正态分布	73.9	66.9	77.4
Zr	74	276	280	296	324	342	364	373	324	36.52	322	27.69	455	232	0.11	324	322	正态分布	324	319	287
SiO_2	68	65.6	66.6	68.1	69.5	71.2	73.5	74.0	69.7	2.64	69.7	11.47	75.0	63.3	0.04	69.5	70.5	剔除后正态分布	69.7	71.9	70.5
Al_2O_3	74	13.15	13.64	14.30	15.07	16.00	16.99	18.70	15.28	1.52	15.21	4.80	19.88	12.94	0.10	15.07	13.81	正态分布	15.28	14.21	14.82
TFe_2O_3	74	3.10	3.35	3.69	3.98	5.08	6.59	7.90	4.65	1.82	4.41	2.45	13.87	2.93	0.39	3.98	3.70	对数正态分布	4.65	4.32	4.70
MgO	74	0.44	0.47	0.56	0.64	0.81	0.98	1.24	0.70	0.23	0.67	1.46	1.48	0.27	0.33	0.64	0.63	对数正态分布	0.70	0.68	0.67
CaO	74	0.25	0.26	0.29	0.33	0.40	0.52	0.71	0.38	0.16	0.36	1.95	1.27	0.15	0.43	0.33	0.32	对数正态分布	0.38	0.32	0.22
Na_2O	74	0.27	0.33	0.41	0.58	0.74	0.87	1.03	0.60	0.24	0.56	1.66	1.37	0.24	0.39	0.58	0.64	对数正态分布	0.60	0.53	0.16
K_2O	74	2.25	2.40	2.78	3.05	3.39	3.66	3.80	3.03	0.51	2.99	1.95	4.06	1.37	0.17	3.05	3.13	正态分布	3.03	2.81	2.99
TC	74	0.38	0.40	0.48	0.57	0.70	0.79	0.91	0.60	0.19	0.58	1.55	1.50	0.32	0.32	0.57	0.57	正态分布	0.60	0.48	0.43
Corg	74	0.31	0.33	0.44	0.53	0.64	0.72	0.81	0.54	0.18	0.52	1.64	1.32	0.25	0.32	0.53	0.54	正态分布	0.54	0.41	0.42
pH	74	5.09	5.22	5.43	5.62	5.89	6.08	6.20	5.52	5.59	5.66	2.71	6.94	4.88	1.01	5.62	5.61	正态分布	5.52	5.68	5.12

第二节 主要土壤母质类型地球化学基准值

一、松散岩类沉积物土壤母质地球化学基准值

松散岩类沉积物区地球化学基准值数据经正态分布检验,结果表明,原始数据中 Ag、As、B、Ba、Be、Bi、Cd、Ce、Co、Cr、Cu、F、Ga、Ge、I、La、Li、Mn、Mo、N、Nb、Ni、P、Pb、Rb、Sb、Sc、Se、Sr、Th、Ti、Tl、U、V、W、Y、Zn、Zr、SiO_2、Al_2O_3、TFe_2O_3、MgO、CaO、Na_2O、K_2O、TC、Corg、pH 共 48 项元素/指标符合正态分布,Au、Br、Cl、Hg、Sn 符合对数正态分布,S 剔除异常值后符合正态分布(表 3-11)。

松散岩类沉积物区深层土壤总体呈酸性,土壤 pH 极大值为 7.72,极小值为 4.66,基准值为 5.46,接近于金华市基准值。

松散岩类沉积物区深层土壤各元素/指标中,绝大多数元素/指标变异系数小于 0.40,分布相对均匀;Br、Au、I、Hg、pH 变异系数大于 0.40,其中 pH 变异系数大于 0.80,空间变异性较大。

与金华市土壤基准值相比,松散岩类沉积物区土壤基准值中绝大多数元素/指标基准值与金华市基准值基本接近;Br 基准值略低于金华市基准值,为金华市基准值的 71%;Sb、B、Bi、Na_2O、Cr、Au 基准值略高于金华市基准值,是金华市基准值的 1.2～1.4 倍。

二、古土壤风化物土壤母质地球化学基准值

古土壤风化物区地球化学基准值数据经正态分布检验,结果表明,原始数据中除了 La 符合对数正态分布,其他 53 项元素/指标均符合正态分布(表 3-12)。

古土壤风化物区深层土壤总体为酸性,土壤 pH 极大值为 7.50,极小值为 4.69,基准值为 5.23,接近于金华市基准值。

古土壤风化物区深层土壤各元素/指标中,绝大多数元素/指标变异系数小于 0.40,分布相对均匀;I、Se、Mo、Sr、S、Hg、CaO、Na_2O、pH 共 9 项元素/指标变异系数大于 0.40,其中 pH 变异系数大于 0.80,空间变异性较大。

与金华市土壤基准值相比,古土壤风化物区土壤基准值中大多数元素/指标基准值与金华市基准值基本接近;K_2O、Ba、Na_2O、Rb、Sr、Mn 基准值略低于金华市基准值,均为金华市基准值的 60%～80%;Mo、V、Cu、Ni、Sb 基准值略高于金华市基准值,均为金华市基准值的 1.2～1.4 倍;As、S、Bi、Se、Au、B、Cr 明显相对富集,基准值是金华市基准值的 1.4 倍以上。

三、碎屑岩类风化物土壤母质地球化学基准值

碎屑岩类风化物区地球化学基准值数据经正态分布检验,结果表明,原始数据中 Ag、Au、B、Ba、Br、Cd、Ce、Cl、Co、Cr、F、Ge、I、La、Li、Mn、Mo、N、Nb、Ni、P、S、Sc、Se、Ti、V、W、Y、Zn、Zr、SiO_2、Al_2O_3、TFe_2O_3、MgO、Na_2O、K_2O、TC、pH 共 38 项元素/指标符合正态分布,As、Be、Bi、Cu、Ga、Hg、Pb、Sb、Sn、Sr、Th、Tl、U、CaO、Corg 共 15 项元素/指标符合对数正态分布,Rb 剔除异常值后符合正态分布(表 3-13)。

碎屑岩类风化物区深层土壤总体为酸性,土壤 pH 极大值为 6.94,极小值为 4.81,基准值为 5.38,接近于金华市基准值。

碎屑岩类风化物区深层土壤各元素/指标中,约一半元素/指标变异系数小于 0.40,分布相对均匀;Co、Cd、Tl、B、Cl、Th、Cr、Bi、Ag、S、Sr、U、Pb、Na_2O、Au、Br、Mo、Cu、Ni、CaO、Sb、Sn、As、pH、Hg 共 25 项元

第三章 土壤地球化学基准值

表 3-11 松散岩类沉积物土壤母质地球化学基准值参数统计表

元素/指标	N	$X_{5\%}$	$X_{10\%}$	$X_{25\%}$	$X_{50\%}$	$X_{75\%}$	$X_{90\%}$	$X_{95\%}$	$\overline{X}$	S	$\overline{X}_g$	S_g	X_{max}	X_{min}	CV	X_{me}	X_{mo}	分布类型	松散岩类沉积物基准值	金华市基准值
Ag	73	37.00	41.40	50.00	63.0	77.0	87.4	99.6	65.1	20.45	62.1	11.03	142	32.00	0.31	63.0	62.0	正态分布	65.1	58.7
As	73	4.10	4.92	6.60	7.80	9.60	12.56	13.14	8.29	2.79	7.82	3.50	15.50	2.90	0.34	7.80	9.60	正态分布	8.29	7.32
Au	73	0.80	0.90	1.00	1.20	1.40	2.28	3.02	1.38	0.68	1.27	1.52	4.00	0.60	0.49	1.20	1.10	对数正态分布	1.27	0.93
B	73	17.60	23.20	29.00	35.00	42.00	54.0	62.0	36.67	12.71	34.60	8.15	76.0	16.00	0.35	35.00	29.00	正态分布	36.67	28.82
Ba	73	333	351	437	532	640	747	848	555	189	529	36.29	1532	238	0.34	532	640	正态分布	555	606
Be	73	1.74	1.77	1.91	2.10	2.33	2.60	2.79	2.16	0.34	2.14	1.58	3.19	1.55	0.16	2.10	2.14	正态分布	2.16	2.21
Bi	73	0.19	0.21	0.23	0.26	0.33	0.40	0.43	0.28	0.08	0.28	2.19	0.51	0.18	0.27	0.26	0.29	正态分布	0.28	0.22
Br	73	1.00	1.00	1.27	1.70	1.94	2.64	3.21	1.81	0.81	1.68	1.60	5.10	1.00	0.45	1.70	1.00	对数正态分布	1.68	2.35
Cd	73	0.09	0.09	0.11	0.12	0.14	0.15	0.19	0.13	0.03	0.13	3.40	0.25	0.09	0.23	0.12	0.12	正态分布	0.13	0.12
Ce	73	63.4	65.2	70.4	77.7	86.9	92.6	100.0	79.4	11.64	78.6	12.27	114	57.5	0.15	77.7	68.4	正态分布	79.4	85.2
Cl	73	30.00	32.00	38.00	43.00	50.00	57.6	66.0	45.82	16.88	43.91	8.89	157	28.00	0.37	43.00	41.00	对数正态分布	43.91	44.96
Co	73	5.06	5.39	6.60	7.70	8.82	11.35	12.54	8.09	2.43	7.74	3.43	15.50	2.90	0.30	7.70	8.82	正态分布	8.09	8.82
Cr	73	18.18	25.28	31.60	39.20	51.5	60.5	64.8	41.38	14.60	38.47	8.78	77.8	8.40	0.35	39.20	45.30	正态分布	41.38	31.63
Cu	73	10.34	11.08	12.50	14.31	16.90	19.20	21.00	14.85	3.40	14.48	4.82	24.60	7.01	0.23	14.31	14.80	正态分布	14.85	13.74
F	73	332	357	411	453	498	568	607	458	78.9	452	33.72	663	301	0.17	453	498	正态分布	458	498
Ga	73	12.46	13.37	14.11	15.81	17.00	18.65	19.29	15.81	2.25	15.66	4.84	23.81	11.86	0.14	15.81	16.40	正态分布	15.81	17.59
Ge	73	1.23	1.29	1.37	1.48	1.56	1.73	1.78	1.49	0.17	1.48	1.28	2.01	1.14	0.11	1.48	1.53	正态分布	1.49	1.55
Hg	73	0.03	0.03	0.03	0.04	0.05	0.06	0.08	0.05	0.03	0.04	6.43	0.22	0.02	0.58	0.04	0.03	对数正态分布	0.04	0.05
I	73	0.87	1.13	1.46	2.14	2.86	3.96	4.70	2.41	1.31	2.11	1.94	7.37	0.48	0.54	2.14	1.92	正态分布	2.41	2.82
La	73	34.78	35.61	38.70	42.30	46.70	49.28	52.1	42.77	6.01	42.36	8.63	60.1	29.93	0.14	42.30	40.20	正态分布	42.77	42.24
Li	73	32.08	34.03	35.90	39.10	41.65	44.38	47.75	39.53	6.13	39.12	8.31	67.3	29.10	0.16	39.10	39.20	正态分布	39.53	37.63
Mn	73	305	338	413	502	615	713	778	527	164	504	36.05	1135	280	0.31	502	555	正态分布	527	651
Mo	73	0.60	0.70	0.78	0.94	1.17	1.34	1.47	0.99	0.28	0.96	1.31	2.20	0.57	0.29	0.94	0.76	正态分布	0.99	0.99
N	73	0.31	0.32	0.37	0.44	0.49	0.55	0.60	0.44	0.09	0.43	1.71	0.68	0.28	0.21	0.44	0.49	正态分布	0.44	0.48
Nb	73	17.19	18.37	19.59	21.42	23.80	25.62	26.03	21.60	2.89	21.41	5.85	28.88	15.75	0.13	21.42	19.98	正态分布	21.60	21.80
Ni	73	7.08	8.14	10.30	13.30	15.50	19.44	20.42	13.36	4.35	12.64	4.60	24.60	4.90	0.33	13.30	14.20	正态分布	13.36	11.75
P	73	0.11	0.14	0.17	0.22	0.27	0.32	0.35	0.22	0.08	0.21	2.67	0.45	0.09	0.35	0.22	0.22	正态分布	0.22	0.27
Pb	73	23.38	24.71	26.20	28.52	33.81	36.62	37.87	29.69	4.73	29.33	6.94	40.43	20.80	0.16	28.52	27.50	正态分布	29.69	28.55

续表 3-11

元素/指标	N	$X_{5\%}$	$X_{10\%}$	$X_{25\%}$	$X_{50\%}$	$X_{75\%}$	$X_{90\%}$	$X_{95\%}$	$\overline{X}$	S	$\overline{X}_g$	S_g	X_{max}	X_{min}	CV	X_{me}	X_{mo}	分布类型	松散岩类沉积物基准值	金华市基准值
Rb	73	84.4	94.1	107	121	141	165	172	126	27.57	123	15.70	196	78.8	0.22	121	137	正态分布	126	136
S	71	50.00	60.0	67.0	79.0	108	124	137	86.6	27.61	82.5	12.80	159	41.00	0.32	79.0	77.0	剔除后正态分布	86.6	89.0
Sb	73	0.42	0.45	0.52	0.60	0.75	0.89	0.96	0.65	0.20	0.63	1.45	1.66	0.37	0.31	0.60	0.70	正态分布	0.65	0.53
Sc	73	6.80	7.00	7.68	8.40	9.60	10.60	11.24	8.70	1.42	8.59	3.44	12.60	6.40	0.16	8.40	9.30	正态分布	8.70	8.83
Se	73	0.11	0.12	0.14	0.17	0.23	0.26	0.32	0.19	0.08	0.18	2.93	0.54	0.08	0.40	0.17	0.15	正态分布	0.19	0.18
Sn	73	2.20	2.32	2.60	3.10	3.70	4.70	5.58	3.44	1.29	3.26	2.13	9.00	1.60	0.38	3.10	2.60	对数正态分布	3.26	3.29
Sr	73	39.90	44.25	51.1	59.6	74.9	84.7	89.9	62.6	16.05	60.5	10.72	98.3	28.70	0.26	59.6	44.50	正态分布	62.6	66.4
Th	73	12.65	13.48	14.80	17.25	19.50	21.61	22.51	17.25	3.01	16.99	5.09	23.24	11.53	0.17	17.25	16.81	正态分布	17.25	16.43
Ti	73	3111	3204	3630	3927	4492	4916	5174	4035	672	3981	118	6179	2561	0.17	3927	4033	正态分布	4035	4256
Tl	73	0.57	0.59	0.67	0.82	1.00	1.08	1.14	0.83	0.20	0.81	1.34	1.42	0.33	0.24	0.82	1.01	正态分布	0.83	0.87
U	73	2.97	3.08	3.33	3.65	4.16	4.48	4.89	3.76	0.59	3.71	2.15	5.21	2.60	0.16	3.65	3.54	正态分布	3.76	3.41
V	73	40.64	45.98	50.4	58.5	73.0	85.0	97.3	62.6	17.64	60.2	10.84	109	24.40	0.28	58.5	63.3	正态分布	62.6	62.6
W	73	1.60	1.67	1.80	1.99	2.21	2.45	2.58	2.02	0.32	1.99	1.52	2.95	1.36	0.16	1.99	1.82	正态分布	2.02	2.02
Y	73	20.11	21.36	23.34	26.01	30.16	32.41	33.57	26.75	4.44	26.38	6.64	38.09	16.14	0.17	26.01	29.70	正态分布	26.75	25.83
Zn	73	42.84	45.78	50.00	55.3	64.2	72.7	79.0	57.9	10.78	56.9	10.21	82.4	36.90	0.19	55.3	51.9	正态分布	57.9	66.9
Zr	73	278	291	303	324	353	376	396	330	40.37	328	28.05	473	232	0.12	324	330	正态分布	330	319
SiO₂	73	68.8	69.9	72.0	74.6	76.2	77.2	77.4	74.0	2.77	74.0	11.95	79.1	67.0	0.04	74.6	75.4	正态分布	74.0	71.9
Al₂O₃	73	11.18	11.67	12.05	12.87	13.89	15.10	16.18	13.13	1.50	13.05	4.35	17.64	10.25	0.11	12.87	13.89	正态分布	13.13	14.21
TFe₂O₃	73	3.17	3.23	3.48	4.09	4.53	5.35	5.79	4.12	0.87	4.03	2.28	6.79	2.36	0.21	4.09	3.75	正态分布	4.12	4.32
MgO	73	0.42	0.45	0.50	0.60	0.70	0.76	0.91	0.62	0.15	0.60	1.45	1.03	0.35	0.24	0.60	0.64	正态分布	0.62	0.68
CaO	73	0.15	0.18	0.26	0.34	0.39	0.51	0.57	0.35	0.14	0.32	2.11	0.95	0.08	0.40	0.34	0.35	正态分布	0.35	0.32
Na₂O	73	0.25	0.38	0.53	0.72	0.86	1.02	1.15	0.69	0.27	0.62	1.84	1.31	0.06	0.39	0.72	0.81	正态分布	0.69	0.53
K₂O	73	1.72	1.87	2.08	2.59	2.93	3.26	3.48	2.56	0.57	2.49	1.74	4.08	1.44	0.22	2.59	2.59	正态分布	2.56	2.81
TC	73	0.31	0.32	0.36	0.42	0.49	0.58	0.61	0.43	0.10	0.42	1.72	0.72	0.29	0.23	0.42	0.36	正态分布	0.43	0.48
Corg	73	0.24	0.25	0.28	0.33	0.39	0.47	0.55	0.35	0.09	0.33	1.97	0.59	0.19	0.27	0.33	0.28	正态分布	0.35	0.41
pH	73	4.84	4.95	5.42	6.28	6.87	7.09	7.26	5.46	5.26	6.15	2.90	7.72	4.66	0.96	6.28	6.06	正态分布	5.46	5.68

注：氧化物、TC、Corg 单位为 %，N、P 单位为 g/kg，Au、Ag 单位为 μg/kg，pH 为无量纲，其他元素/指标单位为 mg/kg；后表单位相同。

表3-12 古土壤风化物土壤母质地球化学基准值参数统计表

元素/指标	N	$X_{5\%}$	$X_{10\%}$	$X_{25\%}$	$X_{50\%}$	$X_{75\%}$	$X_{90\%}$	$X_{95\%}$	$\bar{X}$	S	$\bar{X}_g$	S_g	X_{max}	X_{min}	CV	X_{me}	X_{mo}	分布类型	古土壤风化物基准值	金华市基准值
Ag	35	25.50	27.80	40.00	47.00	62.5	70.0	79.9	50.6	18.49	47.31	9.48	103	20.00	0.37	47.00	47.00	正态分布	50.6	58.7
As	35	6.41	6.72	8.70	9.60	12.35	14.56	15.50	10.30	2.88	9.91	3.93	16.00	6.00	0.28	9.60	9.60	正态分布	10.30	7.32
Au	35	0.90	0.90	1.10	1.50	1.95	2.56	2.66	1.62	0.62	1.51	1.54	3.30	0.90	0.38	1.50	1.10	正态分布	1.62	0.93
B	35	34.80	37.00	41.50	51.0	61.0	67.2	68.3	51.1	11.94	49.62	9.68	70.0	23.00	0.23	51.0	61.0	正态分布	51.1	28.82
Ba	35	252	271	297	421	498	684	761	437	160	412	31.50	850	236	0.37	421	498	正态分布	437	606
Be	35	1.65	1.65	1.77	1.87	2.04	2.13	2.46	1.93	0.25	1.91	1.48	2.68	1.58	0.13	1.87	1.86	正态分布	1.93	2.21
Bi	35	0.21	0.23	0.26	0.29	0.40	0.47	0.51	0.33	0.10	0.32	2.04	0.53	0.18	0.29	0.29	0.29	正态分布	0.33	0.22
Br	35	1.00	1.10	1.48	1.92	2.40	3.06	3.26	2.01	0.73	1.89	1.69	3.83	1.00	0.36	1.92	1.00	正态分布	2.01	2.35
Cd	35	0.07	0.08	0.10	0.11	0.13	0.14	0.15	0.11	0.03	0.11	3.72	0.20	0.06	0.24	0.11	0.11	正态分布	0.11	0.12
Ce	35	59.2	61.2	67.1	70.8	80.7	88.4	97.1	74.2	11.84	73.3	11.77	108	56.7	0.16	70.8	74.7	正态分布	74.2	85.2
Cl	35	30.70	31.00	36.00	42.00	46.50	59.2	63.1	43.20	10.72	41.98	8.55	69.0	24.00	0.25	42.00	45.00	正态分布	43.20	44.96
Co	35	6.94	7.31	8.20	9.40	10.55	11.80	12.61	9.55	1.91	9.38	3.69	14.99	6.66	0.20	9.40	9.80	正态分布	9.55	8.82
Cr	35	35.26	40.36	45.00	57.5	66.4	76.6	83.4	56.6	15.15	54.5	10.18	86.4	25.41	0.27	57.5	56.2	正态分布	56.6	31.63
Cu	35	12.92	13.46	15.20	16.40	18.87	21.79	23.67	17.27	3.48	16.95	5.17	26.00	10.98	0.20	16.40	17.00	正态分布	17.27	13.74
F	35	325	341	405	431	480	546	611	447	89.4	438	32.95	695	287	0.20	431	431	正态分布	447	498
Ga	35	13.71	13.91	14.98	16.45	17.42	18.35	19.25	16.27	1.84	16.17	4.91	20.50	12.20	0.11	16.45	15.70	正态分布	16.27	17.59
Ge	35	1.26	1.34	1.41	1.55	1.64	1.72	1.79	1.54	0.18	1.53	1.30	1.97	1.16	0.11	1.55	1.53	正态分布	1.54	1.55
Hg	35	0.02	0.03	0.03	0.04	0.06	0.08	0.11	0.05	0.03	0.04	6.23	0.14	0.02	0.53	0.04	0.06	正态分布	0.05	0.05
I	35	1.23	1.34	2.23	3.42	4.04	4.99	5.43	3.28	1.40	2.94	2.26	6.66	0.83	0.43	3.42	3.25	正态分布	3.28	2.82
La	35	31.66	32.54	35.95	38.22	40.65	48.04	54.1	39.80	7.77	39.17	8.23	66.3	28.52	0.20	38.22	40.60	对数正态分布	39.17	42.24
Li	35	33.71	34.68	37.93	40.28	45.98	49.18	54.8	41.80	6.10	41.39	8.49	56.1	32.60	0.15	40.28	39.98	正态分布	41.80	37.63
Mn	35	252	286	397	486	631	780	806	519	180	488	35.62	862	226	0.35	486	486	正态分布	519	651
Mo	35	0.69	0.71	0.88	1.12	1.40	1.68	2.13	1.22	0.53	1.13	1.45	3.34	0.65	0.44	1.12	1.38	正态分布	1.22	0.99
N	35	0.32	0.37	0.40	0.43	0.53	0.59	0.62	0.47	0.12	0.46	1.67	0.89	0.28	0.25	0.43	0.43	正态分布	0.47	0.48
Nb	35	18.13	18.65	20.13	21.30	23.56	24.01	24.23	21.50	2.11	21.40	5.80	25.82	17.30	0.10	21.30	21.90	正态分布	21.50	21.80
Ni	35	10.00	11.10	12.95	15.60	18.90	24.58	27.16	16.35	5.08	15.66	5.04	28.20	9.00	0.31	15.60	18.70	正态分布	16.35	11.75
P	35	0.13	0.13	0.17	0.23	0.26	0.34	0.37	0.23	0.08	0.22	2.58	0.45	0.12	0.35	0.23	0.23	正态分布	0.23	0.27
Pb	35	24.11	24.68	26.02	27.40	30.47	32.24	33.83	28.28	3.60	28.08	6.79	41.32	23.34	0.13	27.40	27.60	正态分布	28.28	28.55

续表 3-12

元素/指标	N	$X_{5\%}$	$X_{10\%}$	$X_{25\%}$	$X_{50\%}$	$X_{75\%}$	$X_{90\%}$	$X_{95\%}$	$\bar{X}$	S	$\bar{X}_g$	S_g	X_{max}	X_{min}	CV	X_{me}	X_{mo}	分布类型	古土壤风化物基准值	金华市基准值
Rb	35	86.3	88.4	96.3	111	118	126	129	108	14.32	107	14.56	138	83.0	0.13	111	109	正态分布	108	136
S	35	60.1	64.6	79.0	116	184	215	247	132	64.9	118	16.34	278	54.0	0.49	116	79.0	正态分布	132	89.0
Sb	35	0.46	0.52	0.55	0.69	0.88	1.07	1.15	0.74	0.22	0.71	1.39	1.28	0.43	0.30	0.69	0.52	正态分布	0.74	0.53
Sc	35	7.41	7.78	8.57	9.68	10.75	11.61	12.33	9.71	1.53	9.59	3.64	12.87	6.70	0.16	9.68	9.68	正态分布	9.71	8.83
Se	35	0.14	0.17	0.20	0.24	0.38	0.48	0.52	0.29	0.12	0.26	2.39	0.56	0.13	0.43	0.24	0.22	正态分布	0.29	0.18
Sn	35	2.20	2.40	2.80	3.10	4.40	5.32	6.12	3.66	1.39	3.45	2.23	8.50	2.20	0.38	3.10	3.00	正态分布	3.66	3.29
Sr	35	30.89	31.50	36.44	45.30	57.5	75.9	105	52.8	23.31	48.89	9.48	124	29.18	0.44	45.30	56.2	正态分布	52.8	66.4
Th	35	13.59	13.94	14.64	15.72	17.93	18.82	19.52	16.24	2.00	16.12	4.95	20.46	13.22	0.12	15.72	14.79	正态分布	16.24	16.43
Ti	35	3738	3920	4175	4564	5044	5640	5809	4644	629	4603	125	5907	3390	0.14	4564	4140	正态分布	4644	4256
Tl	35	0.58	0.61	0.74	0.79	0.83	0.89	0.91	0.76	0.11	0.76	1.25	0.93	0.49	0.14	0.79	0.76	正态分布	0.76	0.87
U	35	2.93	2.99	3.15	3.54	3.76	4.27	4.27	3.54	0.45	3.51	2.08	4.37	2.81	0.13	3.54	4.27	正态分布	3.54	3.41
V	35	52.3	55.4	65.7	81.2	88.1	100.0	107	78.3	17.50	76.4	12.04	121	49.70	0.22	81.2	78.2	正态分布	78.3	62.6
W	35	1.64	1.70	1.87	2.16	2.35	2.40	2.45	2.10	0.30	2.08	1.59	2.58	1.36	0.14	2.16	2.30	正态分布	2.10	2.02
Y	35	17.44	18.19	20.32	24.11	26.84	30.99	35.04	24.51	5.43	23.96	6.24	40.43	16.05	0.22	24.11	24.36	正态分布	24.51	25.83
Zn	35	44.93	46.76	50.00	57.4	60.1	66.8	76.2	56.6	9.50	55.9	10.05	83.6	37.80	0.17	57.4	53.0	正态分布	56.6	66.9
Zr	35	308	318	325	341	357	376	385	343	24.57	342	28.29	395	292	0.07	341	341	正态分布	343	319
SiO_2	35	69.6	69.9	71.9	73.7	76.5	78.0	79.1	74.0	3.24	74.0	11.84	80.9	67.3	0.04	73.7	74.1	正态分布	74.0	71.9
Al_2O_3	35	11.20	11.73	12.46	13.59	14.37	15.30	15.62	13.45	1.43	13.38	4.39	16.41	10.39	0.11	13.59	13.71	正态分布	13.45	14.21
TFe_2O_3	35	3.73	3.98	4.12	4.99	5.50	6.14	6.39	4.94	0.89	4.86	2.50	6.82	3.44	0.18	4.99	4.12	正态分布	4.94	4.32
MgO	35	0.46	0.47	0.49	0.59	0.71	0.87	0.90	0.64	0.18	0.61	1.47	1.26	0.38	0.29	0.59	0.56	正态分布	0.64	0.68
CaO	35	0.10	0.12	0.18	0.26	0.32	0.43	0.56	0.28	0.15	0.25	2.57	0.78	0.09	0.54	0.26	0.26	正态分布	0.28	0.32
Na_2O	35	0.09	0.09	0.20	0.39	0.50	0.63	1.17	0.42	0.30	0.32	2.68	1.26	0.09	0.72	0.39	0.09	正态分布	0.42	0.53
K_2O	35	1.29	1.40	1.55	1.93	2.31	2.72	2.89	1.98	0.50	1.93	1.56	3.00	1.28	0.25	1.93	1.47	正态分布	1.98	2.81
TC	35	0.36	0.36	0.40	0.42	0.51	0.58	0.59	0.45	0.09	0.44	1.64	0.65	0.30	0.19	0.42	0.42	正态分布	0.45	0.48
Corg	35	0.25	0.26	0.30	0.34	0.39	0.46	0.48	0.35	0.08	0.34	1.92	0.56	0.21	0.22	0.34	0.39	正态分布	0.35	0.41
pH	35	4.80	4.85	5.12	5.31	5.91	6.32	6.59	5.23	5.27	5.51	2.68	7.50	4.69	1.01	5.31	5.49	正态分布	5.23	5.68

第三章 土壤地球化学基准值

表 3-13 碎屑岩类风化物土壤母质地球化学基准值参数统计表

元素/指标	N	$X_{5\%}$	$X_{10\%}$	$X_{25\%}$	$X_{50\%}$	$X_{75\%}$	$X_{90\%}$	$X_{95\%}$	$\overline{X}$	S	$\overline{X}_g$	S_g	X_{max}	X_{min}	CV	X_{me}	X_{mo}	分布类型	碎屑岩类风化物基准值	金华市基准值
Ag	42	34.00	35.20	44.00	52.0	74.7	87.0	109	62.2	30.99	56.9	10.27	190	25.00	0.50	52.0	52.0	正态分布	62.2	58.7
As	42	4.45	4.85	6.33	8.70	14.03	19.65	25.49	11.71	10.34	9.55	4.29	66.4	3.95	0.88	8.70	8.70	对数正态分布	9.55	7.32
Au	42	0.45	0.59	0.70	0.97	1.30	1.79	2.15	1.08	0.59	0.96	1.62	3.41	0.29	0.54	0.97	1.00	正态分布	1.08	0.93
B	42	15.43	17.20	22.88	34.00	46.00	56.7	65.7	35.83	15.80	32.55	8.16	73.0	15.00	0.44	34.00	38.00	正态分布	35.83	28.82
Ba	42	343	401	461	543	633	774	939	582	213	553	37.43	1471	287	0.37	543	540	正态分布	582	606
Be	42	1.78	1.85	1.97	2.17	2.58	2.78	3.16	2.40	0.88	2.31	1.68	7.20	1.64	0.37	2.17	2.27	对数正态分布	2.31	2.21
Bi	42	0.16	0.17	0.20	0.23	0.28	0.34	0.42	0.26	0.13	0.25	2.41	0.90	0.15	0.49	0.23	0.22	对数正态分布	0.25	0.22
Br	42	1.15	1.23	1.48	2.16	2.86	3.97	5.00	2.46	1.34	2.19	1.90	7.58	1.00	0.54	2.16	2.58	正态分布	2.46	2.35
Cd	42	0.07	0.08	0.10	0.11	0.15	0.18	0.21	0.13	0.05	0.12	3.58	0.35	0.06	0.42	0.11	0.11	正态分布	0.13	0.12
Ce	42	59.8	64.6	72.5	79.0	82.0	94.2	96.8	78.3	10.48	77.6	12.00	100.0	55.1	0.13	79.0	78.2	正态分布	78.3	85.2
Cl	42	24.63	26.10	33.30	43.00	50.5	64.7	70.7	45.19	19.82	42.15	8.80	139	23.60	0.44	43.00	36.00	正态分布	45.19	44.96
Co	42	5.54	6.92	8.42	10.55	14.45	17.22	20.09	11.63	4.75	10.76	4.05	24.90	4.41	0.41	10.55	13.10	正态分布	11.63	8.82
Cr	42	14.56	23.97	30.62	44.27	52.2	71.2	83.9	44.60	21.41	39.70	8.84	123	9.00	0.48	44.27	46.90	正态分布	44.60	31.63
Cu	42	10.94	11.15	13.47	16.55	20.93	31.05	34.19	19.53	11.33	17.55	5.44	73.5	6.60	0.58	16.55	15.40	对数正态分布	17.55	13.74
F	42	319	374	426	536	629	783	931	559	185	533	36.57	1167	300	0.33	536	629	正态分布	559	498
Ga	42	15.21	15.40	16.32	17.20	18.27	20.68	23.35	17.84	2.55	17.68	5.16	26.40	14.10	0.14	17.20	18.10	对数正态分布	17.68	17.59
Ge	42	1.33	1.34	1.51	1.59	1.77	1.87	2.07	1.64	0.24	1.62	1.36	2.51	1.32	0.15	1.59	1.68	正态分布	1.64	1.55
Hg	42	0.03	0.03	0.04	0.05	0.06	0.08	0.09	0.06	0.10	0.05	6.03	0.69	0.02	1.55	0.05	0.07	对数正态分布	0.05	0.05
I	42	1.69	1.87	2.21	2.74	3.70	4.25	5.09	3.03	1.10	2.83	2.00	6.00	0.92	0.36	2.74	2.74	正态分布	3.03	2.82
La	42	32.42	32.92	34.80	40.35	43.50	46.51	54.0	40.35	6.45	39.88	8.28	60.5	32.10	0.16	40.35	34.80	正态分布	40.35	42.24
Li	42	27.12	27.85	32.90	38.45	48.67	54.3	67.8	41.49	12.43	39.84	8.33	79.0	22.40	0.30	38.45	41.40	正态分布	41.49	37.63
Mn	42	399	412	514	704	932	1060	1183	727	262	680	41.17	1279	306	0.36	704	568	正态分布	727	651
Mo	42	0.67	0.69	0.85	1.12	1.57	2.25	3.11	1.35	0.76	1.20	1.62	3.74	0.61	0.56	1.12	0.67	正态分布	1.35	0.99
N	42	0.34	0.35	0.41	0.47	0.58	0.70	0.79	0.51	0.17	0.49	1.64	1.17	0.32	0.33	0.47	0.41	正态分布	0.51	0.48
Nb	42	16.33	17.30	18.96	20.48	24.27	31.79	35.24	22.63	6.17	21.94	5.93	43.40	13.60	0.27	20.48	17.30	正态分布	22.63	21.80
Ni	42	6.18	7.84	10.43	15.35	20.00	31.42	36.55	17.59	10.77	15.15	5.12	61.4	4.29	0.61	15.35	17.90	正态分布	17.59	11.75
P	42	0.14	0.19	0.22	0.31	0.44	0.49	0.56	0.34	0.13	0.31	2.32	0.66	0.12	0.40	0.31	0.34	正态分布	0.34	0.27
Pb	42	17.02	19.42	22.17	25.60	28.18	32.33	34.94	27.98	14.60	26.14	6.51	108	15.00	0.52	25.60	22.00	对数正态分布	26.14	28.55

续表 3-13

元素/指标	N	$X_{5\%}$	$X_{10\%}$	$X_{25\%}$	$X_{50\%}$	$X_{75\%}$	$X_{90\%}$	$X_{95\%}$	$\bar{X}$	S	$\bar{X}_g$	S_g	X_{max}	X_{min}	CV	X_{me}	X_{mo}	分布类型	碎屑岩类风化物基准值	金华市基准值
Rb	40	87.5	93.4	102	123	134	145	150	119	20.99	117	15.43	154	75.1	0.18	123	124	剔除后正态分布	119	136
S	42	57.1	59.8	71.1	94.5	116	147	184	104	52.1	94.7	13.77	312	42.80	0.50	94.5	106	正态分布	104	89.0
Sb	42	0.39	0.42	0.48	0.60	0.92	1.32	1.68	0.79	0.59	0.68	1.70	3.81	0.31	0.74	0.60	0.48	对数正态分布	0.68	0.53
Sc	42	6.83	7.53	8.12	8.90	10.53	12.77	13.63	9.58	2.19	9.36	3.66	16.30	6.20	0.23	8.90	8.80	正态分布	9.58	8.83
Se	42	0.09	0.10	0.13	0.19	0.24	0.27	0.28	0.19	0.06	0.18	2.79	0.30	0.08	0.32	0.19	0.19	正态分布	0.19	0.18
Sn	42	2.00	2.14	2.52	3.15	3.78	4.97	8.78	3.93	3.07	3.38	2.28	18.85	1.70	0.78	3.15	3.70	对数正态分布	3.38	3.29
Sr	42	39.33	46.39	53.3	62.3	80.4	118	141	75.0	38.18	68.2	11.70	230	31.20	0.51	62.3	75.5	对数正态分布	68.2	66.4
Th	42	10.96	11.22	12.32	14.59	16.16	17.19	22.65	15.80	7.49	14.85	4.72	50.5	9.17	0.47	14.59	15.70	正态分布	14.85	16.43
Ti	42	3340	3708	4146	4581	5104	6206	7009	4757	1055	4654	127	7720	3278	0.22	4581	4709	正态分布	4757	4256
Tl	42	0.52	0.57	0.64	0.73	0.87	1.03	1.54	0.82	0.35	0.77	1.46	2.26	0.40	0.43	0.73	0.75	对数正态分布	0.77	0.87
U	42	2.40	2.60	3.00	3.17	3.62	4.45	5.06	3.56	1.81	3.35	2.10	14.00	1.96	0.51	3.17	3.33	对数正态分布	3.35	3.41
V	42	43.39	48.75	57.6	69.5	86.5	110	132	74.6	25.83	70.7	11.70	138	33.88	0.35	69.5	73.2	正态分布	74.6	62.6
W	42	1.60	1.62	1.80	2.17	2.58	3.30	3.80	2.35	0.82	2.24	1.73	5.63	1.20	0.35	2.17	2.58	正态分布	2.35	2.02
Y	42	18.29	20.29	23.14	26.01	30.98	36.96	38.38	27.40	7.28	26.58	6.69	54.3	16.20	0.27	26.01	31.30	正态分布	27.40	25.83
Zn	42	52.6	54.5	59.2	66.2	78.0	90.5	130	72.8	22.05	70.3	11.38	146	49.90	0.30	66.2	73.4	正态分布	72.8	66.9
Zr	42	237	242	260	290	352	392	409	307	64.9	301	26.67	487	212	0.21	290	291	正态分布	307	319
SiO$_2$	42	65.6	67.5	69.3	71.6	74.8	76.3	77.6	71.7	3.87	71.6	11.69	80.2	62.8	0.05	71.6	71.8	正态分布	71.7	71.9
Al$_2$O$_3$	42	12.11	12.51	13.22	13.85	15.52	16.43	17.06	14.27	1.59	14.18	4.56	18.00	11.14	0.11	13.85	14.40	正态分布	14.27	14.21
TFe$_2$O$_3$	42	3.25	3.67	4.07	4.70	5.30	6.24	6.59	4.77	1.03	4.67	2.45	7.47	2.96	0.22	4.70	4.77	正态分布	4.77	4.32
MgO	42	0.45	0.52	0.62	0.77	0.98	1.08	1.24	0.81	0.26	0.77	1.42	1.58	0.43	0.33	0.77	0.78	正态分布	0.81	0.68
CaO	42	0.18	0.18	0.24	0.30	0.41	0.49	0.74	0.36	0.24	0.32	2.29	1.58	0.11	0.65	0.30	0.26	对数正态分布	0.32	0.32
Na$_2$O	42	0.17	0.23	0.33	0.55	0.68	1.08	1.14	0.57	0.30	0.49	2.05	1.27	0.10	0.53	0.55	0.54	正态分布	0.57	0.53
K$_2$O	42	1.88	2.13	2.21	2.54	3.13	3.52	3.77	2.70	0.58	2.64	1.79	3.89	1.80	0.21	2.54	2.64	正态分布	2.70	2.81
TC	42	0.29	0.30	0.34	0.43	0.52	0.66	0.73	0.46	0.16	0.44	1.76	0.95	0.28	0.34	0.43	0.46	正态分布	0.46	0.48
Corg	42	0.28	0.28	0.30	0.35	0.45	0.62	0.71	0.41	0.16	0.39	1.91	0.94	0.26	0.38	0.35	0.28	对数正态分布	0.39	0.41
pH	42	4.90	5.00	5.25	5.62	5.93	6.25	6.60	5.38	5.38	5.63	2.68	6.94	4.81	1.00	5.62	5.67	正态分布	5.38	5.68

素/指标变异系数大于0.40,其中As、pH、Hg变异系数大于0.80,空间变异性较大。

与金华市土壤基准值相比,碎屑岩类风化物区土壤基准值中绝大多数元素/指标基准值与金华市基准值基本接近;B、P、Cu、Sb、As、Co、Mo基准值略高于金华市基准值,均为金华市基准值的1.2~1.4倍;Cr、Ni明显相对富集,基准值是金华市基准值的1.4倍以上。

四、紫色碎屑岩类风化物土壤母质地球化学基准值

紫色碎屑岩类风化物区地球化学基准值数据经正态分布检验,结果表明,原始数据中Ag、Ba、Br、Co、Cr、Cu、Ga、Ge、I、La、Mn、Nb、Ni、Rb、Sc、Se、Th、Ti、Tl、U、V、Y、Zn、Zr、SiO_2、Al_2O_3、TFe_2O_3、MgO、Na_2O、K_2O、TC、Corg、pH共33项元素/指标符合正态分布,As、Au、B、Be、Bi、Cd、Ce、Cl、F、Hg、Li、Mo、N、P、Pb、Sb、Sn、Sr、W、CaO共20项元素/指标符合对数正态分布,S剔除异常值后符合正态分布(表3-14)。

紫色碎屑岩类风化物区深层土壤总体为酸性,土壤pH极大值为7.95,极小值为4.54,基准值为5.49,接近于金华市基准值。

紫色碎屑岩类风化物区深层土壤各元素/指标中,大多数元素/指标变异系数小于0.40,分布相对均匀;B、Sb、Mn、P、As、Na_2O、Sr、Au、Hg、pH、CaO、Mo、F共13项元素/指标变异系数大于0.40,其中pH、CaO、Mo、F等变异系数大于0.80,空间变异性较大。

与金华市土壤基准值相比,紫色碎屑岩类风化物区土壤基准值中绝大多数元素/指标基准值与金华市基准值基本接近;Br基准值略低于金华市基准值,为金华市基准值的78%;Ni、Na_2O、Au、CaO、Sb、B、Cr基准值略高于金华市基准值,是金华市基准值的1.2~1.4倍。

五、中酸性火成岩类风化物土壤母质地球化学基准值

中酸性火成岩类风化物区地球化学基准值数据经正态分布检验,结果表明,原始数据中Ce、Ga、Ge、Rb、SiO_2、Al_2O_3、K_2O指标符合正态分布,Ag、As、B、Ba、Be、Br、Co、Cr、Cu、F、Hg、I、La、Li、N、Ni、P、Sc、Se、Sn、Sr、Th、Tl、V、Y、Zn、Zr、TFe_2O_3、MgO、CaO、Na_2O、TC、Corg、pH共34项元素/指标符合对数正态分布,Cd、Cl、Nb、Pb、Ti、U、W指标剔除异常值后符合正态分布,Au、Bi、Mo、Sb剔除异常值后符合对数正态分布,其他元素/指标不符合正态分布或对数正态分布(表3-15)。

中酸性火成岩类风化物区深层土壤总体为酸性,土壤pH极大值为7.39,极小值为4.55,基准值为5.47,接近于金华市基准值。

中酸性火成岩类风化物区深层土壤各元素/指标中,多数元素/指标变异系数小于0.40,分布相对均匀;Corg、Se、V、Hg、P、Co、Na_2O、I、CaO、Br、Cr、Ni、F、Sr、Cu、As、pH、Ag、Sn共19项元素/指标变异系数大于0.40,其中As、pH、Ag、Sn变异系数大于0.80,空间变异性较大。

与金华市土壤基准值相比,中酸性火成岩类风化物区土壤基准值中绝大多数元素/指标基准值与金华市基准值基本接近;Cr基准值略低于金华市基准值,为金华市基准值的77%;Br、Mn基准值略高于金华市基准值,是金华市基准值的1.2~1.4倍。

六、基性火成岩类风化物土壤母质地球化学基准值

基性火成岩类风化物区采集深层土壤样品7件,因数据较少无法进行正态分布检验,具体数据统计结果见表3-16。

基性火成岩类风化物区深层土壤总体为酸性,土壤pH极大值为6.11,极小值为4.78,基准值为5.06,接近于金华市基准值。

基性火成岩类风化物区深层土壤各元素/指标中,大多数元素/指标变异系数小于0.40,分布相对均匀;Cr、Nb、Ag、P、Sr、Zn、Na_2O、Co、Cu、Cd、Ni、CaO、pH共13项元素/指标变异系数大于0.40,其中CaO、

表 3-14 紫色碎屑岩类风化物土壤母质地球化学基准值参数统计表

元素/指标	N	$X_{5\%}$	$X_{10\%}$	$X_{25\%}$	$X_{50\%}$	$X_{75\%}$	$X_{90\%}$	$X_{95\%}$	$\bar{X}$	S	$\bar{X}_g$	S_g	X_{max}	X_{min}	CV	X_{me}	X_{mo}	分布类型	紫色碎屑岩类风化物基准值	金华市基准值
Ag	139	31.90	40.60	47.00	57.0	71.0	83.2	95.8	60.9	20.62	57.8	10.48	170	25.00	0.34	57.0	54.0	正态分布	60.9	58.7
As	139	4.40	4.68	5.95	8.20	9.80	12.80	15.73	8.66	3.94	7.95	3.67	28.60	2.40	0.46	8.20	9.80	对数正态分布	7.95	7.32
Au	139	0.60	0.62	0.80	1.10	1.56	1.90	2.40	1.27	0.74	1.13	1.61	6.20	0.35	0.58	1.10	1.00	对数正态分布	1.13	0.93
B	139	21.80	23.62	29.00	36.00	51.0	63.2	74.1	40.98	16.60	37.94	8.78	101	14.00	0.41	36.00	34.00	对数正态分布	37.94	28.82
Ba	139	291	338	418	507	651	753	904	549	188	519	35.89	1302	235	0.34	507	710	正态分布	549	606
Be	139	1.59	1.69	1.85	1.99	2.21	2.42	2.55	2.07	0.59	2.03	1.57	7.81	1.27	0.28	1.99	2.10	对数正态分布	2.03	2.21
Bi	139	0.18	0.19	0.22	0.24	0.29	0.34	0.37	0.26	0.06	0.25	2.25	0.43	0.14	0.22	0.24	0.24	对数正态分布	0.25	0.22
Br	139	1.00	1.00	1.32	1.78	2.21	2.54	2.84	1.83	0.64	1.73	1.60	4.18	0.73	0.35	1.78	1.00	正态分布	1.83	2.35
Cd	139	0.08	0.09	0.11	0.12	0.14	0.17	0.18	0.13	0.04	0.12	3.51	0.34	0.03	0.33	0.12	0.12	正态分布	0.12	0.12
Ce	139	59.3	63.1	70.7	75.2	83.1	89.7	104	77.7	14.16	76.5	12.24	137	49.75	0.18	75.2	83.4	对数正态分布	76.5	85.2
Cl	139	26.36	29.00	36.00	42.00	52.0	62.0	69.7	44.92	14.42	42.89	8.91	103	20.10	0.32	42.00	38.00	对数正态分布	42.89	44.96
Co	139	5.60	6.06	7.50	9.40	11.50	13.78	15.75	9.78	3.24	9.30	3.72	21.90	4.90	0.33	9.40	7.90	正态分布	9.78	8.82
Cr	139	21.06	25.90	32.90	43.40	51.5	63.6	71.5	43.47	14.23	41.08	9.00	77.5	14.20	0.33	43.40	44.00	正态分布	43.47	31.63
Cu	139	10.45	11.59	13.03	15.60	18.86	21.64	24.01	16.21	4.21	15.69	5.03	31.30	8.00	0.26	15.60	15.90	对数正态分布	16.21	13.74
F	139	316	342	392	453	548	664	729	788	3559	485	36.48	42417	257	4.52	453	632	对数正态分布	485	498
Ga	139	12.51	13.22	14.40	15.72	17.00	18.21	19.52	15.76	2.02	15.63	4.87	22.50	11.27	0.13	15.72	15.72	正态分布	15.76	17.59
Ge	139	1.23	1.30	1.40	1.50	1.61	1.74	1.80	1.51	0.18	1.50	1.29	2.10	1.05	0.12	1.50	1.61	正态分布	1.51	1.55
Hg	139	0.02	0.03	0.03	0.04	0.05	0.07	0.08	0.05	0.03	0.04	6.53	0.33	0.02	0.73	0.04	0.04	对数正态分布	0.04	0.05
I	139	1.06	1.29	1.61	2.22	2.81	3.77	3.91	2.30	0.90	2.12	1.82	4.33	0.64	0.39	2.22	2.72	正态分布	2.30	2.82
La	139	32.25	33.66	38.11	41.40	46.20	49.63	52.6	42.20	7.57	41.58	8.66	79.2	23.53	0.18	41.40	40.50	正态分布	42.20	42.24
Li	139	29.16	30.80	34.05	39.40	45.03	51.9	55.4	41.55	15.61	40.02	8.62	184	25.00	0.38	39.40	41.16	对数正态分布	40.02	37.63
Mn	139	265	309	409	544	687	865	1020	581	252	535	36.92	1943	189	0.43	544	556	正态分布	581	651
Mo	139	0.54	0.62	0.72	0.89	1.06	1.33	1.85	1.11	1.76	0.92	1.56	21.08	0.32	1.58	0.89	0.97	对数正态分布	0.92	0.99
N	139	0.32	0.34	0.37	0.43	0.52	0.62	0.65	0.46	0.12	0.45	1.66	0.95	0.28	0.25	0.43	0.43	正态分布	0.45	0.48
Nb	139	15.54	17.10	18.44	19.90	21.73	24.00	25.93	20.19	2.83	20.00	5.66	28.80	13.20	0.14	19.90	20.26	正态分布	20.19	21.80
Ni	139	7.68	8.25	10.04	13.40	16.95	20.02	24.74	14.15	5.25	13.26	4.69	33.30	5.90	0.37	13.40	14.80	正态分布	14.15	11.75
P	139	0.11	0.13	0.17	0.22	0.30	0.39	0.44	0.24	0.10	0.22	2.70	0.63	0.08	0.43	0.22	0.24	对数正态分布	0.22	0.27
Pb	139	21.33	22.08	24.40	26.73	28.70	31.35	34.17	27.11	4.72	26.76	6.74	56.1	17.20	0.17	26.73	24.40	对数正态分布	26.76	28.55

续表 3-14

元素/指标	N	$X_{5\%}$	$X_{10\%}$	$X_{25\%}$	$X_{50\%}$	$X_{75\%}$	$X_{90\%}$	$X_{95\%}$	$\bar{X}$	S	$\bar{X}_g$	S_g	X_{max}	X_{min}	CV	X_{me}	X_{mo}	分布类型	紫色碎屑岩类风化物基准值	金华市基准值
Rb	139	83.4	90.0	99.5	114	128	139	146	115	20.96	113	15.13	183	65.3	0.18	114	114	正态分布	115	136
S	131	53.5	57.0	67.0	81.0	96.5	115	124	83.3	21.80	80.5	12.88	141	40.00	0.26	81.0	79.0	剔除后正态分布	83.3	89.0
Sb	139	0.43	0.47	0.53	0.61	0.81	1.07	1.24	0.71	0.29	0.67	1.48	2.15	0.36	0.41	0.61	0.59	对数正态分布	0.67	0.53
Sc	139	6.70	7.10	7.65	8.70	10.10	11.30	11.90	8.93	1.59	8.80	3.56	12.70	5.70	0.18	8.70	7.30	正态分布	8.93	8.83
Se	139	0.07	0.10	0.13	0.17	0.21	0.27	0.30	0.17	0.06	0.16	2.95	0.34	0.06	0.37	0.17	0.14	正态分布	0.17	0.18
Sn	139	1.89	2.20	2.50	3.00	3.56	4.71	5.49	3.20	1.05	3.05	2.06	6.50	1.42	0.33	3.00	3.00	对数正态分布	3.05	3.29
Sr	139	38.37	42.76	51.6	62.8	82.3	115	134	72.6	34.02	66.9	11.16	264	25.00	0.47	62.8	59.9	对数正态分布	66.9	66.4
Th	139	11.32	11.99	13.70	15.30	17.02	18.09	19.60	15.33	2.45	15.13	4.88	22.50	9.45	0.16	15.30	16.42	正态分布	15.33	16.43
Ti	139	3416	3510	3830	4305	4768	5250	5606	4375	778	4312	124	7730	2710	0.18	4305	4200	正态分布	4375	4256
Tl	139	0.52	0.59	0.67	0.74	0.84	0.97	1.00	0.76	0.15	0.75	1.30	1.34	0.43	0.20	0.74	0.74	正态分布	0.76	0.87
U	139	2.50	2.67	2.98	3.27	3.65	3.93	4.17	3.31	0.50	3.27	2.04	4.80	2.20	0.15	3.27	3.44	正态分布	3.31	3.41
V	139	42.78	46.30	56.7	66.9	77.8	93.2	101	69.0	17.68	66.8	11.42	130	35.60	0.26	66.9	67.5	正态分布	69.0	62.6
W	139	1.47	1.56	1.72	1.98	2.16	2.51	2.91	2.06	0.61	2.00	1.60	6.12	1.36	0.30	1.98	1.98	对数正态分布	2.00	2.02
Y	139	19.15	20.30	22.68	25.44	28.55	31.80	33.58	26.07	5.55	25.57	6.61	59.5	15.50	0.21	25.44	27.37	正态分布	26.07	25.83
Zn	139	42.64	45.24	50.3	57.8	63.5	72.4	76.8	58.1	10.98	57.1	10.23	99.8	35.90	0.19	57.8	58.1	正态分布	58.1	66.9
Zr	139	240	273	294	322	347	366	387	320	42.59	317	27.98	438	203	0.13	322	322	正态分布	320	319
SiO₂	139	67.7	69.2	70.7	73.4	75.7	77.2	78.2	73.1	3.44	73.1	11.92	81.2	62.3	0.05	73.4	71.1	正态分布	73.1	71.9
Al₂O₃	139	10.90	11.35	12.17	13.30	14.26	15.19	15.83	13.29	1.55	13.20	4.41	17.45	9.74	0.12	13.30	14.00	正态分布	13.29	14.21
TFe₂O₃	139	3.30	3.43	3.89	4.35	4.86	5.74	6.24	4.46	0.88	4.38	2.38	7.21	2.77	0.20	4.35	5.74	正态分布	4.46	4.32
MgO	139	0.46	0.50	0.61	0.77	0.98	1.17	1.23	0.81	0.27	0.77	1.44	1.89	0.42	0.33	0.77	0.81	正态分布	0.81	0.68
CaO	139	0.20	0.22	0.28	0.37	0.49	0.75	0.92	0.49	0.68	0.39	2.19	7.73	0.13	1.40	0.37	0.32	对数正态分布	0.39	0.32
Na₂O	139	0.22	0.27	0.43	0.63	0.84	1.08	1.13	0.64	0.29	0.56	1.90	1.53	0.07	0.46	0.63	0.45	正态分布	0.64	0.53
K₂O	139	1.66	1.78	2.14	2.53	2.86	3.27	3.42	2.53	0.55	2.46	1.73	3.90	1.36	0.22	2.53	2.53	正态分布	2.53	2.81
TC	139	0.29	0.31	0.34	0.41	0.51	0.58	0.62	0.43	0.12	0.42	1.73	0.94	0.24	0.28	0.41	0.40	正态分布	0.43	0.48
Corg	139	0.24	0.25	0.28	0.34	0.41	0.47	0.51	0.35	0.09	0.34	1.92	0.64	0.20	0.26	0.34	0.32	正态分布	0.35	0.41
pH	139	4.90	5.01	5.33	6.04	6.48	7.29	7.50	5.49	5.31	6.03	2.83	7.95	4.54	0.97	6.04	6.05	正态分布	5.49	5.68

表 3-15 中酸性火成岩类风化物土壤母质地球化学基准值参数统计表

元素/指标	N	$X_{5\%}$	$X_{10\%}$	$X_{25\%}$	$X_{50\%}$	$X_{75\%}$	$X_{90\%}$	$X_{95\%}$	$\bar{X}$	S	$\bar{X}_g$	S_g	X_{max}	X_{min}	CV	X_{me}	X_{mo}	分布类型	中酸性火成岩类风化物基准值	金华市基准值
Ag	377	35.00	39.00	48.00	63.0	83.0	110	141	80.1	102	66.5	11.47	1370	25.00	1.27	63.0	110	对数正态分布	66.5	58.7
As	377	3.29	3.74	4.75	6.10	8.65	13.44	15.90	7.88	7.10	6.62	3.48	89.5	2.16	0.90	6.10	7.60	对数正态分布	6.62	7.32
Au	338	0.44	0.49	0.60	0.76	0.99	1.29	1.50	0.83	0.31	0.77	1.46	1.80	0.32	0.38	0.76	0.70	剔除后对数分布	0.77	0.93
B	377	14.00	15.58	18.30	24.00	30.00	37.40	41.00	25.61	9.94	23.95	6.66	83.0	6.00	0.39	24.00	27.00	对数正态分布	23.95	28.82
Ba	377	389	444	540	692	897	1050	1198	732	255	689	43.39	1635	180	0.35	692	794	正态分布	689	606
Be	377	1.85	1.93	2.12	2.35	2.63	3.00	3.43	2.47	0.68	2.41	1.72	9.25	1.51	0.27	2.35	2.22	对数正态分布	2.41	2.21
Bi	342	0.15	0.16	0.19	0.22	0.25	0.29	0.31	0.22	0.05	0.22	2.49	0.36	0.10	0.22	0.22	0.23	剔除后对数分布	0.22	0.22
Br	377	1.49	1.69	2.00	2.76	3.81	5.32	6.55	3.25	1.89	2.87	2.10	15.03	0.88	0.58	2.76	2.18	对数正态分布	2.87	2.35
Cd	361	0.06	0.08	0.10	0.13	0.15	0.17	0.19	0.13	0.04	0.12	3.48	0.23	0.04	0.30	0.13	0.13	剔除后正态分布	0.12	0.12
Ce	377	70.3	73.2	80.4	89.8	97.9	107	115	90.3	14.09	89.2	13.24	162	56.9	0.16	89.8	101	正态分布	89.2	85.2
Cl	369	26.38	28.92	37.00	47.00	56.0	65.8	72.9	47.35	13.84	45.29	9.36	86.0	20.80	0.29	47.00	51.0	剔除后正态分布	47.35	44.96
Co	377	4.62	5.03	6.00	8.13	10.40	15.28	19.02	9.21	4.70	8.34	3.67	31.30	3.53	0.51	8.13	5.80	对数正态分布	8.34	8.82
Cr	377	10.20	12.56	16.30	24.00	35.30	48.18	61.9	28.27	16.60	24.34	7.05	126	5.10	0.59	24.00	15.60	对数正态分布	24.34	31.63
Cu	377	6.50	7.16	8.70	11.14	14.70	22.14	28.60	13.64	10.97	11.87	4.62	164	4.30	0.80	11.14	11.20	对数正态分布	11.87	13.74
F	377	349	385	445	535	636	804	936	589	426	547	38.14	7780	268	0.72	535	498	对数正态分布	547	498
Ga	377	14.97	15.59	16.87	18.50	19.90	21.50	22.91	18.52	2.38	18.37	5.34	26.55	12.80	0.13	18.50	18.00	正态分布	18.37	17.59
Ge	377	1.26	1.32	1.43	1.55	1.73	1.90	2.00	1.59	0.22	1.57	1.35	2.39	1.15	0.14	1.55	1.39	正态分布	1.57	1.55
Hg	377	0.03	0.03	0.04	0.05	0.06	0.08	0.09	0.05	0.02	0.05	5.95	0.26	0.02	0.46	0.05	0.04	偏峰分布	0.05	0.05
I	377	1.42	1.65	2.21	3.47	4.63	6.05	7.47	3.72	1.95	3.27	2.29	12.40	0.34	0.52	3.47	1.97	对数正态分布	3.27	2.82
La	377	33.87	35.46	39.34	42.90	46.90	51.1	54.5	43.54	7.12	43.01	8.84	86.5	24.90	0.16	42.90	40.80	对数正态分布	43.01	42.24
Li	377	26.50	28.16	32.10	36.55	43.00	52.5	62.9	39.72	13.97	38.02	8.47	142	16.20	0.35	36.55	37.30	对数正态分布	38.02	37.63
Mn	371	406	474	578	728	934	1117	1270	771	253	730	44.56	1474	258	0.33	728	838	对数正态分布	730	651
Mo	357	0.60	0.68	0.81	1.06	1.38	1.71	1.86	1.12	0.40	1.04	1.48	2.35	0.16	0.36	1.06	1.14	剔除后对数分布	1.04	0.99
N	377	0.30	0.35	0.41	0.50	0.62	0.81	0.90	0.54	0.20	0.51	1.69	1.89	0.14	0.37	0.50	0.54	对数正态分布	0.51	0.48
Nb	353	17.46	18.72	20.40	22.50	24.70	27.20	28.71	22.70	3.36	22.45	6.02	32.10	13.90	0.15	22.50	21.00	剔除后对数分布	22.45	21.80
Ni	377	4.77	5.60	6.80	9.00	13.20	19.80	28.32	11.55	7.96	9.88	4.21	56.8	2.98	0.69	9.00	12.20	对数正态分布	9.88	11.75
P	377	0.14	0.17	0.22	0.31	0.42	0.54	0.63	0.34	0.16	0.30	2.13	1.18	0.07	0.48	0.31	0.17	对数正态分布	0.30	0.27
Pb	349	22.53	24.18	26.60	29.39	31.80	35.06	37.46	29.43	4.32	29.11	6.97	41.20	18.26	0.15	29.39	28.10	剔除后正态分布	29.43	28.55

续表 3-15

元素/指标	N	$X_{5\%}$	$X_{10\%}$	$X_{25\%}$	$X_{50\%}$	$X_{75\%}$	$X_{90\%}$	$X_{95\%}$	$\bar{X}$	S	$\bar{X}_g$	S_g	X_{max}	X_{min}	CV	X_{me}	X_{mo}	分布类型	中酸性火成岩类风化物基准值	金华市基准值
Rb	377	104	117	132	149	165	183	193	149	30.45	146	17.67	378	62.2	0.20	149	157	正态分布	149	136
S	366	62.0	68.0	83.0	104	138	162	185	112	38.25	105	14.64	224	8.10	0.34	104	89.0	偏峰分布	89.0	89.0
Sb	352	0.30	0.34	0.39	0.47	0.56	0.66	0.73	0.48	0.13	0.47	1.64	0.86	0.19	0.26	0.47	0.42	剔除后对数分布	0.47	0.53
Sc	377	6.20	6.60	7.30	8.20	9.70	11.92	13.42	8.83	2.36	8.57	3.56	20.00	5.20	0.27	8.20	7.70	对数正态分布	8.57	8.83
Se	377	0.09	0.11	0.14	0.18	0.23	0.29	0.35	0.19	0.08	0.18	2.92	0.61	0.06	0.43	0.18	0.17	对数正态分布	0.18	0.18
Sn	377	1.95	2.10	2.50	3.09	4.15	5.73	7.12	3.86	5.39	3.33	2.25	102	1.36	1.39	3.09	2.60	对数正态分布	3.33	3.29
Sr	377	34.70	38.70	49.70	64.3	90.4	140	167	79.6	62.3	69.0	12.14	967	22.50	0.78	64.3	69.5	对数正态分布	69.0	66.4
Th	377	11.84	13.57	15.40	17.30	20.30	23.44	25.42	18.15	5.05	17.56	5.30	66.5	5.68	0.28	17.30	16.30	剔除后正态分布	17.56	16.43
Ti	352	2862	3108	3592	4120	4696	5399	5873	4193	889	4100	122	6746	1979	0.21	4120	4204	正态分布	4193	4256
Tl	377	0.61	0.71	0.80	0.96	1.10	1.25	1.39	0.98	0.27	0.94	1.30	2.83	0.37	0.27	0.96	1.10	剔除后正态分布	0.94	0.87
U	359	2.65	2.82	3.12	3.44	3.79	4.32	4.50	3.50	0.57	3.45	2.09	5.11	1.92	0.16	3.44	3.33	剔除后正态分布	3.50	3.41
V	377	30.98	35.70	43.70	58.4	70.7	92.3	121	62.4	26.52	57.8	10.77	191	19.90	0.43	58.4	56.5	剔除后正态分布	57.8	62.6
W	352	1.38	1.58	1.75	2.02	2.30	2.69	2.91	2.06	0.45	2.01	1.58	3.32	0.85	0.22	2.02	2.20	对数正态分布	2.06	2.02
Y	377	20.20	21.00	22.70	25.00	28.04	32.27	37.26	26.30	5.42	25.83	6.68	54.9	18.10	0.21	25.00	25.00	对数正态分布	25.83	25.83
Zn	377	51.4	54.4	61.5	70.9	81.7	98.1	111	74.6	20.69	72.3	11.79	186	41.40	0.28	70.9	67.9	对数正态分布	72.3	66.9
Zr	377	237	255	285	317	353	401	431	323	58.5	318	27.91	541	182	0.18	317	287	对数正态分布	318	319
SiO$_2$	377	62.8	65.6	68.8	70.9	73.3	75.5	76.7	70.7	4.17	70.5	11.71	82.9	55.6	0.06	70.9	70.6	正态分布	70.7	71.9
Al$_2$O$_3$	377	11.92	12.69	13.37	14.67	15.69	16.83	17.68	14.68	1.82	14.57	4.68	22.14	10.11	0.12	14.67	15.00	正态分布	14.68	14.21
TFe$_2$O$_3$	377	2.85	3.05	3.48	4.05	4.82	5.88	6.99	4.34	1.27	4.18	2.37	9.75	2.41	0.29	4.05	3.48	对数正态分布	4.18	4.32
MgO	377	0.41	0.45	0.52	0.62	0.79	0.98	1.24	0.69	0.25	0.65	1.50	1.93	0.27	0.37	0.62	0.54	对数正态分布	0.65	0.68
CaO	377	0.14	0.16	0.22	0.29	0.38	0.51	0.67	0.33	0.18	0.29	2.33	1.58	0.08	0.56	0.29	0.22	对数正态分布	0.29	0.32
Na$_2$O	377	0.20	0.25	0.38	0.57	0.78	0.99	1.20	0.61	0.31	0.53	1.87	1.95	0.11	0.51	0.57	0.64	对数正态分布	0.53	0.53
K$_2$O	377	2.18	2.36	2.74	3.09	3.43	3.77	3.94	3.07	0.54	3.02	1.94	5.11	1.46	0.18	3.09	3.07	正态分布	3.07	2.81
TC	377	0.34	0.36	0.41	0.51	0.63	0.79	0.96	0.55	0.22	0.52	1.66	2.26	0.14	0.39	0.51	0.41	对数正态分布	0.52	0.48
Corg	377	0.28	0.31	0.36	0.45	0.58	0.74	0.87	0.50	0.21	0.47	1.80	2.09	0.21	0.42	0.45	0.38	对数正态分布	0.47	0.41
pH	377	4.89	4.98	5.15	5.38	5.70	6.09	6.38	5.30	5.39	5.47	2.67	7.39	4.55	1.02	5.38	5.26	对数正态分布	5.47	5.68

表 3－16 基性火成岩类风化物土壤母质地球化学基准值参数统计表

元素/指标	N	$X_{5\%}$	$X_{10\%}$	$X_{25\%}$	$X_{50\%}$	$X_{75\%}$	$X_{90\%}$	$X_{95\%}$	$\overline{X}$	S	$\overline{X}_g$	S_g	X_{max}	X_{min}	CV	X_{me}	X_{mo}	基性火成岩类风化物基准值	金华市基准值
Ag	7	48.30	48.60	50.2	77.0	83.5	110	129	77.1	34.81	71.5	11.35	147	48.00	0.45	77.0	77.0	77.0	58.7
As	7	4.36	4.42	5.05	5.63	7.80	8.73	9.26	6.49	2.03	6.23	2.94	9.80	4.30	0.31	5.63	5.63	5.63	7.32
Au	7	1.03	1.06	1.19	1.40	1.46	1.67	1.78	1.37	0.30	1.34	1.32	1.90	0.99	0.22	1.40	1.40	1.40	0.93
B	7	13.84	14.68	20.40	26.16	30.95	34.94	36.47	25.69	8.89	24.21	5.99	38.00	13.00	0.35	26.16	26.16	26.16	28.82
Ba	7	449	451	466	518	723	796	806	594	158	577	35.96	815	447	0.27	518	662	518	606
Be	7	1.86	1.95	2.18	2.44	2.80	3.12	3.15	2.48	0.51	2.43	1.68	3.18	1.78	0.21	2.44	2.52	2.44	2.21
Bi	7	0.18	0.18	0.19	0.23	0.26	0.31	0.33	0.23	0.06	0.23	2.31	0.35	0.17	0.27	0.23	0.23	0.23	0.22
Br	7	1.90	2.04	2.25	2.60	3.21	4.01	4.38	2.86	1.00	2.73	1.91	4.75	1.76	0.35	2.60	2.90	2.60	2.35
Cd	7	0.09	0.09	0.09	0.12	0.20	0.30	0.32	0.16	0.10	0.14	3.03	0.35	0.09	0.64	0.12	0.12	0.12	0.12
Ce	7	75.5	77.5	85.3	95.7	98.6	101	102	91.5	10.95	90.9	12.32	104	73.6	0.12	95.7	90.5	95.7	85.2
Cl	7	42.80	44.60	50.00	58.6	62.7	67.7	69.5	56.6	10.45	55.7	9.07	71.2	41.00	0.18	58.6	58.6	58.6	44.96
Co	7	10.51	11.02	14.05	17.40	27.55	35.16	40.15	22.25	12.26	19.68	5.17	45.15	10.00	0.55	17.40	26.60	17.40	8.82
Cr	7	52.1	52.2	69.8	91.7	120	147	153	97.4	40.39	90.1	11.99	159	52.1	0.41	91.7	100.0	91.7	31.63
Cu	7	19.11	19.89	28.41	39.10	42.25	63.6	78.6	41.75	24.86	36.70	7.10	93.5	18.33	0.60	39.10	40.80	39.10	13.74
F	7	330	344	377	484	548	614	626	470	120	457	28.39	639	317	0.26	484	484	484	498
Ga	7	18.51	19.33	20.85	21.37	24.60	25.83	26.60	22.48	3.23	22.28	5.52	27.37	17.70	0.14	21.37	21.37	21.37	17.59
Ge	7	1.31	1.32	1.52	1.86	1.96	2.10	2.16	1.77	0.34	1.73	1.39	2.23	1.31	0.20	1.86	1.72	1.86	1.55
Hg	7	0.04	0.04	0.04	0.05	0.06	0.06	0.07	0.05	0.01	0.05	5.45	0.07	0.04	0.22	0.05	0.05	0.05	0.05
I	7	2.51	2.59	4.10	5.59	5.88	6.21	6.28	4.90	1.63	4.61	2.49	6.36	2.43	0.33	5.59	5.49	5.59	2.82
La	7	40.99	41.94	44.36	46.01	56.6	60.7	62.8	50.4	9.08	49.75	8.95	65.0	40.05	0.18	46.01	46.01	46.01	42.24
Li	7	28.55	29.67	31.78	37.24	42.40	44.38	45.49	37.09	7.04	36.51	7.57	46.60	27.43	0.19	37.24	37.24	37.24	37.63
Mn	7	505	509	652	932	943	960	964	799	207	772	40.59	968	501	0.26	932	790	932	651
Mo	7	0.83	0.87	1.02	1.31	1.81	2.10	2.15	1.42	0.54	1.33	1.45	2.20	0.78	0.38	1.31	1.31	1.31	0.99
N	7	0.47	0.48	0.52	0.58	0.59	0.66	0.70	0.57	0.09	0.57	1.44	0.74	0.46	0.16	0.58	0.58	0.58	0.48
Nb	7	18.41	18.48	19.44	31.50	34.90	43.28	49.04	30.47	13.07	28.30	6.12	54.8	18.34	0.43	31.50	31.50	31.50	21.80
Ni	7	14.25	15.60	23.25	65.1	77.5	105	121	59.4	43.98	44.50	8.31	137	12.90	0.74	65.1	65.1	65.1	11.75
P	7	0.32	0.36	0.42	0.80	0.82	0.96	1.06	0.67	0.31	0.61	1.84	1.16	0.27	0.46	0.80	0.80	0.80	0.27
Pb	7	21.36	21.98	24.25	27.24	31.33	37.95	40.92	29.01	7.83	28.19	6.93	43.90	20.75	0.27	27.24	28.67	27.24	28.55

续表 3-16

元素/指标	N	$X_{5\%}$	$X_{10\%}$	$X_{25\%}$	$X_{50\%}$	$X_{75\%}$	$X_{90\%}$	$X_{95\%}$	$\overline{X}$	S	$\overline{X}_g$	S_g	X_{max}	X_{min}	CV	X_{me}	X_{mo}	基性火成岩类风化物基准值	金华市基准值
Rb	7	81.6	84.6	92.2	98.4	118	126	129	104	19.35	103	13.57	133	78.6	0.19	98.4	98.4	98.4	136
S	7	103	107	138	164	195	206	213	164	44.83	159	15.97	221	99.0	0.27	164	164	164	89.0
Sb	7	0.39	0.41	0.44	0.47	0.59	0.67	0.67	0.51	0.11	0.50	1.54	0.68	0.38	0.22	0.47	0.52	0.47	0.53
Sc	7	13.64	13.77	14.32	16.60	17.20	17.66	17.78	15.86	1.78	15.77	4.64	17.90	13.50	0.11	16.60	16.60	16.60	8.83
Se	7	0.22	0.22	0.24	0.27	0.31	0.32	0.32	0.28	0.04	0.27	2.11	0.32	0.22	0.16	0.27	0.27	0.27	0.18
Sn	7	2.19	2.28	2.71	3.40	3.74	4.36	4.68	3.34	0.97	3.22	1.97	5.00	2.10	0.29	3.40	3.40	3.40	3.29
Sr	7	56.2	57.4	60.3	63.0	63.6	99.0	125	73.9	34.25	69.3	11.22	151	55.0	0.46	63.0	64.2	63.0	66.4
Th	7	11.69	13.04	15.08	15.41	16.67	17.50	17.58	15.27	2.42	15.08	4.73	17.65	10.33	0.16	15.41	15.30	15.41	16.43
Ti	7	6252	6262	6297	7405	10 657	12 522	13 906	8978	3411	8491	145	15 290	6242	0.38	7405	7405	7405	4256
Tl	7	0.57	0.58	0.63	0.73	0.83	0.85	0.86	0.73	0.12	0.72	1.27	0.87	0.57	0.17	0.73	0.73	0.73	0.87
U	7	2.95	2.98	3.07	3.12	3.39	3.57	3.62	3.23	0.27	3.22	1.95	3.67	2.92	0.08	3.12	3.27	3.12	3.41
V	7	102	103	113	137	147	161	170	134	27.75	131	14.79	180	99.6	0.21	137	137	137	62.6
W	7	0.89	1.20	1.65	2.01	2.04	2.20	2.30	1.77	0.58	1.64	1.76	2.40	0.59	0.33	2.01	1.70	2.01	2.02
Y	7	24.24	24.57	25.61	26.70	32.77	39.41	40.65	29.90	6.99	29.27	6.82	41.90	23.91	0.23	26.70	27.80	26.70	25.83
Zn	7	65.3	65.5	69.7	77.2	111	152	171	98.9	45.29	91.9	11.92	189	65.1	0.46	77.2	94.5	77.2	66.9
Zr	7	258	267	297	317	326	334	335	307	31.61	305	23.63	336	249	0.10	317	315	317	319
SiO$_2$	7	53.5	56.1	59.6	61.0	63.9	65.7	66.6	60.9	5.23	60.7	10.00	67.4	51.0	0.09	61.0	61.0	61.0	71.9
Al$_2$O$_3$	7	16.82	16.88	17.37	17.82	19.49	19.69	19.74	18.30	1.28	18.26	5.04	19.79	16.75	0.07	17.82	17.82	17.82	14.21
TFe$_2$O$_3$	7	6.38	6.52	6.92	7.47	9.30	11.40	12.64	8.57	2.64	8.28	3.14	13.87	6.24	0.31	7.47	8.85	7.47	4.32
MgO	7	0.60	0.63	0.68	0.74	0.80	0.88	0.92	0.75	0.12	0.74	1.25	0.96	0.57	0.17	0.74	0.74	0.74	0.68
CaO	7	0.16	0.16	0.18	0.26	0.28	0.65	0.92	0.36	0.37	0.28	2.45	1.18	0.15	1.02	0.26	0.29	0.26	0.32
Na$_2$O	7	0.25	0.26	0.32	0.39	0.59	0.77	0.87	0.49	0.26	0.44	1.85	0.98	0.25	0.52	0.39	0.57	0.39	0.53
K$_2$O	7	1.52	1.67	1.90	2.00	2.37	2.49	2.53	2.07	0.41	2.03	1.61	2.56	1.37	0.20	2.00	2.00	2.00	2.81
TC	7	0.48	0.48	0.53	0.59	0.65	0.72	0.75	0.60	0.11	0.59	1.42	0.78	0.48	0.18	0.59	0.59	0.59	0.48
Corg	7	0.40	0.41	0.45	0.48	0.54	0.65	0.68	0.51	0.11	0.50	1.59	0.72	0.38	0.23	0.48	0.48	0.48	0.41
pH	7	4.81	4.84	4.91	5.06	5.17	5.58	5.84	5.04	5.29	5.16	2.52	6.11	4.78	1.05	5.06	5.12	5.06	5.68

pH 变异系数大于 0.80,空间变异性较大。

与金华市土壤基准值相比,基性火成岩类风化物区土壤基准值中多数元素/指标基准值与金华市基准值基本接近;K_2O、Rb、Na_2O、As 基准值略低于金华市基准值,均为金华市基准值的 60%~80%;N、Ga、TC、Al_2O_3、Cl、Ag、Mo、Ge 基准值略高于金华市基准值,为金华市基准值的 1.2~1.4 倍;Mn、Nb、Se、Au、TFe_2O_3、Ti、S、Sc、Co、I、V、Cu、Cr、P、Ni 基准值明显高于金华市基准值,是金华市基准值的 1.4 倍以上,其中 V、Cu、Cr、P、Ni 明显相对富集,基准值为金华市基准值的 2.0 倍以上,Ni 在基性火成岩类风化物区基准值为 65.1mg/kg,是金华市基准值的 5.54 倍。

七、变质岩类风化物土壤母质地球化学基准值

变质岩类风化物区采集深层土壤样品 10 件,因数据较少无法进行正态分布检验,具体数据统计结果见表 3-17。

变质岩类风化物区深层土壤总体为酸性,土壤 pH 极大值为 6.26,极小值为 4.96,基准值为 5.53,接近于金华市基准值。

变质岩类风化物区深层土壤各元素/指标中,大多数元素/指标变异系数小于 0.40,分布相对均匀;Co、Ag、B、S、Pb、Ni、Br、CaO、Au、Cr、As、Cu、Zn、P、Cd、Na_2O、Sr、pH 共 18 项元素/指标变异系数大于 0.40,其中 Na_2O、Sr、pH 变异系数大于 0.80,空间变异性较大。

与金华市土壤基准值相比,变质岩类风化物区土壤基准值中多数元素/指标基准值与金华市基准值基本接近;B 基准值略低于金华市基准值,为金华市基准值的 71%;Na_2O 基准值明显偏低,为金华市基准值的 57%;Ga、Cl、Sn、TC、Ti、Tl、Pb、Corg、Sc、CaO、Mo、TFe_2O_3、Zn、Mn、S、Se、I、Cd、P、V、Ag、MgO、Co、Cu、Ni、Cr 基准值明显高于金华市基准值,均为金华市基准值的 1.4 倍以上,其中 Co、Cu、Ni、Cr 明显相对富集,基准值均为金华市基准值的 2.0 倍以上,Cr 在变质岩类风化物区基准值为 127mg/kg,是金华市基准值的 4.02 倍。

第三节 主要土壤类型地球化学基准值

一、黄壤土壤地球化学基准值

黄壤区土壤地球化学基准值数据经正态分布检验,结果表明,原始数据中 B、Ba、Be、Br、Ce、Cl、Ga、Ge、Hg、I、La、Mn、N、Nb、P、Rb、S、Se、Th、Tl、U、W、Zr、Al_2O_3、Na_2O、K_2O、TC、Corg、pH 共 29 项元素/指标符合正态分布,Ag、As、Au、Bi、Cd、Co、Cu、Li、Mo、Ni、Pb、Sb、Sc、Sn、Sr、V、Y、Zn、TFe_2O_3、MgO、CaO 共 21 项元素/指标符合对数正态分布,Cr、F、Ti、SiO_2 剔除异常值后符合正态分布(表 3-18)。

黄壤区深层土壤总体为酸性,土壤 pH 极大值为 6.45,极小值为 4.74,基准值为 5.32,接近于金华市基准值。

黄壤区深层土壤各元素/指标中,多半元素/指标变异系数小于 0.40,分布相对均匀;P、B、TC、Corg、V、Cr、Sr、I、Na_2O、As、Br、Cd、Bi、CaO、Co、Ag、Cu、Pb、Au、Ni、Sb、pH、Mo、Sn 共 24 项元素/指标变异系数大于 0.40,其中 Ni、Sb、pH、Mo、Sn 等变异系数大于 0.80,空间变异性较大。

与金华市土壤基准值相比,黄壤区土壤基准值中大多数元素/指标基准值与金华市基准值基本接近;Se、Bi、Zn、N、Mn、TC、Hg 基准值略高于金华市基准值,均为金华市基准值的 1.2~1.4 倍;Corg、P、S、I、Br 明显相对富集,基准值均为金华市基准值的 1.4 倍以上,Br 基准值最高,为金华市基准值的 1.91 倍。

第三章 土壤地球化学基准值

表 3-17 变质岩类风化物土壤母质地球化学基准值

元素/指标	N	$X_{5\%}$	$X_{10\%}$	$X_{25\%}$	$X_{50\%}$	$X_{75\%}$	$X_{90\%}$	$X_{95\%}$	$\overline{X}$	S	$\overline{X}_g$	S_g	X_{max}	X_{min}	CV	X_{me}	X_{mo}	变质岩类风化物基准值	金华市基准值
Ag	10	50.9	51.8	77.0	105	127	172	179	108	45.75	98.7	13.92	186	50.00	0.43	105	110	105	58.7
As	10	3.94	4.39	4.69	6.13	11.40	13.22	14.66	8.13	4.39	7.14	3.60	16.10	3.49	0.54	6.13	6.97	6.13	7.32
Au	10	0.39	0.50	0.65	0.77	1.27	1.56	1.68	0.93	0.49	0.81	1.71	1.80	0.27	0.53	0.77	0.88	0.77	0.93
B	10	8.70	11.40	14.22	20.35	20.95	32.50	34.75	19.84	9.17	17.81	5.85	37.00	6.00	0.46	20.35	20.00	20.35	28.82
Ba	10	418	498	539	628	771	819	829	641	161	620	37.77	838	337	0.25	628	674	628	606
Be	10	1.93	2.15	2.25	2.54	2.98	3.09	3.14	2.57	0.49	2.53	1.73	3.19	1.72	0.19	2.54	2.78	2.54	2.21
Bi	10	0.22	0.22	0.24	0.26	0.36	0.41	0.43	0.29	0.08	0.29	2.21	0.44	0.22	0.29	0.26	0.24	0.26	0.22
Br	10	1.98	2.05	2.19	2.25	5.07	6.17	6.28	3.55	1.86	3.15	2.05	6.40	1.91	0.52	2.25	2.26	2.25	2.35
Cd	10	0.11	0.12	0.14	0.20	0.31	0.50	0.53	0.25	0.16	0.21	3.09	0.56	0.10	0.64	0.20	0.21	0.20	0.12
Ce	10	75.0	83.0	87.3	94.4	99.8	104	120	95.2	17.57	93.8	12.78	136	67.0	0.18	94.4	97.9	94.4	85.2
Cl	10	39.35	40.70	45.53	55.4	62.6	72.4	77.1	56.1	13.80	54.6	9.59	81.8	38.00	0.25	55.4	56.8	55.4	44.96
Co	10	12.30	15.00	16.08	18.22	21.50	27.68	33.89	20.21	8.24	18.95	5.30	40.10	9.60	0.41	18.22	18.82	18.22	8.82
Cr	10	39.45	48.90	76.4	127	148	181	216	122	64.7	105	13.57	252	30.00	0.53	127	120	127	31.63
Cu	10	16.43	17.06	22.60	29.95	35.77	47.54	62.6	33.14	17.93	29.80	6.76	77.6	15.80	0.54	29.95	34.20	29.95	13.74
F	10	451	471	520	555	659	884	904	615	166	597	36.26	924	431	0.27	555	604	555	498
Ga	10	17.29	17.58	18.55	21.40	23.12	24.48	25.74	21.18	3.20	20.96	5.43	27.00	17.00	0.15	21.40	21.10	21.40	17.59
Ge	10	1.25	1.32	1.44	1.58	1.68	1.84	1.96	1.58	0.25	1.57	1.34	2.09	1.18	0.16	1.58	1.58	1.58	1.55
Hg	10	0.03	0.03	0.03	0.04	0.06	0.06	0.06	0.04	0.01	0.04	6.52	0.06	0.03	0.32	0.04	0.04	0.04	0.05
I	10	2.14	2.47	2.69	4.48	5.54	5.82	6.20	4.21	1.68	3.88	2.28	6.58	1.81	0.40	4.48	3.80	4.48	2.82
La	10	34.79	41.34	45.95	48.03	50.8	61.4	74.2	50.5	14.91	48.77	9.07	86.9	28.24	0.29	48.03	51.5	48.03	42.24
Li	10	31.94	32.81	34.57	37.90	48.05	55.3	59.5	42.20	10.71	41.08	8.37	63.6	31.07	0.25	37.90	39.90	37.90	37.63
Mn	10	633	644	761	976	1164	1274	1406	990	290	952	47.70	1538	621	0.29	976	996	976	651
Mo	10	0.78	0.81	0.94	1.47	1.73	2.17	2.19	1.43	0.54	1.34	1.48	2.21	0.76	0.38	1.47	1.33	1.47	0.99
N	10	0.32	0.34	0.47	0.50	0.58	0.63	0.64	0.50	0.11	0.49	1.64	0.64	0.29	0.23	0.50	0.50	0.50	0.48
Nb	10	16.25	16.94	17.20	17.75	19.83	25.23	25.37	19.24	3.43	18.99	5.22	25.50	15.56	0.18	17.75	18.70	17.75	21.80
Ni	10	14.78	19.46	27.70	43.45	60.0	71.5	76.7	44.93	23.13	38.39	7.87	82.0	10.10	0.51	43.45	49.10	43.45	11.75
P	10	0.35	0.36	0.39	0.47	0.52	0.65	1.06	0.55	0.33	0.49	1.73	1.47	0.33	0.61	0.47	0.56	0.47	0.27
Pb	10	28.41	28.81	29.95	39.35	53.5	79.2	88.5	47.91	23.39	43.70	8.15	97.9	28.00	0.49	39.35	53.1	39.35	28.55

续表 3-17

元素/指标	N	$X_{5\%}$	$X_{10\%}$	$X_{25\%}$	$X_{50\%}$	$X_{75\%}$	$X_{90\%}$	$X_{95\%}$	$\overline{X}$	S	$\overline{X}_g$	S_g	X_{max}	X_{min}	CV	X_{me}	X_{mo}	变质岩类风化物基准值	金华市基准值
Rb	10	112	119	123	138	150	160	167	138	20.34	137	15.93	174	106	0.15	138	120	138	136
S	10	91.2	93.5	102	137	200	255	285	162	75.0	148	15.75	315	89.0	0.46	137	169	137	89.0
Sb	10	0.25	0.29	0.38	0.48	0.51	0.69	0.71	0.47	0.16	0.44	1.74	0.73	0.21	0.34	0.48	0.47	0.48	0.53
Sc	10	9.56	9.92	12.18	12.60	16.75	20.50	21.85	14.55	4.51	13.97	4.48	23.20	9.20	0.31	12.60	16.30	12.60	8.83
Se	10	0.12	0.12	0.16	0.28	0.33	0.36	0.37	0.26	0.10	0.23	2.67	0.39	0.12	0.40	0.28	0.33	0.28	0.18
Sn	10	2.57	3.04	3.32	4.08	6.00	7.17	7.24	4.63	1.80	4.32	2.40	7.30	2.10	0.39	4.08	4.40	4.08	3.29
Sr	10	35.31	41.11	52.7	67.0	76.8	128	222	89.4	82.4	71.3	12.38	316	29.50	0.92	67.0	77.0	67.0	66.4
Th	10	13.66	14.27	15.51	18.69	24.05	27.63	28.67	20.06	5.71	19.35	5.25	29.70	13.06	0.28	18.69	19.70	18.69	16.43
Ti	10	4414	4727	4901	5709	6702	6964	7362	5815	1159	5711	132	7759	4100	0.20	5709	6168	5709	4256
Tl	10	0.90	0.92	1.08	1.19	1.38	1.54	1.67	1.24	0.28	1.21	1.26	1.81	0.88	0.23	1.19	1.28	1.19	0.87
U	10	2.42	2.50	2.81	3.22	3.48	3.62	3.93	3.18	0.56	3.13	1.90	4.25	2.33	0.18	3.22	3.15	3.22	3.41
V	10	77.0	81.3	94.2	111	148	195	202	126	46.10	119	14.86	209	72.7	0.37	111	136	111	62.6
W	10	1.27	1.29	1.51	1.94	2.08	2.31	2.69	1.91	0.53	1.84	1.56	3.07	1.26	0.28	1.94	1.93	1.94	2.02
Y	10	19.06	21.79	23.10	26.88	28.08	31.05	31.27	25.79	4.55	25.38	6.11	31.50	16.33	0.18	26.88	26.30	26.88	25.83
Zn	10	72.9	73.6	92.7	100.0	162	239	269	137	75.7	122	14.25	300	72.1	0.55	100.0	129	100.0	66.9
Zr	10	193	227	238	261	292	320	382	273	73.2	265	23.71	444	159	0.27	261	271	261	319
SiO$_2$	10	53.1	53.8	58.1	63.5	66.1	67.2	68.5	62.0	5.77	61.7	10.27	69.7	52.5	0.09	63.5	62.9	63.5	71.9
Al$_2$O$_3$	10	15.07	15.26	15.69	16.72	18.38	20.60	21.05	17.34	2.25	17.22	4.90	21.50	14.88	0.13	16.72	17.20	16.72	14.21
TFe$_2$O$_3$	10	4.72	5.16	5.65	6.43	8.06	10.26	10.53	7.08	2.15	6.80	3.00	10.87	4.27	0.30	6.43	6.56	6.43	4.32
MgO	10	0.71	0.88	1.05	1.25	1.38	1.60	1.66	1.22	0.34	1.17	1.39	1.72	0.54	0.28	1.25	1.15	1.25	0.68
CaO	10	0.22	0.29	0.41	0.46	0.54	0.86	0.97	0.52	0.27	0.46	1.99	1.09	0.15	0.52	0.46	0.56	0.46	0.32
Na$_2$O	10	0.10	0.13	0.18	0.30	0.40	0.95	1.04	0.40	0.35	0.29	2.75	1.13	0.07	0.87	0.30	0.41	0.30	0.53
K$_2$O	10	1.92	1.93	2.12	2.94	2.99	3.15	3.22	2.65	0.53	2.60	1.80	3.28	1.92	0.20	2.94	2.39	2.94	2.81
TC	10	0.40	0.42	0.45	0.61	0.64	0.73	0.74	0.57	0.13	0.55	1.56	0.75	0.37	0.23	0.61	0.61	0.61	0.48
Corg	10	0.32	0.34	0.38	0.57	0.62	0.71	0.72	0.52	0.16	0.50	1.73	0.72	0.30	0.30	0.57	0.38	0.57	0.41
pH	10	5.00	5.05	5.26	5.53	5.74	5.95	6.10	5.38	5.47	5.53	2.65	6.26	4.96	1.02	5.53	5.48	5.53	5.68

表 3-18 黄壤土壤地球化学基准值参数统计表

元素/指标	N	$X_{5\%}$	$X_{10\%}$	$X_{25\%}$	$X_{50\%}$	$X_{75\%}$	$X_{90\%}$	$X_{95\%}$	$\overline{X}$	S	$\overline{X}_g$	S_g	X_{max}	X_{min}	CV	X_{me}	X_{mo}	分布类型	黄壤基准值	金华市基准值
Ag	79	33.90	38.80	49.00	66.0	88.5	130	161	78.2	48.53	68.5	11.69	320	25.00	0.62	66.0	62.0	对数正态分布	68.5	58.7
As	79	3.33	3.55	4.50	5.70	8.83	11.92	14.55	6.87	3.44	6.21	3.19	18.00	2.81	0.50	5.70	5.70	对数正态分布	6.21	7.32
Au	79	0.46	0.49	0.60	0.75	1.00	1.30	1.69	0.93	0.68	0.81	1.62	4.96	0.27	0.73	0.75	0.75	对数正态分布	0.81	0.93
B	79	14.00	15.16	18.25	25.00	33.00	39.20	41.20	26.63	11.61	24.43	6.65	83.0	6.00	0.44	25.00	35.00	正态分布	26.63	28.82
Ba	79	402	469	584	690	857	982	1062	717	208	688	42.51	1439	387	0.29	690	900	正态分布	717	606
Be	79	1.89	1.92	2.17	2.39	2.64	2.93	3.28	2.48	0.49	2.44	1.73	4.72	1.84	0.20	2.39	2.46	正态分布	2.48	2.21
Bi	79	0.16	0.18	0.22	0.25	0.31	0.48	0.64	0.30	0.18	0.27	2.37	1.24	0.10	0.59	0.25	0.25	对数正态分布	0.27	0.22
Br	79	1.85	2.06	2.83	3.80	5.92	6.98	9.81	4.50	2.38	3.99	2.50	12.20	1.63	0.53	3.80	4.18	对数正态分布	4.50	2.35
Cd	79	0.06	0.08	0.09	0.12	0.15	0.20	0.26	0.14	0.08	0.12	3.59	0.56	0.05	0.58	0.12	0.12	正态分布	0.12	0.12
Ce	79	78.1	83.1	87.2	93.8	100.0	107	114	94.7	10.80	94.1	13.54	126	74.7	0.11	93.8	97.9	正态分布	94.7	85.2
Cl	79	26.11	28.44	34.95	47.10	56.2	61.4	72.0	47.46	16.47	44.87	9.27	115	21.70	0.35	47.10	47.40	对数正态分布	47.46	44.96
Co	79	5.04	5.80	6.79	8.56	11.20	20.30	23.72	10.61	6.32	9.36	3.95	40.10	4.16	0.60	8.56	5.80	对数正态分布	9.36	8.82
Cr	77	12.74	14.28	17.20	26.70	39.60	45.94	57.7	29.49	13.94	26.48	7.12	69.1	10.20	0.47	26.70	29.90	剔除后正态分布	29.49	31.63
Cu	79	6.60	7.18	8.70	11.20	16.25	23.58	37.64	14.30	8.82	12.47	4.71	44.20	5.30	0.62	11.20	8.70	对数正态分布	12.47	13.74
F	69	381	416	490	554	605	666	697	554	97.2	545	37.64	824	362	0.18	554	490	剔除后正态分布	554	498
Ga	79	16.87	17.18	18.40	19.90	20.90	23.33	24.46	19.97	2.34	19.84	5.56	25.30	15.20	0.12	19.90	20.70	正态分布	19.97	17.59
Ge	79	1.28	1.33	1.42	1.54	1.67	1.86	1.98	1.56	0.21	1.55	1.34	2.11	1.15	0.13	1.54	1.54	正态分布	1.55	1.55
Hg	79	0.03	0.04	0.05	0.06	0.07	0.09	0.09	0.06	0.02	0.06	5.50	0.14	0.02	0.34	0.06	0.06	正态分布	0.06	0.05
I	79	1.53	2.01	3.23	4.50	6.28	8.08	10.12	4.97	2.45	4.36	2.67	11.60	1.09	0.49	4.50	4.98	对数正态分布	4.97	2.82
La	79	34.25	36.86	40.25	43.80	47.45	51.1	52.5	43.96	6.19	43.54	8.77	69.4	28.80	0.14	43.80	40.30	正态分布	43.96	42.24
Li	79	26.34	27.42	29.80	34.60	39.00	47.96	52.9	36.74	12.15	35.35	8.09	108	16.20	0.33	34.60	29.50	正态分布	35.35	37.63
Mn	79	460	557	656	843	1042	1263	1334	866	267	825	48.01	1538	376	0.31	843	971	正态分布	866	651
Mo	79	0.59	0.69	0.89	1.14	1.39	1.81	2.10	1.53	2.30	1.14	1.88	19.30	0.16	1.51	1.14	1.33	对数正态分布	1.14	0.99
N	79	0.31	0.37	0.45	0.57	0.74	0.93	1.00	0.62	0.25	0.58	1.64	1.89	0.25	0.40	0.57	0.45	正态分布	0.62	0.48
Nb	79	18.96	19.60	21.80	23.40	25.10	27.22	28.97	23.51	3.71	23.24	6.11	39.30	13.90	0.16	23.40	24.30	对数正态分布	23.51	21.80
Ni	79	5.88	6.38	7.85	10.50	16.55	25.66	31.55	14.38	11.74	11.91	4.67	82.0	5.03	0.82	10.50	10.50	正态分布	11.91	11.75
P	79	0.21	0.23	0.27	0.40	0.46	0.57	0.65	0.40	0.16	0.37	1.98	1.18	0.18	0.41	0.40	0.40	正态分布	0.40	0.27
Pb	79	22.37	23.42	27.55	30.40	34.15	45.06	57.5	35.26	22.62	32.36	7.60	204	18.26	0.64	30.40	29.80	对数正态分布	32.36	28.55

续表 3-18

元素/指标	N	$X_{5\%}$	$X_{10\%}$	$X_{25\%}$	$X_{50\%}$	$X_{75\%}$	$X_{90\%}$	$X_{95\%}$	$\overline{X}$	S	$\overline{X}_g$	S_g	X_{max}	X_{min}	CV	X_{me}	X_{mo}	分布类型	黄壤基准值	金华市基准值
Rb	79	108	120	132	152	166	185	200	150	28.08	147	17.75	218	71.4	0.19	152	152	正态分布	150	136
S	79	80.8	85.6	102	135	160	211	238	141	49.77	133	16.87	314	74.0	0.35	135	150	正态分布	141	89.0
Sb	79	0.32	0.34	0.40	0.46	0.56	0.67	0.99	0.56	0.51	0.49	1.75	4.69	0.21	0.91	0.46	0.42	对数正态分布	0.49	0.53
Sc	79	6.60	6.96	7.40	8.70	10.15	12.22	16.50	9.47	3.13	9.09	3.65	23.20	6.00	0.33	8.70	7.40	对数正态分布	9.09	8.83
Se	79	0.12	0.12	0.15	0.20	0.28	0.35	0.38	0.22	0.09	0.20	2.71	0.48	0.09	0.40	0.20	0.22	对数正态分布	0.22	0.18
Sn	79	2.08	2.30	2.69	3.81	4.94	6.76	8.74	5.51	11.31	3.94	2.71	102	1.36	2.05	3.81	4.31	对数正态分布	3.94	3.29
Sr	79	37.97	42.72	49.80	61.8	75.2	103	144	70.1	33.99	64.5	11.40	213	33.70	0.48	61.8	66.7	对数正态分布	64.5	66.4
Th	79	11.35	12.42	15.60	18.00	20.70	24.82	26.70	18.53	5.27	17.84	5.35	39.00	7.92	0.28	18.00	17.20	剔除后正态分布	18.53	16.43
Ti	71	3288	3396	3784	4090	4671	5871	6175	4357	921	4269	123	7151	2635	0.21	4090	4360	正态分布	4357	4256
Tl	79	0.57	0.70	0.81	1.02	1.22	1.39	1.53	1.02	0.29	0.98	1.34	1.80	0.42	0.28	1.02	1.08	正态分布	1.02	0.87
U	79	2.64	2.72	3.19	3.51	3.82	4.35	4.46	3.53	0.61	3.47	2.10	5.52	1.65	0.17	3.51	3.39	正态分布	3.53	3.41
V	79	36.27	46.09	53.8	63.0	73.0	114	134	71.5	32.21	66.2	11.54	193	28.30	0.45	63.0	50.00	对数正态分布	66.2	62.6
W	79	1.14	1.47	1.75	1.97	2.29	2.84	3.15	2.06	0.64	1.96	1.69	4.36	0.43	0.31	1.97	1.85	正态分布	2.06	2.02
Y	79	19.99	20.68	23.00	25.00	27.70	30.42	31.68	25.74	5.00	25.36	6.47	54.9	18.20	0.19	25.00	25.00	对数正态分布	25.36	25.83
Zn	79	58.3	62.3	68.1	75.3	91.2	110	168	86.4	32.36	82.2	12.75	232	53.0	0.37	75.3	74.1	对数正态分布	82.2	66.9
Zr	79	242	264	284	308	343	396	418	316	53.2	312	27.08	455	159	0.17	308	321	正态分布	316	319
SiO$_2$	73	64.7	65.6	68.3	70.1	71.3	73.3	73.7	69.6	2.77	69.5	11.51	75.3	62.3	0.04	70.1	70.2	剔除后正态分布	69.6	71.9
Al$_2$O$_3$	79	13.18	13.64	14.46	15.10	16.34	17.32	19.34	15.52	1.70	15.43	4.82	20.50	12.18	0.11	15.10	15.00	对数正态分布	15.52	14.21
TFe$_2$O$_3$	79	3.40	3.47	3.71	4.23	5.12	6.81	8.43	4.79	1.60	4.59	2.50	10.80	3.10	0.33	4.23	3.70	对数正态分布	4.59	4.32
MgO	79	0.48	0.50	0.55	0.67	0.84	1.10	1.42	0.75	0.28	0.71	1.46	1.64	0.37	0.38	0.67	0.54	对数正态分布	0.71	0.68
CaO	79	0.17	0.19	0.23	0.30	0.34	0.47	0.69	0.34	0.20	0.30	2.22	1.58	0.13	0.59	0.30	0.32	对数正态分布	0.30	0.32
Na$_2$O	79	0.17	0.22	0.28	0.39	0.58	0.75	0.82	0.46	0.23	0.41	2.01	1.39	0.13	0.49	0.39	0.51	对数正态分布	0.46	0.53
K$_2$O	79	2.06	2.29	2.56	2.93	3.17	3.49	3.60	2.88	0.48	2.84	1.88	4.06	1.46	0.16	2.93	2.93	正态分布	2.88	2.81
TC	79	0.35	0.38	0.49	0.57	0.75	0.89	1.04	0.65	0.28	0.60	1.59	2.26	0.32	0.44	0.57	0.57	正态分布	0.65	0.48
Corg	79	0.30	0.35	0.45	0.55	0.70	0.85	0.95	0.60	0.26	0.56	1.67	2.09	0.25	0.44	0.55	0.66	正态分布	0.60	0.41
pH	79	5.00	5.12	5.20	5.36	5.62	5.85	6.05	5.32	5.48	5.43	2.65	6.45	4.74	1.03	5.36	5.46	正态分布	5.32	5.68

注：氧化物、TC、Corg单位为%，N、P单位为g/kg，Au、Ag单位为μg/kg，pH为无量纲，其他元素/指标单位为mg/kg；后表单位相同。

二、红壤土壤地球化学基准值

红壤区土壤地球化学基准值数据经正态分布检验,结果表明,原始数据中 Ce、Ga、Ge、I、Mn、Rb、Zr、SiO_2、Al_2O_3、Na_2O、K_2O 共 11 项元素/指标符合正态分布,Ag、As、Au、B、Be、Br、Cl、Co、Cr、Cu、F、Hg、La、Li、Mo、N、Nb、Ni、P、Sb、Sc、Se、Sn、Sr、Th、Tl、V、W、Y、TFe_2O_3、MgO、CaO、TC、Corg、pH 共 35 项元素/指标符合对数正态分布,Cd、Pb、Ti、U、Zn 剔除异常值后符合正态分布,Bi、S 剔除异常值后符合对数正态分布,Ba 不符合正态分布与对数正态分布(表 3-19)。

红壤区深层土壤总体为酸性,土壤 pH 极大值为 7.50,极小值为 4.66,基准值为 5.52,接近于金华市基准值。

红壤区深层土壤各元素/指标中,多数元素/指标变异系数小于 0.40,分布相对均匀;I、Sn、B、Se、V、Br、P、Na_2O、Co、Ag、CaO、Au、Cu、Sb、Cr、Hg、F、Mo、Sr、As、Ni、pH 共 22 项元素/指标变异系数大于 0.40,其中 Hg、F、Mo、Sr、As、Ni、pH 变异系数大于 0.80,空间变异性较大。

与金华市土壤基准值相比,红壤区土壤基准值中 I 基准值略高于金华市基准值,为金华市基准值的 1.22 倍;其余 53 项元素/指标基准值与金华市基准值基本接近,无偏低或偏高元素/指标。

三、粗骨土土壤地球化学基准值

粗骨土区土壤地球化学基准值数据经正态分布检验,结果表明,原始数据中 B、Ba、Cd、Ce、Co、F、Ga、Ge、La、Mn、Rb、S、Sc、Se、Th、Ti、Tl、V、W、Zn、Zr、SiO_2、Al_2O_3、TFe_2O_3、MgO、CaO、Na_2O、K_2O、pH 共 29 项元素/指标符合正态分布,Ag、As、Au、Be、Br、Cl、Cr、Cu、Hg、I、Li、Mo、N、Nb、Ni、P、Pb、Sb、Sn、Sr、U、Y、TC、Corg 共 24 项元素/指标符合对数正态分布,Bi 剔除异常值后符合正态分布(表 3-20)。

粗骨土区深层土壤总体为酸性,土壤 pH 极大值为 6.78,极小值为 4.55,基准值为 5.26,接近于金华市基准值。

粗骨土区深层土壤各元素/指标中,多数元素/指标变异系数小于 0.40,分布相对均匀;B、Se、Corg、Sn、Sb、Cr、CaO、Na_2O、I、Ni、Mo、Sr、Hg、Br、Pb、P、As、Cl、Au、pH、Cu、Ag 共 22 项元素/指标变异系数大于 0.40,其中 pH、Cu、Ag 变异系数大于 0.80,空间变异性较大。

与金华市土壤基准值相比,粗骨土区土壤基准值中绝大多数元素/指标基准值与金华市基准值基本接近;Cr 基准值略低于金华市基准值,为金华市基准值的 77%;S 基准值略高于金华市基准值,为金华市基准值的 1.26 倍。

四、紫色土土壤地球化学基准值

紫色土区土壤地球化学基准值数据经正态分布检验,结果表明,原始数据中 Ba、Br、Ce、Co、Cr、Cu、Ga、Ge、I、La、Mn、Nb、Ni、P、Rb、Sc、Se、Th、Ti、Tl、U、V、Y、Zn、Zr、SiO_2、Al_2O_3、TFe_2O_3、MgO、Na_2O、K_2O、TC、Corg、pH 共 34 项元素/指标符合正态分布,Ag、As、Au、B、Be、Bi、Cd、Cl、Hg、Li、Mo、N、Pb、Sb、Sn、Sr、CaO 共 17 项元素/指标符合对数正态分布,F、S、W 剔除异常值后符合正态分布(表 3-21)。

紫色土区深层土壤总体为酸性,土壤 pH 极大值为 7.95,极小值为 4.54,基准值为 5.46,接近于金华市基准值。

紫色土区深层土壤各元素/指标中,大多数元素/指标变异系数小于 0.40,分布相对均匀;Ag、Se、Li、Na_2O、P、Sr、Sb、As、I、Mo、Au、Hg、pH、CaO 共 14 项元素/指标变异系数大于 0.40,其中 Hg、pH、CaO 变异系数大于 0.80,空间变异性较大。

与金华市土壤基准值相比,紫色土区土壤基准值中绝大多数元素/指标基准值与金华市基准值基本接近;Br、I 基准值略低于金华市基准值,为金华市基准值的 60%~80%;Cr、Na_2O 基准值略高于金华市基准值,是金华市基准值的 1.2~1.4 倍。

表 3-19 红壤土壤地球化学基准值参数统计表

元素/指标	N	$X_{5\%}$	$X_{10\%}$	$X_{25\%}$	$X_{50\%}$	$X_{75\%}$	$X_{90\%}$	$X_{95\%}$	$\overline{X}$	S	$\overline{X}_g$	S_g	X_{max}	X_{min}	CV	X_{me}	X_{mo}	分布类型	红壤基准值	金华市基准值
Ag	250	34.00	37.00	47.25	62.5	78.8	110	147	70.8	40.36	63.6	11.10	420	26.00	0.57	62.5	110	对数正态分布	63.6	58.7
As	250	3.42	3.95	5.16	7.21	9.99	15.50	20.79	9.42	9.14	7.61	3.89	89.5	2.25	0.97	7.21	7.60	对数正态分布	7.61	7.32
Au	250	0.43	0.53	0.64	0.91	1.38	2.08	2.38	1.13	0.74	0.97	1.71	5.00	0.29	0.65	0.91	1.10	对数正态分布	0.97	0.93
B	250	14.27	16.36	20.00	26.00	35.00	48.10	56.5	29.33	13.02	26.86	7.32	75.0	8.00	0.44	26.00	25.00	对数正态分布	26.86	28.82
Ba	242	337	409	480	601	794	952	1045	647	222	610	40.03	1289	180	0.34	601	643	偏峰分布	643	606
Be	250	1.76	1.83	2.04	2.29	2.63	3.01	3.50	2.45	0.78	2.37	1.71	9.25	1.52	0.32	2.29	2.30	对数正态分布	2.37	2.21
Bi	231	0.15	0.17	0.19	0.23	0.26	0.32	0.35	0.23	0.06	0.23	2.42	0.40	0.10	0.25	0.23	0.22	剔除后对数正态分布	0.23	0.22
Br	250	1.39	1.58	1.91	2.44	3.54	4.65	5.31	2.86	1.47	2.59	1.95	15.03	1.00	0.51	2.44	2.18	对数正态分布	2.59	2.35
Cd	235	0.07	0.08	0.10	0.12	0.15	0.17	0.19	0.12	0.04	0.12	3.50	0.23	0.05	0.30	0.12	0.13	剔除后对数正态分布	0.12	0.12
Ce	250	66.1	69.9	75.5	83.2	93.8	101	107	85.3	13.93	84.3	12.78	162	56.5	0.16	83.2	101	正态分布	85.3	85.2
Cl	250	27.75	30.27	36.07	46.55	54.5	66.0	75.2	47.56	15.58	45.32	9.21	139	23.00	0.33	46.55	47.00	对数正态分布	45.32	44.96
Co	250	4.60	5.27	6.43	8.60	11.75	17.31	21.45	10.14	5.60	9.03	3.86	45.15	3.50	0.55	8.60	5.60	对数正态分布	9.03	8.82
Cr	250	9.54	12.89	18.80	30.71	47.45	73.1	87.4	38.31	28.44	30.38	8.37	173	5.10	0.74	30.71	15.60	对数正态分布	30.38	31.63
Cu	250	6.64	7.87	9.72	12.95	17.50	28.51	37.84	16.33	11.62	13.95	5.11	93.5	4.30	0.71	12.95	7.90	对数正态分布	13.95	13.74
F	250	329	365	423	498	614	751	889	563	486	519	36.89	7780	286	0.86	498	475	对数正态分布	519	498
Ga	250	14.13	15.20	16.52	18.00	19.40	21.31	23.26	18.19	2.57	18.01	5.26	27.37	12.05	0.14	18.00	18.00	正态分布	18.19	17.59
Ge	250	1.26	1.31	1.42	1.58	1.76	1.91	2.02	1.60	0.24	1.58	1.35	2.51	1.13	0.15	1.58	1.66	正态分布	1.60	1.55
Hg	250	0.03	0.03	0.04	0.05	0.06	0.07	0.09	0.05	0.04	0.05	6.06	0.69	0.02	0.85	0.05	0.04	对数正态分布	0.05	0.05
I	250	1.44	1.61	2.13	3.40	4.33	5.47	6.00	3.43	1.49	3.10	2.19	8.44	0.76	0.43	3.40	3.71	对数正态分布	3.43	2.82
La	250	32.54	34.27	38.13	42.15	45.80	49.31	54.0	42.56	7.35	41.99	8.69	86.5	24.90	0.17	42.15	42.80	对数正态分布	41.99	42.24
Li	250	27.21	29.47	33.44	38.55	46.19	54.9	63.2	41.50	13.81	39.84	8.66	142	22.10	0.33	38.55	36.00	对数正态分布	39.84	37.63
Mn	250	391	411	551	702	927	1117	1264	754	302	700	43.03	2493	226	0.40	702	790	正态分布	754	651
Mo	250	0.65	0.70	0.82	1.09	1.50	2.03	3.07	1.37	1.18	1.18	1.64	13.90	0.53	0.86	1.09	1.14	对数正态分布	1.18	0.99
N	250	0.32	0.35	0.41	0.49	0.58	0.71	0.81	0.51	0.16	0.49	1.66	1.17	0.14	0.31	0.49	0.49	对数正态分布	0.49	0.48
Nb	250	16.21	17.69	19.70	22.12	25.30	29.93	34.20	23.26	5.78	22.65	6.08	54.8	11.60	0.25	22.12	21.10	对数正态分布	22.65	21.80
Ni	250	5.01	5.73	7.41	10.80	16.98	29.10	44.36	15.43	14.91	11.95	4.90	137	3.90	0.97	10.80	12.20	对数正态分布	11.95	11.75
P	250	0.14	0.17	0.21	0.30	0.41	0.54	0.65	0.33	0.17	0.30	2.44	1.16	0.07	0.51	0.30	0.34	对数正态分布	0.30	0.27
Pb	235	21.18	22.50	25.75	28.30	31.40	34.70	36.14	28.58	4.58	28.21	6.85	41.20	16.50	0.16	28.30	28.10	剔除后正态分布	28.58	28.55

续表 3-19

元素/指标	N	$X_{5\%}$	$X_{10\%}$	$X_{25\%}$	$X_{50\%}$	$X_{75\%}$	$X_{90\%}$	$X_{95\%}$	$\bar{X}$	S	$\bar{X}_g$	S_g	X_{max}	X_{min}	CV	X_{me}	X_{mo}	分布类型	红壤基准值	金华市基准值
Rb	250	94.3	100.0	118	141	159	177	192	142	37.53	137	16.92	378	62.2	0.26	141	141	正态分布	142	136
S	241	60.0	66.0	79.0	99.0	134	163	186	108	38.93	101	14.48	212	8.10	0.36	99.0	129	剔除后对数正态分布	101	89.0
Sb	250	0.30	0.35	0.42	0.52	0.67	0.92	1.23	0.62	0.44	0.55	1.69	4.79	0.19	0.71	0.52	0.52	对数正态分布	0.55	0.53
Sc	250	6.40	6.80	7.60	8.61	10.40	13.21	15.25	9.38	2.68	9.06	3.69	20.20	5.60	0.29	8.61	7.70	对数正态分布	9.06	8.83
Se	250	0.09	0.11	0.14	0.19	0.24	0.32	0.36	0.20	0.09	0.18	2.85	0.58	0.06	0.45	0.19	0.14	对数正态分布	0.18	0.18
Sn	250	1.99	2.10	2.50	3.10	3.89	5.50	6.61	3.49	1.50	3.24	2.13	12.44	1.40	0.43	3.10	2.30	对数正态分布	3.24	3.29
Sr	250	32.38	38.03	48.85	63.0	85.3	131	161	78.0	69.3	67.2	11.78	967	25.70	0.89	63.0	63.0	剔除后正态分布	67.2	66.4
Th	250	11.70	12.69	14.68	16.73	19.50	22.60	25.81	17.63	5.74	16.94	5.18	66.5	5.68	0.33	16.73	16.90	对数正态分布	16.94	16.43
Ti	231	2947	3121	3760	4261	4806	5524	5992	4307	880	4217	124	6655	2019	0.20	4261	4359	剔除后正态分布	4307	4256
Tl	250	0.58	0.63	0.75	0.89	1.07	1.22	1.35	0.93	0.30	0.89	1.36	2.83	0.33	0.32	0.89	0.75	对数正态分布	0.89	0.87
U	236	2.59	2.82	3.10	3.39	3.80	4.27	4.48	3.46	0.58	3.41	2.07	5.10	1.83	0.17	3.39	3.33	剔除后正态分布	3.46	3.41
V	250	30.78	35.68	47.95	61.5	79.9	107	137	68.7	32.43	62.6	11.39	235	24.40	0.47	61.5	62.4	对数正态分布	62.6	62.6
W	250	1.32	1.56	1.75	2.04	2.40	3.07	3.53	2.16	0.68	2.07	1.67	5.63	0.59	0.31	2.04	1.66	对数正态分布	2.07	2.02
Y	250	18.65	20.10	22.40	25.45	28.68	32.70	38.57	26.28	5.82	25.70	6.66	54.3	16.05	0.22	25.45	19.20	对数正态分布	25.70	25.83
Zn	234	50.2	52.6	58.7	66.7	76.4	86.2	93.0	68.4	13.10	67.2	11.24	106	41.70	0.19	66.7	67.9	剔除后正态分布	68.4	66.9
Zr	250	233	241	278	312	351	394	426	317	60.4	311	27.68	541	182	0.19	312	287	正态分布	317	319
SiO$_2$	250	61.8	65.0	68.2	71.4	73.8	75.7	77.2	70.7	4.65	70.5	11.72	80.4	51.0	0.07	71.4	72.9	正态分布	70.7	71.9
Al$_2$O$_3$	250	12.09	12.48	13.17	14.56	15.67	17.20	17.80	14.65	1.90	14.53	4.66	21.50	10.25	0.13	14.56	15.00	正态分布	14.65	14.21
TFe$_2$O$_3$	250	2.87	3.19	3.68	4.22	5.26	6.66	7.43	4.63	1.50	4.43	2.47	13.87	2.54	0.32	4.22	4.09	对数正态分布	4.43	4.32
MgO	250	0.42	0.45	0.53	0.66	0.84	1.09	1.28	0.72	0.28	0.68	1.51	1.93	0.27	0.39	0.66	0.69	对数正态分布	0.68	0.68
CaO	250	0.14	0.16	0.22	0.30	0.41	0.55	0.77	0.34	0.20	0.30	2.36	1.18	0.08	0.57	0.30	0.35	对数正态分布	0.30	0.32
Na$_2$O	250	0.17	0.25	0.39	0.57	0.78	1.04	1.16	0.61	0.31	0.53	1.99	1.77	0.06	0.51	0.57	0.41	正态分布	0.61	0.53
K$_2$O	250	1.85	1.99	2.43	3.01	3.36	3.76	3.89	2.92	0.66	2.84	1.89	5.11	1.28	0.23	3.01	2.77	正态分布	2.92	2.81
TC	250	0.30	0.34	0.41	0.47	0.59	0.72	0.82	0.52	0.17	0.49	1.67	1.42	0.27	0.33	0.47	0.43	对数正态分布	0.49	0.48
Corg	250	0.27	0.29	0.34	0.42	0.53	0.69	0.79	0.46	0.17	0.43	1.83	1.36	0.21	0.38	0.42	0.38	对数正态分布	0.43	0.41
pH	250	4.88	4.94	5.12	5.37	5.80	6.24	6.78	5.29	5.37	5.52	2.69	7.50	4.66	1.01	5.37	5.26	对数正态分布	5.52	5.68

表 3-20 粗骨土土壤地球化学基准值参数统计表

元素/指标	N	$X_{5\%}$	$X_{10\%}$	$X_{25\%}$	$X_{50\%}$	$X_{75\%}$	$X_{90\%}$	$X_{95\%}$	$\overline{X}$	S	$\overline{X}_g$	S_g	X_{max}	X_{min}	CV	X_{me}	X_{mo}	分布类型	粗骨土基准值	金华市基准值
Ag	103	37.20	41.00	48.00	61.0	83.5	109	129	96.4	181	67.3	11.53	1370	26.00	1.88	61.0	48.00	对数正态分布	67.3	58.7
As	103	3.32	3.88	4.90	6.37	8.38	11.00	13.15	7.51	4.90	6.64	3.37	39.40	2.41	0.65	6.37	4.90	对数正态分布	6.64	7.32
Au	103	0.46	0.48	0.68	0.83	1.12	1.90	3.00	1.14	0.90	0.94	1.77	5.63	0.32	0.79	0.83	0.80	对数正态分布	0.94	0.93
B	103	14.81	15.14	18.00	24.00	31.00	37.80	40.90	26.22	11.03	24.28	6.90	72.0	6.00	0.42	24.00	27.00	正态分布	26.22	28.82
Ba	103	329	389	514	715	903	1030	1156	724	262	675	42.37	1471	242	0.36	715	868	正态分布	724	606
Be	103	1.86	1.93	2.02	2.29	2.49	2.93	3.14	2.38	0.58	2.33	1.67	6.00	1.51	0.24	2.29	2.34	对数正态分布	2.33	2.21
Bi	93	0.16	0.16	0.19	0.21	0.24	0.27	0.29	0.21	0.04	0.21	2.50	0.32	0.13	0.18	0.21	0.21	剔除后正态分布	0.21	0.22
Br	103	1.31	1.55	1.93	2.44	3.48	4.57	5.96	2.99	1.81	2.63	2.02	11.10	0.88	0.60	2.44	2.25	正态分布	2.63	2.35
Cd	103	0.07	0.08	0.10	0.12	0.15	0.17	0.20	0.13	0.04	0.12	3.51	0.32	0.04	0.33	0.12	0.12	正态分布	0.13	0.12
Ce	103	70.1	71.1	79.9	91.0	99.4	109	115	90.9	14.61	89.8	13.24	136	63.3	0.16	91.0	95.2	正态分布	90.9	85.2
Cl	103	25.94	28.28	36.05	46.00	56.6	70.2	78.2	50.8	33.69	46.02	9.71	339	20.80	0.66	46.00	51.0	对数正态分布	46.02	44.96
Co	103	4.64	5.02	5.93	7.99	9.90	13.32	15.54	8.43	3.24	7.88	3.46	18.10	3.53	0.38	7.99	5.40	正态分布	8.43	8.82
Cr	103	10.41	12.68	17.70	24.40	34.14	50.5	54.5	27.40	13.66	24.20	7.03	63.7	6.20	0.50	24.40	21.60	对数正态分布	24.20	31.63
Cu	103	6.80	7.14	8.90	11.20	13.45	19.33	24.81	13.56	15.78	11.53	4.49	164	4.40	1.16	11.20	11.20	对数正态分布	11.53	13.74
F	103	352	386	453	540	643	836	934	571	171	549	37.15	1146	317	0.30	540	453	正态分布	571	498
Ga	103	14.34	15.11	16.09	17.79	19.45	20.60	21.58	17.85	2.22	17.71	5.20	23.40	13.60	0.12	17.79	17.70	正态分布	17.85	17.59
Ge	103	1.31	1.36	1.43	1.57	1.71	1.89	2.04	1.59	0.21	1.58	1.33	2.22	1.15	0.13	1.57	1.39	对数正态分布	1.59	1.55
Hg	103	0.03	0.03	0.04	0.05	0.06	0.08	0.11	0.06	0.03	0.05	6.05	0.26	0.02	0.59	0.05	0.06	对数正态分布	0.05	0.05
I	103	1.64	1.85	2.22	3.06	4.37	5.70	6.77	3.53	1.90	3.14	2.18	12.40	1.13	0.54	3.06	3.66	对数正态分布	3.14	2.82
La	103	34.20	35.71	39.30	42.90	47.55	53.7	59.0	44.44	8.50	43.73	8.95	86.9	26.70	0.19	42.90	43.90	正态分布	44.44	42.24
Li	103	26.09	27.44	31.05	35.80	41.55	48.37	57.9	38.07	12.46	36.72	8.17	128	22.40	0.33	35.80	36.90	正态分布	36.72	37.63
Mn	103	376	426	536	649	884	1102	1281	732	290	682	42.21	1943	265	0.40	649	644	正态分布	732	651
Mo	103	0.61	0.69	0.79	1.06	1.46	1.85	2.05	1.23	0.70	1.10	1.55	4.45	0.38	0.57	1.06	0.92	对数正态分布	1.10	0.99
N	103	0.31	0.34	0.40	0.48	0.61	0.80	0.86	0.53	0.20	0.50	1.72	1.51	0.15	0.37	0.48	0.37	对数正态分布	0.50	0.48
Nb	103	18.85	19.26	20.95	22.67	25.00	30.36	32.59	24.04	5.93	23.51	6.19	52.5	16.80	0.25	22.67	19.10	对数正态分布	23.51	21.80
Ni	103	4.75	5.49	7.10	9.10	11.85	17.82	20.49	10.69	5.74	9.58	4.05	41.10	3.71	0.54	9.10	10.90	对数正态分布	9.58	11.75
P	103	0.12	0.15	0.19	0.28	0.40	0.49	0.68	0.33	0.21	0.28	2.57	1.47	0.09	0.64	0.28	0.29	对数正态分布	0.28	0.27
Pb	103	24.64	25.72	27.78	29.60	33.05	40.30	45.36	33.75	20.17	31.58	7.37	182	22.87	0.60	29.60	28.00	对数正态分布	31.58	28.55

续表 3-20

元素/指标	N	$X_{5\%}$	$X_{10\%}$	$X_{25\%}$	$X_{50\%}$	$X_{75\%}$	$X_{90\%}$	$X_{95\%}$	$\overline{X}$	S	$\overline{X}_g$	S_g	X_{max}	X_{min}	CV	X_{me}	X_{mo}	分布类型	粗骨土基准值	金华市基准值
Rb	103	112	120	129	146	162	179	187	146	23.14	144	17.32	198	88.3	0.16	146	137	正态分布	146	136
S	103	59.2	66.2	80.5	103	132	175	196	112	42.70	105	14.45	237	46.00	0.38	103	89.0	正态分布	112	89.0
Sb	103	0.32	0.36	0.40	0.48	0.56	0.75	1.01	0.53	0.25	0.50	1.64	2.20	0.29	0.47	0.48	0.52	对数正态分布	0.50	0.53
Sc	103	6.21	6.52	7.15	7.90	9.19	10.46	11.64	8.27	1.62	8.12	3.42	13.10	5.20	0.20	7.90	7.50	正态分布	8.27	8.83
Se	103	0.11	0.12	0.15	0.18	0.23	0.28	0.29	0.20	0.08	0.18	2.85	0.61	0.08	0.42	0.18	0.15	对数正态分布	0.20	0.18
Sn	103	2.05	2.15	2.59	3.01	3.83	4.98	7.03	3.44	1.49	3.21	2.12	10.84	1.60	0.43	3.01	3.10	对数正态分布	3.21	3.29
Sr	103	31.84	35.38	47.20	66.0	92.3	132	149	75.9	43.72	66.7	11.82	316	25.30	0.58	66.0	77.1	正态分布	66.7	66.4
Th	103	13.60	14.26	15.84	17.60	20.20	22.84	24.05	18.14	3.16	17.88	5.32	27.40	12.30	0.17	17.60	17.90	正态分布	18.14	16.43
Ti	103	2849	3148	3558	4077	4816	5529	6109	4284	1133	4151	121	8692	2214	0.26	4077	5050	正态分布	4284	4256
Tl	103	0.62	0.73	0.84	0.95	1.10	1.21	1.25	0.97	0.22	0.94	1.25	1.83	0.53	0.22	0.95	0.92	正态分布	0.97	0.87
U	103	2.77	2.88	3.20	3.44	3.76	4.37	4.99	3.58	0.64	3.52	2.13	5.77	2.35	0.18	3.44	3.37	对数正态分布	3.52	3.41
V	103	33.18	35.93	43.00	55.0	67.7	83.7	91.8	57.3	20.30	54.1	10.29	132	19.90	0.35	55.0	45.40	正态分布	57.3	62.6
W	103	1.48	1.60	1.79	2.07	2.35	2.71	3.08	2.12	0.56	2.05	1.63	5.08	0.39	0.26	2.07	2.19	正态分布	2.12	2.02
Y	103	20.42	21.42	22.95	25.07	28.17	32.44	35.06	26.57	5.82	26.06	6.67	52.3	18.69	0.22	25.07	22.90	对数正态分布	26.06	25.83
Zn	103	48.15	51.7	58.5	67.3	78.8	90.8	110	70.2	17.21	68.3	11.28	124	42.50	0.25	67.3	115	正态分布	70.2	66.9
Zr	103	253	267	299	329	360	403	427	334	57.3	329	28.25	537	193	0.17	329	333	正态分布	334	319
SiO$_2$	103	63.8	67.8	69.6	72.1	74.7	77.3	78.9	72.2	4.10	72.0	11.82	82.9	60.9	0.06	72.1	71.9	正态分布	72.2	71.9
Al$_2$O$_3$	103	11.39	11.96	13.00	13.98	14.93	16.01	16.68	14.03	1.75	13.93	4.54	22.14	10.11	0.12	13.98	14.50	正态分布	14.03	14.21
TFe$_2$O$_3$	103	2.84	2.97	3.31	3.94	4.55	5.42	5.86	4.06	1.00	3.95	2.27	7.48	2.41	0.25	3.94	3.94	正态分布	4.06	4.32
MgO	103	0.39	0.44	0.51	0.60	0.72	0.86	0.95	0.63	0.17	0.61	1.47	1.36	0.34	0.28	0.60	0.46	正态分布	0.63	0.68
CaO	103	0.13	0.15	0.19	0.27	0.37	0.48	0.52	0.30	0.15	0.27	2.46	1.09	0.08	0.50	0.27	0.22	正态分布	0.30	0.32
Na$_2$O	103	0.17	0.23	0.34	0.63	0.87	1.12	1.25	0.63	0.33	0.54	1.99	1.46	0.11	0.52	0.63	0.64	正态分布	0.63	0.53
K$_2$O	103	2.21	2.34	2.67	3.08	3.47	3.76	3.84	3.03	0.56	2.98	1.92	4.24	1.52	0.18	3.08	3.13	正态分布	3.03	2.81
TC	103	0.34	0.36	0.40	0.48	0.60	0.74	0.96	0.54	0.21	0.50	1.70	1.68	0.14	0.39	0.48	0.40	对数正态分布	0.50	0.48
Corg	103	0.27	0.29	0.35	0.42	0.54	0.72	0.87	0.48	0.20	0.44	1.85	1.51	0.21	0.42	0.42	0.41	对数正态分布	0.44	0.41
pH	103	4.81	4.91	5.12	5.38	5.71	6.19	6.32	5.26	5.31	5.45	2.66	6.78	4.55	1.01	5.38	5.42	正态分布	5.26	5.68

表 3–21 紫色土土壤地球化学基准值参数统计表

元素/指标	N	$X_{5\%}$	$X_{10\%}$	$X_{25\%}$	$X_{50\%}$	$X_{75\%}$	$X_{90\%}$	$X_{95\%}$	$\overline{X}$	S	$\overline{X}_g$	S_g	X_{max}	X_{min}	CV	X_{me}	X_{mo}	分布类型	紫色土基准值	金华市基准值
Ag	102	32.10	42.10	50.00	61.0	71.7	89.4	104	64.4	26.15	60.4	10.73	200	25.00	0.41	61.0	56.0	对数正态分布	60.4	58.7
As	102	4.10	4.50	5.60	7.20	9.00	11.38	14.16	7.98	3.92	7.29	3.50	25.60	2.40	0.49	7.20	7.60	对数正态分布	7.29	7.32
Au	102	0.55	0.60	0.78	1.00	1.39	1.89	2.55	1.19	0.76	1.04	1.63	6.20	0.35	0.64	1.00	1.00	对数正态分布	1.04	0.93
B	102	19.00	22.10	25.85	34.00	43.00	56.8	61.0	36.48	14.73	33.90	8.23	101	12.00	0.40	34.00	34.00	对数正态分布	33.90	28.82
Ba	102	316	395	469	583	708	809	959	597	195	567	37.87	1310	242	0.33	583	710	正态分布	597	606
Be	102	1.59	1.64	1.83	1.97	2.22	2.48	2.65	2.08	0.67	2.03	1.57	7.81	1.31	0.32	1.97	2.02	对数正态分布	2.03	2.21
Bi	102	0.18	0.19	0.21	0.24	0.27	0.31	0.36	0.25	0.06	0.24	2.31	0.48	0.11	0.23	0.24	0.24	对数正态分布	0.24	0.22
Br	102	1.00	1.00	1.19	1.73	2.21	2.65	2.91	1.79	0.70	1.67	1.61	4.50	0.73	0.39	1.73	1.00	正态分布	1.79	2.35
Cd	102	0.08	0.09	0.11	0.12	0.14	0.17	0.19	0.13	0.05	0.12	3.47	0.34	0.03	0.36	0.12	0.13	正态分布	0.12	0.12
Ce	102	57.7	63.3	69.3	75.6	83.2	89.5	96.7	76.8	11.90	75.9	12.06	120	52.1	0.15	75.6	83.4	正态分布	76.8	85.2
Cl	102	25.52	28.28	37.00	42.35	54.8	67.0	76.9	46.04	15.50	43.73	9.00	103	20.10	0.34	42.35	38.00	对数正态分布	43.73	44.96
Co	102	5.20	5.60	6.62	8.66	10.66	12.67	14.09	8.98	2.88	8.55	3.53	17.60	3.95	0.32	8.66	8.53	正态分布	8.55	8.82
Cr	102	18.32	23.18	30.23	39.35	46.91	55.1	61.9	39.25	13.27	36.86	8.55	84.5	10.20	0.34	39.35	37.40	正态分布	39.25	31.63
Cu	102	9.33	10.84	12.44	14.45	17.15	21.27	24.29	15.32	4.66	14.68	4.89	31.30	6.60	0.30	14.45	15.10	正态分布	15.32	13.74
F	95	314	332	376	431	509	590	632	446	98.0	436	33.53	698	257	0.22	431	431	剔除后正态分布	446	498
Ga	102	12.39	13.02	14.33	15.71	16.96	18.19	19.79	15.74	2.21	15.59	4.85	23.81	11.27	0.14	15.71	16.50	正态分布	15.74	17.59
Ge	102	1.30	1.33	1.42	1.53	1.65	1.76	1.79	1.54	0.17	1.53	1.30	2.09	1.05	0.11	1.53	1.45	正态分布	1.54	1.55
Hg	102	0.02	0.03	0.03	0.04	0.05	0.07	0.09	0.05	0.04	0.04	6.54	0.33	0.02	0.81	0.04	0.03	对数正态分布	0.04	0.05
I	102	0.97	1.13	1.54	1.98	2.73	3.56	4.04	2.19	1.06	1.98	1.83	7.37	0.48	0.49	1.98	2.34	对数正态分布	2.19	2.82
La	102	32.13	33.42	37.22	41.35	45.37	47.78	50.5	41.49	6.51	40.99	8.52	70.7	27.48	0.16	41.35	39.80	正态分布	41.49	42.24
Li	102	29.41	31.41	34.55	38.60	42.78	50.5	54.9	41.78	17.93	39.91	8.55	184	25.00	0.43	38.60	39.98	对数正态分布	39.91	37.63
Mn	102	270	318	449	555	696	860	1017	586	226	546	36.72	1610	189	0.39	555	556	正态分布	586	651
Mo	102	0.52	0.56	0.69	0.82	1.03	1.45	1.95	0.95	0.50	0.86	1.55	3.70	0.20	0.53	0.82	0.82	对数正态分布	0.86	0.99
N	102	0.31	0.34	0.36	0.42	0.50	0.60	0.62	0.44	0.11	0.43	1.69	0.95	0.27	0.25	0.42	0.43	对数正态分布	0.43	0.48
Nb	102	15.77	17.41	18.63	20.04	22.23	24.58	26.02	20.48	2.85	20.29	5.71	28.80	14.50	0.14	20.04	21.71	正态分布	20.48	21.80
Ni	102	7.10	7.91	9.23	12.00	14.88	18.89	21.64	12.86	5.19	11.97	4.47	33.30	3.36	0.40	12.00	14.80	正态分布	12.86	11.75
P	102	0.10	0.12	0.16	0.22	0.31	0.40	0.46	0.24	0.11	0.22	2.80	0.63	0.08	0.46	0.22	0.22	正态分布	0.24	0.27
Pb	102	21.37	22.00	24.40	26.07	29.37	33.57	38.08	27.51	6.21	26.97	6.73	60.4	17.20	0.23	26.07	24.40	对数正态分布	26.97	28.55

第三章 土壤地球化学基准值

续表 3-21

元素/指标	N	$X_{5\%}$	$X_{10\%}$	$X_{25\%}$	$X_{50\%}$	$X_{75\%}$	$X_{90\%}$	$X_{95\%}$	$\overline{X}$	S	$\overline{X}_g$	S_g	X_{max}	X_{min}	CV	X_{me}	X_{mo}	分布类型	紫色土基准值	金华市基准值
Rb	102	84.2	93.2	103	121	132	146	169	120	22.82	118	15.43	183	65.3	0.19	121	169	正态分布	120	136
S	97	52.7	57.6	67.0	79.0	95.9	116	123	82.9	22.15	80.1	12.78	141	40.00	0.27	79.0	77.0	剔除后正态分布	82.9	89.0
Sb	102	0.43	0.46	0.50	0.59	0.69	0.91	1.37	0.68	0.32	0.63	1.52	2.15	0.36	0.48	0.59	0.59	对数正态分布	0.63	0.53
Sc	102	6.60	6.81	7.42	8.40	9.47	10.58	11.70	8.61	1.51	8.49	3.49	12.50	5.90	0.18	8.40	8.70	正态分布	8.61	8.83
Se	102	0.07	0.08	0.11	0.15	0.20	0.27	0.30	0.16	0.07	0.15	3.07	0.34	0.06	0.41	0.15	0.14	对数正态分布	0.16	0.18
Sn	102	1.80	2.10	2.47	2.90	3.50	4.42	5.48	3.13	1.05	2.97	2.03	6.22	1.42	0.33	2.90	3.00	对数正态分布	2.97	3.29
Sr	102	39.21	46.77	55.0	66.3	91.7	126	142	78.4	35.98	72.0	11.71	264	25.00	0.46	66.3	64.8	正态分布	72.0	66.4
Th	102	11.34	11.84	13.43	15.30	17.06	18.94	20.14	15.35	2.75	15.12	4.87	23.30	9.45	0.18	15.30	15.30	正态分布	15.35	16.43
Ti	102	3223	3413	3728	4200	4754	5290	5374	4288	810	4217	122	7730	2710	0.19	4200	4200	正态分布	4288	4256
Tl	102	0.53	0.58	0.68	0.77	0.86	0.97	1.09	0.78	0.16	0.76	1.30	1.25	0.43	0.21	0.77	0.74	正态分布	0.78	0.87
U	102	2.50	2.71	2.92	3.23	3.63	4.06	4.27	3.31	0.55	3.26	2.04	5.21	2.20	0.17	3.23	3.44	正态分布	3.31	3.41
V	102	40.91	45.50	53.9	63.8	76.5	90.5	95.7	65.6	16.82	63.4	11.07	113	28.20	0.26	63.8	66.1	正态分布	65.6	62.6
W	93	1.48	1.57	1.72	1.90	2.08	2.21	2.31	1.90	0.26	1.88	1.48	2.58	1.36	0.13	1.90	1.82	剔除后正态分布	1.90	2.02
Y	102	19.60	20.58	22.50	25.04	28.41	31.49	32.49	25.64	4.50	25.27	6.55	44.75	16.05	0.18	25.04	24.78	正态分布	25.64	25.83
Zn	102	42.13	44.68	49.78	57.6	63.7	74.5	78.8	58.5	12.30	57.4	10.20	99.8	35.90	0.21	57.6	58.9	正态分布	58.5	66.9
Zr	102	241	277	292	322	350	381	408	323	45.56	320	28.11	438	219	0.14	322	328	正态分布	323	319
SiO_2	102	67.6	69.0	70.4	73.4	76.0	77.2	78.1	73.2	3.38	73.1	11.91	80.4	66.5	0.05	73.4	70.7	正态分布	73.2	71.9
Al_2O_3	102	10.88	11.32	12.14	13.33	14.48	15.40	16.11	13.35	1.64	13.26	4.41	17.64	10.23	0.12	13.33	13.18	正态分布	13.35	14.21
TFe_2O_3	102	3.13	3.33	3.63	4.19	4.67	5.39	5.74	4.24	0.79	4.16	2.31	6.29	2.68	0.19	4.19	4.04	正态分布	4.24	4.32
MgO	102	0.45	0.47	0.56	0.72	0.96	1.16	1.23	0.78	0.27	0.73	1.48	1.89	0.42	0.35	0.72	0.45	正态分布	0.78	0.68
CaO	102	0.20	0.22	0.28	0.37	0.48	0.74	0.91	0.49	0.76	0.38	2.23	7.73	0.12	1.55	0.37	0.29	对数正态分布	0.38	0.32
Na_2O	102	0.28	0.35	0.45	0.67	0.90	1.10	1.16	0.68	0.30	0.61	1.79	1.55	0.07	0.43	0.67	0.45	正态分布	0.68	0.53
K_2O	102	1.80	1.96	2.34	2.63	3.04	3.32	3.46	2.66	0.54	2.60	1.77	4.12	1.36	0.20	2.63	2.53	正态分布	2.66	2.81
TC	102	0.28	0.30	0.33	0.40	0.49	0.57	0.61	0.42	0.12	0.41	1.75	0.94	0.24	0.28	0.40	0.40	正态分布	0.42	0.48
Corg	102	0.23	0.24	0.27	0.33	0.41	0.47	0.53	0.35	0.10	0.34	1.96	0.64	0.19	0.28	0.33	0.32	正态分布	0.35	0.41
pH	102	4.94	5.00	5.32	6.01	6.47	7.16	7.45	5.46	5.28	5.97	2.80	7.95	4.54	0.97	6.01	6.05	正态分布	5.46	5.68

五、水稻土土壤地球化学基准值

水稻土区土壤地球化学基准值数据经正态分布检验,结果表明,原始数据中 Ag、As、B、Bi、Cd、Ce、Cl、Cr、Cu、Ga、Ge、I、La、Mn、N、Nb、Ni、Rb、Sb、Sc、Se、Ti、Tl、U、V、W、Y、Zn、Zr、SiO_2、Al_2O_3、TFe_2O_3、Na_2O、K_2O、pH 共 35 项元素/指标符合正态分布,Au、Be、Br、Co、Hg、Li、P、Pb、Sn、Sr、Th、MgO、CaO、TC、Corg 共 15 项元素/指标符合对数正态分布,Ba、Mo、S 剔除异常值后符合正态分布,F 剔除异常值后符合对数正态分布(表 3-22)。

水稻土区深层土壤总体为酸性,土壤 pH 极大值为 7.87,极小值为 4.68,基准值为 5.48,接近于金华市基准值。

水稻土区深层土壤各元素/指标中,大多数元素/指标变异系数小于 0.40,分布相对均匀;As、I、P、Se、B、Ni、Au、Na_2O、Hg、Sn、Sr、CaO、pH 共 13 项元素/指标变异系数大于 0.40,其中 pH 变异系数大于 0.80,空间变异性较大。

与金华市土壤基准值相比,水稻土区土壤基准值中绝大多数元素/指标基准值与金华市基准值基本接近;Br 基准值略低于金华市基准值,为金华市基准值的 60%~80%;As、Bi、Au、Sb、Cr、B 基准值略高于金华市基准值,均为金华市基准值的 1.2~1.4 倍。

六、基性岩土土壤地球化学基准值

基性岩土区深层土壤采集样品 4 件,因数据太少无法进行正态分布检验,具体数据统计见表 3-23。

基性岩土区深层土壤总体为酸性,土壤 pH 极大值为 6.06,极小值为 4.91,基准值为 5.78,接近于金华市基准值。

基性岩土区深层土壤各元素/指标中,大多数元素/指标变异系数小于 0.40,分布相对均匀;Br、Ti、Ag、Cr、Co、Cl、Hg、Nb、B、Ni、Au、F、I、pH 共 14 项元素/指标变异系数大于 0.40,其中 F、I、pH 变异系数大于 0.80,空间变异性较大。

与金华市土壤基准值相比,基性岩土区土壤基准值中 B、As 基准值明显低于金华市基准值,不足金华市基准值的 60%,其中 B 基准值最低,仅为金华市基准值的 47%;Sn、I、Se、Sb、U 基准值略低于金华市基准值,为金华市基准值的 60%~80%;TC、Zn、P、Sr、Ni、Mn、Cd、Ti 基准值略高于金华市基准值,是金华市基准值的 1.2~1.4 倍;TFe_2O_3、CaO、Sc、Co、F、V、MgO 基准值明显高于金华市基准值,是金华市基准值的 1.4 倍以上,其中 MgO 基准值最高,是金华市基准值的 1.74 倍;其他各项元素/指标基准值与金华市基准值基本接近。

第四节　主要土地利用类型地球化学基准值

一、水田土壤地球化学基准值

水田区土壤地球化学基准值数据经正态分布检验,结果表明,原始数据中 Ag、As、B、Ba、Cd、Ce、Cl、Co、Cr、Cu、Ga、Ge、La、Mn、Mo、N、Nb、Rb、Sc、Th、Ti、Tl、U、V、W、Y、Zn、Zr、SiO_2、Al_2O_3、TFe_2O_3、MgO、Na_2O、K_2O、TC、pH 共 36 项元素/指标符合正态分布,Au、Be、Bi、Br、Hg、I、Li、Ni、P、Pb、S、Sb、Se、Sn、Sr、CaO、Corg 共 17 项元素/指标符合对数正态分布,F 剔除异常值后符合正态分布(表 3-24)。

水田区深层土壤总体为酸性,土壤 pH 极大值为 7.95,极小值为 4.66,基准值为 5.41,接近于金华市基准值。

水田区深层土壤各元素/指标中,大多数元素/指标变异系数小于 0.40,分布相对均匀;As、B、S、Se、

表 3-22 水稻土土壤地球化学基准值参数统计表

元素/指标	N	$X_{5\%}$	$X_{10\%}$	$X_{25\%}$	$X_{50\%}$	$X_{75\%}$	$X_{90\%}$	$X_{95\%}$	$\bar{X}$	S	$\bar{X}_g$	S_g	X_{max}	X_{min}	CV	X_{me}	X_{mo}	分布类型	水稻土基准值	金华市基准值
Ag	146	35.50	40.00	47.00	59.0	72.8	89.0	109	62.2	21.46	58.8	10.64	142	20.00	0.34	59.0	50.00	正态分布	62.2	58.7
As	146	4.20	4.75	6.28	8.35	10.97	13.25	14.85	8.89	3.66	8.20	3.76	28.60	2.16	0.41	8.35	8.90	正态分布	8.89	7.32
Au	146	0.59	0.65	0.90	1.20	1.60	2.15	2.30	1.31	0.62	1.19	1.59	4.00	0.45	0.47	1.20	1.20	对数正态分布	1.19	0.93
B	146	16.25	20.50	27.00	36.00	51.0	63.5	70.5	39.64	16.87	36.15	8.79	89.0	12.60	0.43	36.00	29.00	正态分布	39.64	28.82
Ba	137	280	334	389	511	628	740	866	523	168	497	35.14	985	235	0.32	511	549	剔除后正态正态分布	523	606
Be	146	1.67	1.77	1.93	2.10	2.31	2.60	2.74	2.17	0.43	2.14	1.59	4.96	1.27	0.20	2.10	2.01	正态分布	2.14	2.21
Bi	146	0.18	0.19	0.21	0.26	0.32	0.38	0.42	0.27	0.08	0.26	2.21	0.58	0.15	0.29	0.26	0.29	对数正态分布	0.27	0.22
Br	146	1.00	1.00	1.45	1.83	2.23	2.75	3.22	1.90	0.70	1.79	1.60	5.10	1.00	0.37	1.83	1.00	对数正态分布	1.79	2.35
Cd	146	0.08	0.09	0.10	0.12	0.15	0.16	0.18	0.13	0.04	0.12	3.47	0.34	0.06	0.28	0.12	0.15	正态分布	0.13	0.12
Ce	146	60.4	64.5	71.2	79.9	88.0	101	116	81.8	16.44	80.3	12.46	145	49.75	0.20	79.9	82.4	正态分布	81.8	85.2
Cl	146	29.00	31.00	38.25	43.50	52.0	61.0	65.2	46.25	14.62	44.50	9.02	157	24.00	0.32	43.50	42.00	对数正态分布	46.25	44.96
Co	146	5.22	5.80	7.45	8.70	11.00	13.71	16.43	9.59	3.68	9.01	3.74	29.00	2.90	0.38	8.70	8.70	正态分布	9.01	8.82
Cr	146	17.26	18.90	30.95	44.13	56.2	66.1	73.6	43.34	17.53	39.17	9.31	86.4	6.30	0.40	44.13	45.30	正态分布	43.34	31.63
Cu	146	8.68	10.00	12.90	15.50	18.85	21.70	23.23	15.88	4.75	15.16	5.09	34.30	4.70	0.30	15.50	19.20	正态分布	15.88	13.74
F	142	354	374	424	457	535	622	659	482	94.6	473	34.92	729	285	0.20	457	498	剔除后对数正态分布	473	498
Ga	146	13.23	13.81	14.90	16.36	17.69	18.82	19.65	16.37	2.24	16.23	4.94	26.40	11.40	0.14	16.36	16.37	正态分布	16.37	17.59
Ge	146	1.21	1.28	1.37	1.50	1.60	1.74	1.87	1.51	0.19	1.50	1.29	2.18	1.14	0.13	1.50	1.53	正态分布	1.51	1.55
Hg	146	0.03	0.03	0.03	0.04	0.05	0.07	0.09	0.05	0.02	0.04	6.36	0.22	0.02	0.51	0.04	0.04	对数正态分布	0.04	0.05
I	146	1.13	1.29	1.76	2.42	3.29	3.86	4.04	2.54	1.06	2.33	1.91	7.00	0.81	0.42	2.42	2.50	正态分布	2.54	2.82
La	146	33.27	35.34	38.50	41.55	46.70	51.9	57.8	43.21	7.76	42.58	8.72	79.2	23.53	0.18	41.55	40.20	正态分布	43.21	42.24
Li	146	29.85	32.52	36.02	39.60	44.38	51.0	56.8	41.18	8.70	40.37	8.53	76.6	24.21	0.21	39.60	37.93	对数正态分布	40.37	37.63
Mn	146	304	360	428	559	718	949	1030	604	236	563	37.64	1671	226	0.39	559	601	剔除后正态正态分布	604	651
Mo	138	0.60	0.71	0.81	0.97	1.20	1.31	1.38	1.00	0.25	0.97	1.30	1.81	0.32	0.25	0.97	0.97	正态分布	1.00	0.99
N	146	0.31	0.34	0.37	0.45	0.52	0.58	0.68	0.46	0.11	0.45	1.68	0.91	0.27	0.25	0.45	0.49	正态分布	0.46	0.48
Nb	146	17.00	17.64	18.96	20.48	23.21	25.31	26.03	21.24	3.58	20.98	5.81	44.70	14.02	0.17	20.48	20.26	正态分布	21.24	21.80
Ni	146	6.05	7.20	9.60	13.85	17.30	19.90	23.95	14.00	6.10	12.78	4.83	51.9	2.98	0.44	13.85	14.10	对数正态分布	14.00	11.75
P	146	0.13	0.14	0.18	0.23	0.31	0.43	0.48	0.26	0.11	0.24	2.62	0.66	0.10	0.42	0.23	0.25	对数正态分布	0.24	0.27
Pb	146	22.14	23.48	25.90	27.78	30.82	35.70	37.56	29.20	8.02	28.56	6.95	108	15.00	0.27	27.78	27.50	对数正态分布	28.56	28.55

续表 3-22

元素/指标	N	$X_{5\%}$	$X_{10\%}$	$X_{25\%}$	$X_{50\%}$	$X_{75\%}$	$X_{90\%}$	$X_{95\%}$	$\overline{X}$	S	$\overline{X}_g$	S_g	X_{max}	X_{min}	CV	X_{me}	X_{mo}	分布类型	水稻土基准值	金华市基准值
Rb	146	84.1	89.4	100.0	119	137	159	169	122	28.39	119	15.47	247	70.1	0.23	119	121	正态分布	122	136
S	135	53.0	57.4	67.0	81.0	104	123	129	86.5	26.12	82.8	12.92	170	41.00	0.30	81.0	67.0	剔除后正态分布	86.5	89.0
Sb	146	0.39	0.43	0.51	0.65	0.84	0.98	1.10	0.69	0.25	0.65	1.48	1.97	0.28	0.36	0.65	0.61	正态分布	0.69	0.53
Sc	146	6.53	7.06	7.81	9.10	10.28	11.40	12.55	9.16	1.81	8.99	3.58	15.80	5.70	0.20	9.10	7.30	正态分布	9.16	8.83
Se	146	0.09	0.11	0.14	0.18	0.22	0.29	0.34	0.19	0.08	0.18	2.84	0.54	0.06	0.42	0.18	0.21	正态分布	0.19	0.18
Sn	146	2.15	2.26	2.60	3.10	3.88	5.25	6.42	3.61	1.96	3.32	2.21	18.85	1.70	0.54	3.10	3.50	对数正态分布	3.32	3.29
Sr	146	36.67	40.65	46.42	58.0	77.9	98.7	142	69.1	37.43	62.7	10.83	240	22.50	0.54	58.0	57.9	对数正态分布	62.7	66.4
Th	146	11.80	12.70	14.58	16.23	17.94	20.54	22.32	16.62	3.74	16.27	5.05	42.80	9.42	0.22	16.23	16.23	正态分布	16.27	16.43
Ti	146	3174	3330	3777	4372	4806	5305	5729	4373	957	4282	124	10776	1979	0.22	4372	4140	正态分布	4373	4256
Tl	146	0.57	0.59	0.67	0.79	0.93	1.07	1.16	0.82	0.21	0.79	1.33	1.84	0.44	0.26	0.79	0.86	正态分布	0.82	0.87
U	146	2.56	2.78	3.12	3.44	3.85	4.32	4.63	3.54	0.63	3.49	2.12	6.00	2.39	0.18	3.44	3.33	正态分布	3.54	3.41
V	146	40.85	44.70	55.1	67.9	81.8	100.0	106	69.6	21.34	66.5	11.46	139	28.50	0.31	67.9	67.3	正态分布	69.6	62.6
W	146	1.60	1.66	1.81	2.03	2.37	2.59	2.89	2.14	0.45	2.10	1.60	3.86	1.39	0.21	2.03	1.98	正态分布	2.14	2.02
Y	146	20.22	21.05	23.32	25.80	29.44	32.88	36.58	26.89	5.60	26.39	6.70	59.5	15.50	0.21	25.80	27.37	正态分布	26.89	25.83
Zn	146	43.60	47.05	51.0	59.5	68.1	78.1	81.6	61.2	14.54	59.8	10.43	142	36.90	0.24	59.5	64.2	正态分布	61.2	66.9
Zr	146	266	279	300	328	352	372	386	328	41.25	326	28.12	478	232	0.13	328	333	正态分布	328	319
SiO_2	146	67.1	68.4	70.8	73.4	75.7	77.2	77.8	73.1	3.61	73.0	11.95	81.2	62.6	0.05	73.4	71.2	正态分布	73.1	71.9
Al_2O_3	146	11.16	11.60	12.33	13.30	14.45	15.63	16.49	13.46	1.62	13.36	4.41	19.05	9.74	0.12	13.30	13.89	正态分布	13.46	14.21
TFe_2O_3	146	3.04	3.35	3.70	4.33	5.13	5.88	6.43	4.49	1.05	4.37	2.40	8.19	2.36	0.23	4.33	3.70	正态分布	4.49	4.32
MgO	146	0.44	0.47	0.53	0.67	0.80	1.03	1.22	0.72	0.26	0.68	1.48	1.59	0.35	0.36	0.67	0.63	对数正态分布	0.68	0.68
CaO	146	0.16	0.19	0.26	0.35	0.43	0.54	0.75	0.39	0.27	0.34	2.20	2.39	0.09	0.70	0.35	0.35	对数正态分布	0.34	0.32
Na_2O	146	0.15	0.24	0.40	0.59	0.81	1.04	1.13	0.62	0.31	0.53	2.00	1.95	0.09	0.49	0.59	0.64	正态分布	0.62	0.53
K_2O	146	1.54	1.72	2.05	2.54	2.93	3.43	3.63	2.53	0.65	2.45	1.74	4.12	1.35	0.26	2.54	2.93	正态分布	2.53	2.81
TC	146	0.31	0.33	0.37	0.42	0.51	0.58	0.65	0.45	0.11	0.44	1.69	0.82	0.26	0.24	0.42	0.42	对数正态分布	0.44	0.48
Corg	146	0.25	0.26	0.29	0.35	0.42	0.51	0.56	0.37	0.10	0.36	1.93	0.72	0.21	0.27	0.35	0.28	对数正态分布	0.36	0.41
pH	146	4.88	5.00	5.31	5.97	6.58	7.06	7.34	5.48	5.34	6.01	2.84	7.87	4.68	0.97	5.97	6.12	正态分布	5.48	5.68

第三章 土壤地球化学基准值

表 3-23 基性岩土土壤地球化学基准参数统计表

元素/指标	N	$X_{5\%}$	$X_{10\%}$	$X_{25\%}$	$X_{50\%}$	$X_{75\%}$	$X_{90\%}$	$X_{95\%}$	$\overline{X}$	S	$\overline{X}_g$	S_g	X_{max}	X_{min}	CV	X_{me}	X_{mo}	基性岩土基准值	金华市基准值
Ag	4	29.50	31.00	35.50	49.00	64.0	71.2	73.6	50.5	21.63	46.93	7.57	76.0	28.00	0.43	49.00	60.0	49.00	58.7
As	4	2.54	2.67	3.07	3.60	4.38	5.23	5.51	3.85	1.44	3.66	2.06	5.80	2.40	0.37	3.60	3.90	3.60	7.32
Au	4	0.73	0.76	0.85	0.90	1.35	2.16	2.43	1.30	0.94	1.11	1.71	2.70	0.70	0.72	0.90	0.90	0.90	0.93
B	4	12.00	12.00	12.00	13.50	19.75	28.30	31.15	18.25	10.59	16.46	4.26	34.00	12.00	0.58	13.50	12.00	13.50	28.82
Ba	4	511	540	626	723	821	910	939	724	202	702	36.54	968	483	0.28	723	772	723	606
Be	4	2.08	2.08	2.10	2.16	2.50	3.03	3.20	2.44	0.63	2.39	1.65	3.38	2.07	0.26	2.16	2.21	2.16	2.21
Bi	4	0.14	0.15	0.17	0.21	0.23	0.24	0.24	0.20	0.05	0.19	2.56	0.24	0.14	0.24	0.21	0.19	0.21	0.22
Br	4	1.21	1.41	2.04	2.38	2.61	3.00	3.13	2.26	0.93	2.08	1.99	3.26	1.00	0.41	2.38	2.38	2.38	2.35
Cd	4	0.16	0.16	0.16	0.16	0.17	0.17	0.17	0.16	0.01	0.16	2.67	0.17	0.16	0.04	0.16	0.16	0.16	0.12
Ce	4	72.8	73.2	74.5	77.3	82.5	88.2	90.1	79.7	8.69	79.4	10.89	92.0	72.4	0.11	77.3	79.3	77.3	85.2
Cl	4	24.25	26.50	33.25	48.00	62.2	68.1	70.0	47.50	22.31	43.12	8.82	72.0	22.00	0.47	48.00	37.00	48.00	44.96
Co	4	10.37	10.53	11.03	14.45	19.80	23.76	25.08	16.38	7.44	15.21	4.57	26.40	10.20	0.45	14.45	17.60	14.45	8.82
Cr	4	15.50	18.99	29.47	35.73	38.56	42.88	44.33	32.31	14.35	28.94	5.97	45.77	12.00	0.44	35.73	35.30	35.73	31.63
Cu	4	10.12	11.03	13.78	16.05	18.82	22.47	23.68	16.55	6.46	15.58	4.37	24.90	9.20	0.39	16.05	16.80	16.05	13.74
F	4	381	414	511	858	1533	2222	2452	1186	1053	883	47.09	2682	349	0.89	858	1150	858	498
Ga	4	16.99	17.41	18.69	20.92	22.54	22.72	22.78	20.31	2.93	20.14	5.23	22.83	16.56	0.14	20.92	19.40	20.92	17.59
Ge	4	1.51	1.52	1.54	1.56	1.58	1.63	1.64	1.57	0.07	1.57	1.26	1.66	1.50	0.04	1.56	1.56	1.56	1.55
Hg	4	0.03	0.03	0.03	0.04	0.05	0.07	0.08	0.05	0.02	0.04	6.29	0.08	0.03	0.52	0.04	0.04	0.04	0.05
I	4	0.55	0.77	1.41	2.03	3.24	4.93	5.50	2.61	2.44	1.70	3.28	6.06	0.34	0.93	2.03	2.30	2.03	2.82
La	4	40.07	40.14	40.36	44.36	49.83	52.7	53.6	45.83	6.96	45.44	7.92	54.6	40.00	0.15	44.36	48.24	44.36	42.24
Li	4	30.93	31.97	35.07	41.95	47.90	49.34	49.82	41.02	9.39	40.18	6.95	50.3	29.90	0.23	41.95	36.80	41.95	37.63
Mn	4	457	527	735	853	883	932	949	765	257	722	39.53	965	388	0.34	853	851	853	651
Mo	4	0.56	0.61	0.74	0.84	0.87	0.89	0.89	0.77	0.17	0.76	1.27	0.90	0.52	0.22	0.84	0.81	0.84	0.99
N	4	0.40	0.42	0.46	0.56	0.68	0.75	0.78	0.58	0.18	0.56	1.53	0.80	0.39	0.31	0.56	0.65	0.56	0.48
Nb	4	16.15	16.30	16.75	18.30	25.75	36.82	40.51	24.20	13.42	22.03	5.37	44.20	16.00	0.55	18.30	19.60	18.30	21.80
Ni	4	5.91	7.51	12.32	15.30	19.67	27.01	29.45	16.70	11.39	13.39	4.34	31.90	4.30	0.68	15.30	15.60	15.30	11.75
P	4	0.23	0.25	0.30	0.34	0.39	0.43	0.44	0.34	0.10	0.33	1.83	0.45	0.22	0.29	0.34	0.32	0.34	0.27
Pb	4	22.75	23.09	24.12	25.90	27.52	28.24	28.48	25.73	2.77	25.62	5.68	28.72	22.41	0.11	25.90	24.68	25.90	28.55

续表 3-23

元素/指标	N	$X_{5\%}$	$X_{10\%}$	$X_{25\%}$	$X_{50\%}$	$X_{75\%}$	$X_{90\%}$	$X_{95\%}$	$\bar{X}$	S	$\bar{X}_g$	S_g	X_{max}	X_{min}	CV	X_{me}	X_{mo}	基性岩土基准值	金华市基准值
Rb	4	89.0	96.9	121	135	139	144	146	125	29.64	121	13.07	148	81.1	0.24	135	134	135	136
S	4	74.1	76.2	82.5	86.5	88.0	89.8	90.4	84.0	8.29	83.7	10.90	91.0	72.0	0.10	86.5	86.0	86.5	89.0
Sb	4	0.36	0.36	0.37	0.40	0.42	0.42	0.42	0.39	0.03	0.39	1.68	0.42	0.36	0.08	0.40	0.42	0.40	0.53
Sc	4	10.26	10.43	10.92	12.85	15.07	16.11	16.45	13.15	3.07	12.88	4.17	16.80	10.10	0.23	12.85	14.50	12.85	8.83
Se	4	0.12	0.12	0.13	0.13	0.14	0.15	0.16	0.14	0.02	0.14	2.90	0.16	0.12	0.13	0.13	0.13	0.13	0.18
Sn	4	1.53	1.56	1.65	2.25	2.92	3.15	3.22	2.33	0.87	2.20	1.61	3.30	1.50	0.37	2.25	2.80	2.25	3.29
Sr	4	58.7	63.2	77.0	85.3	95.0	111	117	86.7	27.86	83.3	11.57	122	54.1	0.32	85.3	86.0	85.3	66.4
Th	4	10.66	11.22	12.91	14.00	14.16	14.16	14.16	13.07	1.98	12.94	3.94	14.16	10.10	0.15	14.00	14.16	14.00	16.43
Ti	4	4234	4334	4635	5751	7541	9055	9560	6425	2659	6049	115	10065	4134	0.41	5751	6700	5751	4256
Tl	4	0.62	0.62	0.63	0.73	0.88	0.96	0.99	0.77	0.19	0.76	1.26	1.02	0.61	0.25	0.73	0.83	0.73	0.87
U	4	2.31	2.32	2.37	2.66	3.07	3.35	3.45	2.79	0.57	2.74	1.68	3.54	2.29	0.21	2.66	2.92	2.66	3.41
V	4	69.6	71.0	75.0	108	140	141	141	107	39.27	101	12.87	142	68.3	0.37	108	77.2	108	62.6
W	4	1.32	1.37	1.54	1.85	2.35	2.84	3.00	2.03	0.82	1.92	1.63	3.16	1.27	0.40	1.85	2.08	1.85	2.02
Y	4	25.58	26.36	28.70	30.90	32.92	34.95	35.62	30.72	4.76	30.44	6.22	36.30	24.80	0.15	30.90	30.00	30.90	25.83
Zn	4	69.2	70.9	75.8	83.7	90.1	92.5	93.3	82.3	11.71	81.6	11.08	94.1	67.6	0.14	83.7	78.6	83.7	66.9
Zr	4	256	258	263	267	269	272	274	266	8.43	266	20.38	275	254	0.03	267	266	267	319
SiO_2	4	62.6	62.9	64.0	66.1	68.6	70.4	71.0	66.5	4.02	66.4	9.54	71.5	62.3	0.06	66.1	67.7	66.1	71.9
Al_2O_3	4	13.99	14.32	15.31	16.33	17.72	19.36	19.91	16.69	2.83	16.52	4.77	20.45	13.66	0.17	16.33	16.81	16.33	14.21
TFe_2O_3	4	4.77	4.80	4.91	6.07	7.29	7.51	7.59	6.13	1.50	5.99	2.75	7.66	4.73	0.24	6.07	7.17	6.07	4.32
MgO	4	0.98	0.99	1.03	1.18	1.42	1.60	1.66	1.26	0.34	1.23	1.27	1.72	0.97	0.27	1.18	1.32	1.18	0.68
CaO	4	0.26	0.29	0.39	0.46	0.50	0.53	0.54	0.42	0.14	0.40	1.85	0.55	0.23	0.33	0.46	0.44	0.46	0.32
Na_2O	4	0.33	0.34	0.39	0.46	0.53	0.55	0.55	0.45	0.11	0.44	1.71	0.56	0.31	0.25	0.46	0.41	0.46	0.53
K_2O	4	2.27	2.39	2.74	3.02	3.19	3.33	3.38	2.91	0.54	2.86	1.81	3.43	2.15	0.19	3.02	2.93	3.02	2.81
TC	4	0.40	0.42	0.51	0.58	0.64	0.68	0.70	0.56	0.14	0.55	1.52	0.71	0.37	0.26	0.58	0.55	0.58	0.48
Corg	4	0.34	0.35	0.39	0.47	0.56	0.58	0.59	0.47	0.12	0.46	1.64	0.60	0.33	0.26	0.47	0.41	0.47	0.41
pH	4	5.01	5.10	5.39	5.78	6.02	6.04	6.05	5.37	5.26	5.63	2.50	6.06	4.91	0.98	5.78	5.55	5.78	5.68

第三章 土壤地球化学基准值

表 3-24 水田土壤地球化学基准值参数统计表

元素/指标	N	$X_{5\%}$	$X_{10\%}$	$X_{25\%}$	$X_{50\%}$	$X_{75\%}$	$X_{90\%}$	$X_{95\%}$	$\overline{X}$	S	$\overline{X}_g$	S_g	X_{max}	X_{min}	CV	X_{me}	X_{mo}	分布类型	水田基准值	金华市基准值
Ag	71	36.50	40.00	45.50	55.0	70.0	83.0	93.5	60.5	20.43	57.6	10.57	142	34.00	0.34	55.0	50.00	正态分布	60.5	58.7
As	71	4.35	4.70	5.67	8.10	9.54	13.10	14.30	8.25	3.54	7.60	3.55	23.80	2.16	0.43	8.10	8.70	正态分布	8.25	7.32
Au	71	0.55	0.60	0.85	1.00	1.45	2.20	2.45	1.23	0.59	1.10	1.58	2.90	0.43	0.48	1.00	1.10	对数正态分布	1.10	0.93
B	71	15.40	18.00	26.00	35.00	43.00	63.0	65.5	37.00	16.18	33.83	8.25	101	12.60	0.44	35.00	29.00	正态分布	37.00	28.82
Ba	71	331	372	448	551	655	874	958	587	229	551	37.35	1516	238	0.39	551	582	正态分布	587	606
Be	71	1.65	1.72	1.86	2.01	2.30	2.74	2.92	2.13	0.40	2.10	1.57	3.30	1.53	0.19	2.01	2.01	对数正态分布	2.10	2.21
Bi	71	0.18	0.19	0.21	0.24	0.29	0.36	0.45	0.27	0.09	0.26	2.31	0.72	0.15	0.35	0.24	0.22	对数正态分布	0.26	0.22
Br	71	1.00	1.15	1.61	1.88	2.27	2.91	3.72	2.11	1.22	1.91	1.73	9.95	0.73	0.58	1.88	1.00	对数正态分布	1.91	2.35
Cd	71	0.08	0.09	0.10	0.12	0.14	0.15	0.16	0.12	0.04	0.12	3.47	0.34	0.06	0.30	0.12	0.13	正态分布	0.12	0.12
Ce	71	60.5	64.0	69.0	76.4	85.8	97.9	101	78.7	13.66	77.6	12.19	136	56.8	0.17	76.4	105	正态分布	78.7	85.2
Cl	71	27.70	32.00	39.00	45.00	54.1	61.0	64.2	45.94	11.52	44.51	8.99	78.2	23.60	0.25	45.00	45.00	正态分布	45.94	44.96
Co	71	5.35	5.70	7.00	8.80	11.35	13.92	17.25	9.51	3.47	8.92	3.70	18.82	3.50	0.36	8.80	8.80	正态分布	9.51	8.82
Cr	71	14.45	18.37	30.86	42.20	50.1	63.7	75.4	43.31	21.62	38.22	8.99	150	7.90	0.50	42.20	45.40	正态分布	43.31	31.63
Cu	71	7.70	9.89	12.50	15.41	18.36	23.32	25.65	16.12	5.89	15.16	5.10	40.80	6.40	0.37	15.41	16.90	正态分布	16.12	13.74
F	65	312	319	379	453	514	613	632	459	104	447	33.51	695	257	0.23	453	498	剔除后正态分布	459	498
Ga	71	12.42	13.36	14.84	16.09	18.10	19.21	21.20	16.37	2.55	16.18	4.90	23.90	11.40	0.16	16.09	15.83	正态分布	16.37	17.59
Ge	71	1.17	1.27	1.37	1.48	1.67	1.79	1.89	1.53	0.25	1.51	1.30	2.51	1.13	0.16	1.48	1.53	正态分布	1.53	1.55
Hg	71	0.02	0.03	0.03	0.04	0.06	0.07	0.09	0.05	0.03	0.04	6.49	0.22	0.02	0.60	0.04	0.03	对数正态分布	0.04	0.05
I	71	0.90	1.31	1.65	2.17	3.50	4.12	5.17	2.65	1.58	2.29	2.02	10.39	0.48	0.60	2.17	2.52	正态分布	2.29	2.82
La	71	32.46	33.40	37.04	41.32	45.96	48.80	51.1	41.76	8.19	41.09	8.56	86.9	28.24	0.20	41.32	41.50	正态分布	41.76	42.24
Li	71	29.55	30.70	34.10	38.00	42.76	50.00	55.9	42.99	23.55	40.08	8.56	184	25.00	0.55	38.00	39.98	正态分布	40.08	37.63
Mn	71	304	387	470	616	720	919	1038	627	234	589	38.72	1671	226	0.37	616	626	正态分布	627	651
Mo	71	0.60	0.64	0.72	0.94	1.16	1.41	1.63	1.00	0.37	0.94	1.38	2.56	0.53	0.37	0.94	0.94	正态分布	1.00	0.99
N	71	0.34	0.36	0.40	0.47	0.55	0.63	0.68	0.49	0.13	0.48	1.63	1.00	0.28	0.26	0.47	0.49	正态分布	0.49	0.48
Nb	71	17.25	18.20	19.74	21.32	24.00	26.22	28.15	21.91	3.60	21.63	5.87	32.20	13.20	0.16	21.32	24.68	正态分布	21.91	21.80
Ni	71	5.15	7.10	10.50	13.50	17.30	20.10	28.30	15.02	10.47	13.07	4.84	84.5	3.96	0.70	13.50	14.80	对数正态分布	13.07	11.75
P	71	0.12	0.13	0.18	0.24	0.33	0.40	0.49	0.28	0.19	0.24	2.71	1.47	0.09	0.68	0.24	0.30	对数正态分布	0.24	0.27
Pb	71	21.10	22.40	25.21	27.14	30.44	36.63	39.25	28.94	8.75	28.08	6.93	84.0	17.20	0.30	27.14	27.14	对数正态分布	28.08	28.55

89

续表 3-24

元素/指标	N	$X_{5\%}$	$X_{10\%}$	$X_{25\%}$	$X_{50\%}$	$X_{75\%}$	$X_{90\%}$	$X_{95\%}$	$\bar{X}$	S	$\bar{X}_g$	S_g	X_{max}	X_{min}	CV	X_{me}	X_{mo}	分布类型	水田基准值	金华市基准值
Rb	71	84.2	93.8	104	121	137	155	169	123	25.46	120	15.50	192	79.5	0.21	121	123	正态分布	123	136
S	71	59.0	61.0	71.5	86.0	115	158	182	101	44.76	93.7	13.75	274	53.0	0.44	86.0	82.0	对数正态分布	93.7	89.0
Sb	71	0.38	0.43	0.48	0.57	0.70	0.89	1.08	0.68	0.53	0.61	1.61	4.69	0.30	0.78	0.57	0.52	对数正态分布	0.61	0.53
Sc	71	6.55	6.80	7.74	8.70	10.35	12.18	12.65	9.16	2.07	8.95	3.57	16.90	6.20	0.23	8.70	8.70	对数正态分布	9.16	8.83
Se	71	0.10	0.11	0.13	0.18	0.22	0.27	0.38	0.19	0.09	0.18	2.91	0.54	0.09	0.45	0.18	0.11	对数正态分布	0.18	0.18
Sn	71	1.73	2.10	2.55	3.00	3.92	5.40	6.15	4.73	11.78	3.29	2.41	102	1.49	2.49	3.00	3.50	对数正态分布	3.29	3.29
Sr	71	35.35	41.30	51.4	61.7	75.8	106	142	71.9	43.67	64.6	11.31	316	28.70	0.61	61.7	63.0	正态分布	64.6	66.4
Th	71	11.26	12.91	14.77	16.23	18.23	20.62	21.85	16.63	3.26	16.32	5.02	27.40	10.95	0.20	16.23	15.72	正态分布	16.63	16.43
Ti	71	3274	3493	3751	4422	4853	5399	6784	4513	1015	4414	125	7730	3113	0.22	4422	4514	正态分布	4513	4256
Tl	71	0.56	0.59	0.65	0.82	0.90	1.09	1.15	0.82	0.19	0.79	1.32	1.41	0.49	0.24	0.82	0.82	正态分布	0.82	0.87
U	71	2.55	2.82	3.11	3.36	3.75	4.42	4.69	3.49	0.63	3.43	2.08	5.52	2.20	0.18	3.36	3.33	正态分布	3.49	3.41
V	71	39.45	43.70	54.5	66.1	83.8	99.6	106	69.0	23.29	65.3	11.23	151	24.40	0.34	66.1	106	正态分布	69.0	62.6
W	71	1.60	1.61	1.75	2.01	2.20	2.53	2.69	2.05	0.42	2.02	1.55	3.99	1.51	0.20	2.01	1.60	正态分布	2.05	2.02
Y	71	19.83	21.35	23.34	26.84	28.59	30.99	32.65	26.13	4.08	25.80	6.58	35.88	16.14	0.16	26.84	27.56	正态分布	26.13	25.83
Zn	71	42.60	45.70	52.4	59.9	66.9	77.2	81.4	61.4	13.11	60.0	10.40	100.0	37.80	0.21	59.9	61.1	正态分布	61.4	66.9
Zr	71	259	278	299	330	355	390	418	330	49.89	327	28.10	495	203	0.15	330	339	正态分布	330	319
SiO_2	71	64.9	68.2	70.6	73.0	75.8	77.6	78.6	73.0	4.13	72.9	11.89	80.9	60.9	0.06	73.3	72.9	正态分布	73.0	71.9
Al_2O_3	71	10.43	11.20	12.17	13.38	14.59	15.90	16.47	13.47	1.86	13.35	4.39	19.05	9.74	0.14	13.38	13.80	正态分布	13.47	14.21
TFe_2O_3	71	3.06	3.30	3.65	4.33	5.11	5.84	6.56	4.49	1.13	4.36	2.39	8.08	2.70	0.25	4.33	4.69	正态分布	4.49	4.32
MgO	71	0.46	0.48	0.54	0.67	0.86	1.07	1.19	0.72	0.25	0.68	1.48	1.58	0.40	0.35	0.67	0.72	正态分布	0.72	0.68
CaO	71	0.15	0.16	0.25	0.32	0.41	0.52	0.87	0.38	0.27	0.33	2.30	1.58	0.08	0.69	0.32	0.25	对数正态分布	0.33	0.32
Na_2O	71	0.13	0.25	0.39	0.56	0.84	1.13	1.14	0.63	0.32	0.53	2.10	1.26	0.06	0.51	0.56	0.56	正态分布	0.63	0.53
K_2O	71	1.73	1.84	2.10	2.54	2.90	3.43	3.64	2.56	0.61	2.49	1.75	4.08	1.44	0.24	2.54	2.60	正态分布	2.56	2.81
TC	71	0.31	0.32	0.37	0.43	0.52	0.60	0.68	0.46	0.14	0.44	1.71	1.26	0.28	0.32	0.43	0.45	正态分布	0.46	0.48
Corg	71	0.25	0.26	0.30	0.35	0.42	0.56	0.60	0.38	0.13	0.37	1.92	1.04	0.22	0.34	0.35	0.39	对数正态分布	0.37	0.41
pH	71	4.79	4.90	5.31	5.93	6.25	6.65	7.31	5.41	5.26	5.87	2.79	7.95	4.66	0.97	5.93	5.93	正态分布	5.41	5.68

注:氧化物、TC、Corg 单位为%,N、P 单位为 g/kg,Au、Ag 单位为 μg/kg,pH 为无量纲,其他元素/指标单位为 mg/kg;后表单位相同。

Au、Cr、Na$_2$O、Li、Br、Hg、I、Sr、P、CaO、Ni、Sb、pH、Sn 共 18 项元素/指标变异系数大于 0.40,其中 pH、Sn 变异系数大于 0.80,空间变异性较大。

与金华市土壤基准值相比,水田区土壤基准值中绝大多数元素/指标基准值与金华市基准值基本接近;B、Cr 基准值略高于金华市基准值,是金华市基准值的 1.2~1.4 倍。

二、旱地土壤地球化学基准值

旱地区深层土壤样共采集 22 件,因数据太少无法进行正态分布检验,具体数据统计结果见表 3-25。

旱地区深层土壤总体为弱酸性,土壤 pH 极大值为 7.87,极小值为 4.91,基准值为 5.97,接近于金华市基准值。

旱地区深层土壤各元素/指标中,大多数元素/指标变异系数小于 0.40,分布相对均匀;B、Cr、I、S、Na$_2$O、Sr、P、Br、Ni、CaO、pH 共 11 项元素/指标变异系数大于 0.40,其中 CaO、pH 变异系数大于 0.80,空间变异性较大。

与金华市土壤基准值相比,旱地区土壤基准值中绝大多数元素/指标基准值与金华市基准值基本接近;Na$_2$O 基准值略高于金华市基准值,是金华市基准值的 1.28 倍。

三、园地土壤地球化学基准值

园地区土壤地球化学基准值数据经正态分布检验,结果表明,原始数据中 Ag、As、Au、B、Ba、Be、Br、Ce、Cl、Cr、Ge、Hg、I、La、Li、Mn、Mo、N、P、Rb、S、Se、Th、Tl、U、V、W、Y、Zr、SiO$_2$、Al$_2$O$_3$、TFe$_2$O$_3$、MgO、CaO、Na$_2$O、K$_2$O、TC、Corg、pH 共 39 项元素/指标符合正态分布,Bi、Cd、Co、Cu、F、Ga、Nb、Ni、Pb、Sb、Sc、Sn、Sr、Zn 共 14 项元素/指标符合对数正态分布,Ti 剔除异常值后符合正态分布(表 3-26)。

园地区深层土壤总体为酸性,土壤 pH 极大值为 7.50,极小值为 4.54,基准值为 5.32,接近于金华市基准值。

园地区深层土壤各元素/指标中,多半数元素/指标变异系数小于 0.40,分布相对均匀;Br、Mo、B、S、V、Ba、Na$_2$O、Cd、I、Sn、Sr、Zn、Au、P、CaO、Co、Cr、Cu、pH、Ni、F 共 21 项元素/指标变异系数大于 0.40,其中 Cu、pH、Ni、F 变异系数大于 0.80,空间变异性较大。

与金华市土壤基准值相比,园地区土壤基准值中绝大多数元素/指标基准值与金华市基准值基本接近;S、Au、Cr 基准值略高于金华市基准值,与金华市基准值比值为 1.2~1.4。

四、林地土壤地球化学基准值

林地区土壤地球化学基准值数据经正态分布检验,结果表明,原始数据中 Ce、Ga、Rb、Al$_2$O$_3$、K$_2$O 符合正态分布,Ag、As、B、Br、Cl、Co、Cr、Cu、Ge、Hg、I、La、Li、Mn、N、Ni、P、Sc、Se、Sn、Th、Tl、V、Y、Zn、Zr、TFe$_2$O$_3$、MgO、CaO、Na$_2$O、TC、Corg、pH 共 33 项元素/指标符合对数正态分布,Ba、Be、Cd、F、Nb、Pb、Ti、U、W、SiO$_2$ 共 10 项元素/指标剔除异常值后符合正态分布,Au、Bi、Mo、S、Sb 剔除异常值后符合对数正态分布,Sr 不符合正态分布或对数正态分布(表 3-27)。

林地区深层土壤总体为酸性,土壤 pH 极大值为 7.50,极小值为 4.55,基准值为 5.54,接近于金华市基准值。

林地区深层土壤各元素/指标中,多数元素/指标变异系数小于 0.40,分布相对均匀;V、Corg、Se、B、Cl、Au、P、Sn、I、Na$_2$O、Co、Br、Cr、Cu、Hg、Ni、As、pH、CaO、Ag 共 20 项元素/指标变异系数大于 0.40,其中 As、pH、CaO、Ag 变异系数大于 0.80,空间变异性较大。

与金华市土壤基准值相比,林地区土壤基准值中绝大多数元素/指标基准值与金华市基准值基本接近;Sr 基准值明显高于金华市基准值,是金华市基准值的 1.54 倍。

表 3-25 旱地土壤地球化学基准值参数统计表

元素/指标	N	$X_{5\%}$	$X_{10\%}$	$X_{25\%}$	$X_{50\%}$	$X_{75\%}$	$X_{90\%}$	$X_{95\%}$	$\overline{X}$	S	$\overline{X}_g$	S_g	X_{max}	X_{min}	CV	X_{me}	X_{mo}	旱地基准值	金华市基准值
Ag	22	38.45	47.30	51.2	68.5	82.8	92.4	109	68.4	21.22	65.0	10.95	110	27.00	0.31	68.5	71.0	68.5	58.7
As	22	4.80	4.86	5.41	6.78	9.43	10.61	10.89	7.52	2.73	7.11	3.43	15.60	4.19	0.36	6.78	9.80	6.78	7.32
Au	22	0.54	0.58	0.62	0.95	1.19	1.36	1.40	0.95	0.35	0.89	1.45	1.80	0.45	0.37	0.95	0.90	0.95	0.93
B	22	15.55	18.91	25.25	30.20	50.2	63.4	65.9	37.15	16.78	33.61	8.55	67.0	15.00	0.45	30.20	51.0	30.20	28.82
Ba	22	269	326	466	598	732	920	944	623	243	577	36.59	1263	235	0.39	598	617	598	606
Be	22	1.60	1.70	1.92	2.16	2.49	2.64	2.71	2.16	0.40	2.13	1.57	2.79	1.27	0.18	2.16	2.22	2.16	2.21
Bi	22	0.18	0.18	0.23	0.24	0.30	0.32	0.36	0.27	0.10	0.26	2.23	0.68	0.17	0.39	0.24	0.30	0.24	0.22
Br	22	1.00	1.03	1.44	1.96	2.55	3.68	4.57	2.27	1.25	2.02	1.79	6.07	1.00	0.55	1.96	1.00	1.96	2.35
Cd	22	0.08	0.08	0.09	0.12	0.16	0.18	0.19	0.13	0.04	0.12	3.47	0.19	0.07	0.31	0.12	0.11	0.12	0.12
Ce	22	64.1	66.2	73.2	80.7	87.1	97.0	98.6	80.4	12.61	79.4	11.92	102	49.75	0.16	80.7	87.2	80.7	85.2
Cl	22	30.33	31.06	36.75	47.50	61.6	66.7	70.1	49.29	14.53	47.21	9.00	77.0	29.00	0.29	47.50	48.00	47.50	44.96
Co	22	5.03	6.28	7.54	8.18	10.30	12.56	15.73	9.27	3.52	8.73	3.67	19.80	4.41	0.38	8.18	9.48	8.18	8.82
Cr	22	13.87	15.89	21.05	34.90	50.6	56.7	63.4	36.82	17.05	32.46	8.62	65.8	9.00	0.46	34.90	38.00	34.90	31.63
Cu	22	6.71	9.03	10.62	13.80	17.50	21.61	23.70	14.75	5.51	13.78	4.96	28.50	6.50	0.37	13.80	15.90	13.80	13.74
F	22	365	368	396	509	724	873	922	572	200	541	35.56	965	351	0.35	509	392	509	498
Ga	22	12.86	13.32	14.70	16.25	18.10	19.67	20.94	16.51	2.52	16.33	4.84	21.40	12.14	0.15	16.25	16.60	16.25	17.59
Ge	22	1.28	1.29	1.45	1.57	1.71	1.85	1.88	1.57	0.22	1.56	1.32	2.04	1.21	0.14	1.57	1.46	1.57	1.55
Hg	22	0.03	0.03	0.04	0.04	0.05	0.07	0.07	0.05	0.01	0.04	6.32	0.08	0.03	0.31	0.04	0.04	0.04	0.05
I	22	1.49	1.51	1.84	2.27	3.36	3.90	5.01	2.64	1.20	2.42	1.85	5.80	1.38	0.46	2.27	2.03	2.27	2.82
La	22	33.84	36.45	40.13	40.85	46.30	47.78	52.0	42.08	6.54	41.53	8.39	53.5	23.53	0.16	40.85	40.20	40.85	42.24
Li	22	28.10	28.42	33.48	37.17	43.82	50.9	58.6	39.81	10.19	38.70	8.29	68.4	26.30	0.26	37.17	28.10	37.17	37.63
Mn	22	281	369	509	653	842	996	1104	677	250	629	37.86	1172	272	0.37	653	697	653	651
Mo	22	0.52	0.59	0.82	1.04	1.17	1.69	1.74	1.06	0.40	0.99	1.45	2.00	0.46	0.37	1.04	1.09	1.04	0.99
N	22	0.34	0.36	0.43	0.46	0.53	0.61	0.67	0.49	0.12	0.48	1.63	0.86	0.34	0.24	0.46	0.41	0.46	0.48
Nb	22	15.87	17.25	18.60	20.23	22.08	26.63	30.79	21.02	4.48	20.61	5.54	32.40	14.02	0.21	20.23	22.20	20.23	21.80
Ni	22	6.33	6.41	8.57	11.90	14.68	18.15	27.13	13.41	7.96	11.80	4.71	41.10	4.29	0.59	11.90	11.70	11.90	11.75
P	22	0.11	0.14	0.18	0.30	0.44	0.61	0.65	0.33	0.18	0.28	2.68	0.69	0.10	0.54	0.30	0.30	0.30	0.27
Pb	22	21.38	21.93	24.40	27.65	29.30	30.10	30.29	26.79	3.10	26.61	6.45	30.50	20.90	0.12	27.65	24.40	27.65	28.55

第三章 土壤地球化学基准值

续表 3-25

元素/指标	N	$X_{5\%}$	$X_{10\%}$	$X_{25\%}$	$X_{50\%}$	$X_{75\%}$	$X_{90\%}$	$X_{95\%}$	$\overline{X}$	S	$\overline{X}_g$	S_g	X_{max}	X_{min}	CV	X_{me}	X_{mo}	旱地基准值	金华市基准值
Rb	22	74.2	82.4	103	121	144	157	159	122	28.14	119	14.77	160	70.1	0.23	121	157	121	136
S	22	63.0	64.2	80.3	97.5	136	189	221	115	54.1	105	14.30	263	44.00	0.47	97.5	115	97.5	89.0
Sb	22	0.37	0.39	0.43	0.58	0.69	0.92	0.95	0.61	0.21	0.58	1.51	1.15	0.36	0.35	0.58	0.63	0.58	0.53
Sc	22	6.33	6.83	7.25	8.30	9.18	11.90	12.67	8.66	1.91	8.48	3.49	13.10	6.20	0.22	8.30	8.80	8.30	8.83
Se	22	0.08	0.09	0.12	0.16	0.18	0.24	0.25	0.16	0.05	0.15	3.14	0.26	0.06	0.33	0.16	0.17	0.16	0.18
Sn	22	2.30	2.34	2.74	3.00	4.04	5.06	5.33	3.43	1.05	3.29	2.08	5.87	2.19	0.31	3.00	3.00	3.00	3.29
Sr	22	36.81	46.57	52.9	73.5	102	134	168	83.0	42.76	74.2	12.08	197	31.80	0.52	73.5	79.8	73.5	66.4
Th	22	11.92	12.37	13.47	15.29	16.50	18.14	18.39	15.09	2.29	14.93	4.66	19.90	10.85	0.15	15.29	15.27	15.29	16.43
Ti	22	3325	3359	3784	4262	4613	5241	5735	4391	1154	4281	119	8692	3319	0.26	4262	3784	4262	4256
Tl	22	0.54	0.56	0.67	0.77	0.91	1.01	1.03	0.79	0.16	0.77	1.32	1.05	0.52	0.20	0.77	1.01	0.77	0.87
U	22	2.50	2.64	3.02	3.16	3.33	3.62	3.74	3.17	0.40	3.15	1.94	3.96	2.27	0.13	3.16	3.18	3.16	3.41
V	22	43.22	44.08	57.1	63.4	73.0	88.3	103	66.8	19.95	64.3	11.06	123	36.10	0.30	63.4	66.9	63.4	62.6
W	22	1.60	1.61	1.82	2.06	2.25	2.48	2.58	2.09	0.46	2.05	1.56	3.60	1.36	0.22	2.06	2.10	2.06	2.02
Y	22	18.42	20.76	22.59	25.00	28.87	31.23	31.39	25.58	5.34	25.07	6.43	40.66	15.50	0.21	25.00	25.00	25.00	25.83
Zn	22	42.02	44.30	49.30	58.8	77.8	82.0	85.7	62.4	15.30	60.6	10.19	86.7	41.00	0.25	58.8	44.30	58.8	66.9
Zr	22	266	275	287	319	346	362	399	318	43.92	315	26.96	410	231	0.14	319	287	319	319
SiO_2	22	63.7	66.0	70.2	72.2	74.6	75.8	80.1	72.1	4.46	72.0	11.55	81.2	63.3	0.06	72.2	71.9	72.2	71.9
Al_2O_3	22	11.40	12.00	12.77	13.54	14.55	15.34	15.68	13.67	1.45	13.60	4.39	16.62	10.86	0.11	13.54	13.57	13.54	14.21
TFe_2O_3	22	3.15	3.27	3.68	4.08	4.59	5.62	6.38	4.30	1.07	4.20	2.34	7.48	3.05	0.25	4.08	3.68	4.08	4.32
MgO	22	0.43	0.44	0.63	0.66	0.93	1.00	1.46	0.76	0.30	0.71	1.47	1.55	0.43	0.39	0.66	0.66	0.66	0.68
CaO	22	0.23	0.23	0.29	0.38	0.48	0.76	1.25	0.51	0.48	0.42	2.07	2.39	0.22	0.93	0.38	0.31	0.38	0.32
Na_2O	22	0.18	0.28	0.48	0.68	0.88	1.10	1.25	0.70	0.34	0.60	1.89	1.53	0.14	0.49	0.68	0.69	0.68	0.53
K_2O	22	1.60	1.72	2.34	2.67	3.15	3.19	3.30	2.66	0.65	2.58	1.76	4.12	1.41	0.24	2.67	3.16	2.67	2.81
TC	22	0.33	0.38	0.40	0.49	0.61	0.71	0.75	0.53	0.18	0.51	1.66	1.10	0.32	0.34	0.49	0.50	0.49	0.48
Corg	22	0.28	0.32	0.35	0.39	0.54	0.64	0.66	0.46	0.17	0.43	1.85	0.98	0.25	0.36	0.39	0.35	0.39	0.41
pH	22	5.00	5.23	5.42	5.97	6.38	7.15	7.72	5.57	5.48	6.05	2.84	7.87	4.91	0.98	5.97	6.04	5.97	5.68

表 3-26 园地土壤地球化学基准值参数统计表

元素/指标	N	$X_{5\%}$	$X_{10\%}$	$X_{25\%}$	$X_{50\%}$	$X_{75\%}$	$X_{90\%}$	$X_{95\%}$	$\overline{X}$	S	$\overline{X}_g$	S_g	X_{max}	X_{min}	CV	X_{me}	X_{mo}	分布类型	园地基准值	金华市基准值
Ag	55	27.70	32.80	43.50	56.0	69.0	80.0	96.6	57.1	20.08	53.7	10.02	110	25.00	0.35	56.0	58.0	正态分布	57.1	58.7
As	55	3.55	4.43	5.73	7.60	9.90	13.06	13.71	8.13	3.23	7.49	3.61	16.30	2.40	0.40	7.60	8.30	正态分布	8.13	7.32
Au	55	0.48	0.61	0.73	1.00	1.40	1.86	2.41	1.17	0.64	1.04	1.62	3.40	0.42	0.55	1.00	1.10	正态分布	1.17	0.93
B	55	14.70	16.28	24.00	31.00	37.00	56.00	61.1	33.23	14.49	30.34	7.93	73.0	11.90	0.44	31.00	34.00	正态分布	33.23	28.82
Ba	55	320	356	452	560	713	1006	1155	635	284	585	38.47	1635	267	0.45	560	646	正态分布	635	606
Be	55	1.50	1.73	1.89	2.01	2.30	2.54	2.93	2.10	0.40	2.06	1.55	3.29	1.31	0.19	2.01	2.00	正态分布	2.10	2.21
Bi	55	0.16	0.18	0.20	0.23	0.25	0.34	0.39	0.24	0.07	0.23	2.36	0.48	0.11	0.30	0.23	0.24	对数正态分布	0.23	0.22
Br	55	1.04	1.25	1.53	1.98	2.59	3.39	3.84	2.17	0.90	2.00	1.71	5.08	1.00	0.42	1.98	2.18	正态分布	2.17	2.35
Cd	55	0.07	0.07	0.09	0.12	0.15	0.15	0.17	0.12	0.06	0.11	3.68	0.49	0.06	0.49	0.12	0.12	对数正态分布	0.11	0.12
Ce	55	59.5	62.8	72.2	78.8	90.9	98.4	110	81.2	15.56	79.8	12.20	125	52.1	0.19	78.8	81.3	正态分布	81.2	85.2
Cl	55	25.27	27.98	36.50	45.00	55.7	70.2	74.0	46.66	15.15	44.31	9.10	87.0	20.10	0.32	45.00	47.00	正态分布	46.66	44.96
Co	55	5.07	5.84	7.00	8.50	11.38	15.50	20.59	10.48	6.51	9.35	3.77	45.15	4.60	0.62	8.50	11.70	对数正态分布	9.35	8.82
Cr	55	11.80	14.38	25.50	40.80	51.1	61.5	72.7	42.47	26.87	35.84	8.77	159	6.30	0.63	40.80	46.50	正态分布	42.47	31.63
Cu	55	6.74	9.00	11.35	15.00	19.20	21.66	40.75	18.03	15.29	15.13	5.23	93.5	4.70	0.85	15.00	19.20	对数正态分布	15.13	13.74
F	55	327	343	386	453	537	629	682	606	993	484	35.82	7780	300	1.64	453	475	对数正态分布	484	498
Ga	55	13.96	14.18	15.49	16.95	18.30	20.27	24.23	17.38	3.18	17.12	5.04	27.37	11.27	0.18	16.95	17.10	正态分布	17.12	17.59
Ge	55	1.30	1.32	1.42	1.53	1.66	1.80	1.86	1.55	0.17	1.54	1.29	1.91	1.21	0.11	1.53	1.52	正态分布	1.55	1.55
Hg	55	0.03	0.03	0.04	0.04	0.05	0.07	0.08	0.05	0.02	0.04	6.28	0.09	0.02	0.35	0.04	0.04	正态分布	0.05	0.05
I	55	1.33	1.50	1.92	2.58	3.95	5.36	5.86	3.00	1.46	2.69	2.02	7.37	0.97	0.49	2.58	1.30	正态分布	3.00	2.82
La	55	31.34	32.78	37.95	41.30	45.11	53.0	56.9	42.18	7.63	41.52	8.49	60.5	27.48	0.18	41.30	40.05	正态分布	42.18	42.24
Li	55	28.93	29.88	32.87	35.80	41.31	45.93	50.8	37.62	7.06	37.02	8.12	62.1	27.00	0.19	35.80	35.80	正态分布	37.62	37.63
Mn	55	291	396	470	576	764	936	1045	631	236	588	37.70	1281	216	0.37	576	545	正态分布	631	651
Mo	55	0.61	0.69	0.82	1.02	1.22	1.50	2.04	1.11	0.47	1.03	1.46	3.11	0.32	0.42	1.02	1.12	正态分布	1.11	0.99
N	55	0.30	0.33	0.37	0.46	0.51	0.60	0.63	0.45	0.10	0.44	1.68	0.69	0.28	0.23	0.46	0.49	正态分布	0.45	0.48
Nb	55	15.47	16.79	19.06	20.60	23.20	25.56	29.43	21.66	5.92	21.09	5.72	54.8	14.20	0.27	20.60	19.50	对数正态分布	21.09	21.80
Ni	55	6.03	6.40	8.77	12.60	16.95	24.66	33.02	16.49	19.47	12.66	4.83	137	2.98	1.18	12.60	17.90	对数正态分布	12.66	11.75
P	55	0.12	0.15	0.20	0.23	0.37	0.46	0.53	0.29	0.17	0.26	2.64	1.16	0.08	0.58	0.23	0.21	正态分布	0.29	0.27
Pb	55	19.79	21.17	24.30	26.63	29.60	33.22	35.63	28.25	10.70	27.17	6.73	97.9	15.00	0.38	26.63	28.20	对数正态分布	27.17	28.55

续表 3-26

元素/指标	N	$X_{5\%}$	$X_{10\%}$	$X_{25\%}$	$X_{50\%}$	$X_{75\%}$	$X_{90\%}$	$X_{95\%}$	$\bar{X}$	S	$\bar{X}_g$	S_g	X_{max}	X_{min}	CV	X_{me}	X_{mo}	分布类型	园地基准值	金华市基准值
Rb	55	75.8	81.4	99.6	120	138	156	166	120	28.36	117	15.40	176	62.2	0.24	120	176	正态分布	120	136
S	55	54.7	67.8	78.5	98.0	130	174	197	111	49.36	102	14.53	315	42.00	0.44	98.0	130	正态分布	111	89.0
Sb	55	0.35	0.38	0.47	0.56	0.64	0.88	1.00	0.59	0.19	0.56	1.52	1.17	0.28	0.33	0.56	0.47	对数正态分布	0.56	0.53
Sc	55	6.87	7.14	7.90	9.17	10.10	13.42	14.90	9.66	2.76	9.34	3.68	20.20	6.10	0.29	9.17	9.30	对数正态分布	9.34	8.83
Se	55	0.08	0.11	0.15	0.18	0.23	0.29	0.32	0.19	0.07	0.18	2.84	0.39	0.06	0.37	0.18	0.17	正态分布	0.19	0.18
Sn	55	1.97	2.16	2.40	3.01	3.96	5.96	6.77	3.59	1.90	3.26	2.21	12.36	1.60	0.53	3.01	2.90	对数正态分布	3.26	3.29
Sr	55	35.60	38.52	53.7	64.5	82.2	120	151	75.3	39.81	68.1	11.43	229	34.20	0.53	64.5	75.8	对数正态分布	68.1	66.4
Th	55	11.08	12.00	14.50	15.93	17.57	19.49	20.65	15.97	3.17	15.65	4.93	25.40	8.07	0.20	15.93	15.72	剔除后正态分布	15.97	16.43
Ti	52	3294	3393	3749	4443	5001	6131	6263	4506	945	4410	124	6625	2505	0.21	4443	4531	正态分布	4506	4256
Tl	55	0.47	0.57	0.65	0.79	0.93	1.11	1.16	0.80	0.22	0.78	1.38	1.40	0.39	0.27	0.79	0.80	正态分布	0.80	0.87
U	55	2.60	2.71	3.12	3.33	3.64	4.06	4.39	3.42	0.63	3.36	2.08	5.77	1.83	0.19	3.33	3.33	正态分布	3.42	3.41
V	55	39.86	42.96	54.7	66.6	86.4	111	126	74.5	32.73	69.2	11.62	209	33.88	0.44	66.6	74.7	正态分布	74.5	62.6
W	55	1.40	1.55	1.77	1.99	2.23	2.44	2.47	1.98	0.41	1.93	1.59	2.98	0.59	0.21	1.99	2.08	正态分布	1.98	2.02
Y	55	18.32	19.50	21.32	24.59	28.55	31.46	31.86	24.86	4.58	24.44	6.33	35.00	16.05	0.18	24.59	16.05	正态分布	24.86	25.83
Zn	55	48.20	50.3	55.5	63.3	72.1	78.9	104	70.4	38.14	65.6	10.83	300	35.90	0.54	63.3	65.6	对数正态分布	65.6	66.9
Zr	55	235	246	289	328	353	403	432	325	57.5	320	27.70	478	222	0.18	328	325	正态分布	325	319
SiO_2	55	61.7	65.6	69.7	72.0	74.1	75.7	77.1	71.0	5.34	70.8	11.71	80.4	51.0	0.08	72.0	71.2	正态分布	71.0	71.9
Al_2O_3	55	11.47	11.96	13.09	13.89	15.22	17.37	19.91	14.46	2.39	14.29	4.56	22.14	11.16	0.17	13.89	14.21	正态分布	14.46	14.21
TFe_2O_3	55	3.23	3.39	3.84	4.45	5.46	6.00	7.56	4.86	1.81	4.63	2.48	13.87	2.96	0.37	4.45	5.74	正态分布	4.86	4.32
MgO	55	0.44	0.47	0.55	0.67	0.87	1.06	1.12	0.72	0.26	0.68	1.48	1.89	0.38	0.36	0.67	0.58	正态分布	0.72	0.68
CaO	55	0.15	0.16	0.24	0.32	0.46	0.70	0.86	0.38	0.22	0.33	2.29	1.15	0.13	0.59	0.32	0.26	正态分布	0.38	0.32
Na_2O	55	0.19	0.25	0.39	0.53	0.72	0.95	1.08	0.57	0.28	0.50	1.91	1.27	0.10	0.48	0.53	0.50	正态分布	0.57	0.53
K_2O	55	1.39	1.67	2.18	2.54	3.03	3.47	3.64	2.58	0.66	2.49	1.80	3.89	1.29	0.26	2.54	2.53	正态分布	2.58	2.81
TC	55	0.27	0.30	0.37	0.43	0.56	0.63	0.66	0.46	0.13	0.44	1.76	0.75	0.14	0.28	0.43	0.43	正态分布	0.46	0.48
Corg	55	0.23	0.25	0.29	0.36	0.47	0.57	0.63	0.39	0.13	0.37	1.94	0.72	0.21	0.32	0.36	0.28	正态分布	0.39	0.41
pH	55	4.88	4.93	5.20	5.50	6.10	7.03	7.24	5.32	5.27	5.74	2.74	7.50	4.54	0.99	5.50	5.72	正态分布	5.32	5.68

表 3-27 林地土壤地球化学基准值参数统计表

元素/指标	N	$X_{5\%}$	$X_{10\%}$	$X_{25\%}$	$X_{50\%}$	$X_{75\%}$	$X_{90\%}$	$X_{95\%}$	$\bar{X}$	S	$\bar{X}_g$	S_g	X_{max}	X_{min}	CV	X_{me}	X_{mo}	分布类型	林地基准值	金华市基准值
Ag	406	35.00	39.00	48.00	63.0	84.0	117	150	80.1	98.9	66.6	11.45	1370	20.00	1.23	63.0	110	对数正态分布	66.6	58.7
As	406	3.33	3.85	4.80	6.39	9.47	13.95	17.90	8.43	7.65	7.00	3.62	89.5	2.25	0.91	6.39	7.60	对数正态分布	7.00	7.32
Au	378	0.46	0.50	0.62	0.81	1.10	1.60	1.90	0.94	0.43	0.86	1.54	2.28	0.27	0.46	0.81	0.70	剔除后对数正态分布	0.86	0.93
B	406	14.62	16.00	19.78	25.00	32.83	45.00	55.2	28.23	12.79	25.84	7.10	89.0	6.00	0.45	25.00	23.00	对数正态分布	25.84	28.82
Ba	401	348	412	504	645	838	992	1071	676	224	639	41.00	1302	180	0.33	645	709	剔除后正态分布	676	606
Be	385	1.78	1.89	2.06	2.30	2.52	2.83	3.01	2.33	0.36	2.30	1.64	3.38	1.47	0.16	2.30	2.22	剔除后正态分布	2.33	2.21
Bi	372	0.16	0.17	0.20	0.23	0.26	0.31	0.34	0.23	0.05	0.23	2.42	0.39	0.10	0.24	0.23	0.22	剔除后对数正态分布	0.23	0.22
Br	406	1.26	1.57	1.94	2.62	3.80	5.16	6.40	3.15	1.86	2.76	2.08	15.03	0.88	0.59	2.62	1.00	对数正态分布	2.76	2.35
Cd	385	0.07	0.08	0.10	0.13	0.15	0.17	0.20	0.13	0.04	0.12	3.47	0.23	0.03	0.30	0.13	0.12	剔除后对数正态分布	0.12	0.12
Ce	406	67.7	71.3	78.0	87.2	96.3	106	113	87.9	14.49	86.8	12.99	162	55.1	0.16	87.2	101	正态分布	87.9	85.2
Cl	406	26.07	28.30	36.00	46.05	54.7	66.0	77.1	47.85	21.65	44.92	9.26	339	20.80	0.45	46.05	54.0	对数正态分布	44.92	44.96
Co	406	4.66	5.29	6.37	8.45	11.10	16.05	20.58	9.73	5.13	8.75	3.79	40.10	3.53	0.53	8.45	5.80	对数正态分布	8.75	8.82
Cr	406	11.00	13.55	18.62	27.50	42.68	61.4	74.4	34.34	24.81	28.37	7.90	252	5.10	0.72	27.50	21.10	对数正态分布	28.37	31.63
Cu	406	6.80	7.62	9.20	12.37	16.77	24.80	32.95	15.12	11.36	13.14	4.91	164	4.40	0.75	12.37	11.20	对数正态分布	13.14	13.74
F	383	346	378	443	516	603	695	781	532	129	517	36.56	909	268	0.24	516	453	剔除后正态分布	532	498
Ga	406	14.43	15.20	16.50	18.09	19.70	21.50	22.90	18.27	2.48	18.10	5.29	26.55	12.05	0.14	18.09	18.00	正态分布	18.27	17.59
Ge	406	1.29	1.33	1.43	1.56	1.73	1.90	2.00	1.59	0.22	1.57	1.34	2.39	1.14	0.14	1.56	1.61	对数正态分布	1.57	1.55
Hg	406	0.03	0.03	0.04	0.05	0.06	0.08	0.09	0.06	0.04	0.05	6.05	0.69	0.02	0.76	0.05	0.05	对数正态分布	0.05	0.05
I	406	1.31	1.62	2.27	3.42	4.62	5.93	7.11	3.65	1.88	3.22	2.26	12.40	0.64	0.51	3.42	3.77	对数正态分布	3.22	2.82
La	406	33.11	34.88	38.70	42.77	46.69	50.5	53.9	43.10	7.11	42.56	8.77	86.5	24.90	0.17	42.77	42.80	对数正态分布	42.56	42.24
Li	406	26.63	28.30	32.60	37.00	44.20	53.5	62.2	40.04	12.88	38.47	8.50	128	16.20	0.32	37.00	34.80	对数正态分布	38.47	37.63
Mn	406	370	427	554	712	940	1119	1288	760	290	707	43.35	2493	226	0.38	712	873	对数正态分布	707	651
Mo	384	0.61	0.68	0.81	1.06	1.38	1.72	1.89	1.12	0.41	1.05	1.48	2.35	0.16	0.36	1.06	0.92	对数正态分布	1.05	0.99
N	406	0.31	0.35	0.40	0.49	0.61	0.80	0.90	0.53	0.20	0.50	1.70	1.89	0.15	0.37	0.49	0.37	对数正态分布	0.50	0.48
Nb	382	17.10	17.96	19.90	22.02	24.49	26.59	27.89	22.23	3.39	21.97	5.94	32.10	13.60	0.15	22.02	21.00	对数正态分布	22.23	21.80
Ni	406	5.07	5.81	7.70	10.40	16.10	23.75	31.88	13.66	10.53	11.31	4.65	82.0	3.36	0.77	10.40	12.20	对数正态分布	11.31	11.75
P	406	0.15	0.17	0.22	0.31	0.42	0.52	0.60	0.34	0.16	0.30	2.35	1.18	0.07	0.47	0.31	0.17	对数正态分布	0.30	0.27
Pb	377	22.07	23.24	25.90	28.70	31.70	35.12	37.42	29.05	4.63	28.68	6.92	42.35	16.50	0.16	28.70	28.10	剔除后正态分布	29.05	28.55

续表 3-27

元素/指标	N	$X_{5\%}$	$X_{10\%}$	$X_{25\%}$	$X_{50\%}$	$X_{75\%}$	$X_{90\%}$	$X_{95\%}$	$\overline{X}$	S	$\overline{X}_g$	S_g	X_{max}	X_{min}	CV	X_{me}	X_{mo}	分布类型	林地基准值	金华市基准值
Rb	406	97.4	106	126	143	162	180	192	145	32.81	142	17.25	378	63.9	0.23	143	150	正态分布	145	136
S	391	58.0	66.0	81.5	103	133	159	180	109	37.79	103	14.41	214	8.10	0.35	103	89.0	剔除后对数分布	103	89.0
Sb	370	0.31	0.35	0.41	0.48	0.59	0.70	0.79	0.51	0.14	0.49	1.61	0.94	0.19	0.28	0.48	0.52	剔除后对数分布	0.49	0.53
Sc	406	6.30	6.63	7.40	8.44	10.00	12.15	14.05	9.07	2.53	8.78	3.62	23.20	5.20	0.28	8.44	7.70	对数正态分布	8.78	8.83
Se	406	0.09	0.11	0.14	0.18	0.24	0.31	0.36	0.20	0.09	0.18	2.91	0.61	0.07	0.44	0.18	0.15	对数正态分布	0.18	0.18
Sn	406	2.00	2.14	2.50	3.09	4.00	5.50	7.09	3.59	1.80	3.30	2.17	19.45	1.36	0.50	3.09	2.60	偏峰分布	3.30	3.29
Sr	381	33.10	38.40	47.50	61.1	81.7	105	123	67.2	26.59	62.4	11.17	146	22.50	0.40	61.1	102	剔除后对数分布	102	66.4
Th	406	11.62	12.65	14.83	16.96	20.00	23.15	25.24	17.77	5.27	17.14	5.21	66.5	5.68	0.30	16.96	16.30	剔除后对数分布	17.14	16.43
Ti	382	2925	3168	3701	4198	4811	5440	5871	4268	882	4177	123	6843	1979	0.21	4198	3258	对数正态分布	4268	4256
Tl	406	0.58	0.67	0.77	0.93	1.09	1.25	1.40	0.96	0.28	0.92	1.33	2.83	0.33	0.29	0.93	1.10	对数正态分布	0.92	0.87
U	385	2.55	2.76	3.07	3.42	3.78	4.26	4.37	3.45	0.56	3.41	2.07	5.00	1.92	0.16	3.42	3.33	对数正态分布	3.45	3.41
V	406	31.68	36.92	46.43	61.0	74.8	101	130	65.6	27.98	60.7	11.15	193	19.90	0.43	61.0	60.2	剔除后对数分布	60.7	62.6
W	377	1.35	1.58	1.73	2.00	2.30	2.69	2.96	2.05	0.46	2.00	1.58	3.31	0.85	0.22	2.00	2.30	剔除后正态分布	2.05	2.02
Y	406	19.81	20.87	22.82	25.22	28.00	32.28	38.55	26.32	5.68	25.80	6.68	54.9	16.20	0.22	25.22	25.00	对数正态分布	25.80	25.83
Zn	406	50.5	53.4	61.1	69.7	81.2	97.5	115	74.5	22.61	71.9	11.72	232	41.70	0.30	69.7	67.9	对数正态分布	71.9	66.9
Zr	406	236	250	283	311	347	386	425	318	56.6	313	27.65	541	159	0.18	311	290	剔除后正态分布	313	319
SiO$_2$	389	65.1	66.9	69.1	71.0	73.5	75.6	76.5	71.1	3.50	71.1	11.76	80.2	61.8	0.05	71.0	71.4	正态分布	71.1	71.9
Al$_2$O$_3$	406	11.81	12.40	13.30	14.54	15.60	16.90	17.71	14.60	1.83	14.49	4.66	21.05	10.11	0.13	14.54	15.00	对数正态分布	14.60	14.21
TFe$_2$O$_3$	406	2.89	3.12	3.62	4.16	4.96	6.25	7.18	4.45	1.33	4.29	2.41	10.80	2.42	0.30	4.16	3.70	对数正态分布	4.29	4.32
MgO	406	0.42	0.46	0.54	0.65	0.85	1.09	1.33	0.73	0.28	0.68	1.49	1.93	0.27	0.38	0.65	0.54	对数正态分布	0.68	0.68
CaO	406	0.14	0.17	0.22	0.30	0.40	0.55	0.75	0.36	0.42	0.30	2.36	7.73	0.08	1.16	0.30	0.22	对数正态分布	0.30	0.32
Na$_2$O	406	0.19	0.25	0.37	0.56	0.75	0.98	1.13	0.59	0.30	0.52	1.91	1.95	0.09	0.51	0.56	0.64	对数正态分布	0.52	0.53
K$_2$O	406	1.98	2.23	2.57	3.02	3.35	3.70	3.87	2.97	0.57	2.92	1.90	5.11	1.29	0.19	3.02	3.07	正态分布	2.97	2.81
TC	406	0.31	0.35	0.40	0.50	0.61	0.79	0.94	0.54	0.21	0.51	1.68	2.26	0.24	0.39	0.50	0.53	对数正态分布	0.51	0.48
Corg	406	0.26	0.29	0.34	0.43	0.55	0.72	0.87	0.48	0.21	0.45	1.84	2.09	0.20	0.43	0.43	0.42	对数正态分布	0.45	0.41
pH	406	4.89	4.98	5.14	5.41	5.78	6.25	6.70	5.31	5.38	5.54	2.69	7.50	4.55	1.01	5.41	5.26	对数正态分布	5.54	5.68

第四章 土壤元素背景值

第一节 各行政区土壤元素背景值

一、金华市土壤元素背景值

金华市土壤元素背景值数据经正态分布检验,结果表明,原始数据中 Ba、Ce、Al_2O_3、Na_2O 符合对数正态分布,Ga、La、Zr 剔除异常值后符合正态分布,Cl、F、Li、Nb、S、Sr、Th、Ti、U、Y、TFe_2O_3、TC 剔除异常值后符合对数正态分布,其他元素/指标不符合正态分布或对数正态分布(表 4-1)。

金华市表层土壤总体呈酸性,土壤 pH 极大值为 6.80,极小值为 3.68,背景值为 5.02,接近于浙江省背景值,略低于中国背景值。

表层土壤各元素/指标中,大多数元素/指标变异系数小于 0.40,分布相对均匀;Co、CaO、As、P、Br、Cr、Ni、Hg、Sn、Na_2O、B、Au、Mn、I、pH 共 15 项元素/指标变异系数大于 0.40,其中 pH 变异系数大于 0.80,空间变异性较大。

与浙江省土壤元素背景值相比,金华市土壤元素背景值中 As、Au、Cr、Hg、I、Mn、Ni、V 背景值明显低于浙江省背景值,为浙江省背景值的 60% 以下,其中 Ni 背景值最低,仅为浙江省背景值的 19%;而 Ag、Co、P、Sr、Zn 背景值略低于浙江省背景值,为浙江省背景值的 60%~80%;Ba、Li、Nb、Zr 背景值略高于浙江省背景值,是浙江省背景值的 1.2~1.4 倍;Sn、Na_2O 背景值明显高于浙江省背景值,为浙江省背景值的 1.4 倍以上;其他元素/指标背景值则与浙江省背景值基本接近。

与中国土壤元素背景值相比,金华市土壤元素背景值中 CaO、Ni、Sr、MgO、Na_2O、B、Mn、Cr、Au 背景值明显偏低,均为中国背景值的 60% 以下,其中 CaO 背景值最低,约为中国背景值的 9%;而 As、V、Sc、P、Cl、Sb、I 背景值略低于中国背景值,为中国背景值的 60%~80%;Ce、U、La、Pb 背景值略高于中国背景值,是中国背景值的 1.2~1.4 倍;Th、Zr、Rb、Nb、N、Corg、Sn、Hg 背景值明显高于中国背景值,是中国背景值的 1.4 倍以上,其中 Hg、Corg、Sn 明显相对富集,背景值为中国背景值的 2.0 倍以上,其中 Hg 背景值最高,为中国背景值的 2.31 倍;其他元素/指标背景值则与中国背景值基本接近。

二、婺城区土壤元素背景值

婺城区土壤元素背景值数据经正态分布检验,结果表明,原始数据中 Ba、Ga、S、Zr、SiO_2、Al_2O_3 符合正态分布,Ag、Au、Be、Bi、Ce、Cl、I、La、Li、N、Rb、Sb、Sc、Sn、Sr、Ti、Tl、V、W、TFe_2O_3、MgO、Na_2O、TC、Corg 共 24 项元素/指标符合对数正态分布,F、Nb、Th、Y 剔除异常值后符合正态分布,Cu、Pb、U、Zn、CaO 剔除异常值后符合对数正态分布,其他元素/指标不符合正态分布或对数正态分布(表 4-2)。

婺城区表层土壤总体呈酸性,土壤 pH 极大值为 6.36,极小值为 3.76,背景值为 4.98,与金华市背景值和浙江省背景值基本接近。

第四章 土壤元素背景值

表 4-1 金华市土壤元素背景值参数统计表

元素/指标	N	$X_{5\%}$	$X_{10\%}$	$X_{25\%}$	$X_{50\%}$	$X_{75\%}$	$X_{90\%}$	$X_{95\%}$	$\bar{X}$	S	$\bar{X}_g$	S_g	X_{max}	X_{min}	CV	X_{mc}	X_{mo}	分布类型	金华市背景值	浙江省背景值	中国背景值
Ag	2573	48.00	52.0	63.0	80.0	100.0	120	130	82.5	25.38	78.7	12.66	157	30.00	0.31	80.0	70.0	其他分布	70.0	100.0	77.0
As	28 104	2.60	3.13	4.22	5.78	7.95	10.42	11.89	6.31	2.78	5.70	3.09	14.54	0.10	0.44	5.78	5.74	其他分布	5.74	10.10	9.00
Au	2542	0.52	0.58	0.72	1.03	1.53	2.20	2.60	1.21	0.64	1.07	1.65	3.23	0.20	0.52	1.03	0.71	其他分布	0.71	1.50	1.30
B	28 880	11.00	13.80	19.70	29.30	42.60	57.9	65.8	32.57	16.59	28.33	7.74	78.8	1.10	0.51	29.30	16.80	对数正态分布	16.80	20.00	43.0
Ba	2756	315	358	451	597	777	974	1105	638	251	592	41.77	2435	116	0.39	597	633	其他分布	592	475	512
Be	2634	1.55	1.69	1.87	2.12	2.40	2.69	2.89	2.15	0.40	2.12	1.60	3.30	1.07	0.18	2.12	1.90	其他分布	1.90	2.00	2.00
Bi	2585	0.19	0.21	0.24	0.29	0.34	0.41	0.45	0.30	0.08	0.29	2.15	0.52	0.11	0.26	0.29	0.28	其他分布	0.28	0.28	0.30
Br	2546	1.76	1.92	2.21	2.70	3.94	5.76	6.61	3.28	1.51	3.00	2.14	7.95	0.98	0.46	2.70	2.20	其他分布	2.20	2.20	2.20
Cd	27 893	0.07	0.09	0.13	0.17	0.21	0.27	0.30	0.17	0.07	0.16	3.02	0.37	0.004	0.38	0.17	0.14	其他分布	0.14	0.14	0.137
Ce	2756	62.5	67.0	74.2	82.2	93.0	102	109	84.0	14.91	82.8	12.95	205	39.00	0.18	82.2	98.0	对数正态分布	82.8	102	64.0
Cl	2664	38.87	42.91	51.0	60.6	71.8	84.2	90.0	62.1	15.48	60.2	10.88	106	24.80	0.25	60.6	64.7	剔除后正态分布	60.2	71.0	78.0
Co	27 315	3.45	4.05	5.22	6.88	9.20	11.96	13.83	7.49	3.09	6.89	3.28	16.99	0.60	0.41	6.88	10.20	其他分布	10.20	14.80	11.00
Cr	28 246	13.40	16.20	22.00	30.98	43.60	56.9	64.6	34.01	15.65	30.46	7.80	81.1	0.48	0.46	30.98	26.40	其他分布	26.40	82.0	53.0
Cu	27 767	7.90	9.46	12.50	16.36	20.80	25.40	28.80	17.00	6.20	15.84	5.30	35.68	1.00	0.36	16.36	16.00	其他分布	16.00	16.00	20.00
F	2585	314	348	404	482	583	692	763	502	134	485	35.73	916	166	0.27	482	387	剔除后正态分布	485	453	488
Ga	2717	12.10	13.05	14.60	16.63	18.40	20.10	21.20	16.57	2.72	16.34	5.07	24.20	9.00	0.16	16.63	17.90	剔除后正态分布	16.57	16.00	15.00
Ge	28 355	1.23	1.29	1.37	1.47	1.59	1.70	1.78	1.48	0.16	1.48	1.28	1.93	1.05	0.11	1.47	1.46	其他分布	1.46	1.44	1.30
Hg	27 784	0.03	0.04	0.05	0.07	0.10	0.14	0.16	0.08	0.04	0.07	4.42	0.20	0.003	0.48	0.07	0.06	其他分布	0.06	0.110	0.026
I	2572	0.77	0.88	1.11	1.72	3.03	4.69	5.51	2.27	1.52	1.86	2.06	7.15	0.33	0.67	1.72	0.86	其他分布	0.86	1.70	1.10
La	2678	32.88	35.40	39.00	43.15	47.26	51.2	53.9	43.22	6.24	42.76	8.79	60.4	26.10	0.14	43.15	45.10	剔除后正态分布	43.22	41.00	33.00
Li	2610	24.40	26.30	30.57	35.00	40.00	45.57	49.20	35.57	7.32	34.82	7.80	56.2	17.20	0.21	35.00	34.90	剔除后对数分布	34.82	25.00	30.00
Mn	28 107	141	166	226	338	506	697	809	387	206	337	29.57	1009	41.30	0.53	338	256	其他分布	256	440	569
Mo	27 459	0.48	0.55	0.67	0.84	1.07	1.35	1.52	0.90	0.31	0.85	1.43	1.84	0.10	0.35	0.84	0.76	其他分布	0.76	0.66	0.707
N	28 948	0.61	0.74	0.97	1.25	1.56	1.88	2.06	1.28	0.43	1.20	1.50	2.49	0.07	0.34	1.25	1.28	其他分布	1.28	1.28	—
Nb	2578	16.47	17.70	19.40	21.20	23.40	25.70	27.20	21.47	3.13	21.24	5.90	30.20	13.10	0.15	21.20	20.20	剔除后正态分布	21.24	16.83	13.00
Ni	27 929	4.40	5.30	7.10	9.90	14.00	18.33	21.20	10.95	5.08	9.81	4.16	26.66	0.30	0.46	9.90	6.70	其他分布	6.70	35.00	24.00
P	27 846	0.21	0.27	0.38	0.51	0.70	0.92	1.06	0.56	0.25	0.50	1.85	1.30	0.03	0.45	0.51	0.42	其他分布	0.42	0.60	0.57
Pb	27 686	23.20	25.20	28.40	32.10	36.10	40.50	43.30	32.45	5.97	31.89	7.56	49.42	16.19	0.18	32.10	30.60	其他分布	30.60	32.00	22.00

续表 4-1

元素/指标	N	$X_{5\%}$	$X_{10\%}$	$X_{25\%}$	$X_{50\%}$	$X_{75\%}$	$X_{90\%}$	$X_{95\%}$	$\bar{X}$	S	$\bar{X}_g$	S_g	X_{max}	X_{min}	CV	X_{me}	X_{mo}	分布类型	金华市背景值	浙江省背景值	中国背景值
Rb	2719	79.7	87.4	106	131	153	169	182	130	31.68	126	16.72	224	42.70	0.24	131	140	其他分布	140	120	96.0
S	2709	134	152	189	236	289	338	371	242	72.3	230	23.78	449	40.00	0.30	236	236	剔除后对数分布	230	248	245
Sb	2602	0.40	0.44	0.51	0.63	0.79	0.99	1.08	0.67	0.21	0.64	1.52	1.29	0.11	0.31	0.63	0.57	其他分布	0.57	0.53	0.73
Sc	2624	5.67	6.00	6.75	7.60	8.80	10.29	11.00	7.88	1.61	7.72	3.31	12.53	3.94	0.20	7.60	7.30	偏峰分布	7.30	8.70	10.00
Se	27 894	0.14	0.15	0.18	0.22	0.28	0.34	0.38	0.23	0.07	0.22	2.45	0.45	0.03	0.31	0.22	0.20	其他分布	0.20	0.21	0.17
Sn	2618	2.59	2.91	3.58	4.96	7.24	10.00	11.50	5.74	2.76	5.14	2.87	14.16	0.60	0.48	4.96	6.90	其他分布	6.90	3.60	3.00
Sr	2585	37.11	41.45	52.6	67.2	90.4	115	130	73.4	28.46	68.3	11.78	161	17.90	0.39	67.2	60.0	剔除后对数分布	68.3	105	197
Th	2659	10.40	11.50	13.38	15.41	18.00	20.74	22.41	15.81	3.56	15.41	4.98	25.50	6.30	0.23	15.41	14.30	剔除后对数分布	15.41	13.30	11.00
Ti	2617	2809	3114	3592	4087	4677	5236	5602	4141	827	4058	121	6500	1900	0.20	4087	4119	剔除后对数分布	4058	4665	3498
Tl	15 107	0.44	0.49	0.58	0.70	0.85	0.98	1.06	0.72	0.19	0.69	1.42	1.27	0.16	0.26	0.70	0.70	其他分布	0.70	0.70	0.60
U	2650	2.38	2.56	2.89	3.25	3.68	4.07	4.35	3.30	0.60	3.24	2.03	5.00	1.67	0.18	3.25	3.12	剔除后正态分布	3.24	2.90	2.50
V	27 416	28.70	33.28	41.90	53.2	67.1	83.3	93.3	55.9	19.33	52.5	10.17	115	5.08	0.35	53.2	48.40	其他分布	48.40	106	70.0
W	2634	1.37	1.50	1.70	1.97	2.31	2.69	2.97	2.04	0.47	1.98	1.57	3.39	0.78	0.23	1.97	1.80	剔除后对数分布	1.80	1.80	1.60
Y	2617	18.90	20.20	22.27	24.70	27.80	31.10	33.09	25.18	4.21	24.84	6.40	37.35	13.40	0.17	24.70	22.60	其他分布	24.84	25.00	24.00
Zn	28 172	46.77	51.1	59.2	70.0	83.4	98.2	107	72.4	18.14	70.2	11.82	126	20.03	0.25	70.0	64.4	剔除后对数分布	64.4	101	66.0
Zr	2682	239	253	288	327	360	393	415	325	54.0	321	28.25	477	176	0.17	327	312	剔除后正态分布	325	243	230
SiO₂	2734	64.9	66.8	69.9	73.3	77.2	79.6	81.0	73.3	4.95	73.1	11.92	86.0	58.7	0.07	73.3	71.6	对数正态分布	71.6	71.3	66.7
Al₂O₃	2756	9.83	10.39	11.42	12.90	14.42	15.79	16.70	13.01	2.10	12.84	4.41	21.15	7.75	0.16	12.90	13.10	剔除后对数分布	12.84	13.20	11.90
TFe₂O₃	2624	2.41	2.62	3.01	3.54	4.18	4.91	5.53	3.67	0.90	3.56	2.15	6.24	1.39	0.25	3.54	3.25	其他分布	3.56	3.74	4.20
MgO	2605	0.37	0.41	0.48	0.58	0.74	0.93	1.04	0.63	0.20	0.60	1.55	1.21	0.22	0.32	0.58	0.51	其他分布	0.51	0.50	1.43
CaO	2545	0.15	0.18	0.24	0.32	0.42	0.57	0.66	0.35	0.15	0.32	2.24	0.81	0.06	0.43	0.32	0.24	其他分布	0.24	0.24	2.74
Na₂O	2756	0.24	0.30	0.46	0.69	0.95	1.23	1.39	0.74	0.36	0.64	1.84	2.66	0.06	0.49	0.69	0.60	对数正态分布	0.64	0.19	1.75
K₂O	29 297	1.24	1.47	1.96	2.56	3.11	3.55	3.81	2.54	0.79	2.41	1.83	4.83	0.26	0.31	2.56	2.35	剔除后对数分布	2.35	2.35	2.36
TC	2572	0.75	0.85	1.04	1.28	1.57	1.97	2.20	1.34	0.42	1.28	1.43	2.55	0.31	0.31	1.28	1.27	其他分布	1.28	1.43	1.30
Corg	26 906	0.55	0.68	0.92	1.20	1.49	1.80	1.99	1.22	0.43	1.14	1.52	2.40	0.06	0.35	1.20	1.23	剔除后对数分布	1.23	1.31	0.60
pH	27 583	4.41	4.58	4.83	5.13	5.51	5.98	6.27	4.92	4.80	5.20	2.60	6.80	3.68	0.98	5.13	5.02	其他分布	5.02	5.10	8.00

注:氧化物、TC、Corg 单位为%,N、P 单位为 g/kg,Au、Ag 单位为 μg/kg,pH 为无量纲,其他元素/指标单位为 mg/kg;后表单位和资料来源相同。全国地球化学背景网建立与土壤地球化学背景值特征》(王学求等,2016);浙江省背景值引自《浙江省土壤元素背景值》(黄春雷等,2023);中国背景值引自《全国地球化学背景网建立与土壤地球化学背景值特征》(王学求等,2016)。

第四章 土壤元素背景值

表 4-2 婺城区土壤元素背景参数统计表

元素/指标	N	$X_{5\%}$	$X_{10\%}$	$X_{25\%}$	$X_{50\%}$	$X_{75\%}$	$X_{90\%}$	$X_{95\%}$	$\overline{X}$	S	$\overline{X}_g$	S_g	X_{max}	X_{min}	CV	X_{me}	X_{mo}	分布类型	分布	婺城区背景值	金华市背景值	浙江省背景值
Ag	348	53.0	60.0	71.0	90.0	120	167	210	109	79.3	97.4	14.93	1090	40.00	0.72	90.0	90.0	对数正态分布	对数正态分布	97.4	70.0	100.0
As	3384	2.53	3.03	4.29	5.85	8.23	11.20	12.59	6.50	3.03	5.81	3.08	15.05	0.78	0.47	5.85	6.43	其他分布	其他对数正态分布	6.43	5.74	10.10
Au	348	0.53	0.59	0.71	1.08	2.17	3.26	4.30	1.70	1.85	1.27	2.05	24.10	0.23	1.09	1.08	0.66	其他分布	对数正态分布	1.27	0.71	1.50
B	3399	11.59	14.50	20.70	33.30	53.5	65.9	71.6	37.31	19.49	31.81	8.07	101	1.10	0.52	33.30	14.90	正态分布	其他分布	14.90	16.80	20.00
Ba	348	258	295	379	505	635	782	870	522	189	489	37.15	1200	219	0.36	505	633	对数正态分布	正态分布	522	592	475
Be	348	1.57	1.68	1.95	2.34	2.81	3.43	4.52	2.57	1.15	2.42	1.89	10.99	1.30	0.45	2.34	2.41	对数正态分布	其他正态分布	2.42	1.90	2.00
Bi	348	0.24	0.28	0.33	0.40	0.49	0.69	0.91	0.47	0.32	0.42	1.86	4.51	0.20	0.69	0.40	0.34	对数正态分布	其他正态分布	0.42	0.28	0.28
Br	336	1.86	2.02	2.29	3.42	6.40	8.75	10.53	4.59	2.80	3.88	2.84	13.30	0.99	0.61	3.42	2.18	其他分布	其他分布	2.18	2.20	2.20
Cd	3318	0.07	0.10	0.14	0.19	0.25	0.31	0.35	0.20	0.08	0.18	2.90	0.44	0.01	0.41	0.19	0.18	其他分布	其他分布	0.18	0.14	0.14
Ce	348	61.5	66.0	72.6	81.9	92.2	102	109	83.7	16.65	82.2	13.06	205	45.62	0.20	81.9	101	对数正态分布	对数正态分布	82.2	82.8	102
Cl	348	37.85	39.98	47.98	57.0	69.4	87.8	105	62.3	24.38	58.9	10.96	262	28.00	0.39	57.0	68.3	对数正态分布	其他正态分布	58.9	60.2	71.0
Co	3303	2.92	3.40	4.42	5.95	8.07	10.50	11.80	6.49	2.73	5.94	3.03	15.00	0.89	0.42	5.95	10.20	偏峰分布	偏峰分布	10.20	10.20	14.80
Cr	3435	15.50	18.90	25.30	37.10	53.0	68.4	76.1	40.47	18.88	36.01	8.40	96.4	1.50	0.47	37.10	35.10	偏峰分布	偏峰分布	35.10	26.40	82.0
Cu	3322	8.70	10.30	13.30	16.90	21.10	25.10	28.60	17.51	5.90	16.48	5.31	34.90	1.90	0.34	16.90	16.10	剔除后对数正态分布	剔除后对数正态分布	16.48	16.00	16.00
F	327	335	359	401	476	568	641	712	490	119	476	35.87	849	219	0.24	476	507	剔除后正态分布	剔除后正态分布	490	485	453
Ga	348	12.77	13.70	15.17	17.23	19.20	21.20	22.76	17.44	3.17	17.16	5.32	30.90	10.20	0.18	17.23	16.30	正态分布	正态分布	17.44	16.57	16.00
Ge	3379	1.21	1.27	1.36	1.45	1.56	1.68	1.75	1.46	0.16	1.45	1.27	1.88	1.05	0.11	1.45	1.44	其他分布	其他分布	1.44	1.46	1.44
Hg	3283	0.04	0.05	0.07	0.09	0.12	0.16	0.18	0.10	0.04	0.09	3.93	0.22	0.01	0.41	0.09	0.11	其他分布	其他分布	0.11	0.06	0.110
I	348	0.96	1.04	1.53	2.79	4.95	7.72	9.68	3.73	2.94	2.83	2.82	16.40	0.66	0.79	2.79	2.79	对数正态分布	对数正态分布	2.83	0.86	1.70
La	348	30.84	33.17	36.79	40.58	45.83	51.2	54.5	42.11	10.01	41.25	8.66	156	22.36	0.24	40.58	41.00	对数正态分布	对数正态分布	41.25	43.22	41.00
Li	348	22.57	25.67	29.75	35.40	41.00	48.29	53.2	36.70	11.96	35.21	7.93	128	13.10	0.33	35.40	38.90	对数正态分布	对数正态分布	35.21	34.82	25.00
Mn	3259	138	154	190	272	415	597	707	325	176	285	26.99	880	74.0	0.54	272	192	其他分布	其他分布	192	256	440
Mo	3320	0.58	0.65	0.79	0.97	1.27	1.55	1.74	1.04	0.35	0.99	1.39	2.09	0.26	0.34	0.97	0.82	对数正态分布	对数正态分布	0.82	0.76	0.66
N	3517	0.64	0.79	1.03	1.37	1.82	2.24	2.54	1.46	0.61	1.34	1.61	5.43	0.25	0.42	1.37	0.97	其他分布	其他分布	1.34	1.28	1.28
Nb	327	18.60	19.80	21.75	23.90	25.60	27.54	28.27	23.71	2.98	23.52	6.29	31.80	15.80	0.13	23.90	24.20	剔除后正态分布	剔除后正态分布	23.71	21.24	16.83
Ni	3375	5.40	6.23	8.30	11.70	15.95	20.50	23.13	12.58	5.45	11.42	4.41	29.00	1.50	0.43	11.70	11.60	其他分布	其他分布	11.60	6.70	35.00
P	3320	0.25	0.33	0.43	0.57	0.77	0.98	1.12	0.61	0.26	0.56	1.74	1.36	0.08	0.42	0.57	0.39	偏峰分布	偏峰分布	0.39	0.42	0.60
Pb	3298	25.49	27.30	30.80	35.80	42.50	50.7	55.6	37.48	9.12	36.43	8.25	64.5	15.80	0.24	35.80	32.60	剔除后对数正态分布	剔除后对数正态分布	36.43	30.60	32.00

续表 4-2

元素/指标	N	$X_{5\%}$	$X_{10\%}$	$X_{25\%}$	$X_{50\%}$	$X_{75\%}$	$X_{90\%}$	$X_{95\%}$	$\bar{X}$	S	$\bar{X}_g$	S_g	X_{max}	X_{min}	CV	X_{me}	X_{mo}	分布类型	婺城区背景值	金华市背景值	浙江省背景值
Rb	348	83.5	91.0	117	152	178	210	258	156	63.6	146	19.19	537	49.52	0.41	152	166	对数正态分布	146	140	120
S	348	169	191	234	286	344	393	441	291	87.5	278	26.74	729	76.5	0.30	286	299	正态分布	291	230	248
Sb	348	0.41	0.47	0.53	0.66	0.83	1.05	1.22	0.72	0.29	0.68	1.55	2.18	0.14	0.40	0.66	0.49	对数正态分布	0.68	0.57	0.53
Sc	348	6.10	6.30	7.00	8.10	9.50	10.95	12.89	8.60	2.31	8.35	3.47	20.90	5.10	0.27	8.10	8.20	对数正态分布	8.35	7.30	8.70
Se	3287	0.19	0.21	0.25	0.29	0.37	0.46	0.51	0.32	0.10	0.30	2.11	0.62	0.05	0.31	0.29	0.25	其他分布	0.25	0.20	0.21
Sn	348	3.40	3.80	5.38	7.87	11.50	15.36	19.20	9.19	5.72	7.91	3.71	47.40	2.36	0.62	7.87	7.10	对数正态分布	7.91	6.90	3.60
Sr	348	34.58	37.01	42.91	54.0	67.8	84.7	105	59.9	29.03	55.6	10.11	266	27.60	0.48	54.0	52.9	剔除后正态分布	55.6	68.3	105
Th	324	12.20	13.50	15.98	18.70	23.02	25.70	29.35	19.59	5.21	18.90	5.86	35.60	7.91	0.27	18.70	18.10	对数正态分布	19.59	15.41	13.30
Ti	348	2516	2765	3296	3870	4600	5527	6010	4027	1137	3884	116	11829	2034	0.28	3870	3841	对数正态分布	3884	4058	4665
Tl	348	0.54	0.67	0.81	1.01	1.25	1.62	2.02	1.10	0.47	1.02	1.49	3.44	0.29	0.43	1.01	1.07	剔除后对数正态分布	1.02	0.70	0.70
U	327	2.65	2.92	3.33	3.79	4.33	4.88	5.19	3.84	0.78	3.76	2.27	6.17	1.77	0.20	3.79	3.81	剔除后正态分布	3.76	3.24	2.90
V	3517	25.80	29.46	37.80	50.8	70.3	91.0	105	57.1	27.86	51.6	10.04	307	8.10	0.49	50.8	44.00	对数正态分布	51.6	48.40	106
W	348	1.50	1.57	1.79	2.00	2.35	2.91	3.14	2.12	0.55	2.06	1.64	4.74	0.91	0.26	2.00	1.94	对数正态分布	2.06	1.80	1.80
Y	327	18.65	20.66	22.93	25.10	28.09	30.89	32.40	25.48	4.02	25.16	6.54	36.73	15.49	0.16	25.10	24.70	剔除后对数正态分布	25.48	24.84	25.00
Zn	3284	48.70	52.9	61.1	72.6	87.5	103	113	75.6	19.54	73.2	12.19	136	32.50	0.26	72.6	102	剔除后对数正态分布	73.2	64.4	101
Zr	348	233	246	276	319	353	380	399	317	55.8	312	27.23	587	190	0.18	319	326	正态分布	317	325	243
SiO₂	348	62.4	65.7	70.4	73.7	77.9	79.5	80.5	73.3	5.58	73.0	11.81	83.0	53.4	0.08	73.7	71.4	正态分布	73.3	71.6	71.3
Al₂O₃	348	10.09	10.60	11.37	12.82	14.50	16.03	16.80	13.06	2.14	12.89	4.49	19.90	8.51	0.16	12.82	15.00	对数正态分布	13.06	12.84	13.20
TFe₂O₃	348	2.35	2.55	2.94	3.58	4.32	5.45	6.04	3.81	1.26	3.64	2.22	10.92	1.95	0.33	3.58	3.74	对数正态分布	3.64	3.56	3.74
MgO	348	0.34	0.37	0.43	0.51	0.68	0.96	1.13	0.61	0.29	0.56	1.69	2.06	0.26	0.47	0.51	0.40	对数正态分布	0.56	0.51	0.50
CaO	313	0.13	0.15	0.20	0.25	0.34	0.43	0.50	0.27	0.11	0.25	2.48	0.62	0.08	0.41	0.25	0.21	剔除后对数正态分布	0.25	0.24	0.24
Na₂O	348	0.16	0.21	0.30	0.50	0.75	1.01	1.20	0.57	0.33	0.48	2.16	1.96	0.08	0.59	0.50	0.29	其他分布	0.48	0.64	0.19
K₂O	3517	1.11	1.23	1.67	2.50	3.11	3.53	3.78	2.43	0.87	2.26	1.86	5.24	0.47	0.36	2.50	1.34	对数正态分布	2.26	2.35	2.35
TC	348	0.86	0.95	1.17	1.44	2.04	2.67	3.32	1.68	0.76	1.54	1.68	5.13	0.54	0.45	1.44	1.44	对数正态分布	1.54	1.28	1.43
Corg	3494	0.60	0.73	1.02	1.36	1.82	2.22	2.54	1.45	0.65	1.31	1.68	6.67	0.10	0.45	1.36	1.34	对数正态分布	1.31	1.23	1.31
pH	3191	4.31	4.47	4.69	4.95	5.23	5.63	5.89	4.78	4.74	5.00	2.54	6.36	3.76	0.99	4.95	4.98	其他分布	4.98	5.02	5.10

第四章 土壤元素背景值

在土壤各元素/指标中,约一半元素/指标变异系数小于0.40,分布相对均匀;Cd、Hg、Rb、CaO、Co、N、P、Ni、Tl、Be、TC、Corg、As、Cr、MgO、Sr、V、B、Mn、Na_2O、Br、Sn、Bi、Ag、I、pH、Au共27项元素/指标变异系数大于0.40,其中pH、Au变异系数大于0.80,空间变异性较大。

与金华市土壤元素背景值相比,婺城区土壤元素背景值中K_2O背景值明显低于金华市背景值,为金华市背景值的57%;Mn、Na_2O背景值略低于金华市背景值,为金华市背景值的60%~80%;TC、Se、S、Th、Be、Cd、Cr、Ag背景值略高于金华市背景值,是金华市背景值的1.2~1.4倍;Tl、Bi、Ni、Au、Hg、I背景值明显偏高,其中I明显富集,背景值是金华市背景值的3.29倍;其他元素/指标背景值则与金华市背景值基本接近。

与浙江省土壤元素背景值相比,婺城区土壤元素背景值中Cr、Mn、Ni、Sr、V、K_2O背景值明显低于浙江省背景值,为浙江省背景值的60%以下,其中Ni背景值最低,仅为浙江省背景值的33%;As、B、Co、P、Zn背景值略低于浙江省背景值;Be、Cd、Mo、Rb、Sb、U、Zr背景值略高于浙江省背景值,与浙江省背景值比值在1.2~1.4之间;而Bi、I、Li、Nb、Sn、Th、Tl、Na_2O背景值明显偏高,与浙江省背景值比值均在1.4以上,其中Na_2O背景值最高,为浙江省背景值的2.53倍;其他元素/指标背景值则与浙江省背景值基本接近。

三、金东区土壤元素背景值

金东区土壤元素背景值数据经正态分布检验,结果表明,原始数据中Be、Ce、Ga、La、Li、Nb、Rb、S、Th、Tl、U、Y、Zr、Na_2O、TC共15项元素/指标符合正态分布,Ag、Au、Bi、Br、Cl、F、I、N、Ni、P、Sb、Sc、Sn、Sr、W、Al_2O_3、TFe_2O_3、MgO、CaO、Corg共20项元素/指标符合对数正态分布,Pb、Ti、SiO_2剔除异常值后符合正态分布,Cd、Co、Cu、Mn、Mo、V剔除异常值后符合对数正态分布,其他元素/指标不符合正态分布或对数正态分布(表4-3)。

金东区表层土壤总体呈酸性,土壤pH极大值为8.26,极小值为3.56,背景值为5.26,接近于金华市背景值和浙江省背景值。

在土壤各元素/指标中,大多数元素/指标变异系数小于0.40,分布相对均匀;Cd、As、MgO、Cr、Mn、Hg、B、Sn、P、Sr、Ni、Br、Au、Sb、CaO、pH、I共17项元素/指标变异系数大于0.40,其中Sb、CaO、pH、I变异系数大于0.80,空间变异性较大。

与金华市土壤元素背景值相比,金东区土壤元素背景值中Co、Ba背景值略低于金华市背景值,为金华市背景值的60%~80%;Br、MgO、Cd、Na_2O、B、Sb背景值略高于金华市背景值,是金华市背景值的1.2~1.4倍;Cr、P、Ni、I、CaO、As、Au、Hg背景值明显偏高,其中Hg明显富集,背景值为金华市背景值的2.0倍;其他元素/指标背景值则与金华市背景值基本接近。

与浙江省土壤元素背景值相比,金东区土壤元素背景值中Co、Cr、Ni、V、Zn背景值明显低于浙江省背景值,均在浙江省背景值的60%以下;Ag、Ce、Cl、Mn、Sr背景值略低于浙江省背景值;Br、Cd、Mo、Nb、Zr、MgO背景值略高于浙江省背景值,与浙江省背景值比值在1.2~1.4之间;Li、Sb、Sn、CaO、Na_2O背景值明显偏高,为浙江省背景值的1.4倍以上;其他元素/指标背景值则与浙江省背景值基本接近。

四、义乌市土壤元素背景值

义乌市土壤元素背景值数据经正态分布检验,结果表明,原始数据中Ba、Ga、Rb、S、Th、Ti、Tl、U、Y、Zr、Al_2O_3共11项元素/指标符合正态分布,Ag、As、Au、Be、Cl、Co、F、I、La、N、Ni、Sb、Sc、Sn、Sr、W、Zn、TFe_2O_3、MgO、CaO、Na_2O共21项元素/指标符合对数正态分布,Bi、Ce、Li、Nb、TC、Corg剔除异常值后符合正态分布,Cu、Ge、Hg、Pb剔除异常值后符合对数正态分布,其他元素/指标不符合正态分布或对数正态分布(表4-4)。

义乌市表层土壤总体呈酸性,土壤pH极大值为7.14,极小值为3.92,背景值为5.18,接近于金华市背景值和浙江省背景值。

表 4-3 金东区土壤元素背景值参数统计表

元素/指标	N	$X_{5\%}$	$X_{10\%}$	$X_{25\%}$	$X_{50\%}$	$X_{75\%}$	$X_{90\%}$	$X_{95\%}$	$\bar{X}$	S	$\bar{X}_g$	S_g	X_{max}	X_{min}	CV	X_{me}	X_{mo}	分布类型	金东区背景值	金华市背景值	浙江省背景值
Ag	165	54.0	56.4	63.0	75.0	92.0	114	128	82.7	29.24	78.8	12.46	220	40.00	0.35	75.0	63.0	对数正态分布	78.8	70.0	100.0
As	2339	3.49	4.17	5.36	7.07	9.77	12.67	14.00	7.79	3.26	7.12	3.43	17.67	0.17	0.42	7.07	10.80	偏峰分布	10.80	5.74	10.10
Au	165	0.59	0.72	1.01	1.32	1.89	2.71	3.37	1.63	1.16	1.39	1.74	11.40	0.40	0.71	1.32	1.74	对数正态分布	1.39	0.71	1.50
B	2437	13.10	16.30	22.30	34.70	50.5	64.1	70.0	37.35	18.22	32.62	8.23	90.9	2.32	0.49	34.70	23.20	其他分布	23.20	16.80	20.00
Ba	165	324	347	391	467	625	698	792	509	149	488	37.31	932	248	0.29	467	471	偏峰分布	471	592	475
Be	165	1.42	1.51	1.76	1.95	2.15	2.40	2.52	1.95	0.35	1.92	1.54	3.04	0.80	0.18	1.95	2.14	正态分布	1.95	1.90	2.00
Bi	165	0.20	0.21	0.23	0.27	0.30	0.34	0.39	0.28	0.07	0.27	2.21	0.65	0.16	0.24	0.27	0.28	对数正态分布	0.27	0.28	0.28
Br	165	1.74	1.87	2.10	2.38	3.15	4.03	5.76	2.96	2.02	2.66	1.99	17.90	1.05	0.68	2.38	2.33	对数正态分布	2.66	2.20	2.20
Cd	2333	0.08	0.10	0.14	0.18	0.24	0.30	0.34	0.19	0.08	0.18	2.89	0.42	0.02	0.41	0.18	0.16	剔除后对数分布	0.18	0.14	0.14
Ce	165	56.6	61.3	69.9	77.1	83.0	90.3	95.2	76.3	11.27	75.5	12.22	109	47.27	0.15	77.1	76.2	正态分布	76.3	82.8	102
Cl	165	42.50	44.92	49.10	55.5	61.8	72.2	77.0	57.2	11.84	56.1	10.22	112	34.10	0.21	55.5	57.9	对数正态分布	56.1	60.2	71.0
Co	2308	3.47	4.19	5.78	7.40	9.65	12.00	13.60	7.83	2.95	7.27	3.39	16.40	1.89	0.38	7.40	10.30	剔除后对数分布	7.27	10.20	14.80
Cr	2407	15.10	17.20	23.40	35.50	48.80	60.6	66.2	37.28	16.61	33.40	8.17	87.9	0.48	0.45	35.50	37.00	其他分布	37.00	26.40	82.0
Cu	2285	8.70	10.09	12.42	16.10	21.00	25.44	28.10	16.99	6.09	15.91	5.30	36.20	3.20	0.36	16.10	14.50	对数正态分布	15.91	16.00	16.00
F	165	335	351	400	463	535	631	724	497	201	473	35.90	2004	236	0.40	463	497	正态分布	473	485	453
Ga	165	10.79	11.58	12.95	14.60	16.32	17.86	19.46	14.74	2.61	14.51	4.68	22.80	8.20	0.18	14.60	15.10	正态分布	14.74	16.57	16.00
Ge	2352	1.29	1.34	1.42	1.50	1.60	1.69	1.76	1.51	0.14	1.50	1.28	1.89	1.14	0.09	1.50	1.49	其他分布	1.49	1.46	1.44
Hg	2306	0.03	0.04	0.06	0.09	0.12	0.15	0.17	0.09	0.04	0.08	4.19	0.22	0.004	0.47	0.09	0.12	偏峰分布	0.12	0.06	0.110
I	165	0.75	0.82	1.03	1.22	1.78	3.32	4.89	1.85	1.91	1.46	1.87	15.10	0.61	1.03	1.22	1.19	对数正态分布	1.46	0.86	1.70
La	165	28.82	33.24	38.15	42.60	45.70	49.20	51.6	41.66	6.41	41.14	8.60	58.3	24.90	0.15	42.60	44.00	正态分布	41.66	43.22	41.00
Li	165	26.65	29.09	32.80	36.90	41.30	45.83	49.68	37.27	7.10	36.62	8.07	61.2	21.70	0.19	36.90	35.70	正态分布	37.27	34.82	25.00
Mn	2352	138	161	219	313	434	581	655	342	158	307	28.29	802	42.60	0.46	313	314	剔除后对数分布	307	256	440
Mo	2296	0.52	0.58	0.67	0.80	0.95	1.13	1.25	0.82	0.22	0.80	1.34	1.47	0.30	0.26	0.80	0.76	对数正态分布	0.80	0.76	0.66
N	2440	0.50	0.63	0.86	1.14	1.45	1.79	2.05	1.19	0.48	1.09	1.55	4.92	0.11	0.40	1.14	1.20	其他分布	1.09	1.28	1.28
Nb	165	15.14	16.22	18.60	20.60	21.80	23.86	25.06	20.27	3.15	20.02	5.78	29.70	11.00	0.16	20.60	21.50	正态分布	20.27	21.24	16.83
Ni	2440	4.64	5.69	7.80	10.90	14.92	19.00	22.40	12.09	7.41	10.66	4.32	148	1.60	0.61	10.90	12.30	对数正态分布	10.66	6.70	35.00
P	2440	0.25	0.32	0.45	0.64	0.90	1.30	1.56	0.74	0.43	0.63	1.82	3.80	0.08	0.58	0.64	0.51	对数正态分布	0.63	0.42	0.60
Pb	2342	21.60	24.00	27.60	31.20	34.70	37.80	39.90	31.12	5.45	30.63	7.41	46.00	16.70	0.17	31.20	30.50	剔除后对数分布	31.12	30.60	32.00

续表 4-3

元素/指标	N	$X_{5\%}$	$X_{10\%}$	$X_{25\%}$	$X_{50\%}$	$X_{75\%}$	$X_{90\%}$	$X_{95\%}$	$\overline{X}$	S	$\overline{X}_g$	S_g	X_{max}	X_{min}	CV	X_{me}	X_{mo}	分布类型	金东区背景值	金华市背景值	浙江省背景值
Rb	165	63.7	69.9	81.7	106	134	169	176	112	36.64	106	15.74	205	43.91	0.33	106	109	正态分布	112	140	120
S	165	143	175	213	266	318	354	390	268	74.7	257	24.59	514	112	0.28	266	268	正态分布	268	230	248
Sb	165	0.51	0.54	0.64	0.74	0.95	1.10	1.32	0.86	0.70	0.79	1.47	8.99	0.40	0.81	0.74	0.70	对数正态分布	0.79	0.57	0.53
Sc	165	5.87	6.16	6.60	7.50	9.00	11.01	12.82	8.20	2.57	7.90	3.29	23.05	4.71	0.31	7.50	6.50	对数正态分布	7.90	7.30	8.70
Se	2356	0.15	0.16	0.19	0.23	0.27	0.32	0.35	0.24	0.06	0.23	2.40	0.41	0.06	0.26	0.23	0.22	其他分布	0.22	0.20	0.21
Sn	165	3.11	3.54	5.00	6.40	8.40	11.26	11.98	7.11	3.91	6.38	3.17	38.85	2.10	0.55	6.40	5.00	对数正态分布	6.38	6.90	3.60
Sr	165	42.32	47.31	62.6	72.0	94.3	116	173	86.2	50.1	77.7	12.27	369	35.60	0.58	72.0	69.5	对数正态分布	77.7	68.3	105
Th	165	9.19	10.00	11.80	14.86	17.20	20.72	21.88	14.86	4.16	14.25	4.92	28.58	4.50	0.28	14.86	15.20	正态分布	14.86	15.41	13.30
Ti	159	2875	3109	3653	4117	4747	5202	5444	4167	815	4086	118	6369	2373	0.20	4117	4173	剔除后正态分布	4167	4058	4665
Tl	165	0.39	0.44	0.55	0.71	0.86	1.06	1.15	0.73	0.25	0.69	1.48	2.20	0.21	0.35	0.71	0.68	正态分布	0.73	0.70	0.70
U	165	2.24	2.45	2.74	3.19	3.67	4.14	4.34	3.24	0.75	3.15	2.07	6.94	1.28	0.23	3.19	2.94	正态分布	3.24	3.24	2.90
V	2334	29.13	35.73	45.73	56.2	69.2	81.9	89.7	57.8	17.80	54.9	10.41	109	10.90	0.31	56.2	48.90	剔除后对数分布	54.9	48.40	106
W	165	1.26	1.46	1.66	1.92	2.34	2.67	3.11	2.05	0.70	1.96	1.64	7.63	0.78	0.34	1.92	1.92	对数正态分布	1.96	1.80	1.80
Y	2324	18.17	19.65	22.94	26.02	28.92	32.14	33.85	26.04	5.27	25.52	6.64	50.3	13.65	0.20	26.02	26.22	正态分布	26.04	24.84	25.00
Zn	165	41.91	47.50	56.6	65.6	77.6	92.3	100.0	67.8	17.11	65.7	11.50	116	22.50	0.25	65.6	59.5	偏峰分布	59.5	64.4	101
Zr	165	246	259	301	335	364	402	415	333	55.3	328	28.84	486	172	0.17	335	311	正态分布	333	325	243
SiO$_2$	150	70.8	72.8	75.4	77.5	78.8	80.8	81.5	76.9	3.16	76.8	12.26	84.0	67.7	0.04	77.5	78.2	剔除后正态分布	76.9	71.6	71.3
Al$_2$O$_3$	165	9.54	9.94	10.48	11.39	12.75	14.64	15.88	11.81	1.89	11.68	4.10	17.80	8.71	0.16	11.39	10.65	对数正态分布	11.68	12.84	13.20
TFe$_2$O$_3$	165	2.22	2.43	2.86	3.40	4.08	5.01	6.02	3.68	1.30	3.50	2.11	10.67	1.88	0.35	3.40	3.98	对数正态分布	3.50	3.56	3.74
MgO	165	0.37	0.41	0.47	0.62	0.76	1.07	1.26	0.68	0.29	0.63	1.62	2.15	0.33	0.42	0.62	0.66	对数正态分布	0.63	0.51	0.50
CaO	165	0.11	0.20	0.30	0.42	0.63	1.02	1.69	0.56	0.53	0.43	2.54	3.64	0.06	0.94	0.42	0.30	对数正态分布	0.43	0.24	0.24
Na$_2$O	165	0.37	0.44	0.63	0.86	1.09	1.27	1.39	0.87	0.35	0.79	1.59	2.24	0.18	0.40	0.86	1.12	其他分布	0.87	0.64	0.19
K$_2$O	2437	1.33	1.51	1.83	2.33	3.05	3.49	3.73	2.44	0.77	2.32	1.79	4.88	0.85	0.32	2.33	2.18	正态分布	2.18	2.35	2.35
TC	165	0.83	0.92	1.11	1.26	1.45	1.66	1.77	1.29	0.31	1.26	1.31	2.66	0.61	0.24	1.26	1.34	对数正态分布	1.29	1.28	1.43
Corg	2440	0.51	0.61	0.85	1.10	1.39	1.67	1.93	1.14	0.44	1.05	1.52	3.61	0.13	0.39	1.10	0.85	对数正态分布	1.05	1.23	1.31
pH	2417	4.55	4.73	5.08	5.58	6.33	7.34	7.79	5.14	4.85	5.79	2.78	8.26	3.56	0.94	5.58	5.26	其他分布	5.26	5.02	5.10

金华市土壤元素背景值

表 4-4 义乌市土壤元素背景值参数统计表

元素/指标	N	$X_{5\%}$	$X_{10\%}$	$X_{25\%}$	$X_{50\%}$	$X_{75\%}$	$X_{90\%}$	$X_{95\%}$	$\overline{X}$	S	$\overline{X}_g$	S_g	X_{max}	X_{min}	CV	X_{me}	X_{mo}	分布类型	义乌市背景值	金华市背景值	浙江省背景值
Ag	284	46.15	50.6	62.8	77.5	94.0	128	144	85.2	38.29	79.4	12.61	338	39.00	0.45	77.5	80.0	对数正态分布	79.4	70.0	100.0
As	2768	3.16	3.78	4.96	6.71	9.28	12.70	15.06	7.84	5.26	6.87	3.41	116	1.50	0.67	6.71	5.92	对数正态分布	6.87	5.74	10.10
Au	284	0.63	0.74	0.93	1.37	1.85	2.60	3.15	1.54	0.85	1.35	1.70	5.85	0.23	0.55	1.37	0.77	对数正态分布	1.35	0.71	1.50
B	2657	10.80	13.20	18.10	25.40	37.40	51.2	58.9	28.98	14.57	25.50	7.10	70.3	3.39	0.50	25.40	23.10	其他分布	23.10	16.80	20.00
Ba	284	330	369	428	526	608	715	801	532	140	515	36.97	1086	260	0.26	526	540	正态分布	532	592	475
Be	284	1.60	1.70	1.90	2.10	2.37	2.60	2.90	2.13	0.40	2.09	1.59	4.09	1.30	0.19	2.10	2.10	对数正态分布	2.09	1.90	2.00
Bi	269	0.19	0.20	0.24	0.28	0.33	0.38	0.41	0.29	0.06	0.28	2.18	0.47	0.14	0.23	0.28	0.25	剔除后正态分布	0.29	0.28	0.28
Br	254	1.74	1.90	2.17	2.45	2.96	4.03	4.38	2.69	0.82	2.58	1.83	5.39	1.22	0.31	2.45	2.34	其他分布	2.34	2.20	2.20
Cd	2597	0.09	0.11	0.14	0.17	0.23	0.29	0.33	0.19	0.07	0.17	2.90	0.39	0.02	0.38	0.17	0.19	正态分布	0.19	0.14	0.14
Ce	276	67.9	71.0	76.0	81.0	88.1	95.2	98.8	82.2	9.49	81.7	12.82	108	59.9	0.12	81.0	85.0	剔除后正态分布	81.7	82.8	102
Cl	284	45.60	48.48	56.0	64.9	76.7	90.3	102	69.5	30.36	66.3	11.20	464	34.20	0.44	64.9	68.7	对数正态分布	66.3	60.2	71.0
Co	2717	3.94	4.53	5.92	8.74	12.80	18.54	21.80	10.26	5.94	8.88	3.85	50.4	1.79	0.58	8.74	11.10	对数正态分布	8.88	10.20	14.80
Cr	2644	15.30	18.00	25.10	37.50	53.6	69.8	78.5	41.00	19.89	36.20	8.49	103	4.10	0.49	37.50	21.80	偏峰分布	21.80	26.40	82.0
Cu	2551	10.10	11.80	14.77	18.00	22.00	26.60	30.10	18.70	5.87	17.78	5.49	36.40	3.30	0.31	18.00	16.00	剔除后正态分布	17.78	16.00	16.00
F	284	354	384	426	505	604	687	768	571	705	519	37.70	12154	311	1.23	505	440	对数正态分布	519	485	453
Ga	284	12.00	12.70	14.06	15.81	17.80	18.80	20.50	15.97	2.54	15.77	4.92	23.90	10.30	0.16	15.81	15.60	正态分布	15.97	16.57	16.00
Ge	2652	1.26	1.32	1.42	1.52	1.63	1.74	1.80	1.52	0.16	1.51	1.30	1.96	1.09	0.11	1.52	1.46	剔除后正态分布	1.51	1.46	1.44
Hg	2595	0.03	0.04	0.06	0.08	0.11	0.15	0.17	0.09	0.04	0.08	4.24	0.22	0.01	0.47	0.08	0.11	对数正态分布	0.08	0.06	0.110
I	284	0.85	0.91	1.15	1.68	2.48	4.03	5.43	2.24	1.79	1.81	1.99	12.52	0.33	0.80	1.68	0.88	对数正态分布	1.81	0.86	1.70
La	284	35.03	37.69	40.17	43.72	47.54	52.9	56.1	44.51	6.89	44.02	8.97	80.9	26.37	0.15	43.72	45.80	剔除后正态分布	44.02	43.22	41.00
Li	269	25.42	27.58	32.30	36.40	40.90	46.40	50.1	36.83	7.12	36.13	8.05	54.4	19.32	0.19	36.40	37.50	对数正态分布	36.83	34.82	25.00
Mn	2618	130	154	207	328	491	707	820	376	211	322	29.16	997	82.0	0.56	328	164	其他分布	164	256	440
Mo	2554	0.55	0.60	0.70	0.85	1.07	1.33	1.48	0.91	0.29	0.85	1.46	1.75	0.10	0.32	0.85	0.79	其他正态分布	0.85	0.76	0.66
N	2768	0.57	0.69	0.91	1.16	1.41	1.69	1.91	1.18	0.42	1.11	1.47	3.75	0.15	0.35	1.16	1.17	对数正态分布	1.11	1.28	1.28
Nb	263	17.70	18.22	19.60	20.80	22.00	23.28	24.19	20.84	1.99	20.75	5.77	25.98	15.90	0.10	20.80	20.80	剔除后正态分布	20.84	21.24	16.83
Ni	2768	5.37	6.27	8.18	11.70	16.80	23.90	31.00	14.24	11.37	12.07	4.59	54.4	1.90	0.80	11.70	10.60	对数正态分布	12.07	6.70	35.00
P	2576	0.28	0.34	0.43	0.59	0.81	1.10	1.26	0.65	0.29	0.59	1.72	1.52	0.10	0.45	0.59	0.54	其他分布	0.54	0.42	0.60
Pb	2614	24.00	25.80	28.60	31.80	35.40	38.80	41.20	32.07	5.10	31.66	7.52	46.61	18.10	0.16	31.80	30.40	剔除后对数分布	31.66	30.60	32.00

第四章 土壤元素背景值

续表 4-4

元素/指标	N	$X_{5\%}$	$X_{10\%}$	$X_{25\%}$	$X_{50\%}$	$X_{75\%}$	$X_{90\%}$	$X_{95\%}$	$\bar{X}$	S	$\bar{X}_g$	S_g	X_{max}	X_{min}	CV	X_{me}	X_{mo}	分布类型	义乌市背景值	金华市背景值	浙江省背景值
Rb	284	79.0	84.1	94.9	119	143	164	178	122	32.33	117	16.00	225	45.99	0.27	119	120	正态分布	122	140	120
S	284	109	133	168	209	258	314	342	216	70.5	205	21.68	462	75.0	0.33	209	211	正态分布	216	230	248
Sb	284	0.45	0.50	0.59	0.74	0.91	1.10	1.29	0.79	0.32	0.75	1.45	3.52	0.36	0.40	0.74	0.78	对数正态分布	0.75	0.57	0.53
Sc	284	5.50	5.92	6.71	7.70	9.50	11.00	13.47	8.36	2.52	8.05	3.44	19.78	4.22	0.30	7.70	6.90	对数正态分布	8.05	7.30	8.70
Se	2631	0.14	0.15	0.18	0.21	0.26	0.31	0.35	0.22	0.06	0.21	2.50	0.40	0.06	0.28	0.21	0.19	其他分布	0.19	0.20	0.21
Sn	284	2.91	3.40	4.28	6.20	8.90	11.58	13.98	7.26	4.92	6.26	3.27	50.00	2.05	0.68	6.20	6.80	对数正态分布	6.26	6.90	3.60
Sr	284	40.52	47.51	56.0	68.2	85.7	114	131	77.2	38.81	71.0	11.65	362	26.32	0.50	68.2	70.5	对数正态分布	71.0	68.3	105
Th	284	10.91	12.10	14.30	15.83	18.32	20.73	21.67	16.26	3.56	15.85	5.11	34.20	4.30	0.22	15.83	15.10	正态分布	16.26	15.41	13.30
Ti	284	2760	3024	3550	4107	4773	5358	5705	4177	902	4080	122	7815	2097	0.22	4107	4175	正态分布	4177	4058	4665
Tl	284	0.46	0.52	0.62	0.77	0.92	1.11	1.23	0.79	0.25	0.76	1.40	1.75	0.24	0.31	0.77	0.63	正态分布	0.79	0.70	0.70
U	284	2.17	2.45	2.84	3.26	3.62	3.95	4.15	3.24	0.64	3.17	2.05	5.69	1.31	0.20	3.26	3.33	正态分布	3.24	3.24	2.90
V	2598	33.41	37.10	46.00	61.7	84.4	116	132	68.5	29.61	62.8	11.21	153	9.00	0.43	61.7	129	其他分布	129	48.40	106
W	284	1.42	1.54	1.80	2.02	2.40	2.68	3.00	2.12	0.58	2.06	1.63	6.70	0.96	0.27	2.02	2.50	对数正态分布	2.06	1.80	1.80
Y	284	19.26	21.36	23.62	26.10	28.27	31.26	34.17	26.15	4.55	25.75	6.69	42.80	8.01	0.17	26.10	27.30	正态分布	26.15	24.84	25.00
Zn	2768	45.60	49.20	56.4	67.7	81.9	97.6	110	72.5	28.96	69.1	11.69	575	28.90	0.40	67.7	55.5	对数正态分布	69.1	64.4	101
Zr	284	231	247	282	320	355	384	395	317	53.5	312	28.30	481	153	0.17	320	293	正态分布	317	325	243
SiO₂	281	66.9	68.4	71.4	75.2	77.4	79.4	80.2	74.3	4.25	74.1	12.04	83.7	62.5	0.06	75.2	72.2	偏峰分布	72.2	71.6	71.3
Al₂O₃	284	9.97	10.36	11.32	12.44	13.61	14.87	15.59	12.58	1.78	12.46	4.27	19.01	8.64	0.14	12.44	12.83	正态分布	12.58	12.84	13.20
TFe₂O₃	284	2.51	2.77	3.10	3.60	4.49	5.58	5.95	3.88	1.08	3.74	2.23	7.32	1.92	0.28	3.60	3.73	对数正态分布	3.74	3.56	3.74
MgO	284	0.41	0.43	0.52	0.63	0.81	1.09	1.37	0.71	0.30	0.66	1.53	2.20	0.34	0.42	0.63	0.58	对数正态分布	0.66	0.51	0.50
CaO	284	0.14	0.19	0.28	0.39	0.52	0.84	1.19	0.47	0.35	0.39	2.28	2.58	0.09	0.74	0.39	0.40	对数正态分布	0.39	0.24	0.24
Na₂O	284	0.32	0.42	0.58	0.81	1.02	1.32	1.55	0.85	0.38	0.76	1.67	2.61	0.16	0.45	0.81	0.89	其他分布	0.76	0.64	0.19
K₂O	2716	1.33	1.56	1.94	2.44	2.92	3.28	3.50	2.43	0.66	2.34	1.77	4.23	0.84	0.27	2.44	2.39	正态分布	2.39	2.35	2.35
TC	266	0.64	0.77	0.93	1.15	1.35	1.54	1.71	1.15	0.32	1.10	1.36	2.04	0.31	0.28	1.15	1.16	剔除后正态分布	1.15	1.28	1.43
Corg	2690	0.46	0.60	0.81	1.10	1.36	1.63	1.79	1.10	0.40	1.02	1.52	2.22	0.12	0.36	1.10	1.17	剔除后正态分布	1.10	1.23	1.31
pH	2625	4.52	4.69	4.94	5.27	5.72	6.30	6.62	5.05	4.94	5.38	2.65	7.14	3.92	0.98	5.27	5.18	其他分布	5.18	5.02	5.10

在土壤各元素/指标中,大多数元素/指标变异系数小于0.40,分布相对均匀;MgO、V、Cl、Ag、P、Na_2O、Hg、Cr、B、Sr、Au、Mn、Co、As、Sn、CaO、I、Ni、pH、F共20项元素/指标变异系数大于0.40,其中pH、F变异系数大于0.80,空间变异性较大。

与金华市土壤元素背景值相比,义乌市土壤元素背景值中Mn背景值略低于金华市背景值,为金华市背景值的64%;P、MgO、Sb、Hg、Cd、B背景值略高于金华市背景值,为金华市背景值的1.2~1.4倍;CaO、Ni、Au、I、V背景值明显偏高,为金华市背景值的1.4倍以上,其中I、V明显富集,背景值为金华市背景值的2.0倍以上;其他元素/指标背景值则与金华市背景值基本接近。

与浙江省土壤元素背景值相比,义乌市土壤元素背景值中Mn、Cr、Ni、Co背景值明显低于浙江省背景值,在浙江省背景值的60%以下;Ag、As、Hg、Sr、Zn背景值略低于浙江省背景值;Cd、Nb、Th、V、Zr、MgO背景值略高于浙江省背景值,与浙江省背景值比值在1.2~1.4之间;Li、Sb、Sn、CaO、Na_2O背景值明显偏高,为浙江省背景值的1.4倍以上;其他元素/指标背景值则与浙江省背景值基本接近。

五、永康市土壤元素背景值

永康市土壤元素背景值数据经正态分布检验,结果表明,原始数据中Ba、Ce、Ga、La、Rb、S、Zr、Al_2O_3、Na_2O、TC共10项元素/指标符合正态分布,Au、Be、Bi、Br、Cl、I、Mn、N、Sb、Sc、Sn、Sr、Th、U、W、Y、TFe_2O_3、MgO、CaO、K_2O共20项元素/指标符合对数正态分布,Li、Nb、Ti、Corg剔除异常值后符合正态分布,Ag、As、Cr、Cu、F、Hg、Ni、Pb、Zn、pH共10项元素/指标剔除异常值后符合对数正态分布,其他元素/指标不符合正态分布或对数正态分布(表4-5)。

永康市表层土壤总体呈酸性,土壤pH极大值为6.36,极小值为4.06,背景值为5.20,接近于金华市背景值和浙江省背景值。

在土壤各元素/指标中,大多数元素/指标变异系数小于0.40,分布相对均匀;B、P、Sr、CaO、Mn、Sn、I、Au、pH变异系数大于0.40,其中pH变异系数大于0.80,空间变异性较大。

与金华市土壤元素背景值相比,永康市土壤元素背景值中Co背景值明显低于金华市背景值,为金华市背景值的60%以下;Tl背景值略低于金华市背景值,为金华市背景值的79%;Cl、Ba背景值略高于金华市背景值,是金华市背景值的1.2~1.4倍;Sr、Na_2O、Mn、CaO、I、Au背景值明显偏高,其中Au背景值最高,为金华市背景值的1.70倍;其他元素/指标背景值则与金华市背景值基本接近。

与浙江省土壤元素背景值相比,永康市土壤元素背景值中As、Co、Cr、Hg、Ni、V背景值明显低于浙江省背景值,在浙江省背景值的60%以下;Ag、B、Ce、P、Tl、Zn背景值略低于浙江省背景值;而Ba、Li、Sn、Zr、CaO、Na_2O背景值明显偏高,为浙江省背景值的1.4倍以上;其他元素/指标背景值则与浙江省背景值基本接近。

六、兰溪市土壤元素背景值

兰溪市土壤元素背景值数据经正态分布检验,结果表明,原始数据中Ce、La、Rb、S、SiO_2、Al_2O_3、Na_2O符合正态分布,Au、Be、Bi、Cl、Cr、F、Ga、Hg、I、Li、N、Sc、Sn、Sr、Th、Y、TFe_2O_3、MgO、CaO、TC共20项元素/指标符合对数正态分布,Nb、Sb、U、W、Zr剔除异常值后符合正态分布,Ba、Cd、Ge、Ni、P、V、Zn、Corg剔除异常值后符合对数正态分布,其他元素/指标不符合正态分布或对数正态分布(表4-6)。

兰溪市表层土壤总体呈酸性,土壤pH极大值为7.52,极小值为3.43,背景值为5.10,与金华市背景值和浙江省背景值基本接近。

在土壤各元素/指标中,大多数元素/指标变异系数小于0.40,分布相对均匀;Mo、P、Cd、Cr、Na_2O、Mn、Sr、CaO、Bi、Sn、I、pH、Hg、Au共14项元素/指标变异系数大于0.40,其中Sn、I、pH、Hg、Au变异系数大于0.80,空间变异性较大。

第四章 土壤元素背景值

表 4-5 永康市土壤元素背景值参数统计表

元素/指标	N	$X_{5\%}$	$X_{10\%}$	$X_{25\%}$	$X_{50\%}$	$X_{75\%}$	$X_{90\%}$	$X_{95\%}$	$\bar{X}$	S	$\bar{X}_g$	S_g	X_{max}	X_{min}	CV	X_{me}	X_{mo}	分布类型	永康市背景值	金华市背景值	浙江省背景值
Ag	231	50.00	55.0	65.5	76.0	88.5	112	126	79.7	22.01	76.9	12.61	147	42.00	0.28	76.0	70.0	剔除后对数分布	76.9	70.0	100.0
As	3424	3.06	3.45	4.25	5.28	6.55	8.00	8.87	5.52	1.76	5.24	2.78	10.70	0.79	0.32	5.28	5.14	剔除后对数分布	5.24	5.74	10.10
Au	253	0.54	0.62	0.83	1.17	1.62	2.69	3.39	1.45	1.07	1.21	1.79	8.74	0.30	0.74	1.17	0.71	对数正态分布	1.21	0.71	1.50
B	3547	9.17	11.60	16.70	24.20	33.30	41.80	47.10	25.68	11.53	22.95	6.80	59.1	2.78	0.45	24.20	14.50	其他分布	14.50	16.80	20.00
Ba	253	387	458	590	780	1025	1221	1335	815	299	757	46.21	1663	116	0.37	780	683	正态分布	815	592	475
Be	253	1.49	1.56	1.70	1.88	2.14	2.40	2.62	1.96	0.50	1.92	1.53	6.90	1.30	0.26	1.88	1.70	对数正态分布	1.92	1.90	2.00
Bi	253	0.17	0.18	0.21	0.24	0.29	0.33	0.42	0.26	0.10	0.25	2.29	0.83	0.12	0.36	0.24	0.24	对数正态分布	0.25	0.28	0.28
Br	253	1.70	1.88	2.19	2.51	3.07	3.81	4.94	2.75	0.96	2.62	1.86	7.33	0.98	0.35	2.51	2.10	对数正态分布	2.62	2.20	2.20
Cd	3410	0.08	0.10	0.14	0.17	0.20	0.24	0.27	0.17	0.05	0.16	2.95	0.32	0.03	0.32	0.17	0.16	其他分布	0.16	0.14	0.14
Ce	253	57.9	61.2	67.2	77.2	88.8	103	109	79.3	15.40	77.9	12.36	119	45.80	0.19	77.2	76.0	正态分布	79.3	82.8	102
Cl	253	50.9	53.5	60.8	70.8	85.3	97.0	111	76.2	25.95	73.0	11.99	246	40.20	0.34	70.8	64.8	对数正态分布	73.0	60.2	71.0
Co	3316	3.18	3.75	4.59	5.63	6.88	8.48	9.51	5.87	1.85	5.58	2.86	11.40	0.88	0.32	5.63	5.29	其他分布	5.29	10.20	14.80
Cr	3469	11.60	14.20	18.70	24.50	31.10	37.82	42.06	25.32	9.10	23.59	6.60	52.0	3.10	0.36	24.50	22.40	剔除后对数分布	23.59	26.40	82.0
Cu	3381	7.53	9.00	11.80	15.10	19.00	23.50	26.50	15.72	5.54	14.72	5.10	32.20	2.60	0.35	15.10	15.70	对数正态分布	14.72	16.00	16.00
F	231	275	302	340	391	468	544	595	411	96.7	400	31.71	719	220	0.24	391	327	正态分布	400	485	453
Ga	253	11.14	11.99	13.36	15.00	17.20	18.46	19.64	15.18	2.59	14.96	4.80	23.08	9.78	0.17	15.00	15.30	正态分布	15.18	16.57	16.00
Ge	3425	1.22	1.28	1.36	1.46	1.57	1.68	1.76	1.47	0.16	1.46	1.27	1.91	1.04	0.11	1.46	1.46	其他分布	1.46	1.46	1.44
Hg	3403	0.03	0.04	0.05	0.06	0.08	0.11	0.12	0.07	0.03	0.06	4.77	0.15	0.01	0.39	0.06	0.06	剔除后对数分布	0.06	0.06	0.110
I	253	0.71	0.80	0.95	1.18	1.83	3.03	4.10	1.60	1.08	1.36	1.75	7.19	0.43	0.68	1.18	1.06	对数正态分布	1.36	0.86	1.70
La	253	33.00	34.25	37.49	42.78	48.40	52.5	57.1	43.30	7.65	42.61	8.70	68.6	14.61	0.18	42.78	42.20	正态分布	43.30	43.22	41.00
Li	239	26.58	29.70	32.70	36.77	40.15	44.20	46.71	36.51	5.69	36.06	7.96	51.7	22.00	0.16	36.77	37.80	剔除后正态分布	36.51	34.82	25.00
Mn	3599	178	206	268	370	526	736	918	436	257	382	31.28	3237	87.0	0.59	370	348	对数正态分布	382	256	440
Mo	3355	0.46	0.51	0.60	0.72	0.87	1.05	1.17	0.75	0.21	0.72	1.39	1.38	0.28	0.28	0.72	0.70	偏峰分布	0.70	0.76	0.66
N	3616	0.61	0.77	1.02	1.32	1.65	1.97	2.15	1.35	0.47	1.25	1.56	3.72	0.07	0.35	1.32	1.09	对数正态分布	1.25	1.28	1.28
Nb	233	16.30	16.88	18.50	19.41	20.70	22.08	23.02	19.57	1.91	19.48	5.57	24.41	15.40	0.10	19.41	20.20	剔除后对数分布	19.57	21.24	16.83
Ni	3419	3.89	4.70	6.00	7.40	9.00	10.70	11.90	7.58	2.36	7.19	3.35	14.30	1.50	0.31	7.40	7.10	剔除后对数分布	7.19	6.70	35.00
P	3388	0.16	0.24	0.33	0.45	0.62	0.83	0.96	0.49	0.23	0.44	1.98	1.15	0.03	0.46	0.45	0.38	其他分布	0.38	0.42	0.60
Pb	3348	24.30	26.07	29.00	32.20	35.70	39.30	42.06	32.48	5.24	32.05	7.54	47.50	18.10	0.16	32.20	29.20	剔除后对数分布	32.05	30.60	32.00

续表 4-5

元素/指标	N	$X_{5\%}$	$X_{10\%}$	$X_{25\%}$	$X_{50\%}$	$X_{75\%}$	$X_{90\%}$	$X_{95\%}$	$\overline{X}$	S	$\overline{X}_g$	S_g	X_{max}	X_{min}	CV	X_{me}	X_{mo}	分布类型	永康市背景值	金华市背景值	浙江省背景值
Rb	253	75.0	81.2	96.0	121	145	160	167	121	30.44	117	15.61	218	44.17	0.25	121	82.4	正态分布	121	140	120
S	253	141	152	187	224	268	307	330	229	62.9	220	22.87	484	62.4	0.27	224	189	正态分布	229	230	248
Sb	253	0.40	0.42	0.51	0.61	0.74	0.97	1.14	0.66	0.24	0.63	1.49	1.98	0.35	0.36	0.61	0.68	对数正态分布	0.63	0.57	0.53
Sc	253	5.24	5.52	5.95	6.84	7.90	9.84	10.86	7.21	1.73	7.02	3.10	14.50	3.29	0.24	6.84	5.95	对数正态分布	7.02	7.30	8.70
Se	3448	0.13	0.14	0.17	0.19	0.23	0.27	0.30	0.20	0.05	0.19	2.62	0.34	0.07	0.25	0.19	0.18	其他分布	0.18	0.20	0.21
Sn	253	2.70	3.01	3.80	5.00	7.61	11.59	14.78	6.50	4.31	5.55	3.07	29.86	2.00	0.66	5.00	6.30	对数正态分布	5.55	6.90	3.60
Sr	253	51.0	61.0	73.8	97.0	125	175	213	108	53.1	97.9	14.37	457	19.98	0.49	97.0	113	对数正态分布	97.9	68.3	105
Th	253	10.63	11.14	12.16	13.57	15.30	17.10	18.31	13.93	2.60	13.71	4.55	25.15	9.14	0.19	13.57	12.44	剔除后正态分布	13.71	15.41	13.30
Ti	237	2845	3163	3616	4044	4548	5109	5389	4087	721	4022	120	5883	2444	0.18	4044	5389	其他分布	4087	4058	4665
Tl	3516	0.43	0.48	0.56	0.67	0.80	0.92	1.00	0.69	0.17	0.67	1.43	1.18	0.21	0.25	0.67	0.55	对数正态分布	0.55	0.70	0.70
U	253	2.31	2.44	2.60	2.81	3.02	3.33	3.65	2.87	0.40	2.85	1.84	4.80	1.98	0.14	2.81	2.91	其他正态分布	2.85	3.24	2.90
V	3288	28.00	33.10	41.10	49.20	57.1	67.1	73.6	49.64	13.18	47.76	9.56	86.9	14.70	0.27	49.20	56.4	其他分布	56.4	48.40	106
W	253	1.36	1.45	1.55	1.80	2.14	2.49	2.64	1.90	0.50	1.85	1.53	4.50	1.17	0.26	1.80	1.90	对数正态分布	1.85	1.80	1.80
Y	253	19.31	20.24	21.99	23.56	26.15	30.57	32.66	24.80	5.16	24.38	6.36	57.9	17.40	0.21	23.56	22.84	对数正态分布	24.38	24.84	25.00
Zn	3412	47.30	50.6	57.3	66.3	78.5	92.7	101	69.2	16.19	67.3	11.52	118	30.90	0.23	66.3	60.4	剔除后正态分布	67.3	64.4	101
Zr	253	268	288	322	358	388	429	457	358	58.2	353	29.57	568	199	0.16	358	371	正态分布	358	325	243
SiO_2	253	65.5	68.1	72.3	77.3	79.7	82.1	83.0	75.9	5.34	75.7	12.19	86.0	62.8	0.07	77.3	76.0	偏峰分布	76.0	71.6	71.3
Al_2O_3	253	9.20	9.68	10.46	11.61	13.42	14.80	16.05	11.94	2.08	11.77	4.18	17.80	7.75	0.17	11.61	13.63	正态分布	11.94	12.84	13.20
TFe_2O_3	253	2.32	2.46	2.68	3.03	3.82	4.74	5.53	3.36	0.96	3.25	2.07	6.48	1.79	0.28	3.03	2.93	对数正态分布	3.25	3.56	3.74
MgO	253	0.38	0.40	0.48	0.56	0.69	0.84	0.95	0.60	0.17	0.57	1.53	1.19	0.27	0.29	0.56	0.54	对数正态分布	0.57	0.51	0.50
CaO	253	0.19	0.23	0.28	0.37	0.48	0.68	0.80	0.42	0.22	0.37	2.07	2.29	0.07	0.54	0.37	0.42	对数正态分布	0.37	0.24	0.24
Na_2O	253	0.42	0.52	0.69	0.92	1.18	1.44	1.65	0.95	0.37	0.88	1.53	2.13	0.26	0.38	0.92	1.13	正态分布	0.95	0.64	0.19
K_2O	3599	1.39	1.62	2.10	2.67	3.32	3.84	4.19	2.73	0.87	2.58	1.90	6.46	0.13	0.32	2.67	2.64	对数正态分布	2.58	2.35	2.35
TC	253	0.92	1.00	1.13	1.30	1.52	1.66	1.77	1.33	0.30	1.30	1.30	2.86	0.69	0.23	1.30	1.30	正态分布	1.33	1.28	1.43
Corg	3537	0.64	0.77	1.02	1.26	1.53	1.79	1.95	1.27	0.39	1.21	1.46	2.33	0.24	0.31	1.26	1.23	剔除后正态分布	1.27	1.23	1.31
pH	3452	4.55	4.68	4.92	5.18	5.45	5.78	5.99	5.02	5.01	5.20	2.60	6.36	4.06	1.00	5.18	5.06	剔除后对数分布	5.20	5.02	5.10

第四章 土壤元素背景值

表 4-6 兰溪市土壤元素背景值参数统计表

元素/指标	N	$X_{5\%}$	$X_{10\%}$	$X_{25\%}$	$X_{50\%}$	$X_{75\%}$	$X_{90\%}$	$X_{95\%}$	$\bar{X}$	S	$\bar{X}_g$	S_g	X_{max}	X_{min}	CV	X_{me}	X_{mo}	分布类型	兰溪市背景值	金华市背景值	浙江省背景值
Ag	324	40.45	50.00	65.0	82.0	106	130	140	87.3	29.95	82.3	13.25	170	30.00	0.34	82.0	70.0	偏峰分布	70.0	70.0	100.0
As	5291	3.17	3.75	5.10	7.07	8.98	11.02	12.25	7.24	2.75	6.69	3.30	15.30	1.59	0.38	7.07	6.55	其他分布	6.55	5.74	10.10
Au	332	0.58	0.67	0.95	1.64	3.21	4.79	6.91	2.46	2.78	1.76	2.46	36.81	0.41	1.13	1.64	0.74	对数正态分布	1.76	0.71	1.50
B	5407	22.30	25.94	32.87	42.05	58.1	70.7	76.3	45.75	16.99	42.55	9.18	96.0	5.00	0.37	42.05	32.96	其他分布	32.96	16.80	20.00
Ba	329	276	319	367	442	572	645	676	467	133	447	33.49	874	165	0.29	442	540	剔除后对数分布	447	592	475
Be	332	1.45	1.57	1.83	2.14	2.47	2.75	3.04	2.22	0.72	2.13	1.65	8.62	0.84	0.32	2.14	2.20	对数正态分布	2.13	1.90	2.00
Bi	332	0.22	0.24	0.28	0.33	0.39	0.45	0.49	0.35	0.27	0.33	2.00	5.00	0.17	0.77	0.33	0.31	对数正态分布	0.33	0.28	0.28
Br	299	1.44	1.65	1.90	2.22	2.80	3.52	4.01	2.40	0.74	2.29	1.72	4.52	1.00	0.31	2.22	2.20	其他分布	2.20	2.20	2.20
Cd	5163	0.07	0.10	0.13	0.18	0.23	0.30	0.34	0.19	0.08	0.17	2.98	0.42	0.02	0.42	0.18	0.16	剔除后对数分布	0.17	0.14	0.14
Ce	332	58.9	61.8	70.4	76.2	82.5	91.2	93.8	76.5	11.43	75.6	12.23	127	39.00	0.15	76.2	74.6	正态分布	76.5	82.8	102
Cl	332	31.39	33.73	39.20	46.06	59.2	74.1	83.3	51.1	18.58	48.51	9.76	199	26.80	0.36	46.06	37.50	对数正态分布	48.51	60.2	71.0
Co	5160	4.47	5.15	6.46	8.24	10.59	13.70	15.35	8.80	3.21	8.23	3.57	18.13	1.40	0.37	8.24	10.67	其他分布	10.67	10.20	14.80
Cr	5436	21.40	24.50	30.50	39.60	52.0	63.8	74.6	43.02	18.65	39.76	8.77	252	3.50	0.43	39.60	28.80	对数正态分布	39.76	26.40	82.0
Cu	5124	11.00	12.90	16.00	19.20	22.80	27.10	29.80	19.60	5.45	18.81	5.68	34.90	5.20	0.28	19.20	17.50	对数正态分布	17.50	16.00	16.00
F	332	295	327	389	473	620	756	938	522	197	491	36.30	1347	166	0.38	473	387	对数正态分布	491	485	453
Ga	332	11.36	12.34	14.10	16.00	17.20	19.69	20.70	15.92	2.95	15.65	4.86	27.30	7.80	0.19	16.00	16.70	偏峰分布	15.65	16.57	16.00
Ge	5223	1.23	1.27	1.34	1.43	1.53	1.63	1.70	1.44	0.14	1.43	1.26	1.84	1.05	0.10	1.43	1.46	其他分布	1.43	1.46	1.44
Hg	5436	0.03	0.04	0.06	0.09	0.14	0.20	0.26	0.11	0.12	0.09	4.04	3.81	0.01	1.00	0.09	0.05	对数正态分布	0.09	0.06	0.110
I	332	0.61	0.80	0.98	1.29	2.40	4.02	5.15	2.01	1.85	1.56	2.00	16.48	0.50	0.92	1.29	0.86	对数正态分布	1.56	0.86	1.70
La	332	29.75	32.30	36.51	41.43	46.10	49.00	53.5	41.31	7.24	40.67	8.54	66.9	22.00	0.18	41.43	40.70	正态分布	41.31	43.22	41.00
Li	332	23.45	25.21	30.27	35.30	42.32	51.4	56.6	37.36	11.46	35.87	8.12	103	17.60	0.31	35.30	34.00	对数正态分布	35.87	34.82	25.00
Mn	5219	111	133	192	286	414	572	662	321	166	280	26.74	807	41.30	0.52	286	263	偏峰分布	263	256	440
Mo	5163	0.37	0.43	0.59	0.82	1.09	1.37	1.55	0.87	0.36	0.79	1.55	1.94	0.23	0.41	0.82	1.02	其他分布	1.02	0.76	0.66
N	5436	0.62	0.73	0.93	1.19	1.46	1.77	1.95	1.23	0.42	1.16	1.46	3.88	0.17	0.34	1.19	1.05	对数正态分布	1.16	1.28	1.28
Nb	316	14.15	15.40	17.69	19.70	22.10	24.00	25.35	19.80	3.40	19.51	5.64	29.41	10.90	0.17	19.70	19.90	剔除后对数分布	19.80	21.24	16.83
Ni	5184	7.60	8.71	10.97	13.90	17.70	21.90	24.60	14.64	5.05	13.78	4.76	29.40	3.10	0.34	13.90	12.30	剔除后对数分布	13.78	6.70	35.00
P	5159	0.20	0.26	0.34	0.45	0.59	0.75	0.87	0.48	0.19	0.44	1.87	1.04	0.04	0.41	0.45	0.42	剔除后对数分布	0.44	0.42	0.60
Pb	5152	21.90	23.80	26.74	30.40	35.00	41.10	44.10	31.31	6.57	30.64	7.43	49.60	13.45	0.21	30.40	28.80	其他分布	28.80	30.60	32.00

续表 4-6

元素/指标	N	$X_{5\%}$	$X_{10\%}$	$X_{25\%}$	$X_{50\%}$	$X_{75\%}$	$X_{90\%}$	$X_{95\%}$	$\overline{X}$	S	$\overline{X}_g$	S_g	X_{max}	X_{min}	CV	X_{me}	X_{mo}	分布类型	兰溪市背景值	金华市背景值	浙江省背景值
Rb	332	76.9	81.2	94.6	113	133	157	162	116	29.39	112	15.22	257	42.70	0.25	113	118	正态分布	116	140	120
S	332	140	155	183	220	268	319	349	231	72.5	220	23.18	649	77.2	0.31	220	246	正态分布	231	230	248
Sb	306	0.50	0.57	0.68	0.80	0.95	1.12	1.23	0.82	0.21	0.80	1.33	1.48	0.32	0.26	0.80	0.78	剔除后正态分布	0.82	0.57	0.53
Sc	332	5.98	6.50	7.20	8.14	9.50	11.09	12.10	8.54	2.16	8.31	3.46	22.20	4.12	0.25	8.14	8.60	对数正态分布	8.31	7.30	8.70
Se	5205	0.14	0.15	0.18	0.22	0.28	0.34	0.38	0.23	0.07	0.22	2.43	0.45	0.04	0.32	0.22	0.18	对数正态分布	0.18	0.20	0.21
Sn	332	2.78	3.30	4.40	6.43	9.83	13.49	17.60	8.23	7.13	6.67	3.64	74.7	1.10	0.87	6.43	6.20	对数正态分布	6.67	6.90	3.60
Sr	332	35.98	40.54	53.7	65.5	88.8	133	176	78.3	43.54	69.7	11.85	313	17.90	0.56	65.5	73.5	偏峰分布	69.7	68.3	105
Th	332	9.16	10.61	12.18	13.60	15.20	17.49	19.00	13.85	2.90	13.55	4.59	28.70	5.54	0.21	13.60	14.40	其他分布	13.55	15.41	13.30
Ti	313	3017	3293	3655	4014	4599	5230	5512	4146	765	4077	122	6221	2337	0.18	4014	3918	剔除后正态分布	3918	4058	4665
Tl	3646	0.44	0.47	0.54	0.63	0.75	0.88	0.94	0.65	0.15	0.63	1.43	1.06	0.24	0.23	0.63	0.59	剔除后正态分布	0.59	0.70	0.70
U	315	2.25	2.40	2.73	3.05	3.51	3.88	4.04	3.11	0.56	3.06	1.98	4.76	1.51	0.18	3.05	2.97	正态分布	3.11	3.24	2.90
V	5229	34.76	39.38	48.40	58.1	69.9	82.2	88.7	59.6	16.16	57.4	10.54	107	14.46	0.27	58.1	58.7	对数正态分布	57.4	48.40	106
W	314	1.24	1.40	1.63	1.86	2.06	2.34	2.53	1.86	0.36	1.83	1.51	2.81	0.92	0.19	1.86	1.89	对数正态分布	1.86	1.80	1.80
Y	332	17.41	19.91	22.82	25.90	30.25	34.38	39.39	27.40	8.37	26.42	6.72	78.5	13.00	0.31	25.90	25.90	对数正态分布	26.42	24.84	25.00
Zn	5265	42.91	48.16	57.1	69.0	83.4	98.2	107	71.2	19.09	68.6	11.70	126	20.03	0.27	69.0	61.2	剔除后正态分布	68.6	64.4	101
Zr	322	223	236	259	299	337	367	386	300	51.2	296	27.39	451	180	0.17	299	251	剔除后正态分布	300	325	243
SiO_2	332	66.0	68.5	70.7	73.5	77.3	80.1	81.5	73.9	4.66	73.8	12.05	84.9	60.9	0.06	73.5	73.4	正态分布	73.9	71.6	71.3
Al_2O_3	332	9.39	10.07	11.14	12.40	13.50	14.89	15.94	12.45	1.81	12.32	4.22	17.50	8.33	0.15	12.40	13.50	正态分布	12.45	12.84	13.20
TFe_2O_3	332	2.67	3.01	3.42	3.99	4.57	5.47	6.18	4.14	1.16	4.00	2.29	9.88	1.80	0.28	3.99	3.84	对数正态分布	4.00	3.56	3.74
MgO	332	0.43	0.49	0.61	0.81	1.05	1.26	1.38	0.85	0.32	0.80	1.50	2.34	0.28	0.38	0.81	0.96	对数正态分布	0.80	0.51	0.50
CaO	332	0.17	0.21	0.29	0.41	0.62	0.98	1.20	0.52	0.39	0.43	2.16	3.54	0.08	0.74	0.41	0.31	对数正态分布	0.43	0.24	0.24
Na_2O	332	0.21	0.29	0.45	0.66	0.89	1.02	1.12	0.66	0.29	0.59	1.85	2.02	0.10	0.44	0.66	0.66	其他分布	0.66	0.64	0.19
K_2O	5415	1.09	1.27	1.68	2.22	2.81	3.22	3.46	2.25	0.74	2.12	1.74	4.50	0.60	0.33	2.22	2.28	正态分布	2.28	2.35	2.35
TC	332	0.70	0.76	0.93	1.15	1.46	1.83	2.22	1.24	0.46	1.17	1.42	3.52	0.47	0.37	1.15	1.04	对数分布	1.17	1.28	1.43
Corg	5304	0.50	0.62	0.84	1.09	1.36	1.64	1.81	1.11	0.39	1.03	1.51	2.18	0.08	0.35	1.09	1.14	对数正态分布	1.03	1.23	1.31
pH	5144	4.51	4.65	4.93	5.28	5.82	6.54	6.92	5.03	4.85	5.43	2.68	7.52	3.43	0.96	5.28	5.10	其他分布	5.10	5.02	5.10

与金华市土壤元素背景值相比,兰溪市土壤元素背景值中 Ba 背景值略低于金华市背景值,为金华市背景值的 76%;Cd、Mo 背景值略高于金华市背景值,为金华市背景值的 1.2~1.4 倍;Sb、Hg、Cr、MgO、CaO、I、B、Ni、Au 背景值明显偏高,其中 Ni、Au 明显富集,背景值为金华市背景值的 2.0 倍以上;其他元素/指标背景值则与金华市背景值基本接近。

与浙江省土壤元素背景值相比,兰溪市土壤元素背景值中 Cr、Mn、Ni、V 背景值明显低于浙江省背景值,均在浙江省背景值的 60% 以下;Ag、As、Ce、Cl、Co、P、Sr、Zn、Corg 背景值略低于浙江省背景值;Cd、Zr 背景值略高于浙江省背景值,为浙江省背景值的 1.2~1.4 倍;B、Li、Mo、Sb、Sn、MgO、CaO、Na_2O 背景值明显高于浙江省背景值,为浙江省背景值的 1.4 倍以上;其他元素/指标背景值则与浙江省背景值基本接近。

七、东阳市土壤元素背景值

东阳市土壤元素背景值数据经正态分布检验,结果表明,原始数据中 Ba、Ga、N、Th、Tl、Y、Zr、SiO_2、Al_2O_3、Na_2O、K_2O 共 11 项元素/指标符合正态分布,Au、B、Be、Ce、Cl、I、La、Li、S、Sb、Sr、U、W、MgO、CaO、TC 共 16 项元素/指标符合对数正态分布,F、Nb、Ti、TFe_2O_3、Corg 剔除异常值后符合正态分布,As、Bi、Co、Cr、Cu、Mo、Pb、Sc、Sn、Zn 共 10 项元素/指标剔除异常值后符合对数正态分布,其他元素/指标不符合正态分布或对数正态分布(表 4-7)。

东阳市表层土壤总体呈酸性,土壤 pH 极大值为 6.50,极小值为 4.03,背景值为 5.14,接近于金华市背景值和浙江省背景值。

在土壤各元素/指标中,大多数元素/指标变异系数小于 0.40,分布相对均匀;Cr、MgO、Ni、P、Hg、Mn、Sr、B、CaO、Au、I、pH 共 12 项元素/指标变异系数大于 0.40,其中 pH 变异系数大于 0.80,空间变异性较大。

与金华市土壤元素背景值相比,东阳市土壤元素背景值中 Sn 背景值明显低于金华市背景值,为金华市背景值的 55%;Co 背景值略低于金华市背景值,为金华市背景值的 70%;Ba、Sr、Tl 背景值略高于金华市背景值,是金华市背景值的 1.2~1.4 倍;CaO、Na_2O、Mn、B、Au、I 背景值明显偏高,其中 I 背景值最高,为金华市背景值的 1.95 倍;其他元素/指标背景值则与金华市背景值基本接近。

与浙江省土壤元素背景值相比,东阳市土壤元素背景值中 As、Co、Cr、Hg、V、P 背景值明显低于浙江省背景值,在浙江省背景值的 60% 以下;Au、S、Zn、TC 背景值略低于浙江省背景值;B、Li、Mo、Nb、Th、Tl、Zr 背景值略高于浙江省背景值,与浙江省背景值比值在 1.2~1.4 之间;而 Ba、CaO、Na_2O 背景值明显偏高,为浙江省背景值的 1.4 倍以上;其他元素/指标背景值则与浙江省背景值基本接近。

八、武义县土壤元素背景值

武义县土壤元素背景值数据经正态分布检验,结果表明,原始数据中 Ce、Ga、La、Rb、S、Th、U、Zr、SiO_2、Al_2O_3、K_2O 共 11 项元素/指标符合正态分布,B、Ba、Be、Bi、Br、Cl、I、N、Nb、Sc、Sn、Sr、W、Y、TFe_2O_3、MgO、CaO、Na_2O、TC 共 19 项元素/指标符合对数正态分布,Cd、Li、Pb、Ti、Tl 剔除异常值后符合正态分布,Ag、As、Au、Co、Cr、Cu、Ni、P、Sb、Zn、Corg 共 11 项元素/指标剔除异常值后符合对数正态分布,其他元素/指标不符合正态分布或对数正态分布(表 4-8)。

武义县表层土壤总体呈强酸性,土壤 pH 极大值为 6.36,极小值为 3.81,背景值为 4.91,接近于金华市背景值和浙江省背景值。

在土壤各元素/指标中,多数元素/指标变异系数小于 0.40,分布相对均匀;Au、Cu、TC、As、Cr、Ni、P、MgO、Co、V、Mn、Na_2O、B、Sr、Sn、Br、CaO、I、pH、Bi 共 20 项元素/指标变异系数大于 0.40,其中 CaO、I、pH、Bi 变异系数大于 0.80,空间变异性较大。

与金华市土壤元素背景值相比,武义县土壤元素背景值中 Co、As、Sn、Na_2O 背景值略低于金华市背景值,为金华市背景值的 60%~80%;S、CaO、TC 背景值略高于金华市背景值,是金华市背景值的 1.2~1.4

表 4-7 东阳市土壤元素背景值参数统计表

元素/指标	N	$X_{5\%}$	$X_{10\%}$	$X_{25\%}$	$X_{50\%}$	$X_{75\%}$	$X_{90\%}$	$X_{95\%}$	$\overline{X}$	S	$\overline{X}_g$	S_g	X_{max}	X_{min}	CV	X_{me}	X_{mo}	分布类型	东阳市背景值	金华市背景值	浙江省背景值
Ag	408	49.00	51.0	60.0	73.0	87.0	100.0	110	75.4	19.43	73.0	12.10	133	30.00	0.26	73.0	80.0	偏峰分布	80.0	70.0	100.0
As	3870	2.50	2.99	4.00	5.23	6.93	8.69	9.74	5.57	2.18	5.15	2.86	11.98	0.69	0.39	5.23	6.71	剔除后对数分布	5.15	5.74	10.10
Au	445	0.52	0.58	0.74	1.13	1.64	2.31	3.19	1.37	0.98	1.14	1.77	8.82	0.20	0.72	1.13	1.20	对数正态分布	1.14	0.71	1.50
B	4054	10.60	13.20	18.20	26.00	36.40	48.80	57.3	28.92	14.99	25.43	7.27	216	2.06	0.52	26.00	16.00	对数正态分布	25.43	16.80	20.00
Ba	445	394	437	558	686	859	1022	1118	715	222	681	44.74	1400	227	0.31	686	613	正态分布	715	592	475
Be	445	1.70	1.70	1.90	2.10	2.35	2.57	2.74	2.15	0.38	2.12	1.58	4.50	1.40	0.18	2.10	2.00	对数正态分布	2.12	1.90	2.00
Bi	414	0.19	0.21	0.23	0.26	0.29	0.33	0.35	0.26	0.05	0.26	2.25	0.40	0.14	0.19	0.26	0.25	剔除后正态分布	0.26	0.28	0.28
Br	412	1.88	2.03	2.28	2.54	3.18	4.05	4.60	2.81	0.82	2.70	1.88	5.24	1.16	0.29	2.54	2.42	其他分布	2.70	2.20	2.20
Cd	3868	0.08	0.09	0.12	0.14	0.17	0.21	0.23	0.15	0.04	0.14	3.18	0.27	0.03	0.30	0.14	0.14	其他分布	0.14	0.14	0.14
Ce	445	66.9	70.0	74.6	83.4	94.0	103	109	85.3	13.73	84.2	12.95	168	58.0	0.16	83.4	98.0	对数正态分布	84.2	82.8	102
Cl	445	49.55	52.3	59.3	68.6	81.3	93.5	103	72.0	20.57	69.8	11.72	230	38.87	0.29	68.6	62.5	对数正态分布	69.8	60.2	71.0
Co	3675	4.39	4.89	5.83	7.12	8.70	10.60	12.00	7.46	2.27	7.14	3.23	14.70	2.32	0.30	7.12	10.20	其他分布	7.14	10.20	14.80
Cr	3796	12.67	15.29	20.38	27.10	36.20	46.05	52.5	29.08	11.94	26.65	7.08	65.8	5.00	0.41	27.10	29.00	剔除后对数分布	26.65	26.40	82.0
Cu	3798	7.47	8.90	11.70	14.60	17.90	21.50	23.90	15.00	4.84	14.18	4.92	29.40	2.10	0.32	14.60	14.40	剔除后对数分布	14.18	16.00	16.00
F	422	339	368	416	481	570	636	680	495	109	483	35.34	824	250	0.22	481	430	其他分布	483	485	453
Ga	445	12.32	13.00	14.30	16.23	17.90	19.50	20.40	16.29	2.70	16.07	4.97	28.70	9.70	0.17	16.23	17.30	正态分布	16.29	16.57	16.00
Ge	3910	1.29	1.35	1.44	1.54	1.65	1.76	1.84	1.55	0.16	1.54	1.31	1.98	1.11	0.10	1.54	1.54	其他分布	1.54	1.46	1.44
Hg	3851	0.03	0.04	0.05	0.06	0.09	0.11	0.13	0.07	0.03	0.06	4.79	0.16	0.003	0.44	0.06	0.05	偏峰分布	0.06	0.06	0.110
I	445	0.77	0.85	1.08	1.56	2.42	3.86	5.02	2.05	1.60	1.68	1.90	18.34	0.51	0.78	1.56	1.19	对数正态分布	1.68	0.86	1.70
La	445	36.58	37.61	40.80	44.40	49.10	53.5	57.8	45.56	8.02	44.98	9.01	116	31.18	0.18	44.40	45.60	对数正态分布	44.98	43.22	41.00
Li	445	24.32	25.82	29.90	33.92	39.00	45.36	52.3	35.40	9.06	34.43	7.79	89.6	19.90	0.26	33.92	35.20	剔除后对数分布	34.43	34.82	25.00
Mn	3903	179	207	286	417	576	750	856	450	207	404	32.56	1070	113	0.46	417	368	其他分布	404	256	440
Mo	3796	0.52	0.58	0.69	0.84	1.02	1.25	1.40	0.88	0.26	0.84	1.36	1.65	0.31	0.30	0.84	0.78	剔除后正态分布	0.84	0.76	0.66
N	4054	0.59	0.74	0.98	1.28	1.57	1.88	2.05	1.29	0.45	1.21	1.53	3.80	0.13	0.34	1.28	1.36	正态分布	1.29	1.28	1.28
Nb	423	17.90	18.63	19.80	20.88	22.38	23.52	24.20	21.04	1.96	20.95	5.77	26.37	15.59	0.09	20.88	20.00	剔除后正态分布	21.04	21.24	16.83
Ni	3709	3.83	4.60	5.95	7.80	10.30	13.60	15.50	8.45	3.52	7.74	3.59	19.20	0.30	0.42	7.80	6.70	其他分布	7.74	6.70	35.00
P	3849	0.22	0.28	0.35	0.46	0.63	0.82	0.94	0.51	0.22	0.46	1.86	1.14	0.04	0.42	0.46	0.36	其他分布	0.46	0.42	0.60
Pb	3855	25.60	27.14	29.99	33.19	36.60	39.70	41.70	33.35	4.90	32.99	7.64	47.40	19.80	0.15	33.19	34.30	剔除后对数分布	32.99	30.60	32.00

第四章 土壤元素背景值

续表 4-7

元素/指标	N	$X_{5\%}$	$X_{10\%}$	$X_{25\%}$	$X_{50\%}$	$X_{75\%}$	$X_{90\%}$	$X_{95\%}$	$\bar{X}$	S	$\bar{X}_g$	S_g	X_{max}	X_{min}	CV	X_{me}	X_{mo}	分布类型	东阳市背景值	金华市背景值	浙江省背景值
Rb	444	92.1	99.3	119	140	154	164	175	136	25.19	134	16.91	203	71.1	0.19	140	140	偏峰分布	140	140	120
S	445	108	128	155	195	237	279	309	200	66.8	190	21.18	865	68.2	0.33	195	192	对数正态分布	190	230	248
Sb	445	0.38	0.41	0.48	0.57	0.67	0.80	0.93	0.61	0.22	0.58	1.54	2.65	0.32	0.37	0.57	0.53	对数正态分布	0.58	0.57	0.53
Sc	419	5.30	5.80	6.40	7.10	8.00	8.95	9.90	7.27	1.30	7.16	3.16	10.96	3.94	0.18	7.10	7.10	剔除后对数分布	7.16	7.30	8.70
Se	3780	0.13	0.14	0.17	0.19	0.23	0.26	0.29	0.20	0.05	0.19	2.64	0.34	0.07	0.24	0.19	0.20	其他分布	0.20	0.20	0.21
Sn	409	2.39	2.68	3.12	3.76	4.65	5.50	6.03	3.94	1.12	3.78	2.27	7.32	1.09	0.28	3.76	3.36	剔除后对数分布	3.78	6.90	3.60
Sr	445	45.53	52.0	63.0	86.6	119	159	187	97.4	48.75	88.1	14.07	460	28.15	0.50	86.6	60.0	剔除后正态分布	88.1	68.3	105
Th	445	12.42	13.22	14.80	16.60	18.90	20.86	22.79	17.01	3.36	16.70	5.03	38.60	9.60	0.20	16.60	18.30	正态分布	17.01	15.41	13.30
Ti	418	2805	3087	3524	3996	4467	4955	5209	4006	732	3937	120	6062	2277	0.18	3996	3181	剔除后对数分布	4006	4058	4665
Tl	445	0.60	0.68	0.80	0.90	1.01	1.11	1.20	0.91	0.19	0.89	1.25	1.97	0.46	0.21	0.90	1.00	对数正态分布	0.91	0.70	0.70
U	445	2.60	2.74	3.05	3.36	3.69	4.06	4.34	3.42	0.59	3.37	2.03	7.98	2.08	0.17	3.36	3.23	其他分布	3.37	3.24	2.90
V	3723	31.60	35.30	42.00	49.70	59.3	70.1	77.9	51.4	13.78	49.54	9.73	92.6	13.90	0.27	49.70	47.00	对数正态分布	47.00	48.40	106
W	445	1.44	1.55	1.70	1.90	2.20	2.58	2.88	1.99	0.47	1.95	1.54	4.84	1.17	0.23	1.90	1.80	对数正态分布	1.95	1.80	1.80
Y	445	19.00	20.10	22.00	24.60	27.40	30.64	32.39	25.15	4.47	24.79	6.42	59.5	15.80	0.18	24.60	24.20	正态分布	25.15	24.84	25.00
Zn	3836	46.08	49.60	56.3	64.5	75.0	87.0	95.1	66.5	14.38	65.0	11.17	108	33.40	0.22	64.5	58.3	剔除后对数分布	65.0	64.4	101
Zr	445	247	261	294	325	350	379	400	325	49.29	321	28.18	528	176	0.15	325	295	正态分布	325	325	243
SiO$_2$	445	65.6	67.2	70.0	73.5	77.1	79.1	80.3	73.3	4.97	73.1	11.94	84.5	51.0	0.07	73.5	74.6	正态分布	73.3	71.6	71.3
Al$_2$O$_3$	445	10.15	10.62	11.53	12.84	14.30	15.50	16.78	13.05	2.05	12.90	4.38	20.57	7.82	0.16	12.84	12.96	正态分布	13.05	12.84	13.20
TFe$_2$O$_3$	415	2.26	2.55	2.88	3.29	3.74	4.23	4.54	3.34	0.66	3.27	2.03	5.21	1.82	0.20	3.29	3.40	剔除后正态分布	3.34	3.56	3.74
MgO	445	0.37	0.39	0.47	0.57	0.71	0.92	1.07	0.63	0.26	0.59	1.60	2.25	0.22	0.41	0.57	0.49	对数正态分布	0.59	0.51	0.50
CaO	445	0.16	0.18	0.25	0.33	0.45	0.59	0.83	0.39	0.27	0.34	2.21	3.06	0.08	0.68	0.33	0.26	对数正态分布	0.34	0.24	0.24
Na$_2$O	445	0.39	0.47	0.64	0.88	1.16	1.39	1.51	0.91	0.36	0.84	1.55	2.02	0.18	0.39	0.88	0.82	正态分布	0.91	0.64	0.19
K$_2$O	4055	1.53	1.77	2.19	2.71	3.21	3.60	3.82	2.70	0.72	2.60	1.85	5.52	0.27	0.26	2.71	2.72	正态分布	2.70	2.35	2.35
TC	445	0.66	0.73	0.93	1.14	1.34	1.64	1.87	1.18	0.40	1.12	1.40	3.26	0.33	0.34	1.14	1.34	对数正态分布	1.12	1.28	1.43
Corg	2192	0.51	0.64	0.86	1.11	1.37	1.62	1.78	1.13	0.38	1.05	1.50	2.18	0.11	0.34	1.11	1.00	剔除后正态分布	1.13	1.23	1.31
pH	3810	4.52	4.67	4.94	5.21	5.51	5.85	6.07	5.02	4.96	5.24	2.61	6.50	4.03	0.99	5.21	5.14	其他分布	5.14	5.02	5.10

表4-8 武义县土壤元素背景值参数统计表

元素/指标	N	$X_{5\%}$	$X_{10\%}$	$X_{25\%}$	$X_{50\%}$	$X_{75\%}$	$X_{90\%}$	$X_{95\%}$	$\bar{X}$	S	$\bar{X}_g$	S_g	X_{max}	X_{min}	CV	X_{me}	X_{mo}	分布类型	武义县背景值	金华市背景值	浙江省背景值
Ag	375	42.00	48.00	59.0	70.0	90.0	110	120	74.5	23.48	70.9	11.96	142	30.00	0.32	70.0	60.0	剔除后对数分布	70.9	70.0	100.0
As	3167	1.86	2.25	3.01	4.08	5.48	7.12	8.08	4.39	1.86	4.01	2.53	9.96	0.69	0.42	4.08	3.59	剔除后对数分布	4.01	5.74	10.10
Au	364	0.46	0.53	0.63	0.79	1.10	1.46	1.64	0.90	0.37	0.83	1.52	2.11	0.22	0.41	0.79	0.66	剔除后对数分布	0.83	0.71	1.50
B	3361	7.79	9.80	14.00	20.40	29.30	40.40	48.80	23.10	12.92	19.97	6.31	211	1.92	0.56	20.40	11.90	对数正态分布	19.97	16.80	20.00
Ba	398	352	412	542	711	882	1084	1235	738	282	688	43.17	2435	145	0.38	711	759	对数正态分布	688	592	475
Be	398	1.55	1.66	1.86	2.16	2.44	2.81	3.11	2.22	0.54	2.16	1.67	6.45	1.25	0.24	2.16	2.19	对数正态分布	2.16	1.90	2.00
Bi	398	0.18	0.20	0.24	0.29	0.36	0.47	0.53	0.34	0.42	0.30	2.15	8.37	0.11	1.25	0.29	0.25	对数正态分布	0.30	0.28	0.28
Br	398	1.87	1.97	2.28	3.49	6.06	8.66	11.31	4.79	3.79	3.88	2.85	32.90	1.32	0.79	3.49	2.20	对数正态分布	3.88	2.20	2.20
Cd	3248	0.06	0.08	0.12	0.16	0.20	0.25	0.27	0.16	0.06	0.15	3.17	0.34	0.01	0.39	0.16	0.14	偏峰分布	0.16	0.14	0.14
Ce	398	63.2	66.7	76.4	85.8	97.8	110	118	87.7	17.18	86.1	13.41	151	43.86	0.20	85.8	101	正态分布	87.7	82.8	102
Cl	398	41.77	45.80	51.6	59.3	69.8	81.8	92.6	63.4	20.86	61.1	10.75	284	35.30	0.33	59.3	64.1	剔除后对数分布	61.1	60.2	71.0
Co	3042	3.21	3.64	4.59	6.24	8.71	12.30	14.60	7.15	3.47	6.43	3.17	18.60	1.77	0.49	6.24	11.00	其他分布	6.43	10.20	14.80
Cr	3119	11.90	14.28	18.30	25.60	35.80	47.62	55.3	28.39	13.14	25.56	6.93	69.6	5.51	0.46	25.60	17.20	剔除后对数分布	25.56	26.40	82.0
Cu	3102	6.20	7.50	10.00	13.50	17.60	22.70	26.60	14.39	5.94	13.20	4.78	32.50	1.78	0.41	13.50	12.30	剔除后对数分布	13.20	16.00	16.00
F	371	319	353	422	510	680	824	938	558	189	528	38.38	1125	221	0.34	510	444	偏峰分布	444	485	453
Ga	398	13.30	14.05	15.70	17.44	19.30	21.03	21.80	17.52	2.75	17.31	5.32	28.80	9.88	0.16	17.44	18.90	正态分布	17.52	16.57	16.00
Ge	3195	1.24	1.29	1.37	1.44	1.52	1.59	1.64	1.44	0.12	1.44	1.25	1.75	1.13	0.08	1.44	1.40	其他分布	1.44	1.46	1.44
Hg	3159	0.03	0.04	0.05	0.06	0.08	0.11	0.12	0.07	0.03	0.06	4.75	0.15	0.01	0.40	0.06	0.06	其他分布	0.06	0.06	0.110
I	398	0.84	0.96	1.33	2.41	4.57	7.46	9.09	3.46	3.07	2.54	2.69	21.50	0.50	0.89	2.41	1.48	对数正态分布	2.54	0.86	1.70
La	398	32.09	34.64	39.12	43.70	49.08	53.3	58.2	44.21	7.90	43.50	8.96	73.4	12.16	0.18	43.70	43.20	正态分布	43.50	43.22	41.00
Li	391	23.85	25.49	28.41	32.80	37.00	40.80	42.28	32.93	5.85	32.41	7.43	49.30	20.29	0.18	32.80	32.80	对数正态分布	32.93	34.82	25.00
Mn	3232	154	185	255	395	613	836	962	457	252	392	32.73	1223	67.4	0.55	395	256	其他分布	392	256	440
Mo	3128	0.53	0.59	0.69	0.82	0.99	1.21	1.34	0.86	0.24	0.83	1.34	1.59	0.29	0.28	0.82	0.76	对数正态分布	0.83	0.76	0.66
N	3361	0.69	0.81	1.05	1.34	1.68	2.04	2.27	1.40	0.50	1.31	1.53	4.79	0.17	0.36	1.34	1.06	对数正态分布	1.31	1.28	1.28
Nb	398	15.77	18.04	20.42	23.30	25.68	28.30	31.04	23.24	4.77	22.76	6.28	43.00	10.60	0.21	23.30	23.30	对数正态分布	22.76	21.24	16.83
Ni	3012	3.60	4.30	5.70	7.61	10.50	14.39	17.10	8.55	4.00	7.70	3.63	21.70	1.50	0.47	7.61	6.50	剔除后对数分布	7.70	6.70	35.00
P	3185	0.17	0.23	0.37	0.51	0.71	0.94	1.09	0.55	0.27	0.49	1.93	1.33	0.06	0.48	0.51	0.55	剔除后对数分布	0.49	0.42	0.60
Pb	3187	21.20	23.80	27.30	31.73	35.80	40.00	42.97	31.70	6.41	31.03	7.50	49.50	13.70	0.20	31.73	32.30	剔除后正态分布	31.70	30.60	32.00

续表 4-8

元素/指标	N	$X_{5\%}$	$X_{10\%}$	$X_{25\%}$	$X_{50\%}$	$X_{75\%}$	$X_{90\%}$	$X_{95\%}$	$\bar{X}$	S	$\bar{X}_g$	S_g	X_{max}	X_{min}	CV	X_{me}	X_{mo}	分布类型	武义县背景值	金华市背景值	浙江省背景值
Rb	398	87.4	96.1	115	144	163	185	198	142	34.48	137	17.63	254	58.0	0.24	144	150	正态分布	142	140	120
S	398	162	188	231	278	334	388	442	287	86.2	274	26.22	831	84.8	0.30	278	273	正态分布	287	230	248
Sb	371	0.37	0.40	0.45	0.53	0.60	0.69	0.73	0.54	0.11	0.52	1.56	0.87	0.28	0.21	0.53	0.42	剔除后对数分布	0.52	0.57	0.53
Sc	398	5.89	6.30	7.10	8.30	9.80	11.81	13.67	8.76	2.52	8.45	3.51	22.30	3.08	0.29	8.30	7.40	对数正态分布	8.45	7.30	8.70
Se	3223	0.13	0.16	0.19	0.24	0.31	0.37	0.41	0.25	0.08	0.24	2.37	0.51	0.05	0.33	0.24	0.20	其他分布	0.20	0.20	0.21
Sn	398	2.62	2.90	3.58	5.00	7.29	10.33	13.21	6.28	4.85	5.33	2.93	59.2	2.00	0.77	5.00	3.00	对数正态分布	5.33	6.90	3.60
Sr	398	31.54	37.22	46.97	64.0	92.8	133	169	77.4	45.46	67.6	11.48	341	19.60	0.59	64.0	51.0	对数正态分布	67.6	68.3	105
Th	398	9.38	11.52	13.80	16.80	20.38	23.00	25.50	17.19	4.82	16.49	5.31	35.30	5.70	0.28	16.80	17.90	正态分布	17.19	15.41	13.30
Ti	364	2875	3104	3575	4126	4758	5417	5993	4229	961	4122	121	7106	1784	0.23	4126	3959	剔除后正态分布	4229	4058	4665
Tl	3267	0.46	0.53	0.64	0.77	0.91	1.03	1.11	0.78	0.20	0.75	1.37	1.31	0.24	0.25	0.77	0.69	正态分布	0.78	0.70	0.70
U	398	2.18	2.50	2.90	3.33	3.81	4.22	4.51	3.36	0.75	3.27	2.08	7.91	1.60	0.22	3.33	2.60	对数正态分布	3.36	3.24	2.90
V	3092	24.66	28.70	36.60	53.3	76.3	109	130	60.9	31.50	53.7	10.42	158	8.04	0.52	53.3	108	其他分布	108	48.40	106
W	398	1.31	1.42	1.65	1.95	2.38	2.94	3.28	2.11	0.76	2.01	1.65	8.83	0.98	0.36	1.95	1.99	对数正态分布	2.01	1.80	1.80
Y	398	18.83	20.30	22.60	24.90	27.90	33.23	35.81	25.87	5.61	25.36	6.56	67.3	14.05	0.22	24.90	25.60	对数正态分布	25.36	24.84	25.00
Zn	3191	50.3	55.0	63.6	75.0	87.2	101	109	76.4	17.73	74.3	12.23	128	29.30	0.23	75.0	80.6	剔除后对数分布	74.3	64.4	101
Zr	398	232	252	290	336	377	420	444	338	71.8	330	28.24	779	165	0.21	336	272	正态分布	338	325	243
SiO$_2$	398	63.9	66.0	68.8	72.0	75.1	77.3	78.7	71.7	4.72	71.6	11.72	83.4	50.8	0.07	72.0	68.5	正态分布	71.7	71.6	71.3
Al$_2$O$_3$	398	10.47	11.02	12.20	13.70	14.89	16.20	16.91	13.66	2.00	13.51	4.58	20.80	8.33	0.15	13.70	13.20	正态分布	13.66	12.84	13.20
TFe$_2$O$_3$	398	2.53	2.67	3.06	3.67	4.50	5.99	7.18	4.06	1.60	3.83	2.32	14.12	1.73	0.39	3.67	3.73	对数正态分布	3.83	3.56	3.74
MgO	398	0.37	0.40	0.47	0.56	0.75	1.07	1.22	0.66	0.32	0.61	1.62	2.46	0.22	0.48	0.56	0.50	对数正态分布	0.61	0.51	0.50
CaO	398	0.15	0.17	0.20	0.27	0.40	0.71	0.98	0.37	0.30	0.30	2.49	2.42	0.09	0.81	0.27	0.23	对数正态分布	0.30	0.24	0.24
Na$_2$O	398	0.19	0.24	0.34	0.50	0.74	1.03	1.22	0.58	0.32	0.50	2.04	1.83	0.12	0.55	0.50	0.37	对数正态分布	0.50	0.24	0.19
K$_2$O	3361	1.37	1.61	2.20	2.82	3.37	3.88	4.22	2.80	0.87	2.64	1.94	6.35	0.13	0.31	2.82	2.77	正态分布	2.80	2.35	2.35
TC	398	1.02	1.11	1.34	1.62	2.07	2.68	3.40	1.82	0.74	1.70	1.64	5.30	0.57	0.41	1.62	1.57	对数正态分布	1.70	1.28	1.43
Corg	3265	0.63	0.78	1.00	1.26	1.55	1.84	2.04	1.29	0.41	1.21	1.48	2.41	0.18	0.32	1.26	1.26	剔除后对数分布	1.21	1.23	1.31
pH	3199	4.30	4.46	4.75	5.01	5.32	5.68	5.92	4.81	4.72	5.04	2.56	6.36	3.81	0.98	5.01	4.91	其他分布	4.91	5.02	5.10

倍；Br、V、I 背景值明显偏高，其中 V、I 明显富集，背景值为金华市背景值的 2.0 倍以上，I 背景值最高，为金华市背景值的 2.95 倍；其他元素/指标背景值则与金华市背景值基本接近。

与浙江省土壤元素背景值相比，武义县土壤元素背景值中 As、Au、Co、Cr、Hg、Mn、Ni 背景值明显低于浙江省背景值，不足浙江市背景值的 60%，其中 Ni 背景值最低，为浙江省背景值的 22%；Ag、Sr、Zn 背景值略低于浙江省背景值；Li、Nb、Th、Zr、MgO、CaO 背景值略高于浙江省背景值，与浙江省背景值比值在 1.2～1.4 之间；而 Ba、Br、I、Sn、Na_2O 背景值明显偏高，与浙江省背景值比值均在 1.4 以上，其中 Na_2O 背景值最高，为浙江省背景值的 2.63 倍；其他元素/指标背景值则与浙江省背景值基本接近。

九、浦江县土壤元素背景值

浦江县土壤元素背景值数据经正态分布检验，结果表明，原始数据中 Ba、Ce、Ga、La、Rb、Th、W、Zr、SiO_2、Al_2O_3、Na_2O 共 11 项元素/指标符合正态分布，Au、Be、Bi、Br、Cl、Co、F、Hg、I、Li、N、Nb、S、Sb、Sc、Sn、Sr、U、Y、TFe_2O_3、MgO、CaO、TC 共 23 项元素/指标符合对数正态分布，Ti、Corg 剔除异常值后符合正态分布，Ag、As、B、Cd、Cr、Cu、Ge、Mo、Ni、P、Pb、V、Zn、pH 共 14 项元素/指标剔除异常值后符合对数正态分布，其他元素/指标不符合正态分布或对数正态分布（表 4-9）。

浦江县表层土壤总体为酸性，土壤 pH 极大值为 6.47，极小值为 3.80，背景值为 5.10，与金华市背景值和浙江省背景值基本接近。

在土壤各元素/指标中，大多数元素/指标变异系数小于 0.40，分布相对均匀；Na_2O、Cl、Sn、Sr、As、Sb、Co、CaO、TC、Mn、Br、Hg、I、Au、Bi、pH 共 16 项元素/指标变异系数大于 0.40，其中 Au、Bi、pH 变异系数大于 0.80，空间变异性较大。

与金华市土壤元素背景值相比，浦江县土壤元素背景值中 Co 背景值略低于金华市背景值，为金华市背景值的 60%～80%；Cr、TC、Ag、K_2O、Y、Zn、Cd、Bi、Li、MgO、Be、As、CaO 背景值略高于金华市背景值，是金华市背景值的 1.2～1.4 倍；Mo、W、Ni、Hg、Br、Sb、Au、B、I 背景值明显偏高，其中 B、I 明显富集，背景值为金华市背景值的 2.0 倍以上，I 背景值最高，为金华市背景值的 3.06 倍；其他元素/指标背景值则与金华市背景值基本接近。

与浙江省土壤元素背景值相比，浦江县土壤元素背景值中 Mn、Ni、V、Cr、Co 背景值明显低于浙江省背景值，为浙江省背景值的 60% 以下；As、Cr 背景值略低于浙江省背景值，为浙江省背景值的 60%～80%；Be、Bi、Cd、F、Y、MgO、CaO、K_2O 背景值略高于浙江省背景值，为浙江省背景值的 1.2～1.4 倍；而 B、Br、I、Li、Mo、Nb、Sb、Sn、W、Zr、Na_2O 背景值明显偏高，为浙江省背景值的 1.4 倍以上，其中 Na_2O 背景值最高，为浙江省背景值的 3.68 倍；其他元素/指标背景值则与浙江省背景值基本接近。

十、磐安县土壤元素背景值

磐安县土壤元素背景值数据经正态分布检验，结果表明，原始数据中 Ba、Ce、Rb、S、Th、U、Zr、Al_2O_3 符合正态分布，Ag、Au、Bi、Br、Cd、Cl、Ga、Ge、I、La、Li、N、P、Sb、Sr、W、Y、TFe_2O_3、MgO、Na_2O、TC、Corg 共 22 项元素/指标符合对数正态分布，Be、Nb、Pb、Sc、Ti、SiO_2、K_2O、pH 剔除异常值后符合正态分布，As、B、Cr、Cu、Mo、Ni、Sn、V、Zn 剔除异常值后符合对数正态分布，其他元素/指标不符合正态分布或对数正态分布（表 4-10）。

磐安县表层土壤总体呈强酸性，土壤 pH 极大值为 6.05，极小值为 3.78，背景值为 4.72，接近于金华市背景值和浙江省背景值。

在磐安县表层土壤各元素/指标中，大多数元素/指标变异系数小于 0.40，分布相对均匀；Mo、V、Corg、Co、TC、Cr、Ni、Na_2O、Mn、Ag、Br、Cd、Au、P、Sr、I、pH 共 17 项元素/指标变异系数大于 0.40，其中 pH 变异系数大于 0.80，空间变异性较大。

第四章 土壤元素背景值

表4-9 浦江县土壤元素背景值参数统计表

元素/指标	N	$X_{5\%}$	$X_{10\%}$	$X_{25\%}$	$X_{50\%}$	$X_{75\%}$	$X_{80\%}$	$X_{95\%}$	$\overline{X}$	S	$\overline{X}_g$	S_g	X_{max}	X_{min}	CV	X_{me}	X_{mo}	分布类型	浦江县背景值	金华市背景值	浙江省背景值
Ag	227	50.3	60.0	70.0	90.0	110	130	142	90.3	27.91	86.1	13.01	160	36.00	0.31	90.0	100.0	剔除后对数分布	86.1	70.0	100.0
As	2215	3.49	4.13	5.58	7.81	11.07	14.29	16.77	8.62	4.02	7.72	3.64	21.57	0.10	0.47	7.81	10.65	剔除后对数分布	7.72	5.74	10.10
Au	239	0.58	0.71	0.94	1.27	1.88	2.70	3.88	1.70	1.56	1.38	1.85	14.20	0.41	0.92	1.27	1.26	对数正态分布	1.38	0.71	1.50
B	2336	17.84	21.18	26.70	34.45	44.97	56.6	64.2	36.83	13.80	34.28	8.22	76.6	3.74	0.37	34.45	25.00	剔除后正态分布	34.28	16.80	20.00
Ba		303	344	415	526	614	727	784	529	154	507	37.51	1098	188	0.29	526	526	正态分布	529	592	475
Be	239	1.77	1.87	2.09	2.40	2.90	3.81	4.43	2.67	0.97	2.55	1.78	9.37	1.50	0.36	2.40	2.40	对数正态分布	2.55	1.90	2.00
Bi	239	0.24	0.26	0.29	0.33	0.41	0.53	0.60	0.40	0.38	0.36	2.06	5.47	0.18	0.95	0.33	0.29	对数正态分布	0.36	0.28	0.28
Br	239	1.96	2.10	2.42	3.77	6.12	8.55	10.31	4.65	2.96	3.97	2.44	27.20	1.52	0.64	3.77	2.45	对数正态分布	3.97	2.20	2.20
Cd	2262	0.09	0.11	0.15	0.19	0.23	0.28	0.32	0.19	0.07	0.18	2.81	0.39	0.03	0.35	0.19	0.17	剔除后正态分布	0.18	0.14	0.14
Ce	239	69.4	72.0	77.2	81.3	88.7	95.0	100.0	83.3	11.22	82.6	12.71	160	53.8	0.13	81.3	88.1	正态分布	83.3	82.8	102
Cl	239	36.04	40.40	46.85	56.4	66.5	84.6	91.1	60.5	25.22	57.2	10.43	225	24.80	0.42	56.4	50.5	对数正态分布	57.2	60.2	71.0
Co	2418	3.36	3.99	5.27	7.25	9.99	13.19	16.43	8.25	4.50	7.32	3.43	46.51	1.17	0.55	7.25	11.60	对数正态分布	7.32	10.20	14.80
Cr	2329	16.30	19.20	24.80	32.50	43.10	55.2	61.5	34.93	13.62	32.29	7.91	73.5	7.50	0.39	32.50	37.70	对数正态分布	32.29	26.40	82.0
Cu	2283	9.99	11.50	14.42	18.40	23.10	28.00	31.10	19.14	6.33	18.09	5.67	38.40	6.00	0.33	18.40	19.90	剔除后对数分布	18.09	16.00	16.00
F	239	328	359	433	549	696	959	1059	598	225	562	37.55	1450	274	0.38	549	411	对数正态分布	562	485	453
Ga	239	12.50	13.44	15.50	17.40	20.10	21.90	23.01	17.69	3.17	17.40	5.12	27.90	11.20	0.18	17.40	16.50	正态分布	17.69	16.57	16.00
Ge	2319	1.26	1.33	1.44	1.58	1.74	1.91	2.02	1.60	0.23	1.58	1.36	2.23	0.97	0.14	1.58	1.49	对数正态分布	1.58	1.46	1.44
Hg	2418	0.04	0.05	0.07	0.10	0.14	0.20	0.25	0.12	0.08	0.10	3.84	1.42	0.01	0.71	0.10	0.07	对数正态分布	0.10	0.06	0.110
I	239	0.79	0.96	1.41	2.77	4.76	6.69	7.98	3.43	2.61	2.63	2.39	20.50	0.38	0.76	2.77	1.35	其他分布	2.63	0.86	1.70
La	239	33.69	35.76	38.75	42.60	46.40	50.8	55.0	42.96	6.51	42.49	8.70	69.1	27.80	0.15	42.60	41.00	正态分布	42.96	43.22	41.00
Li	239	30.47	31.08	36.20	43.40	53.9	67.4	78.7	47.38	16.95	44.99	9.26	134	22.80	0.36	43.40	38.40	对数正态分布	44.99	34.82	25.00
Mn	2300	143	161	205	303	498	703	826	373	216	319	28.71	1044	48.20	0.58	303	229	其他分布	229	256	440
Mo	2228	0.61	0.69	0.86	1.09	1.43	1.86	2.14	1.19	0.45	1.11	1.47	2.60	0.28	0.38	1.09	0.92	剔除后对数分布	1.11	0.76	0.66
N	2417	0.69	0.82	1.05	1.32	1.60	1.92	2.11	1.35	0.45	1.27	1.49	4.31	0.22	0.33	1.32	1.20	对数正态分布	1.27	1.28	1.28
Nb	239	16.89	18.20	20.30	23.80	30.05	39.34	45.73	26.55	9.14	25.29	6.44	67.8	13.40	0.34	23.80	20.60	剔除后对数分布	25.29	21.24	16.83
Ni	2297	5.95	6.90	8.60	10.96	13.80	16.90	18.89	11.45	3.89	10.80	4.18	22.80	2.80	0.34	10.96	10.70	对数正态分布	10.80	6.70	35.00
P	2291	0.20	0.27	0.38	0.50	0.65	0.82	0.94	0.53	0.21	0.48	1.82	1.14	0.08	0.40	0.50	0.55	剔除后对数分布	0.48	0.42	0.60
Pb	2301	23.40	25.30	28.40	31.62	35.50	39.60	41.81	32.03	5.52	31.54	7.50	47.60	17.00	0.17	31.62	30.70	剔除后对数分布	31.54	30.60	32.00

续表 4-9

元素/指标	N	$X_{5\%}$	$X_{10\%}$	$X_{25\%}$	$X_{50\%}$	$X_{75\%}$	$X_{90\%}$	$X_{95\%}$	$\overline{X}$	S	$\overline{X}_g$	S_g	X_{max}	X_{min}	CV	X_{me}	X_{mo}	分布类型	浦江县背景值	金华市背景值	浙江省背景值
Rb	239	81.0	91.9	106	123	135	152	160	121	23.37	119	15.59	199	61.9	0.19	123	129	正态分布	121	140	120
S	239	174	190	226	273	320	369	417	281	89.2	270	25.22	1121	121	0.32	273	278	对数正态分布	270	230	248
Sb	239	0.60	0.70	0.81	1.01	1.36	2.06	2.37	1.20	0.64	1.08	1.54	4.73	0.44	0.53	1.01	0.83	对数正态分布	1.08	0.57	0.53
Sc	239	5.99	6.30	7.00	7.90	8.90	11.10	12.30	8.23	1.86	8.05	3.38	15.60	4.60	0.23	7.90	7.30	对数正态分布	8.05	7.30	8.70
Se	2262	0.16	0.17	0.20	0.24	0.30	0.37	0.41	0.26	0.08	0.25	2.35	0.48	0.06	0.30	0.24	0.19	其他分布	0.19	0.20	0.21
Sn	239	2.71	3.20	4.39	5.64	7.58	10.02	11.55	6.22	2.88	5.65	3.02	19.40	1.66	0.46	5.64	5.10	对数正态分布	5.65	6.90	3.60
Sr	239	37.18	39.60	47.75	60.4	82.8	111	128	69.8	31.86	64.2	12.02	262	30.20	0.46	60.4	59.5	对数正态分布	64.2	68.3	105
Th	239	9.80	10.76	12.17	13.70	15.40	17.04	18.31	13.86	2.69	13.61	4.51	26.00	6.30	0.19	13.70	13.20	正态分布	13.86	15.41	13.30
Ti	229	3336	3514	3777	4216	4800	5370	5698	4336	749	4273	125	6488	2432	0.17	4216	4117	剔除后正态分布	4336	4058	4665
Tl	2316	0.46	0.51	0.58	0.66	0.74	0.84	0.89	0.66	0.13	0.65	1.38	1.02	0.32	0.19	0.66	0.66	偏峰分布	0.66	0.70	0.70
U	239	2.39	2.53	2.91	3.29	3.91	4.50	5.27	3.49	0.94	3.39	2.09	9.57	1.74	0.27	3.29	3.56	对数正态分布	3.39	3.24	2.90
V	2303	31.41	35.60	43.63	55.9	70.9	89.3	99.2	58.8	20.26	55.4	10.39	119	13.30	0.34	55.9	46.80	剔除后对数正态分布	55.4	48.40	106
W	239	1.70	1.82	2.08	2.62	3.25	3.84	4.23	2.75	0.88	2.63	1.84	8.00	1.10	0.32	2.62	1.92	对数正态分布	2.75	1.80	1.80
Y	239	21.70	23.38	26.20	30.10	36.78	42.16	45.44	31.92	8.44	30.96	7.24	78.8	14.80	0.26	30.10	31.80	剔除后对数正态分布	30.96	24.84	25.00
Zn	2326	55.9	60.8	69.1	81.9	96.5	110	120	83.9	19.54	81.7	12.88	141	27.60	0.23	81.9	68.6	正态分布	81.7	64.4	101
Zr	239	244	260	292	354	414	500	544	363	91.2	352	29.09	629	189	0.25	354	406	正态分布	363	325	243
SiO₂	239	64.6	67.9	70.5	73.0	77.1	80.1	82.0	73.4	5.02	73.3	11.98	84.5	55.6	0.07	73.0	71.7	正态分布	73.4	71.6	71.3
Al₂O₃	239	9.54	10.11	11.46	12.80	13.90	15.17	16.41	12.80	2.03	12.64	4.31	19.90	7.83	0.16	12.80	12.70	对数正态分布	12.80	12.84	13.20
TFe₂O₃	239	2.76	2.90	3.37	3.80	4.53	5.49	6.19	4.05	1.04	3.93	2.25	8.05	2.13	0.26	3.80	3.72	对数正态分布	3.93	3.56	3.74
MgO	239	0.39	0.42	0.51	0.63	0.81	1.10	1.27	0.70	0.26	0.66	1.51	1.73	0.33	0.38	0.63	0.62	对数正态分布	0.66	0.51	0.50
CaO	239	0.18	0.20	0.24	0.31	0.43	0.56	0.70	0.37	0.20	0.33	2.11	1.49	0.09	0.55	0.31	0.26	对数正态分布	0.33	0.24	0.24
Na₂O	239	0.32	0.39	0.49	0.67	0.86	1.10	1.24	0.70	0.29	0.65	1.60	1.82	0.19	0.41	0.67	0.60	正态分布	0.70	0.64	0.19
K₂O	2398	1.29	1.59	2.12	2.64	3.03	3.40	3.61	2.57	0.69	2.46	1.80	4.40	0.77	0.27	2.64	2.90	偏峰分布	2.90	2.35	2.35
TC	239	0.89	1.00	1.18	1.47	2.02	2.86	3.33	1.72	0.96	1.57	1.59	11.50	0.59	0.56	1.47	1.30	对数正态分布	1.57	1.28	1.43
Corg	2339	0.70	0.81	1.04	1.29	1.53	1.77	1.94	1.29	0.37	1.23	1.42	2.33	0.27	0.29	1.29	1.44	剔除后对数正态分布	1.29	1.23	1.31
pH	2282	4.43	4.55	4.76	5.03	5.38	5.77	6.00	4.89	4.89	5.10	2.57	6.47	3.80	1.00	5.03	4.86	剔除后对数正态分布	5.10	5.02	5.10

第四章
土壤元素背景值

表 4-10 磐安县土壤元素背景值参数统计表

元素/指标	N	$X_{5\%}$	$X_{10\%}$	$X_{25\%}$	$X_{50\%}$	$X_{75\%}$	$X_{90\%}$	$X_{95\%}$	$\overline{X}$	S	$\overline{X}_g$	S_g	X_{max}	X_{min}	CV	X_{me}	X_{mo}	分布类型	磐安县背景值	金华市背景值	浙江省背景值
Ag	292	50.00	60.0	70.0	90.0	120	140	174	101	58.9	92.3	14.44	770	30.00	0.58	90.0	80.0	对数正态分布	92.3	70.0	100.0
As	1765	2.21	2.60	3.26	4.24	5.61	7.06	8.19	4.58	1.79	4.25	2.56	10.16	0.97	0.39	4.24	3.72	剔除后对数正态分布	4.25	5.74	10.10
Au	292	0.49	0.52	0.63	0.75	0.94	1.26	1.57	0.87	0.51	0.79	1.49	6.74	0.34	0.59	0.75	0.70	对数正态分布	0.79	0.71	1.50
B	1770	11.03	13.02	16.22	20.48	25.96	33.01	37.59	21.75	7.81	20.38	6.14	44.72	3.73	0.36	20.48	22.20	剔除后对数正态分布	20.38	16.80	20.00
Ba	292	440	515	693	818	956	1114	1212	825	233	789	47.43	1666	261	0.28	818	787	正态分布	825	592	475
Be	283	1.82	1.92	2.09	2.27	2.46	2.69	2.83	2.29	0.29	2.27	1.63	3.02	1.57	0.13	2.27	2.32	剔除后对数正态分布	2.29	1.90	2.00
Bi	292	0.20	0.21	0.25	0.28	0.33	0.40	0.44	0.30	0.09	0.29	2.14	0.87	0.16	0.31	0.28	0.25	对数正态分布	0.29	0.28	0.28
Br	292	2.21	2.45	3.19	4.30	6.61	9.51	11.80	5.29	3.06	4.63	2.85	20.98	1.77	0.58	4.30	3.69	对数正态分布	4.63	2.20	2.20
Cd	1889	0.06	0.07	0.10	0.13	0.17	0.20	0.24	0.14	0.08	0.13	3.46	2.53	0.03	0.58	0.13	0.13	正态分布	0.13	0.14	0.14
Ce	292	79.0	83.0	90.0	96.0	102	108	115	96.4	11.02	95.7	13.93	139	53.4	0.11	96.0	92.0	正态分布	96.4	82.8	102
Cl	292	49.43	53.0	58.1	65.6	74.7	86.7	94.9	68.4	15.66	66.8	11.39	170	40.90	0.23	65.6	65.3	对数正态分布	66.8	60.2	71.0
Co	1629	3.23	3.70	4.57	5.80	7.79	10.93	13.39	6.63	3.04	6.05	3.06	17.88	1.64	0.46	5.80	5.20	其他分布	6.05	10.20	14.80
Cr	1695	9.44	11.40	14.70	19.80	27.66	38.46	46.19	22.54	10.86	20.20	6.12	59.1	3.40	0.48	19.80	19.10	剔除后对数正态分布	20.20	26.40	82.0
Cu	1649	6.59	7.35	8.70	10.99	14.16	18.70	22.00	12.05	4.63	11.27	4.29	28.20	3.60	0.38	10.99	8.40	剔除后对数正态分布	11.27	16.00	16.00
F	278	366	391	449	525	624	737	789	540	133	525	37.43	920	260	0.25	525	484	偏峰分布	484	485	453
Ga	292	15.90	16.31	17.10	18.10	19.20	20.40	21.64	18.42	2.13	18.32	5.33	34.20	13.90	0.12	18.10	17.90	对数正态分布	18.32	16.57	16.00
Ge	1889	1.19	1.23	1.32	1.42	1.53	1.66	1.75	1.43	0.17	1.42	1.27	2.19	0.96	0.12	1.42	1.52	对数正态分布	1.42	1.46	1.44
Hg	1798	0.03	0.03	0.04	0.05	0.07	0.08	0.09	0.05	0.02	0.05	5.34	0.11	0.004	0.33	0.05	0.06	其他分布	0.05	0.06	0.110
I	292	1.11	1.39	2.08	3.41	5.52	8.67	10.49	4.28	3.15	3.37	2.74	18.35	0.40	0.74	3.41	1.40	偏峰分布	3.37	0.86	1.70
La	292	38.76	40.11	42.70	45.70	49.02	52.3	55.4	46.33	6.01	45.98	9.13	84.5	29.31	0.13	45.70	45.70	对数正态分布	45.98	43.22	41.00
Li	292	25.61	26.63	30.10	34.60	40.32	47.00	53.9	36.23	9.49	35.19	7.89	96.4	17.20	0.26	34.60	32.50	对数正态分布	35.19	34.82	25.00
Mn	1851	186	213	304	503	775	1078	1236	573	324	486	37.63	1521	98.5	0.57	503	625	偏峰分布	625	256	440
Mo	1744	0.50	0.55	0.68	0.88	1.17	1.65	1.90	0.98	0.41	0.91	1.49	2.23	0.32	0.42	0.88	0.97	剔除后对数正态分布	0.91	0.76	0.66
N	1889	0.72	0.86	1.05	1.32	1.61	1.95	2.21	1.37	0.46	1.29	1.49	3.69	0.22	0.34	1.32	1.47	对数正态分布	1.29	1.28	1.28
Nb	271	17.30	18.20	19.95	21.70	23.00	24.80	25.60	21.51	2.48	21.36	5.88	28.20	15.10	0.12	21.70	21.80	剔除后对数正态分布	21.51	21.24	16.83
Ni	1679	3.71	4.20	5.42	7.41	10.30	14.56	17.48	8.48	4.16	7.60	3.59	22.66	1.59	0.49	7.41	5.60	剔除后对数正态分布	7.60	6.70	35.00
P	1889	0.23	0.31	0.46	0.67	0.96	1.32	1.59	0.76	0.45	0.65	1.88	4.83	0.05	0.59	0.67	1.00	对数正态分布	0.65	0.42	0.60
Pb	1778	24.88	26.80	29.51	32.50	35.50	38.76	40.76	32.61	4.65	32.27	7.54	45.00	19.90	0.14	32.50	33.50	剔除后对数正态分布	32.61	30.60	32.00

121

续表 4-10

元素/指标	N	$X_{5\%}$	$X_{10\%}$	$X_{25\%}$	$X_{50\%}$	$X_{75\%}$	$X_{90\%}$	$X_{95\%}$	$\bar{X}$	S	$\bar{X}_g$	S_g	X_{max}	X_{min}	CV	X_{me}	X_{mo}	分布类型	磐安县背景值	金华市背景值	浙江省背景值
Rb	292	106	120	133	145	157	166	171	143	19.50	142	17.58	193	58.4	0.14	145	145	正态分布	143	140	120
S	292	142	162	192	228	272	320	343	235	63.4	226	23.06	442	40.00	0.27	228	236	正态分布	235	230	248
Sb	292	0.38	0.40	0.45	0.51	0.60	0.71	0.79	0.55	0.15	0.53	1.53	1.40	0.32	0.27	0.51	0.51	对数正态分布	0.53	0.57	0.53
Sc	269	6.00	6.40	7.00	7.80	8.50	9.44	10.30	7.84	1.27	7.74	3.28	11.50	4.60	0.16	7.80	8.10	剔除后正态分布	7.84	7.30	8.70
Se	1781	0.13	0.15	0.18	0.21	0.27	0.32	0.36	0.23	0.07	0.22	2.48	0.43	0.04	0.30	0.21	0.19	其他分布	0.19	0.20	0.21
Sn	259	2.31	2.55	2.96	3.39	4.02	4.70	5.14	3.54	0.88	3.43	2.14	6.26	1.08	0.25	3.39	4.13	剔除后对数分布	3.43	6.90	3.60
Sr	292	45.00	50.00	58.0	71.5	96.2	149	177	88.0	55.2	78.1	12.78	579	35.00	0.63	71.5	53.0	对数正态分布	78.1	68.3	105
Th	292	12.11	13.30	14.88	16.30	17.60	19.30	20.50	16.23	2.51	16.02	5.00	23.00	6.40	0.15	16.30	17.00	正态分布	16.23	15.41	13.30
Ti	271	3189	3370	3816	4370	4767	5139	5532	4322	709	4263	124	6318	2593	0.16	4370	4227	剔除后正态分布	4322	4058	4665
Tl	983	0.63	0.71	0.81	0.89	0.98	1.07	1.12	0.89	0.14	0.88	1.20	1.26	0.51	0.16	0.89	0.87	偏峰分布	0.87	0.70	0.70
U	292	2.71	2.83	3.07	3.32	3.63	3.92	4.10	3.35	0.46	3.32	2.01	5.07	1.79	0.14	3.32	3.41	正态分布	3.35	3.24	2.90
V	1670	24.98	29.00	36.20	47.48	62.0	84.9	99.7	52.0	22.19	47.80	9.76	124	8.90	0.43	47.48	38.70	剔除后对数分布	47.80	48.40	106
W	292	1.57	1.68	1.93	2.23	2.55	3.12	3.34	2.29	0.55	2.23	1.69	4.35	1.01	0.24	2.23	2.36	对数正态分布	2.23	1.80	1.80
Y	292	19.50	20.00	20.90	22.10	23.50	25.79	28.54	22.72	3.04	22.55	6.05	38.80	16.90	0.13	22.10	22.10	剔除后正态分布	22.55	24.84	25.00
Zn	1757	56.5	60.1	66.8	74.5	84.2	96.3	105	76.4	14.20	75.1	12.20	118	43.45	0.19	74.5	68.6	对数正态分布	75.1	64.4	101
Zr	292	257	272	304	329	362	384	412	331	45.80	327	28.29	461	176	0.14	329	329	正态分布	331	325	243
SiO_2	282	64.3	65.4	67.3	69.2	71.3	73.0	73.5	69.2	2.82	69.1	11.54	75.8	61.6	0.04	69.2	70.1	剔除后正态分布	69.2	71.6	71.3
Al_2O_3	292	12.66	13.00	13.84	14.77	15.62	16.74	17.30	14.86	1.49	14.78	4.71	21.15	11.61	0.10	14.77	14.78	正态分布	14.86	12.84	13.20
TFe_2O_3	292	2.84	3.04	3.31	3.74	4.43	5.67	6.94	4.16	1.61	3.96	2.28	17.51	2.36	0.39	3.74	3.19	对数正态分布	3.96	3.56	3.74
MgO	292	0.40	0.45	0.51	0.59	0.73	0.85	1.02	0.64	0.22	0.61	1.49	2.16	0.34	0.35	0.59	0.57	对数正态分布	0.61	0.51	0.50
CaO	268	0.22	0.24	0.27	0.31	0.38	0.47	0.54	0.33	0.09	0.32	2.01	0.58	0.09	0.27	0.31	0.29	其他分布	0.29	0.24	0.24
Na_2O	292	0.27	0.32	0.42	0.56	0.77	1.04	1.19	0.63	0.32	0.56	1.81	2.66	0.06	0.51	0.56	0.51	对数正态分布	0.56	0.64	0.19
K_2O	1797	1.86	2.14	2.57	2.96	3.33	3.68	3.86	2.93	0.60	2.86	1.90	4.51	1.30	0.20	2.96	2.99	剔除后正态分布	2.93	2.35	2.35
TC	292	0.80	0.95	1.12	1.47	2.11	2.75	3.06	1.69	0.77	1.54	1.66	5.07	0.36	0.46	1.47	1.13	对数正态分布	1.54	1.28	1.43
Corg	1888	0.74	0.87	1.11	1.40	1.78	2.20	2.49	1.50	0.66	1.38	1.59	14.70	0.12	0.44	1.40	1.20	对数正态分布	1.38	1.23	1.31
pH	1829	4.24	4.40	4.62	4.89	5.17	5.44	5.61	4.72	4.70	4.90	2.51	6.05	3.78	1.00	4.89	4.78	剔除后正态分布	4.72	5.02	5.10

与金华市土壤元素背景值相比,磐安县土壤元素背景值中 Sn、Co 背景值明显低于金华市背景值,为金华市背景值的 60% 以下;Cu、As、Cr 背景值略低于金华市背景值,为金华市背景值的 60%～80%;TC、Be、CaO、B、W、Tl、K_2O、Ag、Ba 背景值略高于金华市背景值,为金华市背景值的 1.2～1.4 倍;P、Br、Mn、I 背景值明显偏高,其中 Br、Mn、I 明显富集,背景值为金华市背景值的 2.0 倍以上,I 背景值最高,为金华市背景值的 3.92 倍;其他元素/指标背景值则与金华市背景值基本接近。

与浙江省土壤元素背景值相比,磐安县土壤元素背景值中 As、Au、Co、Cr、Hg、Ni、V 明显低于浙江省背景值,不足浙江省背景值的 60%,其中 Ni 背景值最低,为浙江省背景值的 22%;Cu、Sr、Zn 背景值略低于浙江省背景值;Mo、Nb、Th、Tl、W、Zr、MgO、CaO、K_2O 背景值略高于浙江省背景值,为浙江省背景值的 1.2～1.4 倍;而 Ba、Br、I、Li、Mn、Na_2O 背景值明显偏高,为浙江省背景值的 1.4 倍以上,其中 Na_2O 背景值最高,为浙江省背景值的 2.95 倍;其他元素/指标背景值则与浙江省背景值基本接近。

第二节　主要土壤母质类型元素背景值

一、松散岩类沉积物土壤母质元素背景值

松散岩类沉积物土壤母质元素背景值数据经正态分布检验,结果表明,原始数据中 Ba、Ce、Ga、La、Rb、S、Sr、Th、U、Al_2O_3、Na_2O、TC 共 12 项元素/指标符合正态分布,Ag、Au、Bi、Br、Cl、Cr、Li、N、Nb、Sb、Sc、Sn、Ti、W、Y、Zr、TFe_2O_3、MgO、Corg 共 19 项元素/指标符合对数正态分布,F、I、SiO_2、CaO 剔除异常值后符合正态分布,As、Be、Co、Cu、V 剔除异常值后符合对数正态分布,其他元素/指标不符合正态分布或对数正态分布(表 4-11)。

松散岩类沉积物区表层土壤总体为酸性,土壤 pH 极大值为 7.17,极小值为 3.76,背景值为 5.02,与金华市背景值相同。

松散岩类沉积物区表层土壤各元素/指标中,大多数元素/指标变异系数小于 0.40,分布相对均匀;仅 Sb、B、Hg、Mn、Bi、Sn、Cr、Au、pH 共 9 项元素/指标变异系数大于 0.40,其中 Au、pH 变异系数大于 0.80,空间变异性较大。

与金华市土壤元素背景值相比,松散岩类沉积物区土壤元素背景值中 Co 背景值略低于金华市背景值,为金华市背景值的 65%;P、Cr、Cd、I、B、Ag、K_2O、Sb 背景值略高于金华市背景值,为金华市背景值的 1.2～1.4 倍;而 Na_2O、Ni、CaO、Hg、Au 背景值明显偏高,为金华市背景值的 1.4 倍以上,其中 Hg、Au 明显相对富集,背景值均为金华市背景值的 2.0 倍以上,Au 背景值最高,为金华市背景值的 2.87 倍;其他元素/指标背景值则与金华市背景值基本接近。

二、古土壤风化物土壤母质元素背景值

古土壤风化物土壤母质元素背景值数据经正态分布检验,结果表明,原始数据中 Ba、Be、Ce、Ga、La、Li、Nb、Rb、S、Sc、Th、Ti、U、Zr、SiO_2、Al_2O_3、TFe_2O_3、TC 共 18 项元素/指标符合正态分布,Ag、Au、Bi、Br、Cl、Co、F、I、Mn、N、Sb、Sn、Sr、Tl、V、W、Y、MgO、CaO、Na_2O、Corg 共 21 项元素/指标符合对数正态分布,Cd、Hg、P、Pb、Zn、pH 剔除异常值后符合对数正态分布,其他元素/指标不符合正态分布或对数正态分布(表 4-12)。

古土壤风化物区表层土壤总体为酸性,土壤 pH 极大值为 6.67,极小值为 3.61,背景值为 5.11,与金华市背景值基本接近。

表 4-11 松散岩类沉积物土壤母质元素背景值参数统计表

元素/指标	N	$X_{5\%}$	$X_{10\%}$	$X_{25\%}$	$X_{50\%}$	$X_{75\%}$	$X_{90\%}$	$X_{95\%}$	$\bar{X}$	S	$\bar{X}_g$	S_g	X_{max}	X_{min}	CV	X_{me}	X_{mo}	分布类型		松散岩类沉积物背景值	金华市背景值
Ag	328	60.0	65.0	75.0	91.0	118	139	151	99.1	34.76	94.1	14.17	338	40.00	0.35	91.0	77.0	对数正态分布	剔除后对数正态分布	94.1	70.0
As	6575	3.15	3.78	4.85	6.28	8.05	10.07	11.23	6.59	2.41	6.14	3.10	13.40	0.17	0.37	6.28	5.42	剔除后对数正态分布		6.14	5.74
Au	328	0.96	1.07	1.39	1.94	2.97	4.01	4.86	2.43	2.35	2.04	1.99	36.81	0.48	0.97	1.94	1.96	对数正态分布		2.04	0.71
B	6707	13.60	16.30	22.30	31.00	43.00	56.0	62.1	33.64	14.83	30.37	7.85	75.2	4.44	0.44	31.00	22.20	其他分布		22.20	16.80
Ba	328	327	373	447	556	690	815	877	578	173	552	39.33	1102	208	0.30	556	526	正态分布		578	592
Be	307	1.60	1.70	1.81	2.00	2.18	2.44	2.62	2.02	0.30	2.00	1.53	2.87	1.33	0.15	2.00	2.00	剔除后对数正态分布		2.00	1.90
Bi	328	0.22	0.23	0.26	0.29	0.35	0.42	0.48	0.32	0.15	0.31	2.08	2.34	0.18	0.46	0.29	0.28	对数正态分布		0.31	0.28
Br	328	1.77	1.88	2.12	2.38	2.71	3.25	3.51	2.48	0.57	2.42	1.75	5.42	1.20	0.23	2.38	2.41	对数正态分布		2.42	2.20
Cd	6472	0.10	0.12	0.15	0.19	0.24	0.30	0.33	0.20	0.07	0.19	2.74	0.40	0.02	0.35	0.19	0.18	偏峰分布		0.18	0.14
Ce	328	64.3	65.9	71.3	76.8	83.7	91.2	93.3	77.7	9.55	77.2	12.26	113	51.8	0.12	76.8	78.4	正态分布		77.7	82.8
Cl	328	47.36	49.56	56.1	64.8	75.5	89.6	102	68.9	22.81	66.3	11.47	262	38.32	0.33	64.8	68.8	对数正态分布		66.3	60.2
Co	6522	3.67	4.30	5.39	6.84	8.46	10.10	11.21	7.04	2.25	6.67	3.16	13.60	1.66	0.32	6.84	10.50	剔除后对数正态分布		6.67	10.20
Cr	6798	17.40	19.70	24.90	33.50	44.40	55.9	64.1	36.57	18.77	33.38	8.09	565	6.20	0.51	33.50	26.40	剔除后对数正态分布		33.38	26.40
Cu	6418	10.90	12.10	14.50	17.37	20.90	24.60	27.20	17.93	4.84	17.28	5.44	32.20	4.20	0.27	17.37	16.00	对数正态分布		17.28	16.00
F	311	316	346	387	430	486	535	580	437	76.7	430	32.98	652	252	0.17	430	440	剔除后对数正态分布		430	485
Ga	328	11.30	11.90	13.05	14.36	15.52	16.74	17.45	14.35	1.90	14.22	4.66	21.30	8.20	0.13	14.36	15.50	正态分布		14.35	16.57
Ge	6516	1.28	1.32	1.38	1.46	1.54	1.63	1.69	1.47	0.12	1.46	1.26	1.80	1.13	0.08	1.46	1.46	其他分布		1.46	1.46
Hg	6425	0.04	0.05	0.07	0.10	0.14	0.18	0.21	0.11	0.05	0.10	3.67	0.26	0.01	0.45	0.10	0.12	偏峰分布		0.12	0.06
I	303	0.67	0.78	0.93	1.09	1.25	1.52	1.72	1.12	0.29	1.08	1.31	1.94	0.43	0.26	1.09	1.04	剔除后正态分布		1.08	0.86
La	328	34.56	36.07	38.53	41.91	45.47	48.30	49.55	42.00	5.11	41.68	8.60	60.7	26.98	0.12	41.91	42.90	正态分布		41.68	43.22
Li	328	27.91	29.75	32.20	34.80	38.57	43.53	47.30	35.92	6.15	35.44	7.83	69.5	21.60	0.17	34.80	36.10	对数正态分布		35.44	34.82
Mn	6576	152	172	221	313	436	576	652	344	154	311	27.92	797	73.2	0.45	313	216	偏峰分布		216	256
Mo	6475	0.57	0.63	0.74	0.89	1.09	1.31	1.44	0.93	0.26	0.90	1.33	1.70	0.22	0.28	0.89	0.79	偏峰分布		0.79	0.76
N	6797	0.61	0.73	0.98	1.29	1.64	1.99	2.21	1.33	0.50	1.24	1.54	4.05	0.07	0.37	1.29	1.28	对数正态分布		1.24	1.28
Nb	328	18.53	19.01	20.10	21.09	23.00	25.23	26.36	21.73	2.57	21.59	5.89	33.40	15.49	0.12	21.09	20.80	对数正态分布		21.59	21.24
Ni	6617	5.60	6.40	8.00	10.70	14.00	17.00	18.90	11.26	4.12	10.51	4.20	23.50	2.00	0.37	10.70	10.30	其他分布		10.30	6.70
P	6367	0.30	0.34	0.41	0.54	0.72	0.94	1.06	0.59	0.23	0.55	1.67	1.30	0.08	0.39	0.54	0.51	其他分布		0.51	0.42
Pb	6434	26.59	28.24	31.10	34.60	38.89	44.19	47.23	35.40	6.15	34.88	7.95	53.0	18.60	0.17	34.60	36.00	其他分布		36.00	30.60

续表 4-11

元素/指标	N	$X_{5\%}$	$X_{10\%}$	$X_{25\%}$	$X_{50\%}$	$X_{75\%}$	$X_{90\%}$	$X_{95\%}$	$\bar{X}$	S	$\bar{X}_g$	S_g	X_{max}	X_{min}	CV	X_{me}	X_{mo}	分布类型	松散岩类沉积物背景值	金华市背景值
Rb	328	80.0	86.3	98.9	119	134	156	170	119	26.48	116	15.83	198	62.9	0.22	119	120	正态分布	119	140
S	328	139	155	197	254	312	366	394	262	93.4	247	24.94	831	68.2	0.36	254	227	正态分布	262	230
Sb	328	0.48	0.53	0.63	0.76	0.93	1.12	1.34	0.82	0.35	0.78	1.46	4.06	0.14	0.43	0.76	0.83	对数正态分布	0.78	0.57
Sc	328	5.86	6.20	6.76	7.50	8.20	9.06	9.60	7.58	1.26	7.49	3.24	14.50	4.31	0.17	7.50	7.30	对数正态分布	7.49	7.30
Se	6621	0.15	0.16	0.19	0.23	0.28	0.34	0.37	0.24	0.07	0.23	2.36	0.44	0.05	0.28	0.23	0.20	其他分布	0.20	0.20
Sn	328	3.73	4.29	5.70	8.10	11.00	13.63	16.89	8.83	4.45	7.92	3.72	37.30	2.50	0.50	8.10	10.00	对数正态分布	7.92	6.90
Sr	328	45.82	52.2	62.2	78.1	100.0	113	119	81.9	26.18	77.9	12.58	213	32.15	0.32	78.1	59.1	正态分布	81.9	68.3
Th	328	11.53	12.17	13.49	15.02	16.80	18.43	19.27	15.18	2.37	14.99	4.83	21.30	8.75	0.16	15.02	14.30	对数正态分布	15.18	15.41
Ti	328	3194	3377	3682	4072	4431	4973	5216	4138	724	4081	121	9321	2159	0.18	4072	4144	对数正态分布	4081	4058
Tl	2556	0.46	0.49	0.57	0.68	0.84	0.95	1.02	0.70	0.18	0.68	1.41	1.24	0.22	0.25	0.68	0.65	其他分布	0.65	0.70
U	328	2.65	2.76	2.97	3.31	3.63	3.94	4.06	3.33	0.46	3.29	2.01	5.49	2.09	0.14	3.31	3.12	正态分布	3.33	3.24
V	6578	32.70	36.50	42.90	51.4	61.2	71.4	77.5	52.7	13.48	51.0	9.89	91.7	14.50	0.26	51.4	47.00	剔除后对数分布	51.0	48.40
W	328	1.53	1.60	1.70	1.89	2.05	2.31	2.52	1.93	0.33	1.91	1.48	4.08	1.12	0.17	1.89	1.70	对数正态分布	1.91	1.80
Y	328	20.74	21.53	23.74	26.08	28.57	31.30	33.86	26.48	4.67	26.11	6.52	58.5	13.65	0.18	26.08	23.28	对数正态分布	26.11	24.84
Zn	6523	48.50	52.4	60.3	70.3	83.4	97.8	106	72.8	17.40	70.8	11.89	124	25.00	0.24	70.3	61.4	偏峰分布	61.4	64.4
Zr	328	293	305	324	344	361	388	412	346	37.23	344	29.19	523	240	0.11	344	344	对数分布	344	325
SiO_2	315	72.9	74.1	76.1	77.5	79.2	80.9	81.9	77.5	2.50	77.5	12.30	84.0	71.1	0.03	77.5	78.0	剔除后正态分布	77.5	71.6
Al_2O_3	328	9.32	9.67	10.42	11.12	11.85	12.62	13.17	11.16	1.19	11.10	4.03	14.66	7.82	0.11	11.12	10.70	正态分布	11.16	12.84
TFe_2O_3	328	2.41	2.56	2.88	3.26	3.69	4.22	4.60	3.32	0.67	3.26	2.02	6.11	1.95	0.20	3.26	2.96	对数分布	3.26	3.56
MgO	328	0.37	0.42	0.48	0.56	0.67	0.83	0.98	0.60	0.21	0.58	1.55	2.15	0.29	0.34	0.56	0.56	对数正态分布	0.58	0.51
CaO	300	0.21	0.27	0.31	0.38	0.47	0.56	0.65	0.40	0.13	0.38	1.91	0.75	0.13	0.31	0.38	0.34	对数正态分布	0.40	0.24
Na_2O	328	0.34	0.45	0.72	0.92	1.10	1.33	1.39	0.90	0.32	0.83	1.60	2.02	0.10	0.36	0.92	0.93	剔除后正态分布	0.90	0.64
K_2O	6780	1.29	1.49	2.01	2.63	3.12	3.46	3.65	2.56	0.73	2.44	1.81	4.78	0.64	0.29	2.63	3.20	正态分布	3.20	2.35
TC	328	0.76	0.84	1.02	1.23	1.44	1.61	1.73	1.24	0.33	1.20	1.34	2.74	0.50	0.26	1.23	1.16	其他分布	1.24	1.28
Corg	6229	0.56	0.68	0.93	1.22	1.54	1.89	2.12	1.26	0.48	1.17	1.54	4.33	0.06	0.38	1.22	1.15	对数分布	1.17	1.23
pH	6382	4.54	4.69	4.95	5.28	5.74	6.29	6.65	5.05	4.91	5.39	2.65	7.17	3.76	0.97	5.28	5.02	其他分布	5.02	5.02

注：氧化物、TC、Corg 单位为%，N、P 单位为 g/kg，Au、Ag 单位为 $\mu g/kg$，pH 为无量纲，其他元素/指标单位为 mg/kg；后表单位相同。

金华市土壤元素背景值

表 4-12 古土壤风化物土壤母质元素背景值参数统计表

元素/指标	N	$X_{5\%}$	$X_{10\%}$	$X_{25\%}$	$X_{50\%}$	$X_{75\%}$	$X_{90\%}$	$X_{95\%}$	$\bar{X}$	S	$\bar{X}_g$	S_g	X_{max}	X_{min}	CV	X_{me}	X_{mo}	分布类型	古土壤风化物背景值	金华市背景值
Ag	139	44.00	49.00	60.0	72.0	84.0	100.0	123	75.4	24.50	72.2	12.08	184	39.00	0.32	72.0	72.0	对数正态分布	72.2	70.0
As	2411	4.04	4.79	6.03	8.17	11.12	13.32	14.82	8.71	3.34	8.06	3.56	18.81	1.86	0.38	8.17	7.95	其他分布	7.95	5.74
Au	139	0.95	1.07	1.35	1.77	2.54	3.76	5.23	2.25	1.54	1.93	1.93	11.06	0.65	0.68	1.77	1.98	对数正态分布	1.93	0.71
B	2427	19.50	24.80	35.10	50.1	63.5	72.3	76.7	49.42	18.07	45.49	9.59	101	5.53	0.37	50.1	47.00	其他分布	47.00	16.80
Ba	139	239	255	304	367	454	568	649	391	123	373	30.88	752	208	0.31	367	352	正态分布	391	592
Be	139	1.39	1.42	1.52	1.73	1.96	2.20	2.38	1.79	0.32	1.76	1.43	3.00	1.30	0.18	1.73	1.70	正态分布	1.79	1.90
Bi	139	0.25	0.26	0.29	0.34	0.41	0.48	0.49	0.36	0.10	0.35	1.92	0.93	0.20	0.27	0.34	0.30	对数正态分布	0.35	0.28
Br	139	1.89	1.96	2.18	2.34	2.74	3.40	3.80	2.54	0.61	2.47	1.75	4.55	1.22	0.24	2.34	2.19	对数正态分布	2.47	2.20
Cd	2307	0.06	0.08	0.12	0.16	0.20	0.24	0.27	0.16	0.06	0.15	3.18	0.33	0.01	0.37	0.16	0.14	剔除后偏峰分布	0.15	0.14
Ce	139	56.8	59.0	66.2	72.7	79.8	91.0	96.4	73.9	11.90	73.0	11.73	116	45.62	0.16	72.7	77.9	正态分布	73.9	82.8
Cl	139	35.35	39.31	46.86	55.6	64.9	84.9	91.0	58.5	20.46	55.8	10.21	177	28.00	0.35	55.6	67.1	对数正态分布	55.8	60.2
Co	2429	4.30	4.82	5.80	7.54	10.20	13.20	15.59	8.53	4.19	7.78	3.48	50.4	2.05	0.49	7.54	10.20	对数正态分布	7.78	10.20
Cr	2407	23.70	27.40	35.40	48.20	62.4	74.9	80.5	49.75	17.92	46.41	9.51	103	5.90	0.36	48.20	36.40	其他分布	36.40	26.40
Cu	2309	12.64	13.80	16.00	18.60	22.30	25.90	28.10	19.31	4.69	18.75	5.59	33.10	6.20	0.24	18.60	16.70	偏峰分布	16.70	16.00
F	139	299	327	373	431	506	600	671	470	257	443	33.97	3131	241	0.55	431	328	对数正态分布	443	485
Ga	139	11.33	11.81	13.05	14.89	16.21	17.70	18.57	14.83	2.28	14.65	4.75	21.30	9.94	0.15	14.89	15.10	正态分布	14.83	16.57
Ge	2362	1.28	1.32	1.41	1.51	1.64	1.75	1.83	1.53	0.17	1.52	1.30	1.99	1.09	0.11	1.51	1.46	偏峰分布	1.46	1.46
Hg	2275	0.04	0.05	0.06	0.09	0.11	0.15	0.17	0.09	0.04	0.08	4.07	0.21	0.01	0.43	0.09	0.11	剔除后对数正态分布	0.08	0.06
I	139	0.89	0.97	1.23	1.62	2.26	3.16	4.21	1.89	0.97	1.69	1.73	5.44	0.55	0.51	1.62	1.53	对数正态分布	1.69	0.86
La	139	29.63	31.34	34.53	38.80	42.45	46.91	49.27	39.03	6.37	38.53	8.14	59.7	22.36	0.16	38.80	40.00	正态分布	39.03	43.22
Li	139	30.17	31.74	34.64	37.65	41.56	44.92	47.97	38.53	6.02	38.09	8.17	60.1	25.40	0.16	37.65	37.40	正态分布	38.53	34.82
Mn	2429	130	147	190	276	427	610	757	340	219	290	27.51	1996	81.6	0.64	276	185	对数正态分布	290	256
Mo	2348	0.58	0.65	0.78	1.00	1.34	1.65	1.86	1.09	0.39	1.02	1.43	2.27	0.11	0.36	1.00	0.78	偏峰分布	1.46	0.76
N	2431	0.62	0.78	0.99	1.30	1.66	2.00	2.23	1.35	0.49	1.25	1.54	3.75	0.22	0.36	1.30	1.29	对数正态分布	1.25	1.28
Nb	139	18.24	18.80	20.30	21.90	23.80	24.96	27.24	22.08	2.77	21.92	5.94	32.60	16.00	0.13	21.90	24.20	正态分布	22.08	21.24
Ni	2373	6.80	7.63	9.54	13.00	16.60	20.38	22.50	13.49	4.86	12.62	4.54	28.00	2.30	0.36	13.00	15.20	其他分布	15.20	6.70
P	2282	0.24	0.29	0.38	0.50	0.67	0.86	1.00	0.54	0.22	0.50	1.76	1.21	0.09	0.41	0.50	0.40	剔除后对数分布	0.50	0.42
Pb	2310	23.78	25.30	28.00	31.11	34.89	38.70	40.93	31.58	5.15	31.16	7.42	46.40	17.60	0.16	31.11	30.40	剔除后对数正态分布	31.16	30.60

续表 4-12

元素/指标	N	$X_{5\%}$	$X_{10\%}$	$X_{25\%}$	$X_{50\%}$	$X_{75\%}$	$X_{90\%}$	$X_{95\%}$	$\overline{X}$	S	$\overline{X}_g$	S_g	X_{max}	X_{min}	CV	X_{me}	X_{mo}	分布类型	古土壤风化物背景值	金华市背景值
Rb	139	70.7	74.9	81.2	91.0	105	124	132	95.1	19.51	93.2	13.77	151	44.17	0.21	91.0	92.4	正态分布	95.1	140
S	139	150	171	206	268	305	345	364	261	70.3	251	24.79	445	111	0.27	268	268	正态分布	261	230
Sb	139	0.59	0.62	0.74	0.91	1.06	1.29	1.46	0.95	0.30	0.91	1.35	2.39	0.47	0.32	0.91	0.91	对数正态分布	0.91	0.57
Sc	139	5.90	6.31	7.06	8.14	9.40	10.64	10.91	8.29	1.62	8.13	3.40	12.34	4.88	0.20	8.14	6.90	其他分布	8.29	7.30
Se	2323	0.16	0.17	0.21	0.26	0.33	0.42	0.47	0.28	0.10	0.26	2.29	0.55	0.04	0.34	0.26	0.24	对数正态分布	0.24	0.20
Sn	139	4.14	4.54	5.25	6.70	8.90	11.50	13.79	7.67	3.93	6.97	3.35	29.86	2.31	0.51	6.70	5.90	对数正态分布	6.97	6.90
Sr	139	37.16	39.80	44.24	55.6	63.8	78.1	94.9	57.0	16.93	54.8	10.16	125	31.60	0.30	55.6	59.5	正态分布	54.8	68.3
Th	139	10.93	11.42	12.84	14.59	16.49	18.22	19.04	14.64	2.50	14.43	4.69	21.01	9.14	0.17	14.59	11.63	正态分布	14.64	15.41
Ti	139	3578	3959	4301	4765	5350	5931	6060	4842	844	4770	133	8240	2416	0.17	4765	4885	对数正态分布	4842	4058
Tl	1074	0.40	0.44	0.50	0.58	0.67	0.77	0.83	0.59	0.13	0.58	1.47	1.29	0.18	0.23	0.58	0.54	对数正态分布	0.58	0.70
U	139	2.39	2.58	2.91	3.24	3.56	3.80	3.90	3.23	0.48	3.19	1.99	4.50	2.10	0.15	3.24	3.23	对数正态分布	3.23	3.24
V	2429	39.72	44.40	51.5	63.9	79.8	95.1	105	67.8	22.61	64.5	11.24	256	21.60	0.33	63.9	68.6	对数正态分布	64.5	48.40
W	139	1.50	1.60	1.80	2.01	2.29	2.50	2.70	2.08	0.52	2.03	1.55	6.70	1.40	0.25	2.01	1.60	对数正态分布	2.03	1.80
Y	139	16.60	18.10	20.12	23.20	27.05	30.61	33.60	23.97	5.96	23.35	6.10	59.5	14.71	0.25	23.20	23.93	对数正态分布	23.35	24.84
Zn	2312	43.81	47.60	54.5	63.5	74.0	85.5	94.3	65.3	14.83	63.6	11.18	109	30.80	0.23	63.5	55.1	剔除后对数分布	63.6	64.4
Zr	139	296	311	335	359	385	402	415	360	42.04	357	29.62	543	222	0.12	359	362	正态分布	360	325
SiO$_2$	139	71.7	72.8	75.8	78.0	80.2	81.8	82.6	77.6	3.49	77.6	12.28	84.5	67.3	0.04	78.0	82.1	正态分布	77.6	71.6
Al$_2$O$_3$	139	8.89	9.39	10.09	11.16	12.29	13.43	14.35	11.32	1.65	11.20	4.06	15.90	7.83	0.15	11.16	11.34	正态分布	11.32	12.84
TFe$_2$O$_3$	139	2.85	2.94	3.45	3.98	4.65	5.60	6.04	4.11	0.96	4.01	2.29	6.51	2.21	0.23	3.98	4.01	对数正态分布	4.11	3.56
MgO	139	0.39	0.41	0.46	0.55	0.69	0.86	0.97	0.60	0.20	0.58	1.56	1.46	0.27	0.33	0.55	0.54	对数正态分布	0.58	0.51
CaO	139	0.13	0.16	0.20	0.28	0.38	0.57	0.73	0.35	0.31	0.29	2.59	2.58	0.08	0.89	0.28	0.21	对数正态分布	0.29	0.24
Na$_2$O	139	0.12	0.14	0.20	0.45	0.70	0.88	1.01	0.49	0.30	0.39	2.50	1.48	0.08	0.62	0.45	0.29	其他分布	0.39	0.64
K$_2$O	2413	0.96	1.06	1.27	1.69	2.19	2.65	2.92	1.77	0.61	1.67	1.57	3.59	0.64	0.34	1.69	1.34	正态分布	1.34	2.35
TC	139	0.77	0.87	1.01	1.18	1.39	1.58	1.71	1.20	0.28	1.17	1.30	1.89	0.63	0.23	1.18	1.18	正态分布	1.20	1.28
Corg	2274	0.50	0.69	0.95	1.24	1.56	1.89	2.10	1.27	0.48	1.16	1.60	5.15	0.09	0.38	1.24	1.23	对数正态分布	1.16	1.23
pH	2299	4.23	4.42	4.73	5.07	5.44	5.86	6.08	4.80	4.66	5.11	2.58	6.67	3.61	0.97	5.07	5.11	剔除后对数分布	5.11	5.02

古土壤风化物区表层土壤各元素/指标中，大多数元素/指标变异系数小于0.40，分布相对均匀；P、Hg、Co、I、Sn、F、Na_2O、Mn、Au、CaO、pH 共11项元素/指标变异系数大于0.40，其中 CaO、pH 变异系数大于0.80，空间变异性较大。

与金华市土壤元素背景值相比，古土壤风化物区土壤元素背景值中 K_2O 背景值明显低于金华市背景值，为金华市背景值的57%；Na_2O、Ba、Rb、Co 背景值略低于金华市背景值；CaO、Bi、V、Hg、Cr、As、Se 背景值略高于金华市背景值，为金华市背景值的1.2～1.4倍；而 Sb、I、Ni、Au、B 背景值明显偏高，为金华市背景值的1.4倍以上，其中 Ni、Au、B 明显相对富集，背景值为金华市背景值的2.0倍以上，B 背景值最高，为金华市背景值的2.80倍；其他元素/指标背景值则与金华市背景值基本接近。

三、碎屑岩类风化物土壤母质元素背景值

碎屑岩类风化物土壤母质元素背景值数据经正态分布检验，结果表明，原始数据中 Ba、Ce、Ga、La、S、Sc、SiO_2、Al_2O_3、TFe_2O_3、MgO、Na_2O、K_2O 共12项元素/指标符合正态分布，Ag、Au、B、Be、Bi、Br、Cl、Ge、I、Li、Nb、Ni、P、Sb、Sn、Sr、Ti、U、W、Y、CaO、TC、Corg 共23项元素/指标符合对数正态分布，N、Rb、Th、Zr 剔除异常值后符合正态分布，As、Cd、Co、Cr、Cu、Hg、Mo、Pb、Tl、V、Zn、pH 共12项元素/指标剔除异常值后符合对数正态分布，其他元素/指标不符合正态分布或对数正态分布（表4-13）。

碎屑岩类风化物区表层土壤总体为酸性，土壤 pH 极大值为6.55，极小值为3.73，背景值为5.11，与金华市背景值基本接近。

碎屑岩类风化物区表层土壤各元素/指标中，28项元素/指标变异系数小于0.40，分布相对均匀；Be、Cl、Na_2O、Corg、Cu、W、Ag、Bi、Cr、Mo、Hg、Co、B、U、As、Br、Sn、Mn、P、I、Sr、CaO、Ni、Sb、pH、Au 共26项元素/指标变异系数大于0.40，其中 Ni、Sb、pH、Au 变异系数大于0.80，空间变异性较大。

与金华市土壤元素背景值相比，碎屑岩类风化物区土壤元素背景值中 Sn、Co 背景值略低于金华市背景值；W、P、V、Cr 背景值略高于金华市背景值，为金华市背景值的1.2～1.4倍；而 CaO、Sb、MgO、Br、Au、B、Ni、I 背景值明显偏高，为金华市背景值的1.4倍以上，其中 I 背景值最高，为金华市背景值的2.72倍；其他元素/指标背景值则与金华市背景值基本接近。

四、碳酸盐岩类风化物土壤母质元素背景值

碳酸盐岩类风化物区分析 Ag、Au、Ba、Be、Bi、Br、Ce、Cl、F、Ga、I、La、Li、Nb、Rb、S、Sb、Sc、Sn、Sr、Th、Ti、U、W、Y、Zr、SiO_2、Al_2O_3、TFe_2O_3、MgO、CaO、Na_2O、TC 共33项元素/指标的表层土壤样品采集5件，无法进行正态分布检验；分析 As、Cd、Mo、Se、V、B、Co、Cr、Cu、Ge、Hg、Mn、N、Ni、P、Pb、Tl、Zn、K_2O、Corg、pH 共21项元素/指标的表层土壤样品采集50件，仅将这些元素/指标进行正态分布检验。数据经正态分布检验，结果表明，原始数据中 B、Co、Cr、Cu、Ge、Hg、Mn、N、Ni、P、Pb、Tl、Zn、K_2O、Corg、pH 共16项元素/指标符合正态分布，As、Cd、Mo、Se、V 符合对数正态分布（表4-14）。

碳酸盐岩类风化物区表层土壤总体为酸性，土壤 pH 极大值为8.02，极小值为4.37，背景值为5.42，接近于金华市背景值。

碳酸盐岩类风化物区表层土壤各元素/指标中，多数元素/指标变异系数小于0.40，分布相对均匀；I、TC、P、Mn、Ag、Sr、Sb、Na_2O、Cu、Hg、Se、V、Ni、Cd、pH、As、CaO、Au、Mo 共19项元素/指标变异系数大于0.40，其中 Cd、pH、As、CaO、Au、Mo 变异系数大于0.80，空间变异性较大。

与金华市土壤元素背景值相比，碳酸盐岩类风化物区土壤元素背景值中 Na_2O 背景值明显低于金华市背景值，为金华市背景值的50%；Cl、Zr 略低于金华市背景值，为金华市背景值的60%～80%；Pb、Ti、Corg、N、Co、Li、U、W 背景值略高于金华市背景值，为金华市背景值的1.2～1.4倍；而 TFe_2O_3、Be、Sc、Ag、F、TC、Tl、Bi、Zn、MgO、P、Br、Cu、V、Cr、Hg、Mn、Au、Se、B、Cd、Sb、As、CaO、Ni、Mo、I 背景值明显高

第四章 土壤元素背景值

表 4-13 碎屑岩类风化物土壤母质元素背景值参数统计表

元素/指标	N	$X_{5\%}$	$X_{10\%}$	$X_{25\%}$	$X_{50\%}$	$X_{75\%}$	$X_{90\%}$	$X_{95\%}$	$\overline{X}$	S	$\overline{X}_g$	S_g	X_{max}	X_{min}	CV	X_{me}	X_{mo}	分布类型	碎屑岩类风化物背景值	金华市背景值
Ag	151	46.00	52.0	63.5	80.0	104	140	165	89.7	39.27	82.8	13.04	240	36.00	0.44	80.0	70.0	对数正态分布	82.8	70.0
As	1636	2.84	3.42	4.62	6.54	9.44	13.05	15.46	7.49	3.86	6.59	3.43	20.17	0.97	0.51	6.54	4.09	剔除后对数正态分布	6.59	5.74
Au	151	0.58	0.67	0.80	1.17	1.88	3.10	4.74	1.80	2.47	1.31	2.00	24.10	0.34	1.37	1.17	0.74	对数正态分布	1.31	0.71
B	1793	13.10	16.30	23.63	32.32	43.27	58.1	71.6	35.38	17.62	31.38	8.12	189	3.90	0.50	32.32	35.90	正态分布	31.38	16.80
Ba	151	340	371	438	542	643	759	853	553	152	533	37.90	994	238	0.28	542	540	对数分布	553	592
Be	151	1.58	1.69	1.88	2.18	2.49	3.30	3.93	2.39	0.97	2.27	1.72	8.25	1.29	0.41	2.18	2.40	对数正态分布	2.27	1.90
Bi	151	0.21	0.23	0.26	0.30	0.38	0.47	0.58	0.34	0.15	0.32	2.12	1.26	0.17	0.44	0.30	0.26	对数正态分布	0.32	0.28
Br	151	1.66	1.88	2.29	3.24	5.06	6.77	8.19	3.94	2.28	3.43	2.30	13.50	1.31	0.58	3.24	2.21	对数正态分布	3.43	2.20
Cd	1667	0.07	0.09	0.12	0.17	0.21	0.26	0.30	0.17	0.07	0.16	3.07	0.38	0.02	0.40	0.17	0.17	剔除后对数正态分布	0.16	0.14
Ce	151	64.6	67.5	73.5	78.6	83.3	89.3	92.0	78.4	8.77	77.9	12.26	108	44.80	0.11	78.6	78.6	正态分布	78.4	82.8
Cl	151	34.38	36.97	43.70	52.8	62.9	77.7	89.0	56.8	23.15	53.7	10.15	195	28.40	0.41	52.8	58.1	对数正态分布	53.7	60.2
Co	1671	3.54	4.24	5.78	8.22	11.50	15.80	18.38	9.12	4.45	8.10	3.68	22.71	0.88	0.49	8.22	10.80	剔除后对数正态分布	8.10	10.20
Cr	1733	16.70	19.80	25.30	35.70	49.29	63.9	74.1	38.89	17.22	35.21	8.28	88.1	6.62	0.44	35.70	23.60	剔除后对数正态分布	35.21	26.40
Cu	1703	9.55	10.94	13.70	17.90	24.38	32.08	36.70	19.77	8.30	18.16	5.71	44.01	3.00	0.42	17.90	15.40	剔除后对数正态分布	18.16	16.00
F	146	321	340	402	501	649	838	962	548	194	517	35.59	1051	274	0.35	501	411	偏峰分布	411	485
Ga	151	13.72	14.10	15.64	16.80	18.60	20.60	21.80	17.20	2.69	17.00	5.11	28.70	11.02	0.16	16.80	16.50	正态分布	17.20	16.57
Ge	1794	1.19	1.25	1.36	1.51	1.69	1.87	1.99	1.54	0.27	1.52	1.35	4.40	0.68	0.18	1.51	1.48	对数正态分布	1.52	1.46
Hg	1684	0.03	0.04	0.05	0.07	0.09	0.13	0.14	0.07	0.03	0.07	4.62	0.18	0.004	0.47	0.07	0.06	剔除后对数正态分布	0.07	0.06
I	151	0.82	0.95	1.29	2.25	4.07	6.00	7.13	2.98	2.15	2.34	2.26	12.70	0.57	0.72	2.25	1.05	对数正态分布	2.34	0.86
La	151	33.15	34.30	37.50	41.00	45.20	47.60	49.55	41.24	5.46	40.87	8.52	56.3	23.80	0.13	41.00	41.00	正态分布	41.24	43.22
Li	151	24.26	25.20	30.50	36.86	47.00	57.8	64.8	39.83	13.95	37.79	8.03	104	18.10	0.35	36.86	37.40	对数正态分布	37.79	34.82
Mn	1692	125	155	214	333	542	785	956	407	254	337	30.24	1180	42.60	0.62	333	210	其他分布	210	256
Mo	1626	0.40	0.47	0.63	0.85	1.15	1.57	1.87	0.94	0.43	0.85	1.57	2.32	0.26	0.46	0.85	0.72	剔除后对数正态分布	0.85	0.76
N	1768	0.63	0.75	0.96	1.23	1.52	1.79	1.97	1.26	0.40	1.19	1.46	2.41	0.31	0.32	1.23	1.08	对数正态分布	1.26	1.28
Nb	151	13.75	15.50	17.15	20.30	24.20	29.90	41.60	22.42	8.76	21.22	5.84	68.3	12.40	0.39	20.30	17.80	对数正态分布	21.22	21.24
Ni	1794	5.42	6.60	8.60	12.52	18.87	27.75	36.27	15.68	12.68	13.00	4.97	274	1.00	0.81	12.52	9.30	对数正态分布	13.00	6.70
P	1794	0.21	0.27	0.37	0.51	0.74	1.05	1.32	0.61	0.39	0.52	1.94	4.98	0.06	0.64	0.51	0.41	对数正态分布	0.52	0.42
Pb	1682	20.91	23.40	26.60	30.10	33.70	37.40	40.39	30.27	5.66	29.73	7.26	46.15	15.44	0.19	30.10	25.90	剔除后对数分布	29.73	30.60

续表 4-13

元素/指标	N	$X_{5\%}$	$X_{10\%}$	$X_{25\%}$	$X_{50\%}$	$X_{75\%}$	$X_{90\%}$	$X_{95\%}$	$\overline{X}$	S	$\overline{X}_g$	S_g	X_{max}	X_{min}	CV	X_{me}	X_{mo}	分布类型	碎屑岩类风化物背景值	金华市背景值
Rb	144	77.1	86.0	97.3	114	129	143	152	114	22.38	112	15.00	174	64.3	0.20	114	108	剔除后正态分布	114	140
S	151	142	162	186	230	275	337	359	238	70.6	228	22.75	465	77.2	0.30	230	226	正态分布	238	230
Sb	151	0.42	0.46	0.60	0.76	1.00	1.65	2.10	0.98	0.87	0.83	1.71	8.99	0.32	0.88	0.76	0.83	对数正态分布	0.83	0.57
Sc	151	5.64	6.40	7.30	8.30	9.95	11.50	12.35	8.67	2.08	8.44	3.52	16.30	4.60	0.24	8.30	7.30	正态分布	8.67	7.30
Se	1663	0.14	0.16	0.18	0.22	0.28	0.35	0.39	0.24	0.07	0.23	2.43	0.46	0.03	0.31	0.22	0.19	其他分布	0.19	0.20
Sn	151	2.46	2.85	3.59	4.90	7.14	10.40	12.01	5.77	3.44	5.06	2.89	27.20	1.66	0.60	4.90	3.79	对数正态分布	5.06	6.90
Sr	151	39.19	42.84	52.0	66.0	87.2	118	181	81.0	60.4	70.7	12.74	579	33.50	0.75	66.0	50.4	对数正态分布	70.7	68.3
Th	143	9.51	9.94	11.63	13.30	14.90	17.16	18.09	13.37	2.52	13.13	4.43	19.60	7.90	0.19	13.30	13.90	剔除后正态分布	13.37	15.41
Ti	151	3292	3482	3880	4383	5115	6164	6809	4613	1127	4489	129	9288	2034	0.24	4383	4100	对数正态分布	4489	4058
Tl	1287	0.43	0.47	0.55	0.64	0.75	0.86	0.94	0.66	0.15	0.64	1.42	1.09	0.23	0.23	0.64	0.55	剔除后对数正态分布	0.64	0.70
U	151	2.21	2.27	2.60	2.97	3.68	4.34	5.34	3.37	1.67	3.16	2.09	15.50	1.79	0.50	2.97	3.02	对数正态分布	3.16	3.24
V	1689	31.42	36.58	46.90	60.6	80.4	104	119	65.8	26.08	60.8	11.11	144	5.08	0.40	60.6	72.2	剔除后对数正态分布	60.8	48.40
W	151	1.21	1.37	1.63	2.05	2.98	3.58	4.22	2.36	1.01	2.19	1.75	8.00	0.92	0.43	2.05	1.90	对数正态分布	2.19	1.80
Y	151	17.15	18.50	22.58	25.50	29.85	37.60	45.05	27.22	8.39	26.16	6.58	66.6	13.00	0.31	25.50	25.70	对数正态分布	26.16	24.84
Zn	1727	48.05	54.0	64.9	77.6	92.6	110	118	79.8	21.24	76.9	12.55	139	20.90	0.27	77.6	78.9	剔除后正态分布	76.9	64.4
Zr	144	209	230	256	290	333	372	396	294	56.0	289	26.13	440	180	0.19	290	294	正态分布	294	325
SiO_2	151	64.7	66.8	69.9	72.6	75.7	79.4	81.3	72.8	4.88	72.6	11.83	85.9	59.3	0.07	72.6	71.4	正态分布	72.8	71.6
Al_2O_3	151	10.57	11.03	12.10	13.07	14.30	15.30	15.95	13.17	1.69	13.06	4.42	18.26	7.75	0.13	13.07	14.60	对数正态分布	13.17	12.84
TFe_2O_3	151	2.87	2.99	3.49	4.12	4.87	5.74	6.50	4.26	1.10	4.13	2.36	8.28	2.13	0.26	4.12	4.23	正态分布	4.26	3.56
MgO	151	0.43	0.46	0.58	0.74	0.92	1.11	1.25	0.77	0.27	0.73	1.47	1.86	0.34	0.36	0.74	0.62	对数正态分布	0.77	0.51
CaO	151	0.15	0.19	0.23	0.31	0.47	0.66	0.89	0.40	0.32	0.34	2.24	2.17	0.08	0.79	0.31	0.24	对数正态分布	0.34	0.24
Na_2O	151	0.28	0.31	0.46	0.62	0.81	1.00	1.10	0.65	0.26	0.60	1.68	1.52	0.16	0.41	0.62	0.62	正态分布	0.65	0.64
K_2O	1794	1.36	1.58	2.00	2.50	2.97	3.37	3.61	2.49	0.70	2.39	1.79	5.28	0.60	0.28	2.50	2.35	对数正态分布	2.49	2.35
TC	151	0.72	0.80	0.99	1.26	1.64	2.15	2.40	1.38	0.55	1.28	1.49	3.28	0.47	0.40	1.26	1.47	对数正态分布	1.28	1.28
Corg	1724	0.53	0.66	0.90	1.17	1.46	1.79	2.03	1.22	0.50	1.12	1.56	6.67	0.09	0.41	1.17	1.23	对数正态分布	1.12	1.23
pH	1692	4.41	4.54	4.75	5.06	5.39	5.82	6.09	4.88	4.83	5.11	2.57	6.55	3.73	0.99	5.06	5.03	剔除后对数正态分布	5.11	5.02

第四章 土壤元素背景值

表 4-14 碳酸盐岩类风化物土壤母质元素背景值参数统计表

元素/指标	N	$X_{5\%}$	$X_{10\%}$	$X_{25\%}$	$X_{50\%}$	$X_{75\%}$	$X_{90\%}$	$X_{95\%}$	$\overline{X}$	S	$\overline{X}_g$	S_g	X_{max}	X_{min}	CV	X_{me}	X_{mo}	分布类型	碳酸盐岩类风化物背景值	金华市背景值
Ag	5	76.0	82.0	100.0	100.0	130	191	212	126	62.7	116	14.00	232	70.0	0.50	100.0	100.0	—	100.0	70.0
As	50	6.70	9.36	16.19	29.85	41.16	57.5	66.8	35.23	34.44	25.79	7.75	220	4.52	0.98	29.85	35.17	对数正态分布	25.79	5.74
Au	5	1.19	1.32	1.71	1.79	3.74	7.75	9.08	3.74	3.86	2.63	2.68	10.42	1.06	1.03	1.79	3.74	—	1.79	0.71
B	50	24.21	27.75	40.98	51.5	60.0	72.2	78.0	51.7	19.09	48.11	9.31	124	11.66	0.37	51.5	52.4	正态分布	51.7	16.80
Ba	50	467	467	467	507	548	578	588	517	56.2	515	30.30	598	467	0.11	507	467	—	507	592
Be	5	2.19	2.19	2.20	2.68	2.88	3.20	3.30	2.67	0.51	2.63	1.66	3.41	2.19	0.19	2.68	2.68	—	2.68	1.90
Bi	5	0.38	0.39	0.42	0.50	0.61	0.68	0.70	0.52	0.14	0.51	1.55	0.72	0.37	0.27	0.50	0.50	—	0.50	0.28
Br	5	3.07	3.49	4.73	4.76	5.05	6.51	6.99	4.94	1.71	4.69	2.52	7.48	2.66	0.35	4.76	5.05	—	4.76	2.20
Cd	50	0.17	0.23	0.29	0.52	0.82	1.25	1.63	0.70	0.64	0.53	2.23	3.79	0.11	0.91	0.52	0.66	对数正态分布	0.53	0.14
Ce	5	76.9	77.5	79.3	82.3	85.2	92.4	94.8	84.1	8.06	83.8	11.18	97.2	76.3	0.10	82.3	85.2	—	82.3	82.8
Cl	5	34.92	35.84	38.60	41.63	46.70	49.64	50.6	42.51	6.87	42.06	7.51	51.6	34.00	0.16	41.63	41.63	正态分布	41.63	60.2
Co	50	6.31	6.39	9.94	12.18	15.63	18.84	19.41	12.92	4.53	12.12	4.42	26.43	4.80	0.35	12.18	14.45	正态分布	12.92	10.20
Cr	50	25.36	27.39	49.93	60.7	76.0	88.4	98.5	60.7	22.01	56.0	10.62	101	15.61	0.36	60.6	61.3	正态分布	60.7	26.40
Cu	50	14.47	17.48	21.89	31.37	43.40	59.4	72.9	36.04	19.18	31.81	8.05	101	10.52	0.53	31.37	36.01	正态分布	36.04	16.00
F	5	455	505	655	716	747	889	936	701	207	674	34.22	983	405	0.30	716	716	—	716	485
Ga	5	16.20	16.20	16.20	16.83	18.00	19.38	19.84	17.51	1.73	17.44	4.71	20.30	16.20	0.10	16.83	16.20	—	16.83	16.57
Ge	50	1.20	1.27	1.40	1.50	1.73	1.97	2.04	1.56	0.27	1.54	1.36	2.24	1.06	0.17	1.50	1.48	正态分布	1.56	1.46
Hg	50	0.07	0.08	0.09	0.12	0.16	0.23	0.31	0.14	0.08	0.13	3.26	0.41	0.05	0.54	0.12	0.16	正态分布	0.14	0.06
I	5	2.36	2.52	3.00	4.42	5.56	6.12	6.30	4.33	1.77	4.02	2.46	6.49	2.20	0.41	4.42	4.42	—	4.42	0.86
La	5	38.96	39.42	40.80	44.60	45.10	45.58	45.74	42.98	3.18	42.88	7.93	45.90	38.50	0.07	44.60	44.60	—	44.60	43.22
Li	5	31.56	33.92	41.00	45.40	50.00	53.9	55.2	44.42	10.26	43.38	7.98	56.5	29.20	0.23	45.40	45.40	—	45.40	34.82
Mn	50	264	275	369	577	785	987	1139	611	280	548	37.54	1293	193	0.46	577	611	正态分布	611	256
Mo	50	1.12	1.22	1.71	3.16	9.45	17.30	20.61	6.35	6.69	3.86	3.58	25.38	0.77	1.05	3.16	6.84	对数正态分布	3.86	0.76
N	50	0.97	1.05	1.29	1.58	1.87	2.10	2.22	1.59	0.49	1.52	1.52	3.29	0.54	0.31	1.58	1.58	正态分布	1.59	1.28
Nb	5	15.28	15.76	17.20	18.10	24.30	29.34	31.02	21.42	7.21	20.55	4.92	32.70	14.80	0.34	18.10	24.30	—	18.10	21.24
Ni	50	10.25	12.24	20.42	26.86	41.60	56.4	78.5	33.94	23.88	28.33	7.57	142	9.53	0.70	26.86	34.34	正态分布	33.94	6.70
P	50	0.32	0.36	0.63	0.75	0.99	1.23	1.53	0.82	0.36	0.74	1.62	1.85	0.24	0.44	0.75	0.81	正态分布	0.82	0.42
Pb	50	23.80	28.27	32.09	36.76	42.39	44.65	52.9	37.50	9.48	36.44	8.13	77.8	20.30	0.25	36.76	44.50	正态分布	37.50	30.60

续表 4-14

元素/指标	N	$X_{5\%}$	$X_{10\%}$	$X_{25\%}$	$X_{50\%}$	$X_{75\%}$	$X_{90\%}$	$X_{95\%}$	$\bar{X}$	S	$\bar{X}_g$	S_g	X_{max}	X_{min}	CV	X_{mc}	X_{mo}	分布类型	碳酸盐岩类风化物背景值	金华市背景值
Rb	5	90.0	92.8	101	118	127	135	137	115	20.86	113	12.76	140	87.3	0.18	118	118	—	118	140
S	5	213	217	228	274	318	401	429	297	98.8	286	21.85	457	209	0.33	274	318	—	274	230
Sb	5	1.34	1.55	2.16	2.36	2.54	3.85	4.29	2.59	1.32	2.34	1.84	4.73	1.14	0.51	2.36	2.54	—	2.36	0.57
Sc	5	8.98	9.26	10.10	10.40	12.10	12.46	12.58	10.80	1.61	10.70	3.81	12.70	8.70	0.15	10.40	10.40	—	10.40	7.30
Se	50	0.28	0.33	0.39	0.48	0.86	1.33	1.68	0.69	0.47	0.57	1.90	2.17	0.16	0.69	0.48	0.46	对数正态分布	0.57	0.20
Sn	5	4.53	4.57	4.68	6.30	7.13	8.37	8.79	6.36	1.94	6.13	2.68	9.20	4.49	0.30	6.30	6.30	—	6.30	6.90
Sr	5	38.82	41.54	49.70	77.1	78.4	112	123	75.2	37.84	68.1	11.75	135	36.10	0.50	77.1	77.1	—	77.1	68.3
Th	5	11.42	12.24	14.70	14.89	16.40	16.88	17.04	14.76	2.55	14.56	4.21	17.20	10.60	0.17	14.89	14.70	—	14.89	15.41
Ti	5	4631	4678	4820	4992	5292	5308	5314	5001	313	4993	107	5319	4584	0.06	4992	4992	—	4992	4058
Tl	39	0.62	0.68	0.76	0.97	1.15	1.44	1.74	1.04	0.40	0.98	1.39	2.50	0.52	0.39	0.97	1.01	正态分布	1.04	0.70
U	5	3.22	3.40	3.94	4.28	5.73	6.44	6.67	4.78	1.53	4.59	2.31	6.91	3.04	0.32	4.28	4.28	—	4.28	3.24
V	50	44.87	49.94	77.7	99.5	160	263	317	132	90.8	110	16.11	430	33.64	0.69	99.5	136	对数正态分布	110	48.40
W	5	1.74	1.87	2.25	2.49	3.73	3.74	3.75	2.77	0.95	2.63	1.72	3.75	1.61	0.34	2.49	2.49	—	2.49	1.80
Y	5	23.68	24.06	25.20	28.60	33.60	33.60	33.60	28.86	4.73	28.55	6.08	33.60	23.30	0.16	28.60	33.60	—	28.60	24.84
Zn	50	63.7	76.3	85.9	111	138	166	191	117	44.13	110	15.46	260	45.84	0.38	111	117	正态分布	117	64.4
Zr	5	209	218	245	253	278	328	344	267	59.6	262	20.25	361	199	0.22	253	278	—	253	325
SiO$_2$	5	66.5	66.5	66.7	71.4	72.3	73.0	73.3	70.1	3.28	70.0	10.21	73.5	66.4	0.05	71.4	71.4	—	71.4	71.6
Al$_2$O$_3$	5	11.83	11.85	11.93	12.70	13.00	14.80	15.40	13.09	1.71	13.00	4.16	16.00	11.80	0.13	12.70	13.00	—	12.70	12.84
TFe$_2$O$_3$	5	4.62	4.66	4.77	5.00	5.07	5.69	5.90	5.11	0.59	5.08	2.50	6.11	4.58	0.12	5.00	5.07	—	5.00	3.56
MgO	5	0.67	0.71	0.83	0.93	0.94	1.03	1.06	0.88	0.17	0.87	1.21	1.09	0.63	0.19	0.93	0.93	—	0.93	0.51
CaO	5	0.28	0.29	0.34	1.13	1.49	2.72	3.13	1.35	1.33	0.88	2.68	3.54	0.26	0.98	1.13	1.49	—	1.13	0.24
Na$_2$O	5	0.22	0.22	0.24	0.32	0.34	0.53	0.60	0.35	0.18	0.32	2.01	0.66	0.21	0.51	0.32	0.34	—	0.32	0.64
K$_2$O	50	1.53	1.67	2.03	2.73	2.98	3.32	4.36	2.67	0.89	2.54	1.87	6.02	1.01	0.33	2.73	2.68	正态分布	2.67	2.35
TC	5	1.18	1.22	1.33	1.89	2.25	2.77	2.95	1.95	0.79	1.82	1.57	3.12	1.14	0.41	1.89	1.89	—	1.89	1.28
Corg	50	0.75	1.04	1.26	1.48	1.73	2.02	2.38	1.52	0.51	1.41	1.64	3.11	0.19	0.34	1.48	1.48	正态分布	1.52	1.23
pH	50	4.63	4.95	5.57	6.53	7.22	7.73	7.90	5.42	5.08	6.40	2.93	8.02	4.37	0.94	6.53	7.64	正态分布	5.42	5.02

于金华市背景值,均为金华市背景值的1.4倍以上,其中Br、Cu、V、Cr、Hg、Mn、Au、Se、B、Cd、Sb、As、CaO、Ni、Mo、I明显相对富集,背景值均为金华市背景值的2.0倍以上,I背景值最高,为金华市背景值的5.14倍;其他元素/指标背景值则与金华市背景值基本接近。

五、紫色碎屑岩类风化物土壤母质元素背景值

紫色碎屑岩类风化物土壤母质元素背景值数据经正态分布检验,结果表明,原始数据中Ce、Ga、La、Rb、Th、SiO_2、Al_2O_3符合正态分布,As、Au、Be、Bi、Cl、I、Li、N、S、Sc、Sn、Sr、W、Y、Zr、TFe_2O_3、MgO、Na_2O、K_2O、TC共20项元素/指标符合对数正态分布,Nb、U剔除异常值后符合正态分布,Ag、Cu、F、P、Sb、Ti、CaO、Corg剔除异常值后符合对数正态分布,其他元素/指标不符合正态分布或对数正态分布(表4-15)。

紫色碎屑岩类风化物区表层土壤总体为酸性,土壤pH极大值为7.27,极小值为3.67,背景值为5.17,接近于金华市背景值。

紫色碎屑岩类风化物区表层土壤各元素/指标中,大多数元素/指标变异系数小于0.40,分布相对均匀;B、Ni、P、CaO、Na_2O、Sr、Hg、Mn、I、As、Sn、Au、pH共13项元素/指标变异系数大于0.40,其中Au、pH变异系数大于0.80,空间变异性较大。

与金华市土壤元素背景值相比,紫色碎屑岩类风化物区土壤元素背景值中Ba、Rb、Tl背景值略低于金华市背景值;Cr、Sb、Ni背景值略高于金华市基准值,为金华市背景值的1.2~1.4倍;而MgO、I、CaO、B、Au背景值明显偏高,为金华市背景值的1.4倍,其中Au背景值最高,为金华市背景值的2.10倍;其他元素/指标背景值则与金华市背景值基本接近。

六、中酸性火成岩类风化物土壤母质元素背景值

中酸性火成岩类风化物土壤母质元素背景值数据经正态分布检验,结果表明,原始数据中SiO_2、Al_2O_3符合正态分布,Ba、Ce、Cl、S、W、Na_2O符合对数正态分布,Ga、La、Rb、Ti、U剔除异常值后符合正态分布,As、B、Be、F、Li、N、Nb、P、Sb、Sc、Sr、Y、Zn、Zr、TFe_2O_3、MgO、TC、Corg共18项元素/指标剔除异常值后符合对数正态分布,其他元素/指标不符合正态分布或对数正态分布(表4-16)。

中酸性火成岩类风化物区表层土壤总体为酸性,土壤pH极大值为6.21,极小值为3.90,背景值为5.01,与金华市背景值基本接近。

中酸性火成岩类风化物区表层土壤各元素/指标中,大多数元素/指标变异系数小于0.40,分布相对均匀;B、Cr、V、As、Sn、Sr、Co、Ni、P、Na_2O、Br、Mn、I、pH共14项元素/指标变异系数大于0.40,其中pH变异系数大于0.80,空间变异性较大。

与金华市土壤元素背景值相比,中酸性火成岩类风化物区土壤元素背景值中大多数元素/指标背景值与金华市背景值接近;Co背景值明显偏低,为金华市背景值的52%;Cr、V、Sn、Cu、Ni、As背景值略低于金华市背景值;K_2O、Tl背景值略高于金华市背景值,为金华市背景值的1.2~1.4倍。

七、基性火成岩类风化物土壤母质元素背景值

基性火成岩类风化物土壤母质元素背景值分析F的表层土壤样品采集26件,无法进行正态分布检验。其他元素/指标数据经正态分布检验,结果表明,原始数据中Ag、Au、B、Ba、Be、Bi、Br、Ce、Cl、Ga、I、La、Li、N、Nb、Rb、S、Sb、Sc、Sn、Sr、Th、Ti、U、W、Y、Zr、SiO_2、Al_2O_3、TFe_2O_3、MgO、CaO、TC共33项元素/指标符合正态分布,As、Cd、Co、Cu、Hg、Ni、P、Se、Tl、Zn、Na_2O、K_2O、pH共13项元素/指标符合对数正态分布,Pb、Corg剔除异常值后符合正态分布,Ge、Mn剔除异常值后符合对数正态分布,其他元素/指标不符合正态分布或对数正态分布(表4-17)。

基性火成岩类风化物表层土壤总体为酸性,土壤pH极大值为8.54,极小值为3.78,背景值为5.03,与

表 4-15 紫色碎屑岩类风化物土壤母质元素背景值参数统计表

元素/指标	N	$X_{5\%}$	$X_{10\%}$	$X_{25\%}$	$X_{50\%}$	$X_{75\%}$	$X_{90\%}$	$X_{95\%}$	$\bar{X}$	S	$\bar{X}_g$	S_g	X_{max}	X_{min}	CV	X_{me}	X_{mo}	分布类型	紫色碎屑岩类风化物背景值	金华市背景值
Ag	520	46.00	52.0	63.8	77.0	92.0	110	120	79.1	22.12	76.1	12.32	140	30.00	0.28	77.0	70.0	剔除后对数分布	76.1	70.0
As	8303	2.99	3.46	4.46	6.05	8.40	11.17	13.11	6.92	5.03	6.15	3.21	260	0.79	0.73	6.05	5.53	对数正态分布	6.15	5.74
Au	548	0.61	0.72	0.96	1.36	2.10	3.44	4.68	1.87	1.62	1.49	1.95	14.24	0.33	0.87	1.36	1.11	对数正态分布	1.49	0.71
B	8227	15.00	19.10	27.00	37.20	50.7	65.2	71.6	39.59	17.03	35.71	8.53	86.8	3.00	0.43	37.20	30.60	其他分布	30.60	16.80
Ba	536	310	334	387	492	622	745	834	517	162	493	36.36	984	213	0.31	492	365	偏峰分布	365	592
Be	548	1.49	1.55	1.70	1.90	2.20	2.50	2.69	2.00	0.51	1.95	1.53	8.62	0.80	0.25	1.90	1.70	对数正态分布	1.95	1.90
Bi	548	0.20	0.22	0.25	0.29	0.34	0.40	0.46	0.30	0.09	0.29	2.16	0.79	0.11	0.29	0.29	0.26	对数正态分布	0.29	0.28
Br	509	1.61	1.78	2.01	2.28	2.66	3.20	3.56	2.38	0.58	2.31	1.72	4.05	0.99	0.24	2.28	2.20	其他分布	2.20	2.20
Cd	7855	0.07	0.09	0.13	0.17	0.22	0.27	0.30	0.18	0.07	0.16	3.04	0.37	0.01	0.39	0.17	0.14	偏峰分布	0.16	0.14
Ce	548	59.0	62.0	68.8	76.0	82.8	89.8	94.6	76.2	11.51	75.4	12.12	131	39.00	0.15	76.0	76.0	正态分布	76.2	82.8
Cl	548	34.09	38.03	46.09	56.2	69.5	84.3	91.4	59.8	22.72	56.6	10.70	225	26.80	0.38	56.2	49.80	对数正态分布	56.6	60.2
Co	7820	4.14	4.73	5.87	7.58	10.06	13.11	14.79	8.25	3.20	7.66	3.45	17.75	1.78	0.39	7.58	10.10	其他分布	10.10	10.20
Cr	8045	18.10	20.80	26.50	34.60	45.90	57.5	63.8	37.08	13.99	34.46	8.14	78.4	0.48	0.38	34.60	32.80	其他分布	32.80	26.40
Cu	7929	10.20	11.60	14.20	17.70	21.70	25.60	28.21	18.24	5.48	17.40	5.48	34.36	3.20	0.30	17.70	17.40	剔除后对数分布	17.40	16.00
F	514	298	324	372	444	548	660	733	469	131	452	34.25	875	166	0.28	444	428	剔除后对数分布	452	485
Ga	548	10.94	11.68	13.15	14.84	16.50	17.90	18.86	14.87	2.51	14.65	4.71	26.40	7.80	0.17	14.84	13.80	正态分布	14.87	16.57
Ge	8046	1.26	1.30	1.39	1.48	1.60	1.71	1.78	1.50	0.16	1.49	1.29	1.94	1.06	0.10	1.48	1.46	偏峰分布	1.49	1.46
Hg	7815	0.03	0.04	0.05	0.07	0.10	0.13	0.15	0.08	0.04	0.07	4.57	0.19	0.003	0.49	0.07	0.06	偏峰分布	0.07	0.06
I	548	0.71	0.80	0.96	1.25	1.85	2.71	3.32	1.56	0.93	1.37	1.68	8.27	0.38	0.60	1.25	0.86	对数正态分布	1.37	0.86
La	548	31.52	33.76	37.54	42.00	46.19	50.5	53.7	42.21	7.10	41.62	8.63	78.2	22.00	0.17	42.00	40.10	正态分布	42.21	43.22
Li	548	26.00	28.14	32.50	36.70	41.74	49.80	56.0	38.15	9.26	37.15	8.16	86.8	17.60	0.24	36.70	35.00	对数正态分布	37.15	34.82
Mn	7933	129	156	215	313	450	604	697	348	172	308	27.85	857	62.0	0.49	313	256	偏峰分布	256	256
Mo	7807	0.41	0.47	0.60	0.74	0.94	1.17	1.31	0.79	0.27	0.74	1.47	1.58	0.10	0.34	0.74	0.62	偏峰分布	0.62	0.76
N	8303	0.60	0.73	0.95	1.21	1.51	1.84	2.06	1.25	0.45	1.17	1.50	4.92	0.10	0.36	1.21	1.28	对数正态分布	1.17	1.28
Nb	517	15.60	16.47	18.04	19.50	20.90	22.30	23.10	19.47	2.25	19.34	5.55	25.60	13.70	0.12	19.50	18.70	正态分布	19.47	21.24
Ni	7998	5.59	6.40	8.00	10.90	15.10	19.80	22.60	12.04	5.20	10.98	4.31	27.30	0.30	0.43	10.90	9.10	其他分布	9.10	6.70
P	7829	0.19	0.25	0.34	0.46	0.62	0.80	0.93	0.49	0.22	0.45	1.90	1.14	0.04	0.44	0.46	0.49	剔除后对数分布	0.45	0.42
Pb	7882	22.10	24.00	26.70	29.80	33.10	36.65	38.80	30.04	4.96	29.62	7.23	44.00	16.50	0.17	29.80	28.80	偏峰分布	28.80	30.60

续表 4-15

元素/指标	N	$X_{5\%}$	$X_{10\%}$	$X_{25\%}$	$X_{50\%}$	$X_{75\%}$	$X_{90\%}$	$X_{95\%}$	$\overline{X}$	S	$\overline{X}_g$	S_g	X_{max}	X_{min}	CV	X_{me}	X_{mo}	分布类型	紫色碎屑岩类风化物背景值	金华市背景值
Rb	548	72.7	80.1	90.1	107	122	140	155	108	24.35	106	14.76	224	42.70	0.22	107	99.2	正态分布	108	140
S	548	126	145	179	223	267	321	362	230	74.1	218	22.99	626	40.00	0.32	223	246	对数正态分布	218	230
Sb	522	0.46	0.51	0.60	0.72	0.89	1.06	1.20	0.76	0.22	0.73	1.41	1.40	0.34	0.29	0.72	0.78	剔除后对数正态分布	0.73	0.57
Sc	548	5.52	5.95	6.62	7.60	8.90	10.39	11.25	7.96	2.02	7.74	3.31	22.20	4.12	0.25	7.60	6.90	对数正态分布	7.74	7.30
Se	7827	0.13	0.14	0.17	0.20	0.24	0.29	0.32	0.21	0.06	0.20	2.58	0.37	0.05	0.27	0.20	0.17	其他分布	0.17	0.20
Sn	548	2.82	3.20	4.05	5.70	8.37	11.80	14.39	7.09	5.58	5.99	3.20	74.7	1.40	0.79	5.70	6.20	对数正态分布	5.99	6.90
Sr	548	43.17	49.00	59.2	75.6	97.7	136	167	86.1	40.81	78.7	12.67	313	28.50	0.47	75.6	77.6	对数正态分布	78.7	68.3
Th	548	9.60	10.72	11.93	13.50	15.20	17.30	18.30	13.72	2.65	13.46	4.53	24.80	5.54	0.19	13.50	15.10	正态分布	13.72	15.41
Ti	527	3189	3460	3770	4109	4623	5139	5431	4209	685	4153	124	6116	2475	0.16	4109	4235	剔除后正态分布	4153	4058
Tl	4352	0.44	0.49	0.55	0.65	0.75	0.84	0.90	0.65	0.14	0.64	1.41	1.04	0.26	0.21	0.65	0.55	其他分布	0.55	0.70
U	530	2.27	2.40	2.65	2.91	3.30	3.58	3.85	2.97	0.46	2.93	1.90	4.22	1.80	0.16	2.91	2.60	剔除后正态分布	2.97	3.24
V	7892	34.80	39.15	47.30	57.1	69.3	83.0	90.5	59.1	16.66	56.8	10.48	108	11.80	0.28	57.1	52.3	偏峰分布	52.3	48.40
W	548	1.33	1.45	1.62	1.82	2.10	2.43	2.65	1.91	0.54	1.86	1.52	8.20	0.78	0.28	1.82	1.80	对数正态分布	1.86	1.80
Y	548	19.11	20.45	22.70	25.20	28.90	32.72	36.25	26.26	6.10	25.69	6.53	78.5	14.42	0.23	25.20	25.20	对数正态分布	25.69	24.84
Zn	7930	42.90	47.30	54.8	64.1	75.9	89.2	97.4	66.2	16.16	64.3	11.23	112	21.10	0.24	64.1	57.0	偏峰分布	57.0	64.4
Zr	548	248	259	293	332	362	393	420	332	58.4	327	28.80	729	190	0.18	332	251	对数正态分布	327	325
SiO_2	548	68.1	69.7	72.1	75.7	78.8	80.9	82.1	75.3	4.51	75.2	12.16	85.9	59.8	0.06	75.7	73.4	正态分布	75.3	71.6
Al_2O_3	548	9.37	9.80	10.51	11.84	13.00	14.00	14.80	11.87	1.69	11.75	4.14	17.40	7.91	0.14	11.84	12.30	对数正态分布	11.87	12.84
TFe_2O_3	548	2.52	2.74	3.12	3.70	4.39	5.22	5.77	3.89	1.14	3.75	2.22	10.40	1.80	0.29	3.70	3.42	对数正态分布	3.75	3.56
MgO	548	0.43	0.46	0.57	0.72	0.97	1.22	1.36	0.80	0.30	0.74	1.51	2.34	0.33	0.38	0.72	0.66	对数正态分布	0.74	0.51
CaO	507	0.18	0.23	0.29	0.40	0.54	0.71	0.81	0.43	0.19	0.39	2.06	1.02	0.08	0.44	0.40	0.42	对数正态分布	0.39	0.24
Na_2O	548	0.30	0.39	0.56	0.77	1.01	1.30	1.46	0.81	0.36	0.73	1.67	2.66	0.12	0.44	0.77	0.56	剔除后对数正态分布	0.73	0.64
K_2O	8296	1.26	1.46	1.83	2.28	2.76	3.21	3.49	2.32	0.68	2.21	1.72	5.48	0.32	0.29	2.28	1.88	对数正态分布	2.21	2.35
TC	548	0.75	0.83	0.99	1.19	1.40	1.60	1.73	1.22	0.35	1.17	1.34	3.74	0.38	0.29	1.19	1.27	对数正态分布	1.17	1.28
Corg	7502	0.51	0.64	0.86	1.11	1.37	1.64	1.80	1.13	0.39	1.05	1.51	2.20	0.09	0.34	1.11	1.14	剔除后对数正态分布	1.05	1.23
pH	7756	4.45	4.63	4.92	5.27	5.73	6.33	6.72	5.00	4.81	5.38	2.66	7.27	3.67	0.96	5.27	5.17	其他分布	5.17	5.02

表 4-16 中酸性火成岩类风化物土壤母质元素背景值参数统计表

元素/指标	N	$X_{5\%}$	$X_{10\%}$	$X_{25\%}$	$X_{50\%}$	$X_{75\%}$	$X_{90\%}$	$X_{95\%}$	$\overline{X}$	S	$\overline{X}_g$	S_g	X_{max}	X_{min}	CV	X_{me}	X_{mo}	分布类型	中酸性火成岩类风化物背景值	金华市背景值
Ag	1373	48.00	50.00	60.0	80.0	100.0	120	130	81.2	25.40	77.4	12.55	150	30.00	0.31	80.0	70.0	其他分布	70.0	70.0
As	8476	2.14	2.54	3.37	4.64	6.33	8.32	9.63	5.06	2.25	4.58	2.75	12.06	0.10	0.44	4.64	5.74	剔除后对数分布	4.58	5.74
Au	1372	0.48	0.54	0.64	0.81	1.10	1.42	1.62	0.90	0.35	0.84	1.49	2.02	0.20	0.39	0.81	0.71	其他分布	0.71	0.71
B	8599	8.62	10.70	14.70	19.80	26.30	33.12	38.00	21.00	8.75	19.12	6.02	46.59	1.10	0.42	19.80	17.00	剔除后对数分布	19.12	16.80
Ba	1484	347	406	528	692	889	1081	1204	724	269	675	44.87	2435	116	0.37	692	759	对数后正态分布	675	592
Be	1391	1.73	1.82	2.00	2.25	2.49	2.77	2.94	2.27	0.36	2.24	1.64	3.27	1.30	0.16	2.25	2.10	剔除后正态分布	2.24	1.90
Bi	1404	0.18	0.20	0.23	0.28	0.35	0.44	0.48	0.30	0.09	0.29	2.17	0.56	0.12	0.30	0.28	0.25	其他分布	0.25	0.28
Br	1415	1.88	2.10	2.48	3.59	5.64	7.68	8.96	4.31	2.25	3.80	2.53	11.30	0.98	0.52	3.59	2.48	其他分布	2.48	2.20
Cd	8695	0.07	0.09	0.12	0.15	0.20	0.24	0.26	0.16	0.06	0.15	3.16	0.33	0.004	0.37	0.15	0.14	其他分布	0.14	0.14
Ce	1484	68.0	72.3	79.2	89.0	98.0	107	113	89.4	14.82	88.2	13.45	205	41.30	0.17	89.0	98.0	对数后正态分布	88.2	82.8
Cl	1484	41.52	45.80	53.8	63.2	75.1	87.9	99.8	66.7	23.25	64.0	11.17	464	24.80	0.35	63.2	64.7	对数后正态分布	64.0	60.2
Co	8331	2.98	3.44	4.33	5.76	7.94	11.00	12.73	6.49	2.93	5.91	3.04	15.72	0.60	0.45	5.76	5.30	其他分布	5.30	10.20
Cr	8524	10.20	12.30	15.90	21.30	29.00	38.29	44.35	23.34	10.10	21.25	6.29	54.0	1.50	0.43	21.30	16.40	剔除后对数分布	21.25	26.40
Cu	8466	6.37	7.32	9.27	12.00	16.00	20.70	23.70	13.06	5.20	12.08	4.55	29.20	1.00	0.40	12.00	11.70	剔除后对数分布	12.08	16.00
F	1389	336	364	431	515	619	727	795	533	139	515	36.94	942	219	0.26	515	484	剔除后对数分布	515	485
Ga	1453	13.82	14.61	16.30	17.70	19.20	20.70	21.64	17.70	2.26	17.56	5.25	23.70	11.83	0.13	17.70	17.10	剔除后正态分布	17.56	16.57
Ge	8789	1.19	1.25	1.35	1.46	1.58	1.72	1.80	1.47	0.18	1.46	1.29	1.97	0.98	0.12	1.46	1.52	其他分布	1.52	1.46
Hg	8592	0.03	0.04	0.05	0.06	0.08	0.10	0.12	0.07	0.03	0.06	4.85	0.14	0.01	0.39	0.06	0.06	其他分布	0.06	0.06
I	1413	0.86	1.02	1.46	2.54	4.37	6.20	7.53	3.15	2.06	2.54	2.38	9.39	0.40	0.65	2.54	0.84	其他分布	0.84	0.86
La	1442	34.12	36.80	40.30	44.50	48.68	52.3	55.0	44.51	6.19	44.07	8.94	62.0	27.30	0.14	44.50	49.00	剔除后正态分布	44.51	43.22
Li	1404	23.71	25.52	29.22	34.20	39.80	45.94	49.58	34.94	7.88	34.06	7.71	57.4	13.10	0.23	34.20	32.80	剔除后对数分布	34.06	34.82
Mn	8846	154	183	261	420	647	878	1010	479	266	408	33.56	1275	41.30	0.56	420	282	其他分布	282	256
Mo	8371	0.50	0.56	0.68	0.84	1.07	1.35	1.54	0.91	0.31	0.86	1.41	1.86	0.10	0.34	0.84	0.76	其他分布	0.76	0.76
N	8897	0.64	0.78	1.00	1.27	1.56	1.87	2.05	1.29	0.42	1.22	1.48	2.47	0.13	0.32	1.27	1.16	剔除后正态分布	1.22	1.28
Nb	1381	17.50	18.60	20.20	22.20	24.30	26.80	28.20	22.42	3.24	22.19	6.05	31.70	13.60	0.14	22.20	23.60	剔除后对数分布	22.19	21.24
Ni	8434	3.46	4.10	5.30	7.10	9.79	13.00	15.20	7.90	3.52	7.16	3.49	18.80	0.30	0.45	7.10	5.30	其他分布	5.30	6.70
P	8713	0.17	0.24	0.37	0.53	0.74	0.97	1.13	0.57	0.28	0.50	1.96	1.38	0.03	0.49	0.53	0.45	剔除后对数分布	0.50	0.42
Pb	8508	23.80	26.00	29.59	33.20	36.90	41.03	43.74	33.36	5.83	32.84	7.66	49.70	17.70	0.17	33.20	33.40	其他分布	33.40	30.60

续表 4-16

元素/指标	N	$X_{5\%}$	$X_{10\%}$	$X_{25\%}$	$X_{50\%}$	$X_{75\%}$	$X_{90\%}$	$X_{95\%}$	$\bar{X}$	S	$\bar{X}_g$	S_g	X_{max}	X_{min}	CV	X_{me}	X_{mo}	分布类型	剔除后分布类型	中酸性火成岩类风化物背景值	金华市背景值
Rb	1409	105	115	132	147	162	176	188	147	23.91	145	17.93	210	83.2	0.16	147	163	剔除后正态分布	147	140
S	1484	135	153	191	237	293	343	386	247	83.1	234	24.13	1121	62.4	0.34	237	236	对数正态分布	234	230
Sb	1368	0.38	0.40	0.47	0.55	0.66	0.78	0.87	0.58	0.15	0.56	1.54	1.02	0.28	0.26	0.55	0.51	剔除后对数分布	0.56	0.57
Sc	1412	5.60	6.00	6.70	7.60	8.79	10.19	10.90	7.83	1.61	7.67	3.31	12.29	3.94	0.21	7.60	6.70	剔除后对数分布	7.67	7.30
Se	8498	0.14	0.15	0.18	0.22	0.28	0.35	0.40	0.24	0.08	0.23	2.46	0.48	0.05	0.33	0.22	0.20	其他分布	0.20	0.20
Sn	1386	2.43	2.74	3.29	4.19	5.98	8.20	9.32	4.83	2.12	4.42	2.60	11.30	0.60	0.44	4.19	4.70	剔除后对数分布	4.70	6.90
Sr	1391	35.65	39.68	49.25	64.4	89.7	123	138	73.0	31.90	66.8	11.64	169	17.90	0.44	64.4	60.0	偏峰分布	66.8	68.3
Th	1424	11.20	12.92	14.75	16.90	19.73	22.50	24.00	17.26	3.77	16.83	5.25	27.70	7.14	0.22	16.90	15.40	剔除后正态分布	15.40	15.41
Ti	1417	2620	2906	3389	3939	4590	5126	5523	3998	871	3901	118	6500	1625	0.22	3939	3978	其他分布	3998	4058
Tl	5367	0.53	0.59	0.70	0.83	0.97	1.09	1.16	0.84	0.19	0.81	1.31	1.39	0.28	0.23	0.83	0.90	剔除后正态分布	0.90	0.70
U	1426	2.47	2.71	3.04	3.43	3.86	4.33	4.61	3.47	0.63	3.41	2.08	5.25	1.74	0.18	3.43	3.23	剔除后正态分布	3.47	3.24
V	8336	23.00	27.16	34.10	44.70	60.4	81.7	95.8	49.69	21.61	45.44	9.48	117	7.32	0.43	44.70	32.00	其他分布	32.00	48.40
W	1484	1.40	1.55	1.78	2.11	2.54	3.10	3.46	2.24	0.71	2.15	1.68	8.83	0.91	0.32	2.11	2.00	对数正态分布	2.15	1.80
Y	1405	19.30	20.30	21.99	24.40	27.60	31.16	33.19	25.03	4.19	24.69	6.40	37.54	13.40	0.17	24.40	22.60	剔除后对数分布	24.69	24.84
Zn	8743	51.4	55.6	63.4	74.2	86.8	100.0	108	76.1	17.20	74.2	12.19	127	27.60	0.23	74.2	101	剔除后对数分布	74.2	64.4
Zr	1441	234	249	279	320	361	401	424	322	58.2	316	28.01	490	163	0.18	320	325	剔除后对数分布	316	325
SiO$_2$	1484	64.2	65.7	68.6	71.4	74.5	77.4	78.6	71.4	4.55	71.3	11.75	86.0	50.8	0.06	71.4	71.6	正态分布	71.4	71.6
Al$_2$O$_3$	1484	10.97	11.53	12.60	13.81	15.06	16.30	16.93	13.86	1.84	13.74	4.57	21.15	8.54	0.13	13.81	13.10	正态分布	13.86	12.84
TFe$_2$O$_3$	1410	2.34	2.57	2.95	3.47	4.04	4.79	5.40	3.58	0.88	3.48	2.12	6.06	1.39	0.24	3.47	3.19	剔除后对数分布	3.48	3.56
MgO	1393	0.36	0.39	0.45	0.55	0.66	0.81	0.90	0.57	0.16	0.55	1.57	1.05	0.22	0.28	0.55	0.51	剔除后对数分布	0.55	0.51
CaO	1358	0.14	0.17	0.22	0.28	0.37	0.48	0.55	0.30	0.12	0.28	2.33	0.67	0.06	0.39	0.28	0.24	其他分布	0.24	0.24
Na$_2$O	1484	0.25	0.30	0.44	0.64	0.91	1.22	1.39	0.71	0.36	0.63	1.83	2.61	0.06	0.51	0.64	0.60	对数正态分布	0.63	0.64
K$_2$O	8925	1.82	2.10	2.56	3.02	3.47	3.86	4.13	3.01	0.68	2.92	1.94	4.87	1.17	0.23	3.02	2.99	偏峰分布	2.99	2.35
TC	1409	0.77	0.91	1.12	1.42	1.88	2.35	2.63	1.53	0.57	1.43	1.55	3.28	0.31	0.37	1.42	1.49	剔除后对数分布	1.43	1.28
Corg	8372	0.62	0.76	1.00	1.26	1.56	1.89	2.07	1.29	0.43	1.21	1.50	2.49	0.12	0.34	1.26	1.23	剔除后对数分布	1.21	1.23
pH	8701	4.40	4.53	4.76	5.01	5.30	5.61	5.81	4.86	4.86	5.04	2.55	6.21	3.90	1.00	5.01	5.01	其他分布	5.01	5.02

表 4-17 基性火成岩类风化物土壤母质元素背景值参数统计表

元素/指标	N	$X_{5\%}$	$X_{10\%}$	$X_{25\%}$	$X_{50\%}$	$X_{75\%}$	$X_{90\%}$	$X_{95\%}$	$\bar{X}$	S	$\bar{X}_g$	S_g	X_{max}	X_{min}	CV	X_{mc}	X_{mo}	分布类型	基性火成岩类风化物背景值	金华市背景值
Ag	30	45.40	58.3	60.8	74.5	90.0	119	142	80.8	29.51	76.3	11.87	160	40.00	0.37	74.5	60.0	正态分布	80.8	70.0
As	437	2.41	3.02	3.96	5.48	7.35	9.96	11.12	6.10	3.73	5.39	3.10	46.68	1.23	0.61	5.48	6.30	对数正态分布	5.39	5.74
Au	30	0.70	0.87	1.08	1.27	1.63	1.96	2.05	1.39	0.57	1.30	1.48	3.53	0.61	0.41	1.27	1.14	正态分布	1.39	0.71
B	437	5.77	9.71	18.00	29.50	42.93	56.3	66.8	31.80	18.60	25.84	8.09	160	1.10	0.59	29.50	32.30	正态分布	31.80	16.80
Ba	30	407	432	488	634	768	893	1010	648	198	620	40.04	1110	369	0.31	634	643	正态分布	648	592
Be	30	1.57	1.64	1.75	1.95	2.34	2.83	2.98	2.10	0.48	2.05	1.53	3.24	1.29	0.23	1.95	1.87	正态分布	2.10	1.90
Bi	30	0.18	0.19	0.22	0.27	0.31	0.37	0.39	0.28	0.07	0.27	2.24	0.49	0.18	0.26	0.27	0.28	正态分布	0.28	0.28
Br	30	1.61	1.87	2.19	2.78	3.71	4.40	5.01	3.09	1.29	2.86	1.95	7.23	1.32	0.42	2.78	2.30	正态分布	3.09	2.20
Cd	437	0.05	0.07	0.10	0.14	0.20	0.25	0.29	0.18	0.50	0.14	3.48	10.52	0.03	2.79	0.14	0.14	对数正态分布	0.14	0.14
Ce	30	58.2	65.6	72.7	83.4	93.8	108	116	86.0	19.76	83.9	12.19	139	50.8	0.23	83.4	92.0	正态分布	86.0	82.8
Cl	30	52.9	53.4	56.9	64.7	69.5	79.5	96.3	66.8	14.70	65.5	11.00	114	49.80	0.22	64.7	67.7	正态分布	66.8	60.2
Co	437	4.66	5.84	10.10	19.00	32.40	54.0	65.5	24.79	20.57	18.11	6.35	166	2.92	0.83	19.00	11.80	对数正态分布	18.11	10.20
Cr	431	18.60	23.70	34.44	61.6	147	217	250	95.3	75.8	68.4	13.43	312	4.50	0.80	61.6	38.10	其他	38.10	26.40
Cu	437	11.18	12.96	18.20	30.97	52.6	85.7	105	40.84	30.35	31.89	8.39	181	4.80	0.74	30.97	40.20	对数正态分布	31.89	16.00
F	26	294	349	378	426	475	587	649	438	105	426	30.91	680	221	0.24	426	441	正态分布	426	485
Ga	30	13.25	13.39	14.57	17.90	21.98	25.32	28.47	19.00	5.37	18.34	5.14	34.20	13.20	0.28	17.90	17.90	正态分布后对数分布	19.00	16.57
Ge	418	1.25	1.32	1.43	1.53	1.66	1.78	1.88	1.54	0.18	1.53	1.32	2.00	1.08	0.12	1.53	1.54	剔除后对数正态分布	1.53	1.46
Hg	437	0.03	0.04	0.05	0.06	0.09	0.11	0.14	0.07	0.04	0.07	4.65	0.36	0.01	0.51	0.06	0.05	对数正态分布	0.07	0.06
I	30	0.81	0.87	1.07	1.94	4.01	6.53	6.68	2.85	2.26	2.12	2.32	7.94	0.67	0.79	1.94	1.23	正态分布	2.85	0.86
La	30	27.72	31.23	38.02	44.21	51.1	63.5	67.9	46.02	13.10	44.34	8.44	84.5	25.40	0.28	44.21	46.00	正态分布	46.02	43.22
Li	30	23.65	24.92	28.73	31.71	36.33	39.93	41.65	32.85	6.05	32.31	7.47	48.60	23.10	0.18	31.71	39.80	正态分布	32.85	34.82
Mn	431	222	266	384	639	980	1255	1568	722	402	613	42.27	1875	119	0.56	639	1086	剔除后对数分布	613	256
Mo	431	0.56	0.65	0.81	1.05	1.75	2.34	2.62	1.32	0.66	1.17	1.66	3.22	0.34	0.50	1.05	0.93	其他	0.93	0.76
N	437	0.57	0.77	1.11	1.44	1.77	2.11	2.30	1.44	0.52	1.34	1.61	3.33	0.23	0.36	1.44	1.41	正态分布	1.44	1.28
Nb	30	15.03	15.75	18.04	21.70	36.13	50.2	50.8	27.64	14.32	24.82	6.10	73.1	10.60	0.52	21.70	28.10	正态分布	27.64	21.24
Ni	437	5.50	6.97	10.80	22.50	64.8	139	176	48.23	56.1	26.45	8.91	327	3.20	1.16	22.50	15.80	对数正态分布	26.45	6.70
P	437	0.30	0.38	0.56	0.85	1.21	1.75	2.13	0.96	0.58	0.82	1.83	4.83	0.09	0.60	0.85	0.33	对数正态分布	0.82	0.42
Pb	424	14.90	17.00	22.98	28.35	32.42	35.87	38.60	27.58	7.22	26.50	6.99	46.91	10.20	0.26	28.35	32.00	剔除后正态分布	27.58	30.60

续表 4-17

元素/指标	N	$X_{5\%}$	$X_{10\%}$	$X_{25\%}$	$X_{50\%}$	$X_{75\%}$	$X_{90\%}$	$X_{95\%}$	$\bar{X}$	S	$\bar{X}_g$	S_g	X_{max}	X_{min}	CV	X_{me}	X_{mo}	分布类型	基性火成岩类风化物背景值	金华市背景值
Rb	30	64.6	68.2	85.7	93.6	117	127	141	98.9	23.86	96.2	13.70	158	58.4	0.24	93.6	99.0	正态分布	98.9	140
S	30	182	189	226	283	350	397	427	292	83.5	280	26.54	479	161	0.29	283	285	正态分布	292	230
Sb	30	0.47	0.51	0.53	0.58	0.69	0.89	1.03	0.64	0.17	0.62	1.45	1.13	0.44	0.27	0.58	0.58	正态分布	0.64	0.57
Sc	30	6.73	7.07	9.18	12.90	15.68	20.46	22.12	13.23	5.43	12.24	4.25	29.00	5.86	0.41	12.90	6.73	正态分布	13.23	7.30
Se	437	0.15	0.18	0.22	0.28	0.36	0.46	0.52	0.30	0.12	0.28	2.21	1.16	0.04	0.41	0.28	0.26	对数正态分布	0.28	0.20
Sn	30	2.12	2.29	3.58	5.40	6.90	10.21	10.71	5.54	2.82	4.76	3.17	11.20	0.60	0.51	5.40	5.90	正态分布	5.54	6.90
Sr	30	44.95	51.0	58.0	76.2	116	186	275	103	70.6	86.9	13.88	297	39.00	0.69	76.2	58.0	正态分布	103	68.3
Th	30	7.59	9.54	11.57	13.17	14.88	16.55	17.00	13.14	2.92	12.77	4.25	18.14	6.02	0.22	13.17	12.50	正态分布	13.14	15.41
Ti	30	3814	4302	5672	7942	11 579	14 955	15 458	8870	4195	7993	165	20 972	3726	0.47	7942	8893	正态分布	8870	4058
Tl	341	0.26	0.34	0.45	0.58	0.72	0.90	1.01	0.60	0.23	0.56	1.70	1.80	0.11	0.39	0.58	0.62	对数正态分布	0.56	0.70
U	30	2.18	2.49	2.62	3.03	3.26	3.55	3.67	2.97	0.51	2.93	1.85	4.15	1.68	0.17	3.03	2.70	正态分布	2.97	3.24
V	437	37.90	48.67	71.8	136	196	241	264	141	74.1	119	16.92	366	25.93	0.53	136	115	其他分布	115	48.40
W	30	1.39	1.46	1.56	1.88	2.32	2.64	2.71	1.99	0.54	1.92	1.56	3.60	1.18	0.27	1.88	1.70	正态分布	1.99	1.80
Y	30	19.49	21.35	23.55	25.45	27.98	31.12	34.78	25.82	4.68	25.39	6.28	37.00	14.05	0.18	25.45	25.80	正态分布	25.82	24.84
Zn	437	56.5	61.9	75.3	91.2	116	156	180	101	39.22	94.7	14.12	351	42.20	0.39	91.2	97.4	对数正态分布	94.7	64.4
Zr	30	253	257	297	325	348	378	403	322	52.6	318	26.80	430	165	0.16	325	324	正态分布	322	325
SiO_2	30	53.6	54.9	62.0	66.3	72.8	76.6	77.0	66.3	7.96	65.8	11.20	79.3	46.59	0.12	66.3	66.0	正态分布	66.3	71.6
Al_2O_3	30	10.91	11.32	11.99	14.73	16.32	17.97	18.48	14.62	2.62	14.39	4.56	19.65	10.77	0.18	14.73	14.21	正态分布	14.62	12.84
TFe_2O_3	30	2.74	3.15	4.87	6.90	9.25	11.56	12.59	7.27	3.48	6.51	3.09	17.51	2.67	0.48	6.90	5.88	正态分布	7.27	3.56
MgO	30	0.44	0.50	0.57	0.70	0.88	1.06	1.53	0.77	0.32	0.72	1.50	1.63	0.36	0.41	0.70	0.74	正态分布	0.77	0.51
CaO	30	0.21	0.21	0.25	0.38	0.65	1.33	1.59	0.58	0.48	0.45	2.33	1.91	0.17	0.83	0.38	0.21	正态分布	0.58	0.24
Na_2O	30	0.12	0.18	0.26	0.36	0.69	1.47	1.78	0.59	0.53	0.42	2.51	2.11	0.07	0.91	0.36	0.35	对数正态分布	0.42	0.64
K_2O	30	0.65	0.82	1.12	1.56	2.22	2.76	3.21	1.71	0.81	1.50	1.82	4.41	0.13	0.47	1.56	1.42	正态分布	1.50	2.35
TC	30	0.97	1.02	1.15	1.50	1.73	1.85	1.88	1.47	0.36	1.43	1.39	2.36	0.86	0.24	1.50	1.71	正态分布	1.47	1.28
Corg	428	0.50	0.72	1.05	1.40	1.72	2.03	2.28	1.39	0.51	1.28	1.63	2.75	0.19	0.36	1.40	1.74	剔除后正态分布	1.39	1.23
pH	437	4.14	4.34	4.60	4.92	5.31	5.93	6.23	4.69	4.60	5.03	2.55	8.54	3.78	0.98	4.92	4.68	对数正态分布	5.03	5.02

金华市背景值基本接近。

基性火成岩类风化物表层土壤各元素/指标中,约一半元素/指标变异系数小于0.40,分布相对均匀;Au、Sc、Se、MgO、Br、Ti、K_2O、TFe_2O_3、Mo、Hg、Sn、Nb、V、Mn、B、P、As、Sr、Cu、I、Cr、Co、CaO、Na_2O、pH、Ni、Cd共27项元素/指标变异系数大于0.40,其中Co、CaO、Na_2O、pH、Ni、Cd变异系数大于0.80,空间变异性较大。

与金华市土壤元素背景值相比,基性火成岩类风化物区土壤元素背景值中K_2O、Na_2O、Rb背景值略低于金华市背景值;Mo、S、Nb、Se背景值略高于金华市背景值,为金华市背景值的1.2~1.4倍;Br、Cr、Zn、Sr、MgO、Co、Sc、B、P、Au、Cu、TFe_2O_3、Ti、V、Mn、CaO、I、Ni背景值明显偏高,为金华市背景值的1.4倍以上,其中TFe_2O_3、Ti、V、Mn、CaO、I、Ni明显相对富集,背景值均为金华市背景值的2.0倍以上,Ni背景值最高,为金华市背景值的3.95倍;其他元素/指标背景值则与金华市背景值基本接近。

八、变质岩类风化物土壤母质元素背景值

变质岩类风化物土壤母质元素背景值数据经正态分布检验,结果表明,原始数据中Ag、Au、Ba、Be、Ce、Cl、Ga、La、Li、Nb、Rb、S、Sc、Sn、Ti、Tl、W、Y、Zr、SiO_2、Al_2O_3、TFe_2O_3、MgO、Na_2O、K_2O、TC共26项元素/指标符合正态分布,As、B、Bi、Br、Cd、Co、Cu、F、Ge、I、Mo、N、Ni、P、Sb、Se、Sr、Th、U、CaO、Corg、pH共22项元素/指标符合对数正态分布,V剔除异常值后符合正态分布,Cr、Hg剔除异常值后符合对数正态分布,其他元素/指标不符合正态分布或对数正态分布(表4-18)。

变质岩类风化物表层土壤总体为酸性,土壤pH极大值为8.30,极小值为4.11,背景值为5.25,接近于金华市背景值。

变质岩类风化物表层土壤各元素/指标中,约一半元素/指标变异系数小于0.40,分布相对均匀;Se、U、V、Corg、Hg、Th、Ag、Cr、Co、B、P、Bi、Mn、Na_2O、Au、Sn、Br、Ni、Cu、Sr、CaO、I、As、Cd、F、pH、Mo共27项元素/指标变异系数大于0.40,其中Cd、F、pH、Mo变异系数大于0.80,空间变异性较大。

与金华市土壤元素背景值相比,变质岩类风化物区土壤元素背景值中F、S、Th、As、Sr、Be、Bi、Cl、Ti背景值略高于金华市背景值,为金华市背景值的1.2~1.4倍;Co、Mo、TFe_2O_3、Se、Zn、Cd、Br、P、Sc、Tl、Ag、Cu、CaO、V、MgO、Au、Mn、Cr、I、Ni背景值明显偏高,为金华市背景值的1.4倍以上,其中CaO、V、MgO、Au、Mn、Cr、I、Ni背景值均为金华市背景值的2.0倍以上,Ni背景值最高,为金华市背景值的4.12倍;其他元素/指标背景值则与金华市背景值基本接近。

第三节 主要土壤类型元素背景值

一、黄壤土壤元素背景值

黄壤土壤元素背景值数据经正态分布检验,结果表明,原始数据中Ba、Ce、La、Zr、SiO_2、Al_2O_3符合正态分布,Au、B、Be、Bi、Br、Cl、F、Ga、Ge、Hg、I、Li、Mo、N、Nb、P、Rb、S、Sb、Sr、Th、U、W、TFe_2O_3、MgO、Na_2O、TC、Corg共28项元素/指标符合对数正态分布,Ti、Tl、CaO、K_2O、pH剔除异常值后符合正态分布,As、Cd、Co、Cr、Ni、Pb、Sc、Sn、V、Y共10项元素/指标剔除异常值后符合对数正态分布,其他元素/指标不符合正态分布或对数正态分布(表4-19)。

黄壤土壤表层土壤总体为强酸性,土壤pH极大值为5.74,极小值为4.08,背景值为4.79,接近于金华市背景值。

表 4-18 变质岩类风化物土壤母质元素背景值参数统计表

元素/指标	N	$X_{5\%}$	$X_{10\%}$	$X_{25\%}$	$X_{50\%}$	$X_{75\%}$	$X_{90\%}$	$X_{95\%}$	$\overline{X}$	S	$\overline{X}_g$	S_g	X_{max}	X_{min}	CV	X_{me}	X_{mo}	分布类型	变质岩类风化物背景值	金华市背景值
Ag	58	57.9	66.1	90.0	120	170	213	239	135	67.0	122	16.67	390	46.00	0.49	120	110	正态分布	135	70.0
As	498	2.81	3.18	4.62	6.99	10.90	17.83	25.41	9.26	7.42	7.33	3.81	47.10	1.16	0.80	6.99	11.00	对数正态分布	7.33	5.74
Au	58	0.53	0.55	0.83	1.42	2.08	2.94	3.53	1.61	0.99	1.33	1.91	4.45	0.23	0.62	1.42	0.53	对数正态分布	1.61	0.71
B	498	6.63	8.49	12.00	17.10	23.80	30.73	35.64	19.03	10.30	16.64	5.79	74.5	2.04	0.54	17.10	17.70	对数正态分布	16.64	16.80
Ba	58	443	463	540	608	674	792	831	614	120	603	39.12	909	376	0.20	608	633	正态分布	614	592
Be	58	1.71	1.75	1.95	2.31	2.80	3.21	4.05	2.50	0.86	2.38	1.80	6.54	1.42	0.35	2.31	1.80	正态分布	2.50	1.90
Bi	58	0.21	0.22	0.25	0.32	0.54	0.82	0.94	0.43	0.25	0.37	2.06	1.26	0.16	0.59	0.32	0.25	对数正态分布	0.37	0.28
Br	58	1.93	2.06	2.44	3.41	5.21	9.17	10.52	4.49	2.93	3.79	2.72	14.40	1.55	0.65	3.41	3.92	对数正态分布	3.79	2.20
Cd	498	0.10	0.13	0.16	0.22	0.34	0.49	0.62	0.29	0.24	0.24	2.63	2.66	0.03	0.83	0.22	0.14	对数正态分布	0.24	0.14
Ce	58	72.7	77.2	83.0	95.1	103	113	132	95.5	19.72	93.6	13.66	168	47.90	0.21	95.1	95.5	正态分布	95.5	82.8
Cl	58	47.33	54.7	60.9	77.3	91.0	104	122	79.7	26.71	76.1	12.65	198	41.17	0.33	77.3	86.4	正态分布	79.7	60.2
Co	498	5.80	7.23	9.70	15.10	21.25	27.63	34.12	16.40	8.47	14.31	4.93	53.3	0.89	0.52	15.10	15.90	对数正态分布	14.31	10.20
Cr	485	27.48	35.70	49.90	83.3	112	140	162	84.7	41.80	73.9	12.59	204	8.10	0.49	83.3	111	剔除后对数正态分布	73.9	26.40
Cu	498	13.37	16.50	21.60	31.60	44.20	64.1	76.1	37.62	26.84	31.79	7.92	265	5.90	0.71	31.60	34.60	对数正态分布	31.79	16.00
F	58	383	435	482	574	650	812	1015	677	666	592	39.80	5486	236	0.98	574	674	正态分布	592	485
Ga	58	14.74	15.10	17.92	19.75	21.43	23.22	25.32	19.66	3.11	19.42	5.56	26.80	12.50	0.16	19.75	20.10	正态分布	19.66	16.57
Ge	498	1.16	1.22	1.32	1.43	1.54	1.69	1.82	1.44	0.20	1.43	1.28	2.34	0.88	0.14	1.43	1.46	正态分布	1.43	1.46
Hg	470	0.03	0.03	0.04	0.06	0.08	0.11	0.13	0.07	0.03	0.06	4.96	0.15	0.01	0.45	0.06	0.06	剔除后对数正态分布	0.06	0.06
I	58	0.88	1.01	1.50	2.42	4.54	8.17	8.73	3.54	2.78	2.67	2.65	12.10	0.61	0.78	2.42	0.88	对数正态分布	2.67	0.86
La	58	34.98	39.25	44.10	49.55	54.9	66.6	73.4	51.4	13.65	49.88	9.41	116	26.10	0.27	49.55	44.10	正态分布	51.4	43.22
Li	58	25.99	26.91	29.23	34.65	40.47	51.8	56.1	37.65	12.08	36.19	7.81	89.8	23.90	0.32	34.65	39.10	正态分布	37.65	34.82
Mn	491	157	212	298	481	782	1029	1263	564	332	471	35.96	1523	94.2	0.59	481	664	偏峰分布	592	256
Mo	498	0.55	0.60	0.80	1.12	1.55	2.20	2.84	1.38	1.71	1.15	1.70	35.40	0.31	1.24	1.12	0.76	对数正态分布	1.15	0.76
N	498	0.56	0.67	0.90	1.15	1.40	1.79	2.05	1.19	0.45	1.11	1.53	3.01	0.15	0.38	1.15	1.22	对数正态分布	1.11	1.28
Nb	58	15.49	16.35	18.08	20.65	21.75	25.39	28.22	20.64	4.32	20.21	5.72	35.00	11.00	0.21	20.65	21.50	正态分布	20.64	21.24
Ni	498	9.34	12.04	18.02	28.70	43.80	57.4	70.7	33.82	23.78	27.63	7.42	234	2.38	0.70	28.70	26.60	对数正态分布	27.63	6.70
P	498	0.35	0.41	0.52	0.72	1.00	1.37	1.77	0.83	0.47	0.73	1.70	3.11	0.11	0.57	0.72	0.53	对数正态分布	0.73	0.42
Pb	452	22.08	25.71	30.30	35.90	45.38	61.9	71.0	39.71	14.73	37.26	8.51	83.3	11.30	0.37	35.90	32.70	其他分布	32.70	30.60

续表 4-18

元素/指标	N	$X_{5\%}$	$X_{10\%}$	$X_{25\%}$	$X_{50\%}$	$X_{75\%}$	$X_{90\%}$	$X_{95\%}$	$\bar{X}$	S	$\bar{X}_g$	S_g	X_{max}	X_{min}	CV	X_{me}	X_{mo}	分布类型	变质岩类风化物背景值	金华市背景值
Rb	58	72.5	107	125	146	164	196	207	145	39.69	139	17.75	250	43.91	0.27	146	166	正态分布	145	140
S	58	152	164	203	284	356	392	444	286	96.2	270	27.02	523	125	0.34	284	285	正态分布	286	230
Sb	58	0.39	0.43	0.48	0.59	0.74	0.94	1.03	0.64	0.23	0.61	1.53	1.57	0.35	0.35	0.59	0.61	对数正态分布	0.61	0.57
Sc	58	7.96	8.64	9.80	12.54	15.58	17.76	19.03	12.99	3.68	12.49	4.38	22.30	7.60	0.28	12.54	12.90	正态分布	12.99	7.30
Se	498	0.17	0.19	0.24	0.31	0.40	0.53	0.63	0.34	0.14	0.32	2.11	1.04	0.09	0.41	0.31	0.31	对数正态分布	0.32	0.20
Sn	58	2.86	3.10	3.73	6.54	10.00	13.86	16.20	7.64	4.79	6.43	3.68	24.84	2.22	0.63	6.54	8.70	对数正态分布	7.64	6.90
Sr	58	52.9	55.1	64.3	73.7	99.9	178	252	103	75.3	88.0	12.84	460	44.68	0.73	73.7	101	对数正态分布	88.0	68.3
Th	58	10.27	13.00	16.36	19.55	24.07	30.56	38.60	21.30	9.73	19.45	5.98	68.7	4.50	0.46	19.55	19.50	正态分布	19.45	15.41
Ti	58	3747	3915	4620	5466	6097	7003	7479	5457	1232	5321	137	8921	2901	0.23	5466	5438	正态分布	5457	4058
Tl	58	0.48	0.76	1.05	1.25	1.51	1.74	1.91	1.26	0.42	1.16	1.60	2.19	0.22	0.33	1.25	1.25	对数正态分布	1.26	0.70
U	58	2.11	2.44	2.71	3.44	3.81	4.69	5.67	3.58	1.48	3.36	2.24	10.80	1.31	0.41	3.44	3.63	剔除后正态分布	3.36	3.24
V	486	44.45	54.5	74.0	104	136	170	195	108	44.74	98.5	14.42	233	8.10	0.41	104	119	正态分布	108	48.40
W	58	1.29	1.48	1.72	1.96	2.41	2.92	3.10	2.07	0.63	1.98	1.67	4.35	0.78	0.30	1.96	2.50	正态分布	2.07	1.80
Y	58	20.96	21.96	23.20	26.40	29.14	34.56	36.19	26.87	4.84	26.46	6.64	39.90	16.50	0.18	26.40	23.10	正态分布	26.87	24.84
Zn	457	60.5	68.9	80.3	100.0	121	165	191	107	37.12	102	14.66	211	43.90	0.35	100.0	107	其他分布	107	64.4
Zr	58	224	235	251	292	335	363	391	298	60.5	293	26.04	528	172	0.20	292	274	正态分布	298	325
SiO$_2$	58	55.8	58.0	61.0	66.2	70.9	74.5	75.7	65.9	6.52	65.6	11.11	77.8	51.0	0.10	66.2	67.9	正态分布	65.9	71.6
Al$_2$O$_3$	58	11.37	12.65	13.21	15.10	16.97	18.12	19.73	15.39	2.46	15.20	4.81	20.57	11.17	0.16	15.10	15.10	正态分布	15.39	12.84
TFe$_2$O$_3$	58	3.15	3.43	4.26	5.58	6.68	7.70	8.26	5.57	1.81	5.29	2.72	11.12	3.04	0.33	5.58	3.45	正态分布	5.57	3.56
MgO	58	0.59	0.62	0.80	1.04	1.38	1.77	2.06	1.14	0.44	1.05	1.48	2.25	0.40	0.39	1.04	0.81	正态分布	1.14	0.51
CaO	58	0.20	0.26	0.32	0.45	0.81	1.38	1.65	0.65	0.50	0.51	2.22	2.23	0.09	0.76	0.45	0.39	对数正态分布	0.51	0.24
Na$_2$O	58	0.21	0.24	0.35	0.52	0.76	1.23	1.46	0.64	0.38	0.54	2.06	1.68	0.18	0.60	0.52	0.64	正态分布	0.64	0.64
K$_2$O	498	1.63	1.89	2.29	2.71	3.10	3.52	3.77	2.71	0.63	2.63	1.83	5.15	1.16	0.23	2.71	2.90	正态分布	2.71	2.35
TC	58	0.64	0.82	1.12	1.34	1.62	2.24	2.64	1.45	0.58	1.35	1.59	3.15	0.52	0.40	1.34	1.52	正态分布	1.45	1.28
Corg	482	0.56	0.66	0.91	1.22	1.57	1.99	2.20	1.28	0.53	1.17	1.58	3.61	0.13	0.41	1.22	1.36	对数正态分布	1.17	1.23
pH	498	4.61	4.71	4.88	5.13	5.44	5.90	6.21	5.01	5.05	5.25	2.61	8.30	4.11	1.01	5.13	4.95	对数正态分布	5.25	5.02

第四章 土壤元素背景值

表4-19 黄壤土壤元素背景值参数统计表

元素/指标	N	$X_{5\%}$	$X_{10\%}$	$X_{25\%}$	$X_{50\%}$	$X_{75\%}$	$X_{90\%}$	$X_{95\%}$	$\bar{X}$	S	$\bar{X}_g$	S_g	X_{max}	X_{min}	CV	X_{me}	X_{mo}	分布类型	黄壤背景值	金华市背景值
Ag	258	50.00	60.0	70.0	90.0	118	140	161	94.1	34.57	88.0	13.63	190	30.00	0.37	90.0	70.0	其他分布	70.0	70.0
As	1029	2.20	2.58	3.34	4.55	6.09	7.93	9.59	4.93	2.14	4.50	2.73	11.40	1.25	0.43	4.55	4.86	剔除后对数正态分布	4.50	5.74
Au	278	0.50	0.54	0.62	0.78	1.07	1.45	1.87	0.95	0.77	0.84	1.59	11.00	0.23	0.81	0.78	0.84	对数正态分布	0.84	0.71
B	1104	9.11	11.03	15.86	21.30	28.24	37.08	44.55	23.71	15.52	20.87	6.38	304	2.04	0.65	21.30	24.70	对数正态分布	20.87	16.80
Ba	278	332	383	486	659	862	1019	1128	684	245	640	42.75	1401	225	0.36	659	576	正态分布	684	592
Be	278	1.81	1.90	2.08	2.32	2.75	3.29	4.14	2.57	0.92	2.46	1.78	9.37	1.37	0.36	2.32	2.19	对数正态分布	2.46	1.90
Bi	278	0.22	0.25	0.29	0.36	0.48	0.61	0.74	0.43	0.37	0.38	1.96	5.47	0.17	0.85	0.36	0.34	对数正态分布	0.38	0.28
Br	278	2.99	3.70	5.46	7.08	10.20	14.03	16.94	8.33	4.54	7.30	3.63	32.90	1.85	0.55	7.08	8.92	对数正态分布	7.30	2.20
Cd	1028	0.07	0.09	0.11	0.14	0.19	0.25	0.28	0.16	0.06	0.14	3.16	0.35	0.03	0.41	0.14	0.14	剔除后对数正态分布	0.14	0.14
Ce	278	73.7	78.7	85.3	94.0	102	111	119	94.9	14.16	93.9	13.90	144	43.86	0.15	94.0	101	正态分布	94.9	82.8
Cl	278	43.08	47.21	56.3	68.2	78.0	93.8	111	71.0	25.82	67.6	11.77	284	24.80	0.36	68.2	76.3	对数正态分布	67.6	60.2
Co	1019	3.47	3.92	4.94	6.35	9.12	12.32	14.92	7.36	3.47	6.66	3.28	18.70	2.13	0.47	6.35	11.70	剔除后对数正态分布	6.66	10.20
Cr	1023	11.53	14.12	17.97	24.80	35.10	48.68	56.0	27.81	13.35	24.89	7.02	69.0	4.70	0.48	24.80	29.10	剔除后对数正态分布	24.89	26.40
Cu	1002	6.67	7.68	9.22	11.65	15.80	21.40	25.20	13.06	5.43	12.05	4.53	30.49	1.78	0.42	11.65	10.70	其他分布	10.70	16.00
F	278	361	387	459	548	646	777	895	638	1158	555	38.93	19679	260	1.82	548	630	对数正态分布	555	485
Ga	278	16.17	16.70	17.82	19.00	20.50	21.90	23.53	19.28	2.25	19.15	5.51	28.80	13.90	0.12	19.00	19.20	对数正态分布	19.15	16.57
Ge	1114	1.16	1.22	1.31	1.42	1.54	1.64	1.74	1.43	0.18	1.42	1.28	2.19	0.93	0.13	1.42	1.43	对数正态分布	1.42	1.46
Hg	1114	0.04	0.04	0.05	0.07	0.09	0.12	0.14	0.08	0.07	0.07	4.57	1.98	0.02	0.89	0.07	0.10	对数正态分布	0.07	0.06
I	278	1.92	2.60	4.02	5.95	8.50	11.63	12.93	6.55	3.60	5.60	3.27	21.50	0.73	0.55	5.95	6.56	对数正态分布	5.60	0.86
La	278	35.88	37.67	40.30	44.40	48.20	53.0	55.7	44.93	7.21	44.33	8.95	83.8	12.16	0.16	44.40	48.10	正态分布	44.93	43.22
Li	278	24.37	25.78	28.95	32.50	38.08	43.70	51.7	34.51	9.27	33.52	7.59	101	18.70	0.27	32.50	32.50	其他分布	33.52	34.82
Mn	1088	183	212	317	567	787	1089	1240	598	325	509	40.03	1533	95.8	0.54	567	582	对数正态分布	582	256
Mo	1114	0.51	0.59	0.74	0.99	1.34	1.88	2.38	1.21	1.03	1.04	1.64	16.39	0.34	0.85	0.99	1.02	对数正态分布	1.04	0.76
N	1113	0.81	0.97	1.21	1.52	1.94	2.36	2.77	1.63	0.62	1.52	1.62	5.03	0.17	0.38	1.52	1.78	对数正态分布	1.52	1.28
Nb	278	18.48	19.60	21.60	23.25	25.90	28.54	32.46	24.09	4.87	23.70	6.26	67.8	15.10	0.20	23.25	21.60	对数正态分布	23.70	21.24
Ni	999	4.60	5.45	7.10	9.76	12.91	18.24	21.80	10.78	5.04	9.73	4.19	26.60	2.00	0.47	9.76	10.20	剔除后对数正态分布	9.73	6.70
P	1114	0.24	0.30	0.43	0.60	0.88	1.21	1.44	0.71	0.47	0.61	1.87	4.71	0.08	0.66	0.60	0.63	对数正态分布	0.61	0.42
Pb	1011	25.75	27.50	30.60	34.64	39.20	44.20	47.86	35.23	6.67	34.61	7.93	55.5	17.00	0.19	34.64	35.50	剔除后对数正态分布	34.61	30.60

续表 4-19

元素/指标	N	$X_{5\%}$	$X_{10\%}$	$X_{25\%}$	$X_{50\%}$	$X_{75\%}$	$X_{90\%}$	$X_{95\%}$	$\bar{X}$	S	$\bar{X}_g$	S_g	X_{max}	X_{min}	CV	X_{me}	X_{mo}	分布类型	黄壤背景值	金华市背景值
Rb	278	118	124	137	151	166	186	206	155	30.40	152	18.50	338	94.0	0.20	151	152	对数正态分布	152	140
S	278	174	191	226	284	341	406	458	294	101	280	26.73	1121	104	0.34	284	209	对数正态分布	280	230
Sb	278	0.39	0.43	0.50	0.59	0.74	0.94	1.14	0.67	0.34	0.62	1.58	3.52	0.33	0.50	0.59	0.49	对数正态分布	0.62	0.57
Sc	264	6.51	6.90	7.50	8.30	9.60	10.90	11.48	8.61	1.56	8.48	3.49	13.40	4.13	0.18	8.30	7.50	剔除后对数分布	8.48	7.30
Se	1065	0.17	0.19	0.22	0.29	0.42	0.59	0.66	0.34	0.15	0.31	2.13	0.78	0.10	0.45	0.29	0.20	其他分布	0.20	0.20
Sn	256	2.57	2.73	3.26	3.99	5.23	7.53	8.50	4.55	1.84	4.23	2.50	10.18	1.08	0.40	3.99	3.71	剔除后对数分布	4.23	6.90
Sr	278	35.28	37.71	46.89	56.7	69.0	88.0	109	61.6	25.43	57.8	10.47	233	26.40	0.41	56.7	53.0	对数正态分布	57.8	68.3
Th	278	12.86	14.07	16.00	18.36	22.18	25.72	29.10	19.67	6.15	18.91	5.77	63.5	6.30	0.31	18.36	19.80	剔除后正态分布	18.91	15.41
Ti	268	2934	3125	3446	3980	4629	5316	5728	4090	862	4002	119	6397	2228	0.21	3980	4117	正态分布	4090	4058
Tl	574	0.62	0.68	0.81	0.92	1.04	1.17	1.28	0.93	0.19	0.91	1.24	1.43	0.45	0.21	0.92	1.00	正态分布	0.93	0.70
U	278	2.85	3.03	3.27	3.67	4.07	4.66	5.05	3.79	0.91	3.70	2.21	11.10	1.74	0.24	3.67	3.75	对数正态分布	3.70	3.24
V	1035	27.21	30.82	37.61	48.50	67.3	98.6	115	56.2	26.26	51.0	10.20	136	16.30	0.47	48.50	53.8	剔除后对数分布	51.0	48.40
W	278	1.56	1.68	1.92	2.24	2.60	3.17	3.56	2.36	0.74	2.27	1.70	8.83	1.25	0.31	2.24	2.31	对数正态分布	2.27	1.80
Y	254	19.53	20.40	21.64	23.50	25.30	28.60	30.50	23.92	3.26	23.70	6.24	33.26	17.30	0.14	23.50	23.60	剔除后对数分布	23.70	24.84
Zn	1010	57.5	61.9	69.6	79.2	91.3	105	114	81.5	16.71	79.8	12.80	135	35.60	0.21	79.2	106	偏峰分布	106	64.4
Zr	278	230	241	265	312	359	407	432	318	67.8	311	27.50	627	187	0.21	312	320	正态分布	318	325
SiO₂	278	62.2	64.4	66.8	69.2	71.3	73.0	74.3	68.9	3.87	68.8	11.48	80.1	53.4	0.06	69.2	71.6	正态分布	68.9	71.6
Al₂O₃	278	12.58	12.90	13.61	14.77	15.80	16.80	17.61	14.88	1.61	14.79	4.76	21.15	10.53	0.11	14.77	14.60	对数正态分布	14.88	12.84
TFe₂O₃	278	2.82	3.08	3.38	3.83	4.66	5.79	6.63	4.17	1.22	4.02	2.31	9.97	2.01	0.29	3.83	3.74	对数正态分布	4.02	3.56
MgO	278	0.42	0.45	0.50	0.59	0.72	0.93	1.10	0.65	0.24	0.62	1.52	2.11	0.36	0.37	0.59	0.55	对数正态分布	0.62	0.51
CaO	254	0.16	0.19	0.23	0.28	0.32	0.38	0.42	0.28	0.08	0.27	2.30	0.49	0.09	0.28	0.28	0.29	对数正态分布	0.27	0.24
Na₂O	278	0.21	0.24	0.33	0.46	0.63	0.81	0.93	0.50	0.24	0.45	1.98	1.75	0.14	0.48	0.46	0.28	剔除后正态分布	0.45	0.64
K₂O	1089	1.92	2.16	2.54	2.92	3.27	3.61	3.84	2.91	0.57	2.85	1.89	4.40	1.43	0.20	2.92	2.99	正态分布	2.91	2.35
TC	278	1.06	1.17	1.56	2.14	2.86	3.55	4.05	2.32	1.11	2.11	1.90	11.50	0.59	0.48	2.14	1.34	对数正态分布	2.11	1.28
Corg	1114	0.88	1.06	1.29	1.65	2.13	2.68	3.17	1.80	0.79	1.65	1.71	10.30	0.13	0.44	1.65	1.10	对数正态分布	1.65	1.23
pH	1050	4.36	4.49	4.70	4.89	5.10	5.28	5.44	4.79	4.90	4.89	2.51	5.74	4.08	1.02	4.89	4.89	剔除后正态分布	4.79	5.02

注：氧化物、TC、Corg 单位为%，N、P 单位为 g/kg，Au、Ag 单位为 μg/kg，pH 为无量纲，其他元素/指标单位为 mg/kg；后表单位相同。

在黄壤土壤表层各元素/指标中,一多半元素/指标变异系数小于0.40,分布相对均匀;Cd、Sr、Cu、As、Corg、Se、Co、Ni、V、Cr、Na_2O、TC、Sb、Mn、Br、I、B、P、Au、Bi、Mo、Hg、pH、F 共24项元素/指标变异系数大于0.40,其中 Au、Bi、Mo、Hg、pH、F 变异系数大于0.80,空间变异性较大。

与金华市土壤元素背景值相比,黄壤区土壤元素背景值 Sn、Co、Cu、Na_2O、As 背景值略低于金华市背景值,均为金华市背景值的60%~80%;MgO、S、Th、K_2O、B、W、Be、Tl、Corg、Bi、Mo 背景值略高于金华市背景值,为金华市背景值的1.2~1.4倍;Ni、P、Zn、TC、Mn、Br、I 背景值明显偏高,为金华市背景值的1.4倍以上,其中 Mn、Br、I 背景值为金华市背景值的2.0倍以上,I 背景值最高,为金华市背景值的6.51倍;其他元素/指标背景值则与金华市背景值基本接近。

二、红壤土壤元素背景值

红壤土壤元素背景值数据经正态分布检验,结果表明,原始数据中 SiO_2、Al_2O_3 指标符合正态分布,Ba、Ce、Cl、I、S、Sr、W、Zr、TFe_2O_3、MgO、Na_2O、TC 共12项符合对数正态分布,Be、Ga、La、Nb、Ti、U、Y 剔除异常值后符合正态分布,Au、Li、N、Sb、Sc、Th、CaO、Corg 剔除异常值后符合对数正态分布,其他元素/指标不符合正态分布或对数正态分布(表4-20)。

红壤土壤表层土壤总体为强酸性,土壤 pH 极大值为6.54,极小值为3.76,背景值为4.90,接近于金华市背景值。

在红壤土壤表层各元素/指标中,大多数元素/指标变异系数小于0.40,分布相对均匀;V、Cu、Hg、MgO、CaO、Br、Sn、Au、Co、P、As、Na_2O、Ni、B、Cr、Mn、Sr、I、pH 共19项元素/指标变异系数大于0.40,其中 pH 变异系数大于0.80,空间变异性较大。

与金华市土壤元素背景值相比,红壤区土壤元素背景值中 Sn 背景值明显低于金华市背景值,为金华市背景值的48%;As、Mn、F 背景值略低于金华市背景值,为金华市背景值的60%~80%;CaO、Au、K_2O 背景值略高于金华市背景值,为金华市背景值的1.2~1.4倍;Ni、V、I 背景值明显偏高,为金华市背景值的1.4倍以上,其中 V、I 背景值为金华市背景值的2.0倍以上,I 背景值最高,为金华市背景值的2.71倍;其他元素/指标背景值则与金华市背景值基本接近。

三、粗骨土土壤元素背景值

粗骨土土壤元素背景值数据经正态分布检验,结果表明,原始数据中 Ba、Ce、Ga、La、S、Th、Ti、SiO_2、Al_2O_3、K_2O 共10项元素/指标符合正态分布,B、Br、Cl、I、Li、Mn、N、Sb、Sc、W、Y、Zr、TFe_2O_3、MgO、Na_2O、TC 共16项符合对数正态分布,F、Nb、Rb、Tl、U 剔除异常值后符合正态分布,Ag、As、Au、Be、Bi、Cd、Co、Cr、Cu、Ge、Mo、P、Pb、Sn、Sr、Zn、CaO、Corg、pH 共19项元素/指标剔除异常值后符合对数正态分布,其他元素/指标不符合正态分布或对数正态分布(表4-21)。

粗骨土土壤表层土壤总体为酸性,土壤 pH 极大值为6.34,极小值为3.96,背景值为5.11,与金华市背景值基本接近。

粗骨土土壤表层土壤各元素/指标中,大多数元素/指标变异系数小于0.40,分布相对均匀;Sn、V、Sr、Ni、As、Au、Cr、TC、Co、P、Sb、Na_2O、Mn、B、Br、I、pH 共17项元素/指标变异系数大于0.40,其中 I、pH 变异系数大于0.80,空间变异性较大。

与金华市土壤元素背景值相比,粗骨土土壤元素背景值中 Co、Sn 背景值略低于金华市背景值;K_2O、Ba、B 背景值略高于金华市背景值,为金华市背景值的1.2~1.4倍;Br、Mn、I 背景值明显偏高,为金华市背景值的1.4倍以上,其中 I 背景值最高,为金华市背景值的2.65倍;其他元素/指标背景值则与金华市背景值基本接近。

表 4-20 红壤土壤元素背景值参数统计表

元素/指标	N	$X_{5\%}$	$X_{10\%}$	$X_{25\%}$	$X_{50\%}$	$X_{75\%}$	$X_{90\%}$	$X_{95\%}$	$\bar{X}$	S	$\bar{X}_g$	S_g	X_{max}	X_{min}	CV	X_{me}	X_{mo}	分布类型	红壤背景值	金华市背景值
Ag	1000	46.95	51.0	62.0	80.0	100.0	120	130	82.4	26.44	78.3	12.60	160	30.00	0.32	80.0	80.0	其他分布	80.0	70.0
As	8211	2.39	2.89	3.97	5.66	8.17	11.26	12.90	6.38	3.20	5.62	3.14	16.20	0.69	0.50	5.66	3.46	其他分布	3.46	5.74
Au	969	0.50	0.57	0.70	0.93	1.34	1.93	2.21	1.08	0.52	0.98	1.58	2.70	0.30	0.48	0.93	0.72	剔除后对数分布	0.98	0.71
B	8409	9.58	12.20	17.46	25.73	38.70	53.8	62.4	29.49	15.88	25.35	7.37	74.1	1.10	0.54	25.73	16.60	其他分布	16.60	16.80
Ba	1059	311	366	469	613	800	997	1148	657	261	608	42.49	2435	145	0.40	613	617	对数正态分布	608	592
Be	1000	1.55	1.70	1.90	2.20	2.47	2.76	2.92	2.21	0.41	2.17	1.62	3.38	1.10	0.18	2.20	2.10	其他分布	2.21	1.90
Bi	1005	0.19	0.21	0.24	0.29	0.35	0.43	0.47	0.30	0.08	0.29	2.16	0.55	0.13	0.28	0.29	0.25	剔除后正态分布	0.25	0.28
Br	1013	1.87	2.01	2.35	3.12	4.57	6.39	7.05	3.65	1.67	3.32	2.26	8.67	1.16	0.46	3.12	2.45	其他分布	2.45	2.20
Cd	8199	0.07	0.09	0.12	0.16	0.21	0.26	0.29	0.17	0.07	0.15	3.10	0.36	0.004	0.39	0.16	0.14	其他分布	0.14	0.14
Ce	1059	63.7	68.6	76.0	83.4	94.0	102	109	85.4	15.13	84.1	13.06	205	44.80	0.18	83.4	98.0	对数正态分布	84.1	82.8
Cl	1059	39.19	43.10	51.5	60.8	72.8	87.6	98.9	64.2	20.84	61.5	11.04	228	28.30	0.32	60.8	60.8	对数正态分布	61.5	60.2
Co	8047	3.26	3.78	4.96	6.79	9.61	13.07	15.50	7.70	3.66	6.91	3.34	19.14	0.89	0.48	6.79	10.20	其他分布	10.20	10.20
Cr	8275	11.80	14.30	19.70	29.10	44.50	60.6	70.7	33.66	18.17	29.08	7.72	90.5	1.50	0.54	29.10	21.80	其他分布	21.80	26.40
Cu	8145	7.14	8.40	11.30	15.90	21.20	27.40	31.82	16.94	7.41	15.36	5.30	39.80	1.00	0.44	15.90	15.40	其他分布	15.40	16.00
F	989	325	353	411	497	599	722	793	517	144	498	36.14	958	219	0.28	497	387	偏峰分布	387	485
Ga	1030	12.95	13.80	15.60	17.20	18.76	20.30	21.35	17.20	2.46	17.02	5.16	23.60	11.02	0.14	17.20	16.70	剔除后正态分布	17.20	16.57
Ge	8456	1.20	1.26	1.36	1.47	1.61	1.74	1.84	1.49	0.19	1.48	1.30	2.03	0.96	0.13	1.47	1.46	其他分布	1.46	1.46
Hg	8197	0.03	0.04	0.05	0.07	0.09	0.12	0.14	0.07	0.03	0.07	4.60	0.18	0.01	0.45	0.07	0.06	其他分布	0.06	0.06
I	1059	0.85	0.96	1.35	2.29	3.94	5.62	7.20	2.92	2.11	2.33	2.29	20.50	0.43	0.72	2.29	1.16	对数正态分布	2.33	0.86
La	1030	32.02	34.80	38.66	43.38	47.45	51.4	54.4	43.23	6.57	42.72	8.79	62.0	25.71	0.15	43.38	45.30	剔除后对数分布	43.23	43.22
Li	1003	23.70	25.60	30.20	35.20	41.30	48.18	53.1	36.18	8.71	35.15	7.84	60.3	13.10	0.24	35.20	35.40	剔除后对数分布	35.15	34.82
Mn	8376	141	166	229	357	563	797	932	422	244	358	30.88	1156	42.60	0.58	357	180	其他分布	180	256
Mo	8074	0.50	0.57	0.70	0.89	1.18	1.53	1.74	0.97	0.37	0.91	1.46	2.14	0.10	0.38	0.89	0.76	其他分布	0.76	0.76
N	8587	0.62	0.76	0.99	1.25	1.55	1.84	2.03	1.28	0.42	1.20	1.48	2.43	0.13	0.33	1.25	1.17	剔除后对数分布	1.20	1.28
Nb	974	16.10	17.40	19.50	21.50	23.80	26.27	27.87	21.69	3.46	21.41	5.94	31.80	12.30	0.16	21.50	21.90	剔除后正态分布	21.69	21.24
Ni	8179	3.95	4.70	6.40	9.50	14.20	19.20	22.50	10.85	5.72	9.43	4.17	29.20	0.30	0.53	9.50	10.30	其他分布	10.30	6.70
P	8312	0.19	0.26	0.37	0.52	0.73	0.97	1.12	0.57	0.27	0.50	1.91	1.36	0.04	0.48	0.52	0.40	其他分布	0.40	0.42
Pb	8138	22.60	24.86	28.40	32.00	35.90	40.10	42.90	32.22	5.99	31.65	7.50	49.40	16.00	0.19	32.00	30.70	其他分布	30.70	30.60

续表 4-20

元素/指标	N	$X_{5\%}$	$X_{10\%}$	$X_{25\%}$	$X_{50\%}$	$X_{75\%}$	$X_{90\%}$	$X_{95\%}$	$\overline{X}$	S	$\overline{X}_g$	S_g	X_{max}	X_{min}	CV	X_{me}	X_{mo}	分布类型	红壤背景值	金华市背景值
Rb	1036	77.8	87.8	110	136	156	173	187	133	32.93	129	17.05	223	43.91	0.25	136	129	其他分布	129	140
S	1059	142	156	191	236	286	331	371	242	71.6	232	23.66	523	68.2	0.30	236	236	对数正态分布	232	230
Sb	979	0.38	0.41	0.49	0.59	0.73	0.92	1.06	0.63	0.20	0.60	1.55	1.26	0.28	0.32	0.59	0.49	剔除后对数分布	0.60	0.57
Sc	1001	5.73	6.10	6.80	7.70	9.06	10.70	11.63	8.05	1.77	7.87	3.33	13.20	4.26	0.22	7.70	6.70	剔除后对数分布	7.87	7.30
Se	8321	0.14	0.16	0.19	0.23	0.30	0.38	0.43	0.25	0.09	0.24	2.40	0.51	0.04	0.35	0.23	0.19	其他分布	0.19	0.20
Sn	986	2.52	2.81	3.40	4.63	6.80	8.89	10.23	5.28	2.41	4.78	2.75	13.00	1.09	0.46	4.63	3.30	其他分布	3.30	6.90
Sr	1059	37.09	40.78	51.2	69.0	96.9	140	181	83.5	51.3	73.0	12.48	460	17.90	0.61	69.0	60.0	对数正态分布	73.0	68.3
Th	1017	9.90	11.48	13.50	15.90	18.40	21.60	23.42	16.16	3.89	15.68	5.09	26.70	6.34	0.24	15.90	15.50	剔除后对数分布	15.68	15.41
Ti	997	2704	3017	3575	4132	4766	5388	5835	4181	911	4079	121	6800	1740	0.22	4132	4677	偏峰分布	4181	4058
Tl	4734	0.44	0.49	0.59	0.72	0.88	1.01	1.10	0.74	0.20	0.71	1.43	1.33	0.14	0.28	0.72	0.70	对数正态分布	0.70	0.70
U	1010	2.30	2.52	2.92	3.36	3.79	4.21	4.53	3.37	0.65	3.30	2.06	5.18	1.67	0.19	3.36	3.33	剔除后对数分布	3.37	3.24
V	8124	26.03	30.40	39.70	53.8	72.5	94.1	109	58.5	24.96	53.4	10.37	135	7.32	0.43	53.8	106	正态分布	106	48.40
W	1059	1.38	1.51	1.76	2.04	2.50	3.09	3.56	2.20	0.72	2.11	1.66	8.00	0.78	0.33	2.04	1.94	对数正态分布	2.11	1.80
Y	1006	18.40	19.69	21.91	24.88	28.27	31.45	33.61	25.26	4.62	24.84	6.41	38.40	13.00	0.18	24.88	28.60	剔除后对数分布	25.26	24.84
Zn	8330	49.20	53.8	62.5	73.6	87.8	103	112	76.1	18.85	73.8	12.15	133	22.50	0.25	73.6	71.2	对数正态分布	71.2	64.4
Zr	1059	232	248	279	321	364	409	455	326	70.4	319	28.10	779	153	0.22	321	331	对数正态分布	319	325
SiO₂	1059	63.2	65.9	69.1	72.1	75.5	78.5	80.3	72.1	5.22	71.9	11.81	86.0	46.59	0.07	72.1	71.4	正态分布	72.1	71.6
Al₂O₃	1059	10.20	10.86	12.10	13.40	14.77	16.20	16.94	13.47	2.08	13.31	4.50	20.99	7.75	0.15	13.40	13.20	对数正态分布	13.47	12.84
TFe₂O₃	1059	2.46	2.67	3.08	3.66	4.45	5.78	6.60	3.99	1.46	3.79	2.26	17.51	1.73	0.37	3.66	2.97	对数正态分布	3.79	3.56
MgO	1059	0.36	0.40	0.47	0.58	0.78	1.05	1.26	0.67	0.30	0.61	1.64	2.25	0.22	0.45	0.58	0.51	对数正态分布	0.61	0.51
CaO	974	0.15	0.17	0.22	0.30	0.41	0.55	0.64	0.33	0.15	0.30	2.32	0.80	0.06	0.45	0.30	0.24	剔除后正态分布	0.30	0.24
Na₂O	1059	0.23	0.30	0.46	0.67	0.94	1.23	1.44	0.73	0.38	0.63	1.87	2.61	0.06	0.52	0.67	0.44	对数正态分布	0.63	0.64
K₂O	1059	1.17	1.41	1.99	2.67	3.24	3.72	4.00	2.62	0.87	2.46	1.88	5.13	0.15	0.33	2.67	2.82	其他分布	2.82	2.35
TC	1059	0.76	0.87	1.06	1.35	1.72	2.19	2.56	1.47	0.59	1.36	1.52	5.07	0.33	0.40	1.35	1.30	对数正态分布	1.36	1.28
Corg	8154	0.57	0.73	0.96	1.23	1.51	1.82	1.99	1.25	0.42	1.17	1.51	2.41	0.11	0.34	1.23	1.44	剔除后对数分布	1.17	1.23
pH	8207	4.38	4.54	4.77	5.06	5.39	5.78	6.05	4.87	4.80	5.11	2.57	6.54	3.76	0.98	5.06	4.90	其他分布	4.90	5.02

表 4-21　粗骨土土壤元素背景值参数统计表

元素/指标	N	$X_{5\%}$	$X_{10\%}$	$X_{25\%}$	$X_{50\%}$	$X_{75\%}$	$X_{90\%}$	$X_{95\%}$	$\bar{X}$	S	$\bar{X}_g$	S_g	X_{max}	X_{min}	CV	X_{me}	X_{mo}	分布类型	粗骨土背景值	金华市背景值
Ag	354	46.00	50.00	60.0	74.0	90.0	118	120	78.7	24.59	75.1	12.38	150	33.00	0.31	74.0	70.0	剔除后对数分布	75.1	70.0
As	2751	2.27	2.68	3.66	5.05	7.00	9.01	10.23	5.50	2.45	4.97	2.88	12.84	0.69	0.45	5.05	4.82	剔除后对数分布	4.97	5.74
Au	356	0.45	0.53	0.63	0.81	1.13	1.62	1.88	0.93	0.42	0.85	1.56	2.30	0.20	0.45	0.81	0.93	剔除后对数分布	0.85	0.71
B	2883	8.92	11.10	15.50	21.90	31.40	43.72	54.6	25.58	15.60	22.00	6.71	216	2.37	0.61	21.90	12.80	对数正态分布	22.00	16.80
Ba	391	341	401	528	694	912	1092	1210	734	281	679	45.37	1927	116	0.38	694	759	正态分布	734	592
Be	370	1.70	1.80	1.97	2.20	2.43	2.72	2.88	2.22	0.35	2.19	1.61	3.21	1.32	0.16	2.20	1.90	剔除后对数分布	2.19	1.90
Bi	372	0.17	0.19	0.22	0.26	0.33	0.40	0.45	0.28	0.08	0.27	2.23	0.51	0.12	0.29	0.26	0.26	剔除后对数分布	0.27	0.28
Br	391	1.76	2.09	2.41	3.11	5.09	7.31	8.93	4.11	2.80	3.52	2.48	21.30	1.31	0.68	3.11	2.39	对数正态分布	3.52	2.20
Cd	2774	0.07	0.09	0.12	0.15	0.19	0.23	0.26	0.16	0.06	0.15	3.17	0.32	0.02	0.36	0.15	0.12	剔除后正态分布	0.15	0.14
Ce	391	66.8	72.4	79.2	89.0	98.0	107	113	89.2	14.63	88.0	13.40	146	39.00	0.16	89.0	85.0	正态分布	89.2	82.8
Cl	391	41.73	46.70	54.1	63.8	77.3	89.1	104	67.9	23.98	64.9	11.18	246	28.80	0.35	63.8	54.5	对数对数分布	64.9	60.2
Co	2634	2.97	3.45	4.50	6.10	8.57	11.60	13.55	6.88	3.21	6.20	3.15	17.20	0.88	0.47	6.10	4.90	剔除后对数分布	6.20	10.20
Cr	2683	10.80	12.98	17.10	23.70	32.90	44.38	50.6	26.22	12.15	23.56	6.68	64.2	3.37	0.46	23.70	27.00	剔除后对数分布	23.56	26.40
Cu	2698	6.79	7.59	9.82	13.02	17.20	21.63	24.40	13.99	5.51	12.95	4.70	31.00	2.60	0.39	13.02	12.60	剔除后对数分布	12.95	16.00
F	365	327	372	437	521	609	738	802	539	143	520	36.94	957	190	0.26	521	664	剔除后正态分布	539	485
Ga	391	13.21	13.90	15.40	17.20	18.90	20.70	21.85	17.24	2.70	17.02	5.17	26.50	7.80	0.16	17.20	17.10	正态分布	17.24	16.57
Ge	2809	1.21	1.27	1.38	1.49	1.61	1.73	1.81	1.50	0.18	1.49	1.29	1.98	1.02	0.12	1.49	1.46	剔除后对数分布	1.49	1.46
Hg	2718	0.03	0.04	0.05	0.06	0.08	0.10	0.12	0.06	0.03	0.06	4.92	0.14	0.01	0.40	0.06	0.06	偏峰分布	0.06	0.06
I	391	0.86	0.98	1.35	2.11	3.73	5.39	7.67	2.95	2.55	2.28	2.32	20.30	0.58	0.86	2.11	1.41	对数正态分布	2.28	0.86
La	391	34.06	37.30	41.36	45.40	49.94	53.8	58.1	45.77	7.61	45.12	9.08	86.7	14.61	0.17	45.40	45.40	正态分布	45.77	43.22
Li	391	23.91	25.40	29.30	35.00	40.35	46.30	52.6	36.29	11.35	34.96	7.82	136	19.32	0.31	35.00	34.90	对数正态分布	34.96	34.82
Mn	2883	151	192	288	423	636	886	1075	496	300	419	33.93	2420	71.3	0.60	423	470	剔除后对数分布	419	256
Mo	2667	0.48	0.54	0.66	0.80	1.01	1.25	1.40	0.85	0.27	0.81	1.40	1.69	0.12	0.32	0.80	0.76	剔除后对数分布	0.81	0.76
N	2889	0.58	0.73	0.96	1.25	1.57	1.91	2.11	1.29	0.48	1.20	1.54	3.96	0.11	0.37	1.25	1.36	剔除后对数分布	1.20	1.28
Nb	362	17.55	18.60	20.12	21.90	23.60	25.79	27.09	21.97	2.76	21.80	5.98	29.70	15.40	0.13	21.90	23.30	剔除后正态分布	21.97	21.24
Ni	2598	3.70	4.40	5.73	7.50	10.00	13.90	16.20	8.33	3.69	7.59	3.55	20.50	1.00	0.44	7.50	7.70	其他分布	7.70	6.70
P	2739	0.16	0.23	0.35	0.48	0.67	0.88	1.00	0.52	0.25	0.46	1.98	1.24	0.04	0.47	0.48	0.41	剔除后对数分布	0.46	0.42
Pb	2691	23.20	25.50	29.20	32.90	36.60	41.00	43.80	33.05	5.96	32.50	7.62	49.60	17.00	0.18	32.90	33.40	剔除后对数分布	32.50	30.60

续表 4-21

元素/指标	N	$X_{5\%}$	$X_{10\%}$	$X_{25\%}$	$X_{50\%}$	$X_{75\%}$	$X_{90\%}$	$X_{95\%}$	$\bar{X}$	S	$\bar{X}_g$	S_g	X_{max}	X_{min}	CV	X_{me}	X_{mo}	分布类型	粗骨土背景值	金华市背景值
Rb	377	106	114	130	148	161	174	189	146	23.63	144	17.78	202	84.1	0.16	148	163	剔除后正态分布	146	140
S	391	106	134	168	216	274	328	354	226	82.7	212	23.14	865	62.4	0.37	216	207	正态分布	226	230
Sb	391	0.40	0.42	0.48	0.56	0.69	0.90	1.16	0.65	0.33	0.60	1.61	3.43	0.33	0.50	0.56	0.53	对数正态分布	0.60	0.57
Sc	391	5.15	5.68	6.25	7.30	8.60	9.90	10.90	7.61	1.87	7.40	3.26	17.90	3.29	0.25	7.30	7.80	对数正态分布	7.40	7.30
Se	2711	0.13	0.15	0.17	0.20	0.25	0.32	0.36	0.22	0.07	0.21	2.55	0.42	0.03	0.31	0.20	0.20	其他分布	0.20	0.20
Sn	367	2.36	2.64	3.22	4.09	5.53	7.56	8.82	4.60	1.94	4.23	2.53	10.44	0.60	0.42	4.09	3.45	剔除后正态分布	4.23	6.90
Sr	367	35.24	40.20	50.4	67.1	90.8	120	141	74.2	32.04	68.0	11.91	168	19.98	0.43	67.1	60.0	剔除后正态分布	68.0	68.3
Th	391	11.90	13.53	14.89	17.11	19.60	21.80	24.15	17.47	3.72	17.08	5.19	33.70	7.00	0.21	17.11	16.10	正态分布	17.47	15.41
Ti	391	2543	2842	3349	3910	4652	5266	5713	4030	1057	3900	120	9898	1451	0.26	3910	3778	正态分布	4030	4058
Tl	1935	0.45	0.52	0.65	0.79	0.93	1.07	1.15	0.79	0.21	0.76	1.39	1.37	0.22	0.27	0.79	0.65	剔除后正态分布	0.79	0.70
U	372	2.54	2.71	2.99	3.29	3.67	4.18	4.42	3.36	0.56	3.31	2.02	4.81	2.04	0.17	3.29	3.12	剔除后正态分布	3.36	3.24
V	2641	24.00	28.50	36.20	47.10	64.0	85.4	98.3	52.0	22.06	47.61	9.76	120	5.08	0.42	47.10	41.30	其他分布	41.30	48.40
W	391	1.40	1.54	1.80	2.13	2.57	3.07	3.44	2.25	0.72	2.15	1.68	6.69	0.78	0.32	2.13	1.80	对数正态分布	2.15	1.80
Y	391	19.85	20.30	21.94	24.60	27.84	32.51	35.59	26.05	7.25	25.36	6.47	78.5	15.81	0.28	24.60	21.50	剔除后对数正态分布	25.36	24.84
Zn	2747	47.20	51.5	59.3	70.6	85.6	101	111	73.6	19.52	71.1	11.88	132	20.80	0.27	70.6	72.7	剔除后正态分布	71.1	64.4
Zr	391	245	261	291	330	372	420	457	340	74.9	333	28.89	892	176	0.22	330	261	对数正态分布	333	325
SiO_2	391	65.4	67.2	69.7	72.6	76.4	78.9	80.6	72.9	4.68	72.7	11.87	85.1	59.3	0.06	72.6	72.8	正态分布	72.9	71.6
Al_2O_3	391	10.38	10.96	12.04	13.34	14.60	15.59	16.63	13.34	1.85	13.22	4.47	19.80	8.43	0.14	13.34	13.50	正态分布	13.34	12.84
TFe_2O_3	391	2.25	2.41	2.82	3.36	3.97	4.77	5.49	3.51	0.98	3.38	2.11	7.48	1.79	0.28	3.36	2.88	对数正态分布	3.38	3.56
MgO	391	0.37	0.39	0.46	0.56	0.68	0.85	1.01	0.60	0.20	0.57	1.57	1.45	0.27	0.34	0.56	0.50	对数正态分布	0.57	0.51
CaO	363	0.14	0.17	0.22	0.28	0.37	0.47	0.54	0.30	0.12	0.27	2.34	0.64	0.07	0.40	0.28	0.24	剔除后对数正态分布	0.27	0.24
Na_2O	391	0.27	0.31	0.48	0.66	0.92	1.25	1.45	0.74	0.37	0.65	1.78	2.13	0.12	0.50	0.66	0.64	剔除后对数正态分布	0.65	0.64
K_2O	2883	1.50	1.82	2.34	2.89	3.40	3.84	4.16	2.87	0.81	2.74	1.93	6.46	0.28	0.28	2.89	3.01	正态分布	2.87	2.35
TC	391	0.72	0.82	1.05	1.30	1.73	2.44	2.71	1.49	0.68	1.36	1.59	5.22	0.31	0.46	1.30	1.30	对数正态分布	1.36	1.28
C_{org}	2576	0.55	0.68	0.93	1.19	1.48	1.77	1.97	1.22	0.42	1.13	1.52	2.36	0.09	0.35	1.19	1.17	剔除后对数正态分布	1.13	1.23
pH	2719	4.43	4.58	4.82	5.08	5.37	5.70	5.92	4.92	4.89	5.11	2.57	6.34	3.96	0.99	5.08	5.06	剔除后对数正态分布	5.11	5.02

四、石灰岩土土壤元素背景值

石灰岩土土壤区采集表层土壤样品29件，无法进行正态分布检验，石灰岩土土壤元素背景值数据统计见表4-22。

石灰岩土土壤表层土壤总体为碱性，土壤pH极大值为8.41，极小值为6.32，背景值为7.72，明显高于金华市背景值。

石灰岩土土壤表层土壤各元素/指标中，大多数元素/指标变异系数小于0.40，分布相对均匀；Corg、Ag、Se、Br、Tl、Hg、I、P、Cd、V、Ni、Mn、As、Au、pH、Mo共16项元素/指标变异系数大于0.40，其中As、Au、pH、Mo变异系数大于0.80，空间变异性较大。

与金华市土壤元素背景值相比，石灰岩土区土壤元素背景值中TC背景值明显低于金华市背景值，为金华市背景值的57%；Rb、Sn、S、Cl、Ba、Zr、Th背景值略低于金华市背景值，为金华市背景值的60%～80%；P、N、Al_2O_3、Ti、Au、Ag、Br背景值略高于金华市背景值，为金华市背景值的1.2～1.4倍；TFe_2O_3、Corg、Sc、MgO、V、Na_2O、Pb、Zn、As、Cr、Hg、Se、Cu、B、Ni、Mo、Sb、I、CaO、Cd背景值明显偏高，为金华市背景值的1.4倍以上，其中Hg、Se、Cu、B、Ni、Mo、Sb、I、CaO、Cd明显相对富集，背景值均为金华市背景值的2.0倍以上，Cd背景值最高，为金华市背景值的5.86倍；其他元素/指标背景值则与金华市背景值基本接近。

五、紫色土土壤元素背景值

紫色土土壤元素背景值数据经正态分布检验，结果表明，原始数据中Ba、Ce、Cl、Ga、Rb、S、Th、Zr、Al_2O_3、Na_2O共10项元素/指标符合正态分布，Au、B、Be、La、N、Sc、Sn、Sr、W、Y、TFe_2O_3、MgO、CaO、K_2O、TC共15项元素/指标符合对数正态分布，Ag、Li、Nb剔除异常值后符合正态分布，As、Bi、Br、Co、Cr、Cu、I、P、Pb、Sb、U、V、Zn、Corg共14项元素/指标剔除异常值后符合对数正态分布，其他元素/指标不符合正态分布或对数正态分布(表4-23)。

紫色土土壤表层土壤总体为酸性，土壤pH极大值为7.06，极小值为3.73，背景值为5.17，接近于金华市背景值。

紫色土土壤表层土壤各元素/指标中，大多数元素/指标变异系数小于0.40，分布相对均匀；Na_2O、I、B、P、Hg、Sr、Mn、CaO、Au、Sn、pH共11项元素/指标变异系数大于0.40，其中Sn、pH变异系数大于0.80，空间变异性较大。

与金华市土壤元素背景值相比，紫色土区土壤元素背景值中Co背景值略低于金华市背景值，为金华市背景值的68%；Sr、Na_2O、Mn、MgO背景值略高于金华市背景值，为金华市背景值的1.2～1.4倍；I、CaO、Au、B背景值明显偏高，为金华市背景值的1.4倍，其中B背景值最高，为金华市背景值的1.96倍；其他元素/指标背景值则与金华市背景值基本接近。

六、水稻土土壤元素背景值

水稻土土壤元素背景值数据经正态分布检验，结果表明，原始数据中Ga、La、Zr、Na_2O、TC符合正态分布，Ag、Au、Be、Ce、Cl、Li、N、S、Sb、Sc、Sn、Th、U、Al_2O_3、TFe_2O_3、MgO共16项元素/指标符合对数正态分布，Rb、Ti、Y剔除异常值后符合正态分布，Ba、Bi、Br、F、I、Nb、Sr、W、Corg剔除异常值后符合对数正态分布，其他元素/指标不符合正态分布或对数正态分布(表4-24)。

水稻土土壤表层土壤总体为酸性，土壤pH极大值为7.03，极小值为3.69，背景值为5.02，与金华市背景值相同。

水稻土土壤表层土壤各元素/指标中，大多数指标变异系数小于0.40，分布相对均匀；As、P、Cl、Cr、

第四章 土壤元素背景值

表 4-22 石灰岩土壤元素背景值参数统计表

元素/指标	N	$X_{5\%}$	$X_{10\%}$	$X_{25\%}$	$X_{50\%}$	$X_{75\%}$	$X_{90\%}$	$X_{95\%}$	$\bar{X}$	S	$\bar{X}_g$	S_g	X_{max}	X_{min}	CV	X_{me}	X_{mo}	石灰岩土背景值	金华市背景值
Ag	3	54.4	58.8	72.0	94.0	112	123	126	91.3	40.07	84.9	9.94	130	50.00	0.44	94.0	94.0	94.0	70.0
As	29	6.67	6.82	7.33	10.77	16.83	38.11	39.77	17.14	14.89	13.06	4.99	65.8	5.69	0.87	10.77	16.83	10.77	5.74
Au	3	0.87	0.88	0.91	0.95	2.35	3.18	3.46	1.85	1.64	1.45	1.96	3.74	0.86	0.89	0.95	0.95	0.95	0.71
B	29	26.93	29.56	35.96	42.74	53.4	62.2	68.2	45.25	14.03	43.32	8.67	84.7	25.08	0.31	42.74	45.20	42.74	16.80
Ba	3	404	408	420	441	454	462	464	436	33.78	435	24.27	467	400	0.08	441	441	441	592
Be	3	1.95	1.96	1.97	1.99	2.10	2.16	2.18	2.05	0.13	2.04	1.43	2.20	1.95	0.07	1.99	1.99	1.99	1.90
Bi	3	0.27	0.27	0.30	0.33	0.42	0.47	0.48	0.36	0.12	0.35	2.04	0.50	0.26	0.34	0.33	0.33	0.33	0.28
Br	3	1.67	1.82	2.29	3.06	3.91	4.42	4.59	3.11	1.63	2.80	1.83	4.76	1.51	0.52	3.06	3.06	3.06	2.20
Cd	29	0.25	0.32	0.69	0.82	1.08	1.54	1.78	0.94	0.65	0.78	1.95	3.57	0.13	0.69	0.82	0.98	0.82	0.14
Ce	3	72.3	72.8	74.1	76.3	76.9	77.2	77.4	75.2	2.94	75.2	9.75	77.5	71.9	0.04	76.3	76.3	76.3	82.8
Cl	3	35.02	36.04	39.09	44.18	44.79	45.16	45.28	41.19	6.26	40.86	7.44	45.40	34.00	0.15	44.18	44.18	44.18	60.2
Co	29	6.66	8.31	9.36	10.32	14.20	19.20	19.43	12.07	4.49	11.30	4.22	22.22	4.38	0.37	10.32	11.45	10.32	10.20
Cr	29	34.52	37.58	45.03	51.7	66.0	91.5	99.0	58.0	20.50	54.9	10.27	107	31.30	0.35	51.7	58.9	51.7	26.40
Cu	29	20.23	23.52	33.08	38.50	46.21	61.4	68.5	41.56	14.77	38.98	8.56	74.4	15.70	0.36	38.50	38.50	38.50	16.00
F	3	442	448	468	501	578	624	640	530	113	523	25.83	655	435	0.21	501	501	501	485
Ga	3	15.16	15.42	16.20	17.50	17.75	17.90	17.95	16.80	1.66	16.74	4.31	18.00	14.90	0.10	17.50	17.50	17.50	16.57
Ge	29	1.29	1.33	1.35	1.47	1.54	1.61	1.65	1.47	0.13	1.46	1.25	1.82	1.25	0.09	1.47	1.46	1.47	1.46
Hg	29	0.05	0.06	0.08	0.12	0.15	0.21	0.32	0.13	0.08	0.11	3.55	0.36	0.04	0.62	0.12	0.13	0.12	0.06
I	3	1.44	1.72	2.57	3.98	4.77	5.24	5.40	3.57	2.23	2.95	2.15	5.56	1.16	0.62	3.98	3.98	3.98	0.86
La	3	43.35	43.55	44.13	45.10	45.60	45.90	46.00	44.79	1.49	44.77	7.38	46.10	43.16	0.03	45.10	45.10	45.10	43.22
Li	3	29.31	29.42	29.75	30.30	35.55	38.70	39.75	33.43	6.40	33.05	6.67	40.80	29.20	0.19	30.30	30.30	30.30	34.82
Mn	29	145	158	208	256	449	593	871	358	264	297	28.37	1293	114	0.74	256	331	256	256
Mo	29	1.33	1.44	1.87	2.13	4.57	12.83	16.04	4.79	5.31	3.19	2.81	21.90	1.03	1.11	2.13	4.57	2.13	0.76
N	29	0.66	0.74	1.08	1.59	1.84	2.12	2.29	1.51	0.55	1.39	1.61	2.63	0.53	0.37	1.59	2.10	1.59	1.28
Nb	3	15.06	15.32	16.10	17.40	18.41	19.01	19.21	17.20	2.31	17.10	4.68	19.41	14.80	0.13	17.40	17.40	17.40	21.24
Ni	29	12.86	13.88	15.20	18.06	22.30	46.72	54.3	24.39	17.65	20.93	6.06	94.0	11.70	0.72	18.06	15.90	18.06	6.70
P	29	0.14	0.22	0.34	0.52	0.74	1.18	1.47	0.60	0.40	0.49	2.12	1.64	0.12	0.66	0.52	0.60	0.52	0.42
Pb	29	28.02	32.80	39.40	55.7	64.8	72.4	81.0	54.5	19.98	51.3	9.71	123	25.70	0.37	55.7	53.8	55.7	30.60

续表 4-22

元素/指标	N	$X_{5\%}$	$X_{10\%}$	$X_{25\%}$	$X_{50\%}$	$X_{75\%}$	$X_{90\%}$	$X_{95\%}$	$\overline{X}$	S	$\overline{X}_g$	S_g	X_{max}	X_{min}	CV	X_{me}	X_{mo}	石灰岩土背景值	金华市背景值
Rb	3	78.1	79.1	82.2	87.3	91.4	93.9	94.7	86.6	9.22	86.3	10.59	95.5	77.1	0.11	87.3	87.3	87.3	140
S	3	119	124	139	165	196	215	222	169	57.4	162	13.31	228	113	0.34	165	165	165	230
Sb	3	1.18	1.24	1.45	1.78	2.07	2.24	2.30	1.75	0.63	1.67	1.46	2.36	1.11	0.36	1.78	1.78	1.78	0.57
Sc	3	7.35	7.78	9.06	11.20	11.95	12.40	12.55	10.27	3.00	9.95	3.17	12.70	6.92	0.29	11.20	11.20	11.20	7.30
Se	29	0.33	0.39	0.42	0.48	0.68	0.93	0.95	0.58	0.26	0.54	1.67	1.51	0.27	0.45	0.48	0.45	0.48	0.20
Sn	3	3.50	3.63	4.03	4.68	5.34	5.74	5.87	4.68	1.32	4.56	2.36	6.00	3.37	0.28	4.68	4.68	4.68	6.90
Sr	3	73.9	74.3	75.3	77.1	91.5	100.0	103	85.5	17.80	84.4	10.47	106	73.5	0.21	77.1	77.1	77.1	68.3
Th	3	10.74	10.87	11.29	11.97	12.34	12.55	12.63	11.76	1.07	11.72	3.75	12.70	10.60	0.09	11.97	11.97	11.97	15.41
Ti	3	4115	4226	4558	5113	5216	5278	5298	4812	707	4775	83.5	5319	4004	0.15	5113	5113	5113	4058
Tl	22	0.55	0.55	0.58	0.69	0.84	1.40	1.49	0.85	0.46	0.77	1.53	2.50	0.52	0.54	0.69	0.84	0.69	0.70
U	3	3.04	3.04	3.05	3.06	3.15	3.20	3.21	3.11	0.10	3.11	1.84	3.23	3.04	0.03	3.06	3.06	3.06	3.24
V	29	56.1	60.0	67.0	80.1	117	225	250	115	81.6	98.2	14.56	430	52.7	0.71	80.1	116	80.1	48.40
W	3	1.58	1.61	1.68	1.79	2.02	2.16	2.20	1.87	0.35	1.85	1.37	2.25	1.56	0.19	1.79	1.79	1.79	1.80
Y	3	21.60	22.00	23.20	25.20	28.41	30.34	30.98	26.01	5.26	25.66	5.72	31.62	21.20	0.20	25.20	25.20	25.20	24.84
Zn	29	62.9	70.1	102	118	158	183	211	132	46.65	124	16.21	260	59.4	0.35	118	140	118	64.4
Zr	3	245	245	246	246	311	350	363	289	75.1	283	20.95	376	245	0.26	246	246	246	325
SiO_2	3	66.0	66.1	66.2	66.4	71.2	74.1	75.1	69.5	5.70	69.3	9.53	76.1	66.0	0.08	66.4	66.4	66.4	71.6
Al_2O_3	3	12.44	12.83	14.02	16.00	16.10	16.16	16.18	14.75	2.35	14.61	3.98	16.20	12.04	0.16	16.00	16.00	16.00	12.84
TFe_2O_3	3	3.69	3.84	4.28	5.02	5.56	5.89	6.00	4.89	1.29	4.77	2.17	6.11	3.54	0.26	5.02	5.02	5.02	3.56
MgO	3	0.79	0.79	0.80	0.83	0.85	0.86	0.87	0.83	0.05	0.83	1.12	0.87	0.78	0.05	0.83	0.83	0.83	0.51
CaO	3	0.67	0.72	0.88	1.13	1.17	1.19	1.19	0.98	0.32	0.94	1.39	1.20	0.62	0.32	1.13	1.13	1.13	0.24
Na_2O	3	0.70	0.74	0.86	1.06	1.10	1.13	1.14	0.96	0.26	0.93	1.29	1.15	0.66	0.27	1.06	1.06	1.06	0.64
K_2O	29	1.24	1.44	1.61	1.89	2.39	2.78	2.97	2.03	0.66	1.93	1.62	4.14	0.84	0.32	1.89	2.01	1.89	2.35
TC	3	0.65	0.66	0.69	0.73	0.93	1.06	1.10	0.84	0.27	0.81	1.37	1.14	0.64	0.32	0.73	0.73	0.73	1.28
Corg	29	0.55	0.69	1.46	1.78	2.39	2.55	2.83	1.80	0.77	1.61	1.82	3.75	0.49	0.43	1.78	1.48	1.78	1.23
pH	29	6.51	6.85	7.24	7.72	8.12	8.21	8.27	7.20	6.95	7.62	3.19	8.41	6.32	0.97	7.72	7.64	7.72	5.02

表4-23 紫色土土壤元素背景值参数统计表

元素/指标	N	$X_{5\%}$	$X_{10\%}$	$X_{25\%}$	$X_{50\%}$	$X_{75\%}$	$X_{90\%}$	$X_{95\%}$	$\overline{X}$	S	$\overline{X}_g$	S_g	X_{max}	X_{min}	CV	X_{me}	X_{mo}	分布类型		紫色土背景值	金华市背景值
Ag	372	46.00	53.0	64.0	77.0	91.0	108	119	78.6	21.09	75.8	12.35	135	30.00	0.27	77.0	70.0	剔除后正态分布	正态分布	78.6	70.0
As	5371	2.85	3.25	4.12	5.37	7.00	8.83	9.93	5.72	2.15	5.33	2.87	12.12	0.17	0.38	5.37	5.53	剔除后对数分布		5.33	5.74
Au	391	0.59	0.70	0.91	1.27	1.82	2.75	3.48	1.59	1.22	1.33	1.79	9.85	0.33	0.77	1.27	1.30	对数正态分布		1.33	0.71
B	5679	14.03	17.60	24.80	34.70	45.30	58.9	66.6	36.62	16.52	32.96	8.13	222	3.00	0.45	34.70	24.10	对数正态分布		32.96	16.80
Ba	391	328	360	424	561	682	834	905	578	195	547	38.80	1400	219	0.34	561	365	正态分布		578	592
Be	391	1.50	1.57	1.70	1.90	2.20	2.48	2.66	1.99	0.47	1.94	1.52	6.11	1.01	0.24	1.90	1.70	对数正态分布		1.94	1.90
Bi	371	0.20	0.21	0.24	0.28	0.33	0.38	0.40	0.29	0.06	0.28	2.17	0.45	0.15	0.21	0.28	0.28	剔除后对数分布		0.28	0.28
Br	361	1.62	1.77	2.02	2.27	2.67	3.25	3.49	2.38	0.56	2.32	1.72	3.92	1.05	0.24	2.27	2.20	剔除后对数分布		2.32	2.20
Cd	5405	0.07	0.09	0.12	0.16	0.20	0.25	0.29	0.17	0.06	0.16	3.08	0.34	0.01	0.37	0.16	0.15	其他分布		0.15	0.14
Ce	391	58.4	61.5	68.1	74.7	81.5	89.4	95.2	75.3	11.44	74.5	12.01	128	45.62	0.15	74.7	74.6	正态分布		75.3	82.8
Cl	391	34.20	38.39	46.25	57.6	70.6	84.2	91.4	59.9	18.76	57.2	10.80	174	27.50	0.31	57.6	59.9	正态分布		59.9	60.2
Co	5280	3.83	4.42	5.46	6.93	8.77	11.06	12.40	7.34	2.58	6.90	3.20	15.22	0.60	0.35	6.93	10.30	剔除后对数分布		6.90	10.20
Cr	5388	17.50	19.87	24.80	31.59	39.80	49.20	55.1	33.12	11.37	31.17	7.61	66.9	3.10	0.34	31.59	26.10	剔除后对数分布		31.17	26.40
Cu	5365	9.70	11.20	13.60	16.80	20.50	24.30	27.00	17.28	5.17	16.50	5.31	32.70	3.30	0.30	16.80	15.20	剔除后对数分布		16.50	16.00
F	362	287	314	370	431	529	619	698	454	121	439	33.82	817	166	0.27	431	428	偏峰分布		428	485
Ga	391	10.81	11.70	13.10	14.77	16.31	17.90	18.70	14.81	2.48	14.60	4.70	23.70	8.20	0.17	14.77	13.80	正态分布		14.81	16.57
Ge	5458	1.26	1.30	1.38	1.48	1.59	1.71	1.78	1.49	0.16	1.48	1.29	1.94	1.05	0.11	1.48	1.46	其他分布		1.46	1.46
Hg	5373	0.03	0.04	0.05	0.07	0.10	0.13	0.15	0.08	0.04	0.07	4.59	0.18	0.003	0.48	0.07	0.05	偏峰分布		0.05	0.06
I	367	0.71	0.81	0.95	1.19	1.69	2.44	2.61	1.39	0.61	1.27	1.54	3.21	0.38	0.44	1.19	0.86	对数分布		1.27	0.86
La	391	31.30	33.76	37.20	41.37	46.32	50.9	54.7	42.16	7.33	41.53	8.59	71.5	22.00	0.17	41.37	42.20	剔除后正态分布		41.53	43.22
Li	370	26.20	27.76	31.89	35.70	39.22	43.01	45.87	35.69	5.73	35.23	7.92	51.0	22.80	0.16	35.70	35.00	剔除后正态分布		35.69	34.82
Mn	5418	135	159	215	309	445	600	687	345	169	306	27.80	850	41.30	0.49	309	346	偏峰分布		346	256
Mo	5319	0.39	0.46	0.58	0.72	0.90	1.09	1.23	0.75	0.24	0.71	1.46	1.46	0.12	0.32	0.72	0.72	偏峰分布		0.72	0.76
N	5686	0.60	0.73	0.95	1.22	1.54	1.89	2.12	1.27	0.47	1.19	1.51	4.92	0.11	0.37	1.22	1.28	对数分布		1.19	1.28
Nb	369	15.04	16.00	17.90	19.58	21.08	22.71	23.56	19.44	2.47	19.28	5.57	25.50	13.40	0.13	19.58	19.40	剔除后正态分布		19.44	21.24
Ni	5359	5.20	6.00	7.48	9.63	12.80	16.40	18.54	10.46	4.03	9.72	3.96	22.80	1.10	0.39	9.63	7.20	其他分布		7.20	6.70
P	5369	0.19	0.25	0.34	0.47	0.65	0.84	0.97	0.51	0.23	0.46	1.90	1.21	0.03	0.45	0.47	0.41	剔除后对数分布		0.46	0.42
Pb	5439	22.10	24.00	26.80	30.00	33.50	37.00	39.00	30.25	5.09	29.81	7.27	44.60	16.30	0.17	30.00	32.40	剔除后对数分布		29.81	30.60

续表 4-23

元素/指标	N	$X_{5\%}$	$X_{10\%}$	$X_{25\%}$	$X_{50\%}$	$X_{75\%}$	$X_{90\%}$	$X_{95\%}$	$\overline{X}$	S	$\overline{X}_g$	S_g	X_{max}	X_{min}	CV	X_{me}	X_{mo}	分布类型	紫色土背景值	金华市背景值
Rb	391	75.9	81.7	93.6	112	129	145	156	113	24.87	110	15.11	209	42.70	0.22	112	97.0	正态分布	113	140
S	391	128	143	176	220	266	319	347	228	73.6	216	22.96	626	40.00	0.32	220	246	正态分布	228	230
Sb	360	0.47	0.50	0.57	0.68	0.80	0.97	1.02	0.70	0.17	0.68	1.40	1.16	0.34	0.25	0.68	0.55	剔除后对数分布	0.68	0.57
Sc	391	5.51	5.93	6.50	7.30	8.40	9.90	10.95	7.75	2.09	7.53	3.25	22.20	4.04	0.27	7.30	7.30	对数正态分布	7.53	7.30
Se	5364	0.13	0.14	0.17	0.20	0.24	0.29	0.32	0.21	0.06	0.20	2.58	0.37	0.06	0.28	0.20	0.17	其他分布	0.17	0.20
Sn	391	2.78	3.17	4.08	5.60	8.45	12.20	15.50	7.25	6.30	5.99	3.26	74.7	1.40	0.87	5.60	5.20	对数正态分布	5.99	6.90
Sr	391	42.84	49.19	61.5	80.5	110	143	184	91.9	44.40	83.3	13.01	313	28.87	0.48	80.5	64.8	对数正态分布	83.3	68.3
Th	391	9.57	10.80	12.05	13.65	15.30	17.50	18.75	13.85	2.74	13.57	4.57	22.50	5.54	0.20	13.65	13.00	正态分布	13.85	15.41
Ti	372	3021	3377	3687	4003	4510	5005	5213	4092	653	4039	122	5956	2416	0.16	4003	3655	偏峰分布	3655	4058
Tl	2785	0.44	0.49	0.56	0.65	0.76	0.87	0.92	0.66	0.15	0.65	1.41	1.08	0.25	0.22	0.65	0.63	其他分布	0.63	0.70
U	382	2.24	2.39	2.61	2.91	3.28	3.66	3.89	2.97	0.50	2.92	1.90	4.22	1.60	0.17	2.91	2.91	剔除后对数分布	2.92	3.24
V	5297	32.80	37.20	44.80	53.4	63.7	75.1	82.8	55.0	14.74	53.0	10.02	98.5	16.40	0.27	53.4	52.3	剔除后对数分布	53.0	48.40
W	391	1.31	1.43	1.60	1.81	2.04	2.31	2.55	1.88	0.54	1.83	1.51	8.20	1.09	0.28	1.81	1.60	对数正态分布	1.83	1.80
Y	391	19.11	20.20	22.20	24.70	27.42	32.24	34.31	25.52	5.42	25.03	6.44	59.9	13.65	0.21	24.70	25.20	对数正态分布	25.03	24.84
Zn	5400	42.80	47.33	54.8	63.6	74.7	86.9	94.8	65.5	15.42	63.7	11.16	109	24.10	0.24	63.6	60.8	剔除后对数分布	63.7	64.4
Zr	391	243	259	295	334	362	393	416	331	55.0	326	28.88	519	190	0.17	334	336	正态分布	331	325
SiO₂	386	68.5	70.2	72.5	76.3	78.8	80.8	82.0	75.7	4.25	75.5	12.19	85.9	63.1	0.06	76.3	73.4	偏峰分布	73.4	71.6
Al₂O₃	391	9.38	9.79	10.54	11.81	12.95	14.11	14.98	11.87	1.73	11.74	4.13	17.40	7.91	0.15	11.81	12.30	正态分布	11.87	12.84
TFe₂O₃	391	2.49	2.61	2.99	3.50	4.17	4.82	5.84	3.74	1.20	3.59	2.17	10.40	1.88	0.32	3.50	2.80	对数正态分布	3.59	3.56
MgO	391	0.42	0.45	0.54	0.68	0.90	1.15	1.31	0.75	0.30	0.70	1.55	2.34	0.27	0.40	0.68	0.66	对数正态分布	0.70	0.51
CaO	391	0.18	0.22	0.28	0.39	0.56	0.79	1.03	0.47	0.30	0.40	2.16	3.06	0.08	0.64	0.39	0.26	对数正态分布	0.40	0.24
Na₂O	391	0.30	0.38	0.60	0.83	1.06	1.35	1.46	0.84	0.36	0.76	1.68	2.66	0.12	0.43	0.83	0.84	正态分布	0.84	0.64
K₂O	5679	1.35	1.55	1.92	2.40	2.89	3.35	3.62	2.43	0.70	2.32	1.76	5.72	0.13	0.29	2.40	2.82	对数正态分布	2.32	2.35
TC	391	0.77	0.83	1.00	1.18	1.38	1.60	1.71	1.21	0.33	1.17	1.33	3.14	0.44	0.27	1.18	1.27	对数正态分布	1.17	1.28
Corg	5045	0.51	0.63	0.86	1.12	1.39	1.66	1.84	1.14	0.40	1.06	1.51	2.24	0.12	0.35	1.12	1.15	剔除后对数分布	1.06	1.23
pH	5330	4.42	4.60	4.90	5.23	5.65	6.18	6.55	4.97	4.80	5.31	2.63	7.06	3.73	0.97	5.23	5.17	其他分布	5.17	5.02

第四章 土壤元素背景值

表4-24 水稻土土壤元素背景值参数统计表

元素/指标	N	$X_{5\%}$	$X_{10\%}$	$X_{25\%}$	$X_{50\%}$	$X_{75\%}$	$X_{90\%}$	$X_{95\%}$	$\bar{X}$	S	$\bar{X}_g$	S_g	X_{max}	X_{min}	CV	X_{me}	X_{mo}	分布类型	水稻土背景值	金华市背景值
Ag	598	50.00	56.0	68.0	81.0	103	131	148	89.3	32.78	84.3	13.29	271	39.00	0.37	81.0	80.0	对数正态分布	84.3	70.0
As	10 444	2.96	3.60	4.81	6.50	8.65	11.00	12.29	6.91	2.80	6.33	3.21	14.92	0.10	0.41	6.50	5.92	其他分布	5.92	5.74
Au	598	0.67	0.83	1.14	1.62	2.65	4.01	5.27	2.15	1.66	1.74	2.01	14.24	0.34	0.77	1.62	1.35	对数正态分布	1.74	0.71
B	10 694	12.70	15.80	22.61	33.28	49.67	64.4	70.7	36.87	18.10	32.29	8.24	90.0	1.92	0.49	33.28	23.70	其他后对数正态分布	23.70	16.80
Ba	586	301	335	392	526	679	816	924	552	193	519	38.47	1119	204	0.35	526	479	剔除后对数正态分布	519	592
Be	598	1.50	1.64	1.80	2.00	2.29	2.57	2.81	2.07	0.39	2.04	1.56	4.40	1.25	0.19	2.00	2.00	剔除后对数正态分布	2.04	1.90
Bi	567	0.20	0.22	0.25	0.29	0.34	0.39	0.42	0.30	0.07	0.29	2.12	0.48	0.15	0.22	0.29	0.28	剔除后对数正态分布	0.29	0.28
Br	549	1.70	1.88	2.07	2.32	2.65	3.17	3.44	2.40	0.50	2.35	1.71	3.80	1.20	0.21	2.32	2.18	对数正态分布	2.35	2.20
Cd	10 251	0.08	0.10	0.14	0.18	0.23	0.29	0.32	0.19	0.07	0.17	2.90	0.39	0.02	0.38	0.18	0.18	其他分布	0.18	0.14
Ce	598	61.4	65.6	71.6	77.7	85.6	93.7	101	79.3	12.01	78.4	12.50	131	41.30	0.15	77.7	78.4	对数正态分布	78.4	82.8
Cl	598	39.56	44.28	50.9	60.2	71.6	85.4	97.9	65.0	27.80	61.7	11.03	464	28.00	0.43	60.2	60.9	对数正态分布	61.7	60.2
Co	10 145	3.72	4.34	5.48	7.17	9.37	12.00	13.80	7.69	2.97	7.14	3.33	16.41	1.30	0.39	7.17	11.00	其他分布	11.00	10.20
Cr	10 550	15.75	18.80	24.90	34.90	48.19	60.1	66.6	37.39	15.90	33.95	8.22	84.9	0.48	0.43	34.90	28.80	其他分布	28.80	26.40
Cu	10 257	9.77	11.30	14.10	17.50	21.60	25.60	28.30	18.05	5.57	17.16	5.48	34.50	3.30	0.31	17.50	15.20	偏峰分布	15.20	16.00
F	566	313	340	389	443	523	620	669	463	106	451	34.07	774	240	0.23	443	440	剔除后对数正态分布	451	485
Ga	598	11.60	12.38	13.58	15.00	16.50	18.04	19.28	15.15	2.29	14.98	4.82	24.50	9.70	0.15	15.00	15.10	正态分布	15.15	16.57
Ge	10 344	1.27	1.31	1.39	1.47	1.57	1.68	1.74	1.48	0.14	1.48	1.28	1.87	1.11	0.10	1.47	1.46	其他分布	1.46	1.46
Hg	10 147	0.04	0.04	0.06	0.09	0.12	0.17	0.19	0.10	0.05	0.09	4.03	0.24	0.004	0.48	0.09	0.12	偏峰分布	0.12	0.06
I	552	0.72	0.79	0.96	1.18	1.54	2.04	2.38	1.31	0.50	1.22	1.46	2.85	0.33	0.38	1.18	1.06	其他分布	1.22	0.86
La	598	32.60	34.99	38.54	42.00	45.84	49.20	53.4	42.28	6.21	41.83	8.70	78.2	25.40	0.15	42.00	39.40	剔除后对数正态分布	42.28	43.22
Li	598	26.30	29.05	32.20	36.12	41.50	49.20	54.8	37.84	8.65	36.95	8.02	78.2	20.00	0.23	36.12	36.10	正态分布	36.95	34.82
Mn	10 279	140	163	215	314	456	612	704	353	173	312	28.13	876	46.34	0.49	314	164	对数正态分布	164	256
Mo	10 140	0.53	0.60	0.71	0.88	1.09	1.33	1.47	0.92	0.28	0.88	1.38	1.76	0.11	0.31	0.88	0.80	其他分布	0.80	0.76
N	10 746	0.62	0.74	0.97	1.27	1.59	1.92	2.13	1.31	0.47	1.22	1.52	4.05	0.07	0.36	1.27	1.28	对数正态分布	1.22	1.28
Nb	566	17.66	18.30	19.50	20.80	22.80	24.70	25.70	21.18	2.48	21.03	5.84	28.10	14.80	0.12	20.80	20.20	剔除后对数正态分布	21.03	21.24
Ni	10 416	4.95	5.90	7.89	11.00	15.04	18.96	21.60	11.82	5.07	10.74	4.33	26.72	1.10	0.43	11.00	7.00	其他分布	7.00	6.70
P	10 099	0.26	0.31	0.40	0.52	0.70	0.92	1.04	0.57	0.24	0.52	1.75	1.27	0.06	0.42	0.52	0.42	其他分布	0.42	0.42
Pb	10 146	24.30	26.10	29.30	32.80	36.94	41.70	44.80	33.35	6.01	32.81	7.70	50.3	16.90	0.18	32.80	30.60	偏峰分布	30.60	30.60

续表 4-24

元素/指标	N	$X_{5\%}$	$X_{10\%}$	$X_{25\%}$	$X_{50\%}$	$X_{75\%}$	$X_{90\%}$	$X_{95\%}$	$\overline{X}$	S	$\overline{X}_g$	S_g	X_{max}	X_{min}	CV	X_{me}	X_{mo}	分布类型	水稻土背景值	金华市背景值
Rb	593	77.4	82.6	94.4	113	133	153	165	115	26.57	112	15.56	189	58.0	0.23	113	112	剔除后正态分布	115	140
S	598	139	157	197	245	306	362	395	256	86.4	243	24.54	831	70.2	0.34	245	226	对数正态分布	243	230
Sb	598	0.45	0.50	0.61	0.78	0.96	1.16	1.30	0.82	0.32	0.77	1.47	4.06	0.14	0.39	0.78	0.72	对数正态分布	0.77	0.57
Sc	598	5.77	6.10	6.88	7.70	8.90	10.33	11.26	8.05	1.84	7.86	3.37	21.52	4.22	0.23	7.70	7.50	对数正态分布	7.86	7.30
Se	10 336	0.14	0.16	0.19	0.23	0.28	0.33	0.37	0.24	0.07	0.23	2.40	0.44	0.04	0.29	0.23	0.20	其他分布	0.20	0.20
Sn	598	3.03	3.58	4.74	6.88	9.99	12.30	14.50	7.68	3.90	6.82	3.37	29.86	0.60	0.51	6.88	6.90	剔除后对数正态分布	5.82	6.90
Sr	566	41.73	47.07	56.9	70.0	91.1	109	125	75.0	25.24	70.9	11.99	154	18.90	0.34	70.0	59.1	剔除后正态分布	70.9	68.3
Th	598	10.89	11.63	13.04	14.70	16.60	18.32	19.70	14.95	2.97	14.67	4.79	35.00	5.70	0.20	14.70	14.30	剔除后正态分布	14.67	15.41
Ti	570	3157	3395	3771	4183	4682	5194	5420	4240	698	4182	123	6185	2337	0.16	4183	3752	偏峰分布	4240	4058
Tl	4931	0.44	0.49	0.57	0.67	0.80	0.92	0.99	0.69	0.17	0.67	1.41	1.14	0.23	0.24	0.67	0.59	其他分布	0.59	0.70
U	598	2.42	2.60	2.88	3.23	3.55	3.93	4.12	3.25	0.61	3.20	2.00	7.93	1.68	0.19	3.23	3.23	对数正态分布	3.20	3.24
V	10 237	32.26	36.40	44.30	54.7	67.9	81.5	89.7	57.0	17.46	54.3	10.27	109	9.00	0.31	54.7	47.00	偏峰分布	47.00	48.40
W	575	1.42	1.54	1.70	1.90	2.14	2.47	2.61	1.94	0.36	1.91	1.51	2.94	0.96	0.18	1.90	1.80	剔除后对数正态分布	1.91	1.80
Y	566	19.75	21.29	23.19	25.50	28.20	30.95	32.63	25.75	3.83	25.46	6.45	36.32	15.40	0.15	25.50	25.80	剔除后正态分布	25.75	24.84
Zn	10 355	46.87	51.0	58.7	69.2	82.2	96.4	105	71.4	17.31	69.4	11.76	121	25.00	0.24	69.2	65.4	偏峰分布	65.4	64.4
Zr	598	259	279	312	338	366	391	414	339	48.17	335	28.81	587	165	0.14	338	356	正态分布	339	325
SiO$_2$	586	68.8	70.3	73.5	76.7	78.7	80.6	81.9	76.0	3.88	75.9	12.16	84.7	65.5	0.05	76.7	76.4	偏峰分布	76.4	71.6
Al$_2$O$_3$	598	9.53	9.93	10.68	11.57	12.79	14.27	14.94	11.85	1.67	11.74	4.19	18.20	7.82	0.14	11.57	12.01	对数正态分布	11.74	12.84
TFe$_2$O$_3$	598	2.43	2.62	2.99	3.51	4.26	5.09	5.70	3.75	1.14	3.61	2.20	14.12	1.39	0.30	3.51	2.96	对数正态分布	3.61	3.56
MgO	598	0.38	0.42	0.49	0.61	0.78	1.07	1.24	0.68	0.27	0.63	1.56	1.86	0.22	0.40	0.61	0.56	对数正态分布	0.63	0.51
CaO	546	0.18	0.21	0.29	0.37	0.48	0.59	0.70	0.39	0.15	0.36	2.06	0.87	0.08	0.39	0.37	0.42	偏峰分布	0.42	0.24
Na$_2$O	598	0.22	0.34	0.55	0.77	1.00	1.24	1.36	0.78	0.34	0.69	1.79	2.02	0.08	0.44	0.77	0.87	正态分布	0.78	0.64
K$_2$O	10 704	1.19	1.37	1.84	2.44	3.00	3.38	3.62	2.42	0.76	2.29	1.80	4.76	0.13	0.31	2.44	2.35	其他分布	2.35	2.35
TC	598	0.75	0.85	1.02	1.24	1.46	1.68	1.86	1.26	0.34	1.21	1.36	2.74	0.38	0.27	1.24	1.27	正态分布	1.26	1.28
Corg	9811	0.54	0.68	0.91	1.19	1.47	1.77	1.95	1.20	0.42	1.12	1.51	2.35	0.06	0.35	1.19	1.31	剔除后对数正态分布	1.12	1.23
pH	10 046	4.46	4.62	4.88	5.20	5.62	6.15	6.52	4.97	4.83	5.29	2.63	7.03	3.69	0.97	5.20	5.02	其他分布	5.02	5.02

Ni、Na₂O、Hg、B、Mn、Sn、Au、pH 共 12 项元素/指标变异系数大于 0.40,其中 pH 变异系数大于 0.80,空间变异性较大。

与金华市土壤元素背景值相比,水稻土区土壤元素背景值中 Mn 背景值略低于金华市背景值,为金华市背景值的 64%;Ag、Na₂O、MgO、Cd、Sb 背景值略高于金华市背景值,为金华市背景值的 1.2～1.4 倍;B、I、CaO、Hg、Au 背景值明显偏高,为金华市背景值的 1.4 倍以上,其中 Au 背景值最高,为金华市背景值的 2.45 倍;其他元素/指标背景值则与金华市背景值基本接近。

七、基性岩土土壤元素背景值

基性岩土土壤元素背景值基性岩土区采集表层土壤样品 21 件,无法进行正态分布检验,具体数据统计见表 4-25。

基性岩土土壤表层土壤总体为酸性,土壤 pH 极大值为 6.25,极小值为 4.79,背景值为 5.50,接近于金华市背景值。

基性岩土土壤表层土壤各元素/指标中,多数元素/指标变异系数小于 0.40,分布相对均匀;Be、V、As、Mn、Sr、U、MgO、I、Sn、W、Co、B、CaO、Cr、Hg、Ag、Ni、F、pH、Au 共 20 项元素/指标变异系数大于 0.40,其中 Ag、Ni、F、pH、Au 变异系数大于 0.80,空间变异性较大。

与金华市土壤元素背景值相比,基性岩土区土壤元素背景值中 As 背景值明显低于金华市背景值,为金华市背景值的 52%;Sn、Sb、Rb 背景值略低于金华市背景值,为金华市背景值含量的 60%～80%;Be、I、Cu、Au、B、Zn、Y 背景值略高于金华市背景值,为金华市背景值的 1.2～1.4 倍;Ti、Cd、Sc、P、Co、Sr、Cr、TFe₂O₃、V、Mn、CaO、MgO、Ni 背景值明显偏高,为金华市背景值的 1.4 倍以上,其中 V、Mn、CaO、MgO、Ni 明显相对富集,背景值均为金华市背景值的 2.0 倍以上,Ni 背景值最高,为金华市背景值的 2.78 倍;其他元素/指标背景值则与金华市背景值基本接近。

第四节 主要土地利用类型元素背景值

一、水田土壤元素背景值

水田土壤元素背景值数据经正态分布检验,结果表明,原始数据中 Ce、Ga、La、Rb、S、Th、U、Zr、Na₂O 符合正态分布,Ag、Au、Be、Bi、Cl、I、Li、N、Sb、Sc、Sn、Sr、Ti、Y、Al₂O₃、TFe₂O₃、MgO、CaO、TC 共 19 项元素/指标符合对数正态分布,Nb、W 剔除异常值后符合正态分布,Cu、Corg 剔除异常值后符合对数正态分布,其他元素/指标不符合正态分布或对数正态分布(表 4-26)。

水田区表层土壤总体为酸性,土壤 pH 极大值为 6.74,极小值为 3.80,背景值为 5.20,接近于金华市背景值。

水田区表层土壤各元素/指标中,大多数元素/指标变异系数小于 0.40,分布相对均匀;P、MgO、As、Cr、Sb、Ni、Hg、Na₂O、Bi、Mn、Sr、B、Sn、Au、I、CaO、pH 共 17 项元素/指标变异系数大于 0.40,其中 pH 变异系数大于 0.80,空间变异性较大。

与金华市土壤元素背景值相比,水田区土壤元素背景值中绝大多数元素/指标背景值与金华市背景值基本接近;Ba 背景值明显低于金华市背景值,为金华市背景值的 57%;F 背景值略低于金华市背景值,为金华市背景值的 79.8%;Sb、B、K₂O 背景值略高于金华市背景值,为金华市背景值的 1.2～1.4 倍;CaO、I、Hg、Au 背景值明显偏高,为金华市背景值的 1.4 倍以上,其中 Au 背景值最高,为金华市背景值的 2.21 倍。

表 4-25 基性岩土土壤元素背景值参数统计表

元素/指标	N	$X_{5\%}$	$X_{10\%}$	$X_{25\%}$	$X_{50\%}$	$X_{75\%}$	$X_{90\%}$	$X_{95\%}$	$\overline{X}$	S	$\overline{X}_g$	S_g	X_{max}	X_{min}	CV	X_{me}	X_{mo}	基性岩土背景值	金华市背景值
Ag	21	53.0	60.0	60.0	71.0	93.0	200	330	103	84.1	85.3	14.34	341	46.00	0.82	71.0	60.0	71.0	70.0
As	21	2.25	2.42	2.61	3.00	3.79	4.19	6.26	3.51	1.48	3.31	2.11	8.66	2.22	0.42	3.00	3.00	3.00	5.74
Au	21	0.61	0.64	0.69	0.91	1.45	2.62	3.03	1.51	1.66	1.14	1.94	8.14	0.49	1.10	0.91	0.82	0.91	0.71
B	21	13.45	15.18	17.28	22.35	24.94	25.19	27.20	23.69	15.04	21.48	5.97	86.4	12.16	0.63	22.35	24.10	22.35	16.80
Ba	21	361	398	462	496	580	798	816	548	156	529	35.81	932	339	0.29	496	578	496	592
Be	21	1.59	1.70	1.99	2.34	2.63	3.11	3.18	2.49	1.02	2.35	1.83	6.45	1.37	0.41	2.34	2.43	2.34	1.90
Bi	21	0.16	0.17	0.18	0.23	0.25	0.30	0.38	0.24	0.08	0.23	2.43	0.47	0.14	0.32	0.23	0.23	0.23	0.28
Br	21	1.72	1.85	1.88	2.07	2.28	3.07	4.83	2.39	0.91	2.27	1.72	5.02	1.66	0.38	2.07	1.88	2.07	2.20
Cd	21	0.17	0.17	0.19	0.20	0.22	0.23	0.31	0.21	0.05	0.21	2.48	0.41	0.16	0.25	0.20	0.17	0.20	0.14
Ce	21	69.8	71.0	72.3	76.6	85.2	91.0	93.4	80.4	14.55	79.4	12.39	133	61.2	0.18	76.6	79.7	76.6	82.8
Cl	21	43.10	44.70	47.50	52.8	57.9	64.7	66.4	53.8	8.54	53.2	9.68	75.3	41.60	0.16	52.8	47.50	52.8	60.2
Co	21	5.62	6.48	9.28	15.41	20.91	30.91	34.78	16.62	9.89	14.02	5.05	40.80	4.07	0.60	15.41	16.32	15.41	10.20
Cr	21	20.00	21.01	31.93	40.60	79.5	114	134	57.3	38.95	47.03	9.82	153	19.28	0.68	40.60	58.0	40.60	26.40
Cu	21	12.25	12.50	15.60	20.30	26.50	30.30	35.50	21.05	7.51	19.79	5.68	35.90	9.20	0.36	20.30	20.71	20.30	16.00
F	21	349	365	457	500	625	716	892	671	670	557	38.52	3526	243	1.00	500	625	500	485
Ga	21	16.00	16.00	16.83	17.54	18.90	20.40	21.60	18.24	2.82	18.06	5.24	28.15	14.08	0.15	17.54	16.00	17.54	16.57
Ge	21	1.20	1.28	1.37	1.45	1.64	1.79	1.82	1.50	0.21	1.48	1.30	1.89	1.15	0.14	1.45	1.52	1.45	1.46
Hg	21	0.04	0.04	0.05	0.07	0.08	0.10	0.11	0.08	0.05	0.07	4.94	0.29	0.04	0.69	0.07	0.07	0.07	0.06
I	21	0.72	0.79	0.94	1.08	1.32	1.55	2.14	1.25	0.64	1.15	1.47	3.61	0.56	0.51	1.08	1.32	1.08	0.86
La	21	36.50	39.00	39.80	43.20	49.60	50.1	51.0	45.03	7.65	44.50	8.87	71.2	35.60	0.17	43.20	45.10	43.20	43.22
Li	21	28.43	29.70	32.65	33.82	37.60	42.35	43.24	35.18	5.02	34.84	7.61	45.00	26.40	0.14	33.82	31.08	33.82	34.82
Mn	21	283	321	389	529	701	862	1035	594	267	545	35.91	1379	281	0.45	529	591	529	256
Mo	21	0.59	0.61	0.71	0.73	0.87	1.04	1.33	0.81	0.21	0.79	1.31	1.34	0.58	0.26	0.73	0.72	0.73	0.76
N	21	1.10	1.13	1.21	1.33	1.55	1.63	1.77	1.38	0.23	1.36	1.26	1.90	1.09	0.17	1.33	1.55	1.33	1.28
Nb	21	11.40	17.30	20.70	24.50	27.10	28.20	35.90	24.00	6.56	23.04	6.48	38.60	10.90	0.27	24.50	27.10	24.50	21.24
Ni	21	8.38	8.50	11.00	18.62	53.5	64.2	76.5	30.92	25.67	21.91	7.40	88.4	4.40	0.83	18.62	29.03	18.62	6.70
P	21	0.39	0.49	0.52	0.63	0.73	0.85	0.98	0.65	0.17	0.63	1.46	0.99	0.38	0.26	0.63	0.65	0.63	0.42
Pb	21	23.10	23.20	26.22	28.72	33.81	39.40	47.55	30.93	8.69	29.95	7.14	56.7	18.70	0.28	28.72	26.53	28.72	30.60

续表 4-25

元素/指标	N	$X_{5\%}$	$X_{10\%}$	$X_{25\%}$	$X_{50\%}$	$X_{75\%}$	$X_{90\%}$	$X_{95\%}$	$\bar{X}$	S	$\bar{X}_g$	S_g	X_{max}	X_{min}	CV	X_{me}	X_{mo}	基性岩土背景值	金华市背景值
Rb	21	80.7	82.0	93.1	108	140	148	164	116	29.49	112	15.13	187	79.7	0.25	108	116	108	140
S	21	220	222	241	272	310	346	350	277	52.8	272	24.22	383	156	0.19	272	274	272	230
Sb	21	0.35	0.37	0.40	0.42	0.51	0.57	0.65	0.47	0.14	0.45	1.70	0.99	0.35	0.30	0.42	0.40	0.42	0.57
Sc	21	6.80	7.30	8.26	10.76	13.46	15.50	16.00	11.01	3.17	10.56	3.89	16.52	6.20	0.29	10.76	13.46	10.76	7.30
Se	21	0.16	0.16	0.17	0.18	0.20	0.23	0.27	0.20	0.05	0.19	2.70	0.38	0.16	0.25	0.18	0.18	0.18	0.20
Sn	21	3.00	3.30	4.10	5.00	5.80	7.40	7.80	5.50	2.95	5.01	2.77	16.79	2.11	0.54	5.00	5.00	5.00	6.90
Sr	21	43.20	46.92	64.1	104	133	163	175	102	46.74	91.3	13.55	179	33.00	0.46	104	104	104	68.3
Th	21	7.14	8.10	9.40	13.00	14.50	19.90	21.20	12.95	4.50	12.24	4.46	21.50	6.90	0.35	13.00	13.00	13.00	15.41
Ti	21	3300	3528	4870	5797	7128	10325	10919	6413	2472	6001	148	12438	3248	0.39	5797	6932	5797	4058
Tl	21	0.47	0.51	0.58	0.64	0.78	0.97	1.05	0.70	0.18	0.68	1.38	1.05	0.46	0.25	0.64	0.58	0.64	0.70
U	21	1.80	1.80	2.10	2.60	3.39	3.70	4.40	2.97	1.36	2.77	2.03	7.91	1.70	0.46	2.60	2.60	2.60	3.24
V	21	39.58	45.00	67.7	100.0	128	153	164	101	41.59	91.1	13.29	173	28.00	0.41	100.0	100.0	100.0	48.40
W	21	1.07	1.20	1.34	1.56	1.71	2.35	2.84	1.82	1.03	1.67	1.64	5.88	1.07	0.56	1.56	1.07	1.56	1.80
Y	21	24.03	25.11	28.80	33.88	36.05	39.12	39.40	33.29	6.98	32.65	7.50	54.6	23.70	0.21	33.88	33.88	33.88	24.84
Zn	21	65.5	69.7	76.7	85.8	96.3	113	128	89.3	18.14	87.7	12.79	131	64.5	0.20	85.8	88.9	85.8	64.4
Zr	21	208	210	261	278	306	332	338	280	48.00	276	25.66	378	190	0.17	278	278	278	325
SiO_2	21	61.5	61.9	64.7	69.5	73.0	74.5	74.6	68.8	5.22	68.6	11.25	76.8	60.2	0.08	69.5	69.5	69.5	71.6
Al_2O_3	21	11.71	11.71	12.64	13.18	14.74	17.03	17.48	13.70	1.84	13.59	4.37	17.55	11.70	0.13	13.18	12.64	13.18	12.84
TFe_2O_3	21	2.93	3.50	4.06	5.68	6.95	8.38	9.06	5.65	1.97	5.33	2.72	9.93	2.83	0.35	5.68	5.68	5.68	3.56
MgO	21	0.62	0.71	0.92	1.11	1.76	2.19	2.27	1.29	0.59	1.17	1.59	2.46	0.43	0.46	1.11	1.22	1.11	0.51
CaO	21	0.22	0.31	0.32	0.52	0.93	1.26	1.40	0.69	0.46	0.57	2.07	1.93	0.16	0.66	0.52	0.72	0.52	0.24
Na_2O	21	0.28	0.37	0.54	0.67	0.87	0.99	1.03	0.67	0.26	0.61	1.71	1.05	0.16	0.38	0.67	0.67	0.67	0.64
K_2O	21	1.98	2.11	2.43	2.58	2.92	3.20	3.25	2.64	0.40	2.61	1.76	3.29	1.96	0.15	2.58	2.63	2.58	2.35
TC	21	1.19	1.20	1.35	1.49	1.57	1.64	1.66	1.46	0.18	1.45	1.26	1.92	1.19	0.12	1.49	1.43	1.49	1.28
Corg	21	1.11	1.12	1.20	1.30	1.44	1.47	1.53	1.33	0.18	1.32	1.21	1.81	1.07	0.13	1.30	1.25	1.30	1.23
pH	21	4.84	4.89	5.23	5.50	5.87	6.00	6.00	5.30	5.32	5.49	2.64	6.25	4.79	1.00	5.50	5.25	5.50	5.02

表 4-26 水田土壤元素背景值参数统计表

元素/指标	N	$X_{5\%}$	$X_{10\%}$	$X_{25\%}$	$X_{50\%}$	$X_{75\%}$	$X_{90\%}$	$X_{95\%}$	$\overline{X}$	S	$\overline{X}_g$	S_g	X_{max}	X_{min}	CV	X_{me}	X_{mo}	分布类型	水田背景值	金华市背景值
Ag	311	49.50	55.0	68.0	82.0	104	124	137	88.5	33.65	83.6	13.14	330	40.00	0.38	82.0	70.0	对数正态分布	83.6	70.0
As	11 702	2.58	3.15	4.26	5.84	7.86	9.99	11.24	6.23	2.61	5.68	3.07	13.83	0.80	0.42	5.84	5.42	其他分布	5.42	5.74
Au	311	0.64	0.72	1.06	1.49	2.48	3.42	3.95	1.86	1.11	1.57	1.88	6.07	0.40	0.60	1.49	1.14	对数正态分布	1.57	0.71
B	11 937	11.90	14.90	21.00	30.90	43.90	59.0	66.7	33.88	16.55	29.81	7.94	79.7	2.73	0.49	30.90	22.10	其他分布	22.10	16.80
Ba	304	296	335	408	524	674	830	888	550	184	520	38.11	1077	188	0.33	524	335	偏峰分布	335	592
Be	311	1.50	1.58	1.71	1.95	2.23	2.66	2.90	2.05	0.52	2.00	1.56	5.48	0.84	0.25	1.95	1.70	对数正态分布	2.00	1.90
Bi	311	0.20	0.22	0.25	0.29	0.34	0.42	0.49	0.31	0.15	0.30	2.15	2.34	0.15	0.48	0.29	0.28	其他分布	0.30	0.28
Br	291	1.68	1.88	2.09	2.37	2.85	3.43	3.79	2.51	0.65	2.43	1.77	4.43	0.99	0.26	2.37	2.29	其他分布	2.29	2.20
Cd	11 454	0.09	0.11	0.14	0.17	0.22	0.27	0.30	0.18	0.06	0.17	2.87	0.36	0.02	0.34	0.17	0.14	其他分布	0.14	0.14
Ce	311	61.0	64.9	70.5	77.5	87.0	95.0	98.8	79.1	12.68	78.1	12.41	127	39.00	0.16	77.5	77.9	正态分布	79.1	82.8
Cl	311	40.00	43.10	51.7	61.9	71.8	89.0	100.0	65.5	23.36	62.3	11.22	199	27.50	0.36	61.9	69.3	对数正态分布	62.3	60.2
Co	11 298	3.55	4.16	5.28	6.93	9.10	11.70	13.49	7.46	2.93	6.91	3.28	16.27	1.57	0.39	6.93	10.20	偏峰分布	10.20	10.20
Cr	11 656	15.70	18.30	24.20	32.70	44.80	56.8	63.9	35.40	14.77	32.38	7.99	79.7	5.20	0.42	32.70	26.40	其他分布	26.40	26.40
Cu	11 380	9.90	11.40	14.00	17.40	21.30	25.60	28.74	18.00	5.57	17.14	5.46	34.57	3.30	0.31	17.40	15.20	剔除后对数分布	17.14	16.00
F	286	308	333	372	428	490	596	645	444	102	433	33.28	749	190	0.23	428	387	偏峰分布	387	485
Ga	311	11.23	12.10	13.10	15.00	16.83	18.90	20.37	15.17	2.83	14.92	4.79	27.90	8.70	0.19	15.00	15.10	正态分布	15.17	16.57
Ge	11 688	1.24	1.29	1.37	1.46	1.57	1.68	1.74	1.47	0.15	1.46	1.28	1.89	1.06	0.10	1.46	1.46	其他分布	1.46	1.46
Hg	11 419	0.04	0.05	0.06	0.09	0.12	0.16	0.18	0.09	0.04	0.09	4.02	0.23	0.01	0.45	0.09	0.12	其他分布	0.12	0.06
I	311	0.67	0.77	0.95	1.21	1.90	3.01	3.87	1.63	1.15	1.38	1.76	9.07	0.50	0.70	1.21	1.06	对数正态分布	1.38	0.86
La	311	32.78	34.40	37.70	41.92	46.22	50.3	53.9	42.26	6.65	41.75	8.65	68.1	22.90	0.16	41.92	43.20	正态分布	42.26	43.22
Li	311	26.25	28.30	32.05	35.10	40.30	45.57	50.5	36.70	8.38	35.87	7.91	86.8	15.40	0.23	35.10	32.20	对数正态分布	35.87	34.82
Mn	11 523	137	160	209	296	423	571	659	332	159	297	27.20	805	65.5	0.48	296	238	其他分布	238	256
Mo	11 434	0.47	0.54	0.66	0.82	1.04	1.28	1.43	0.87	0.29	0.82	1.42	1.72	0.10	0.33	0.82	0.78	对数正态分布	0.78	0.76
N	12 122	0.73	0.85	1.08	1.35	1.66	1.99	2.19	1.39	0.45	1.32	1.49	4.92	0.11	0.32	1.35	1.36	其他分布	1.32	1.28
Nb	292	16.00	17.37	19.28	20.80	22.80	24.59	25.84	20.92	2.79	20.73	5.79	28.30	13.80	0.13	20.80	20.20	对数正态分布	20.92	21.24
Ni	11 536	5.00	5.86	7.55	10.40	14.30	18.40	21.10	11.35	4.90	10.34	4.23	26.44	1.10	0.43	10.40	7.10	偏峰分布	7.10	6.70
P	11 386	0.28	0.32	0.40	0.53	0.72	0.95	1.08	0.58	0.24	0.54	1.72	1.31	0.05	0.41	0.53	0.48	其他分布	0.48	0.42
Pb	11 402	24.50	26.20	29.20	32.70	36.70	41.20	44.10	33.23	5.81	32.72	7.65	49.90	17.20	0.17	32.70	32.70	偏峰分布	32.70	30.60

第四章 土壤元素背景值

续表 4-26

元素/指标	N	$X_{5\%}$	$X_{10\%}$	$X_{25\%}$	$X_{50\%}$	$X_{75\%}$	$X_{90\%}$	$X_{95\%}$	$\bar{X}$	S	$\bar{X}_g$	S_g	X_{max}	X_{min}	CV	X_{me}	X_{mo}	分布类型	水田背景值	金华市背景值
Rb	311	75.7	80.3	91.9	112	134	159	170	116	31.04	112	15.41	263	48.90	0.27	112	129	正态分布	116	140
S	311	139	162	201	248	298	348	385	254	80.8	242	24.45	831	68.2	0.32	248	241	正态分布	254	230
Sb	311	0.43	0.48	0.57	0.70	0.86	1.08	1.23	0.77	0.32	0.72	1.50	3.15	0.33	0.42	0.70	0.72	对数正态分布	0.72	0.57
Sc	311	5.50	5.86	6.50	7.60	8.70	10.90	12.40	8.03	2.20	7.77	3.36	17.90	4.35	0.27	7.60	7.70	对数正态分布	7.77	7.30
Se	11 770	0.14	0.16	0.18	0.22	0.27	0.33	0.36	0.23	0.07	0.22	2.44	0.43	0.05	0.29	0.22	0.20	其他分布	0.20	0.20
Sn	311	2.92	3.36	4.44	6.30	9.32	12.00	14.90	7.40	4.19	6.48	3.29	31.40	2.11	0.57	6.30	8.90	对数正态分布	6.48	6.90
Sr	311	39.30	44.47	56.3	69.8	90.9	118	167	79.2	37.82	72.5	12.35	295	29.13	0.48	69.8	86.0	对数正态分布	72.5	68.3
Th	311	10.40	11.22	12.78	14.47	16.80	19.00	20.34	14.86	3.40	14.51	4.74	38.10	6.90	0.23	14.47	13.00	正态分布	14.86	15.41
Ti	311	3116	3340	3739	4178	4823	5805	6314	4405	1148	4285	127	12 438	2432	0.26	4178	3752	对数正态分布	4285	4058
Tl	5453	0.44	0.48	0.56	0.66	0.79	0.92	0.99	0.68	0.17	0.66	1.43	1.16	0.21	0.25	0.66	0.62	其他分布	0.62	0.70
U	311	2.37	2.50	2.81	3.20	3.58	3.92	4.14	3.22	0.62	3.16	1.98	6.17	1.51	0.19	3.20	2.91	正态分布	3.22	3.24
V	11 265	31.12	35.25	43.10	53.3	65.3	79.7	89.2	55.5	17.26	52.9	10.15	108	7.59	0.31	53.3	47.70	偏峰分布	47.70	48.40
W	291	1.42	1.50	1.69	1.86	2.09	2.42	2.50	1.90	0.33	1.87	1.49	2.79	1.13	0.17	1.86	1.80	剔除后正态分布	1.90	1.80
Y	311	19.17	20.45	22.58	25.07	28.15	31.30	35.80	26.07	6.27	25.48	6.46	67.2	14.41	0.24	25.07	25.50	对数正态分布	25.48	24.84
Zn	11 634	46.20	50.6	58.5	69.3	83.1	97.6	106	71.8	18.06	69.6	11.75	125	24.60	0.25	69.3	66.0	偏峰分布	66.0	64.4
Zr	311	259	278	314	345	370	396	414	342	51.6	338	29.00	629	208	0.15	345	344	正态分布	342	325
SiO₂	305	67.1	69.6	73.0	76.9	79.5	81.5	82.4	76.1	4.56	76.0	12.17	84.7	63.8	0.06	76.9	77.5	偏峰分布	77.5	71.6
Al₂O₃	311	9.18	9.62	10.48	11.42	12.84	14.90	15.63	11.83	2.01	11.67	4.16	19.42	7.91	0.17	11.42	11.03	对数正态分布	11.67	12.84
TFe₂O₃	311	2.42	2.62	2.95	3.46	4.19	5.46	6.20	3.74	1.18	3.59	2.20	9.93	1.80	0.31	3.46	3.46	对数正态分布	3.59	3.56
MgO	311	0.38	0.42	0.48	0.58	0.74	1.02	1.21	0.66	0.27	0.61	1.57	2.19	0.30	0.41	0.58	0.47	对数正态分布	0.61	0.51
CaO	311	0.17	0.21	0.27	0.35	0.46	0.65	0.83	0.42	0.31	0.36	2.17	3.64	0.08	0.75	0.35	0.34	对数正态分布	0.36	0.24
Na₂O	311	0.21	0.30	0.50	0.72	0.93	1.22	1.36	0.73	0.34	0.64	1.84	2.03	0.11	0.47	0.72	0.79	其他分布	0.73	0.64
K₂O	12 057	1.25	1.44	1.89	2.45	2.99	3.39	3.62	2.44	0.73	2.32	1.78	4.61	0.28	0.30	2.45	2.82	正态分布	2.82	2.35
TC	311	0.80	0.89	1.04	1.27	1.48	1.74	1.93	1.30	0.37	1.25	1.37	3.33	0.50	0.28	1.27	1.41	对数正态分布	1.25	1.28
Corg	11 133	0.64	0.77	1.00	1.26	1.54	1.83	2.00	1.28	0.41	1.21	1.46	2.40	0.17	0.32	1.26	1.23	剔除后对数分布	1.21	1.23
pH	11 381	4.48	4.63	4.88	5.17	5.53	5.97	6.26	4.97	4.87	5.24	2.61	6.74	3.80	0.98	5.17	5.20	其他分布	5.20	5.02

注：氧化物、TC、Corg 单位为 %，N、P 单位为 g/kg，Au、Ag 单位为 μg/kg，pH 为无量纲，其他元素/指标单位为 mg/kg；后表单位相同。

二、旱地土壤元素背景值

旱地土壤元素背景值数据经正态分布检验,结果表明,原始数据中 Ba、Be、Ce、Ga、La、Li、Rb、S、Th、U、W、Y、Zr、SiO_2、Al_2O_3、Na_2O、K_2O、TC 共 18 项元素/指标符合正态分布,Ag、Au、B、Bi、Br、Cl、Cr、F、I、N、Nb、P、Sb、Sc、Sn、Tl、TFe_2O_3、MgO、CaO、Corg 共 20 项元素/指标符合对数正态分布,Pb、Sr、Ti 剔除异常值后符合正态分布,As、Cd、Co、Cu、Ge、Hg、V 剔除异常值后符合对数正态分布,其他元素/指标不符合正态分布或对数正态分布(表 4-27)。

旱地区表层土壤总体为酸性,土壤 pH 极大值为 6.85,极小值为 3.77,背景值为 5.12,与金华市背景值基本接近。

旱地区表层土壤各元素/指标中,多数元素/指标变异系数小于 0.40,分布相对均匀;Nb、Sr、V、Corg、TFe_2O_3、Ag、As、Na_2O、MgO、Hg、Co、Br、Ni、Mn、P、B、Sn、CaO、Cr、pH、I、Au、F 共 23 项元素/指标变异系数大于 0.40,其中 Cr、pH、I、Au、F 变异系数大于 0.80,空间变异性较大。

与金华市土壤元素背景值相比,旱地区土壤元素背景值中 Mn、Sn、Co 背景值略低于金华市背景值,为金华市背景值的 60%~80%;Cr、Ag、Sr、Na_2O、Br、MgO 背景值略高于金华市背景值,为金华市背景值的 1.2~1.4 倍;P、B、CaO、Au、I 背景值明显偏高,为金华市背景值的 1.4 倍以上,其中 I 背景值最高,为金华市背景值的 1.93 倍;其他元素/指标背景值则与金华市背景值基本接近。

三、园地土壤元素背景值

园地土壤元素背景值数据经正态分布检验,结果表明,原始数据中 Ba、Be、Ce、Cl、Ga、La、Rb、S、Th、U、Zr、SiO_2、Al_2O_3、Na_2O、K_2O 共 15 项元素/指标符合正态分布,Ag、Au、Bi、F、I、Li、N、Sb、Sc、Sn、Sr、W、Y、TFe_2O_3、MgO、CaO、TC、Corg 共 18 项元素/指标符合对数正态分布,Nb、Ti 剔除异常值后符合正态分布,Cd、Co、Cr、Cu、P、Pb、V 剔除异常值后符合对数正态分布,其他元素/指标不符合正态分布或对数正态分布(表 4-28)。

园地区表层土壤总体为酸性,土壤 pH 极大值为 6.84,极小值为 3.54,背景值为 5.01,与金华市背景值基本接近。

园地区表层土壤各元素/指标中,多数元素/指标变异系数小于 0.40,分布相对均匀;Corg、Ba、Co、Ag、Cd、MgO、P、Cr、Ni、As、B、Bi、Hg、Sb、Na_2O、Mn、Sr、CaO、F、Sn、I、Au、pH 共 23 项元素/指标变异系数大于 0.40,其中 I、Au、pH 变异系数大于 0.80,空间变异性较大。

与金华市土壤元素背景值相比,园地区土壤元素背景值中绝大多数元素/指标背景值与金华市背景值基本接近;Co、Mn、As 略低于金华市背景值,为金华市背景值的 60%~80%;Sb、MgO 背景值略高于金华市背景值,为金华市背景值的 1.2~1.4 倍;Ni、CaO、Au、I 背景值明显偏高,为金华市背景值的 1.4 倍以上,其中 I 背景值最高,为金华市背景值的 2.10 倍。

四、林地土壤元素背景值

林地土壤元素背景值数据经正态分布检验,结果表明,原始数据中 SiO_2、Al_2O_3 符合正态分布,Ba、Ce、S、W、Na_2O 符合对数正态分布,Ga、La、U、Zr 剔除异常值后符合正态分布,Be、Cd、Cl、Cu、Li、N、Nb、P、Sr、Th、Ti、V、Y、Zn、TFe_2O_3、MgO、TC、Corg 共 18 项元素/指标剔除异常值后符合对数正态分布,其他元素/指标不符合正态分布或对数正态分布(表 4-29)。

林地区表层土壤总体为酸性,土壤 pH 极大值为 6.61,极小值为 3.78,背景值为 5.15,接近于金华市背景值。

第四章 土壤元素背景值

表 4-27 旱地土壤元素背景值参数统计表

元素/指标	N	$X_{5\%}$	$X_{10\%}$	$X_{25\%}$	$X_{50\%}$	$X_{75\%}$	$X_{90\%}$	$X_{95\%}$	$\overline{X}$	S	$\overline{X}_g$	S_g	X_{max}	X_{min}	CV	X_{me}	X_{mo}	分布类型	旱地背景值	金华市背景值
Ag	81	58.0	60.0	70.0	81.0	103	140	160	92.6	39.88	86.7	13.37	330	40.00	0.43	81.0	80.0	对数正态分布	86.7	70.0
As	1875	2.50	3.05	4.06	5.63	7.74	10.39	11.92	6.19	2.80	5.57	3.07	14.75	0.69	0.45	5.63	5.53	剔除后对数正态分布	5.57	5.74
Au	81	0.60	0.65	0.80	1.22	1.90	3.03	3.68	1.71	1.85	1.31	1.93	14.24	0.49	1.08	1.22	1.49	对数正态分布	1.31	0.71
B	1992	8.48	11.30	17.06	26.95	41.55	61.1	70.0	31.70	20.16	26.11	7.69	304	2.37	0.64	26.95	21.50	对数正态分布	26.11	16.80
Ba	81	336	366	442	598	745	887	950	615	203	583	40.60	1183	303	0.33	598	442	正态分布	615	592
Be	81	1.60	1.70	1.84	2.12	2.30	2.52	2.79	2.13	0.41	2.10	1.58	3.77	1.35	0.19	2.12	1.70	正态分布	2.13	1.90
Bi	81	0.20	0.21	0.24	0.28	0.34	0.38	0.49	0.30	0.08	0.29	2.19	0.60	0.17	0.28	0.28	0.28	对数正态分布	0.29	0.28
Br	81	1.83	1.94	2.18	2.61	3.68	5.17	5.79	3.17	1.65	2.90	2.07	12.73	1.30	0.52	2.61	2.52	对数正态分布	2.90	2.20
Cd	1876	0.07	0.09	0.12	0.16	0.20	0.25	0.28	0.16	0.06	0.15	3.13	0.35	0.02	0.38	0.16	0.12	剔除后对数正态分布	0.15	0.14
Ce	81	65.6	68.5	73.6	80.0	91.3	97.6	103	82.2	11.92	81.4	12.64	121	63.7	0.14	80.0	77.0	正态分布	82.2	82.8
Cl	81	43.22	46.53	54.6	62.5	71.6	86.2	91.0	65.0	21.24	62.5	10.94	192	33.00	0.33	62.5	64.9	剔除后对数正态分布	62.5	60.2
Co	1826	3.79	4.43	5.62	7.78	11.20	15.65	18.50	8.94	4.44	7.97	3.59	23.12	2.13	0.50	7.78	10.10	剔除后对数正态分布	7.97	10.20
Cr	1997	11.98	15.00	21.30	31.90	49.32	70.4	92.0	40.95	35.24	32.59	8.38	364	3.73	0.86	31.90	21.90	对数正态分布	32.59	26.40
Cu	1855	7.84	9.20	12.10	16.60	21.90	27.17	31.43	17.56	7.07	16.17	5.37	39.61	3.90	0.40	16.60	11.60	剔除后对数正态分布	16.17	16.00
F	81	311	352	400	457	580	685	771	690	1764	495	36.16	16310	249	2.56	457	651	正态分布	495	485
Ga	81	11.55	12.49	14.05	16.40	17.70	19.90	21.10	16.32	3.32	16.00	4.98	28.70	8.77	0.20	16.40	16.80	剔除后正态分布	16.32	16.57
Ge	1913	1.24	1.29	1.39	1.49	1.60	1.74	1.82	1.50	0.17	1.49	1.29	1.96	1.06	0.11	1.49	1.57	剔除后对数正态分布	1.49	1.46
Hg	1861	0.03	0.03	0.04	0.06	0.08	0.11	0.13	0.06	0.03	0.06	5.02	0.16	0.004	0.48	0.06	0.05	剔除后对数正态分布	0.06	0.06
I	1997	0.86	0.93	1.03	1.42	2.52	3.60	5.40	2.12	2.22	1.66	1.99	18.08	0.53	1.05	1.42	1.14	对数正态分布	1.66	0.86
La	81	36.00	37.69	39.60	42.50	47.06	51.6	53.8	44.04	6.23	43.64	8.77	65.9	33.40	0.14	42.50	45.40	正态分布	44.04	43.22
Li	81	25.00	27.10	30.80	35.95	41.08	51.3	58.0	37.82	9.71	36.68	8.10	64.9	22.20	0.26	35.95	38.20	正态分布	37.82	34.82
Mn	1933	153	183	279	456	696	953	1122	517	296	434	33.93	1370	71.3	0.57	456	166	偏峰分布	166	256
Mo	1861	0.45	0.54	0.68	0.87	1.15	1.48	1.69	0.94	0.37	0.88	1.49	2.06	0.10	0.39	0.87	0.80	偏峰分布	0.80	0.76
N	1997	0.58	0.69	0.89	1.12	1.42	1.72	1.94	1.18	0.42	1.10	1.50	3.74	0.07	0.36	1.12	1.05	对数正态分布	1.10	1.28
Nb	81	15.60	16.47	18.50	20.50	22.70	25.20	30.40	22.10	9.02	21.14	5.86	85.7	12.40	0.41	20.50	18.00	对数正态分布	21.14	21.24
Ni	1868	3.81	4.65	6.60	9.75	15.08	21.21	24.90	11.50	6.47	9.80	4.27	32.20	1.59	0.56	9.75	6.90	其他	6.90	6.70
P	1993	0.25	0.31	0.42	0.62	0.91	1.25	1.55	0.73	0.46	0.62	1.87	4.62	0.05	0.63	0.62	0.55	对数正态分布	0.62	0.42
Pb	1896	21.89	24.30	27.64	31.60	35.73	39.95	42.40	31.77	6.19	31.14	7.47	49.16	14.80	0.19	31.60	29.70	剔除后正态分布	31.77	30.60

续表 4-27

元素/指标	N	$X_{5\%}$	$X_{10\%}$	$X_{25\%}$	$X_{50\%}$	$X_{75\%}$	$X_{90\%}$	$X_{95\%}$	$\bar{X}$	S	$\bar{X}_g$	S_g	X_{max}	X_{min}	CV	X_{me}	X_{mo}	分布类型	旱地背景值	金华市背景值
Rb	81	80.7	84.8	98.5	120	141	153	161	121	29.31	117	15.79	224	59.1	0.24	120	120	正态分布	121	140
S	81	127	141	175	222	265	329	343	229	69.9	218	22.60	395	94.3	0.30	222	222	正态分布	229	230
Sb	81	0.38	0.43	0.53	0.61	0.83	1.10	1.26	0.71	0.27	0.66	1.56	1.37	0.32	0.38	0.61	0.59	对数正态分布	0.66	0.57
Sc	81	5.50	6.10	6.90	7.71	9.10	11.24	15.20	8.56	2.93	8.18	3.47	20.30	4.42	0.34	7.71	7.10	对数正态分布	8.18	7.30
Se	1890	0.12	0.14	0.17	0.20	0.26	0.32	0.36	0.22	0.07	0.21	2.56	0.42	0.04	0.33	0.20	0.19	其他分布	0.19	0.20
Sn	81	2.43	2.94	3.63	4.64	8.40	11.98	16.80	6.52	4.89	5.39	3.08	33.01	2.14	0.75	4.64	5.50	剔除后正态分布	5.39	6.90
Sr	76	45.00	48.75	57.4	77.6	101	138	160	84.6	34.90	78.4	12.79	181	40.70	0.41	77.6	58.0	正态分布	84.6	68.3
Th	81	9.33	11.22	12.50	14.60	17.45	18.50	19.30	14.71	3.14	14.35	4.72	21.40	6.61	0.21	14.60	14.60	剔除后正态分布	14.71	15.41
Ti	73	3004	3253	3776	4227	4770	5168	5580	4266	781	4195	122	6352	2612	0.18	4227	4265	正态分布	4266	4058
Tl	849	0.41	0.47	0.58	0.70	0.86	0.98	1.08	0.73	0.23	0.69	1.46	2.50	0.15	0.32	0.70	0.65	对数正态分布	0.69	0.70
U	81	2.23	2.47	2.82	3.14	3.42	3.75	3.84	3.13	0.69	3.07	1.97	7.22	1.60	0.22	3.14	3.33	正态分布	3.13	3.24
V	1817	28.64	33.56	43.40	55.9	75.3	97.1	114	61.5	25.44	56.6	10.62	142	13.20	0.41	55.9	39.60	剔除后对数分布	56.6	48.40
W	81	1.22	1.42	1.70	1.90	2.27	2.66	2.81	1.98	0.48	1.92	1.56	3.23	1.01	0.24	1.90	1.90	正态分布	1.98	1.80
Y	81	19.10	20.60	22.40	24.80	28.30	31.30	33.16	25.98	6.83	25.37	6.45	73.9	16.70	0.26	24.80	25.70	正态分布	25.98	24.84
Zn	1909	49.06	53.5	62.6	74.4	89.2	105	114	77.1	19.60	74.6	12.15	135	28.50	0.25	74.4	72.3	偏峰分布	72.3	64.4
Zr	81	240	248	289	329	354	378	391	325	65.7	320	27.81	729	198	0.20	329	329	正态分布	325	325
SiO$_2$	81	62.7	65.6	70.0	72.2	77.0	79.3	80.1	72.6	5.76	72.4	11.78	83.7	55.0	0.08	72.2	73.4	正态分布	72.6	71.6
Al$_2$O$_3$	81	9.71	10.51	11.40	13.03	14.10	15.20	15.79	12.89	2.04	12.73	4.36	20.14	8.64	0.16	13.03	12.76	正态分布	12.89	12.84
TFe$_2$O$_3$	81	2.57	2.77	3.12	3.75	4.70	6.09	8.28	4.24	1.78	3.97	2.37	12.38	2.11	0.42	3.75	4.31	对数正态分布	3.97	3.56
MgO	81	0.43	0.47	0.53	0.65	0.84	1.19	1.51	0.76	0.35	0.70	1.55	2.14	0.36	0.47	0.65	0.55	对数正态分布	0.70	0.51
CaO	81	0.24	0.26	0.31	0.38	0.57	0.88	1.26	0.53	0.42	0.44	2.07	2.58	0.13	0.80	0.38	0.42	对数正态分布	0.44	0.24
Na$_2$O	81	0.27	0.31	0.49	0.82	1.07	1.26	1.35	0.80	0.37	0.71	1.75	1.85	0.22	0.46	0.82	0.98	正态分布	0.80	0.64
K$_2$O	1993	1.21	1.49	2.03	2.61	3.15	3.64	3.94	2.60	0.82	2.46	1.85	5.87	0.53	0.31	2.61	2.47	正态分布	2.60	2.35
TC	81	0.72	0.80	0.94	1.18	1.42	1.85	2.17	1.27	0.46	1.20	1.42	2.88	0.52	0.36	1.18	1.30	正态分布	1.27	1.28
Corg	1855	0.48	0.62	0.82	1.09	1.38	1.73	1.96	1.14	0.47	1.05	1.56	4.32	0.07	0.41	1.09	1.09	对数正态分布	1.05	1.23
pH	1858	4.38	4.54	4.81	5.12	5.51	6.00	6.30	4.89	4.77	5.19	2.59	6.85	3.77	0.98	5.12	5.12	偏峰分布	5.12	5.02

第四章 土壤元素背景值

表 4-28 园地土壤元素背景参数统计表

元素/指标	N	$X_{5\%}$	$X_{10\%}$	$X_{25\%}$	$X_{50\%}$	$X_{75\%}$	$X_{90\%}$	$X_{95\%}$	$\bar{X}$	S	$\bar{X}_g$	S_g	X_{max}	X_{min}	CV	X_{me}	X_{mo}	分布类型	园地背景值	金华市背景值
Ag	211	42.00	51.0	60.0	73.0	90.0	110	130	81.0	34.82	75.7	12.31	270	31.00	0.43	73.0	60.0	对数正态分布	75.7	70.0
As	3756	2.61	3.12	4.29	6.16	8.65	11.59	13.05	6.77	3.22	6.02	3.25	16.41	0.69	0.48	6.16	4.46	偏峰分布	4.46	5.74
Au	211	0.60	0.67	0.81	1.14	1.71	2.53	3.63	1.50	1.29	1.24	1.79	11.06	0.33	0.86	1.14	0.85	对数正态分布	1.24	0.71
B	3866	11.00	14.00	20.40	30.70	44.42	59.1	66.4	33.66	16.95	29.25	7.91	81.7	1.10	0.50	30.70	17.70	偏峰分布	17.70	16.80
Ba	211	290	317	394	547	694	868	1084	580	242	535	38.71	1591	145	0.42	547	540	正态分布	580	592
Be	211	1.44	1.55	1.77	2.00	2.33	2.62	2.77	2.07	0.48	2.01	1.57	4.40	0.80	0.23	2.00	1.90	正态分布	2.07	1.90
Bi	211	0.20	0.21	0.25	0.28	0.35	0.43	0.48	0.32	0.16	0.30	2.18	1.75	0.13	0.51	0.28	0.28	对数正态分布	0.30	0.28
Br	195	1.78	1.88	2.12	2.39	3.21	4.08	4.56	2.74	0.92	2.61	1.88	5.63	0.98	0.34	2.39	2.35	其他分布	2.35	2.20
Cd	3735	0.06	0.07	0.11	0.15	0.20	0.26	0.29	0.16	0.07	0.14	3.27	0.36	0.01	0.44	0.15	0.14	剔除后对数分布	0.14	0.14
Ce	211	58.2	63.5	71.6	79.4	86.7	97.9	106	80.0	13.80	78.8	12.45	127	44.80	0.17	79.4	93.0	正态分布	80.0	82.8
Cl	211	33.45	37.50	47.50	57.0	69.5	78.3	88.5	58.7	17.30	56.3	10.57	146	28.00	0.29	57.0	55.6	正态分布	58.7	60.2
Co	3643	3.45	4.09	5.34	7.13	9.65	12.40	14.26	7.76	3.24	7.11	3.33	18.00	1.40	0.42	7.13	10.50	剔除后对数分布	7.11	10.20
Cr	3740	13.40	16.10	22.20	31.60	44.02	57.7	66.4	34.57	16.13	30.84	7.87	82.8	3.02	0.47	31.60	31.10	剔除后对数分布	30.84	26.40
Cu	3662	7.39	8.70	11.70	15.80	20.70	25.80	29.00	16.61	6.50	15.33	5.27	36.52	1.90	0.39	15.80	15.80	剔除后对数分布	15.33	16.00
F	211	300	338	390	471	585	790	1051	567	445	503	36.87	4869	236	0.79	471	428	对数正态分布	503	485
Ga	211	11.82	12.80	14.49	16.02	18.28	20.40	21.95	16.48	3.14	16.19	5.03	28.20	9.50	0.19	16.02	16.70	正态分布	16.48	16.57
Ge	3773	1.23	1.29	1.39	1.49	1.62	1.74	1.82	1.50	0.17	1.49	1.30	1.98	1.03	0.12	1.49	1.47	其他分布	1.47	1.46
Hg	3703	0.03	0.04	0.05	0.07	0.10	0.14	0.16	0.08	0.04	0.07	4.60	0.20	0.01	0.51	0.07	0.05	其他分布	0.05	0.06
I	211	0.75	0.86	1.08	1.57	2.85	4.86	6.21	2.32	1.88	1.81	2.13	11.51	0.40	0.81	1.57	2.08	对数正态分布	1.81	0.86
La	211	30.09	33.26	38.23	42.20	46.66	52.6	56.5	42.82	7.72	42.13	8.65	68.7	23.80	0.18	42.20	42.00	正态分布	42.82	43.22
Li	211	24.74	27.20	31.80	36.10	41.17	48.33	55.5	37.47	9.48	36.43	7.96	82.4	21.70	0.25	36.10	38.00	对数正态分布	36.43	34.82
Mn	3791	134	155	218	341	530	747	868	398	228	338	29.77	1076	44.64	0.57	341	184	其他分布	184	256
Mo	3655	0.49	0.56	0.69	0.85	1.10	1.40	1.57	0.92	0.32	0.86	1.43	1.90	0.10	0.35	0.85	0.79	对数正态分布	0.79	0.76
N	3924	0.58	0.71	0.91	1.19	1.49	1.81	2.06	1.24	0.45	1.15	1.50	3.80	0.13	0.37	1.19	1.30	其他分布	1.15	1.28
Nb	195	15.96	17.10	18.70	20.67	22.75	24.92	26.19	20.90	3.05	20.67	5.78	28.60	13.40	0.15	20.67	18.70	对数正态分布	20.90	21.24
Ni	3721	4.30	5.20	7.00	10.10	14.30	18.70	21.60	11.12	5.28	9.90	4.19	27.04	1.60	0.47	10.10	10.30	偏峰分布	10.30	6.70
P	3709	0.19	0.25	0.36	0.50	0.69	0.90	1.04	0.54	0.25	0.48	1.88	1.29	0.04	0.46	0.50	0.38	剔除后对数分布	0.48	0.42
Pb	3732	21.64	23.90	27.50	31.20	35.20	38.90	41.80	31.35	5.93	30.77	7.42	48.00	15.44	0.19	31.20	30.70	剔除后对数分布	30.77	30.60

续表 4-28

元素/指标	N	$X_{5\%}$	$X_{10\%}$	$X_{25\%}$	$X_{50\%}$	$X_{75\%}$	$X_{90\%}$	$X_{95\%}$	$\overline{X}$	S	$\overline{X}_g$	S_g	X_{max}	X_{min}	CV	X_{me}	X_{mo}	分布类型	同地背景值	金华市背景值
Rb	211	70.4	77.8	93.5	116	139	159	166	118	32.24	113	15.62	259	43.91	0.27	116	120	正态分布	118	140
S	211	149	164	198	246	304	345	395	254	79.1	242	24.43	626	77.2	0.31	246	234	正态分布	254	230
Sb	211	0.42	0.47	0.54	0.68	0.85	1.21	1.43	0.77	0.39	0.71	1.57	3.77	0.33	0.51	0.68	0.70	对数正态分布	0.71	0.57
Sc	211	6.20	6.50	7.13	8.10	9.70	12.20	14.90	8.86	2.73	8.53	3.55	21.90	4.71	0.31	8.10	8.30	对数正态分布	8.53	7.30
Se	3688	0.14	0.16	0.19	0.23	0.29	0.36	0.40	0.24	0.08	0.23	2.42	0.47	0.05	0.32	0.23	0.20	其他分布	0.20	0.20
Sn	211	2.83	3.14	3.71	5.70	7.79	11.60	15.03	6.97	5.59	5.77	3.17	45.06	0.60	0.80	5.70	6.90	对数正态分布	5.77	6.90
Sr	211	38.37	42.00	51.5	68.2	98.8	134	173	84.9	53.9	73.9	12.36	362	23.60	0.63	68.2	63.8	对数正态分布	73.9	68.3
Th	211	9.13	10.00	12.47	14.59	16.90	19.60	21.60	14.82	4.01	14.28	4.82	31.20	4.50	0.27	14.59	19.60	剔除后正态分布	14.82	15.41
Ti	199	3001	3421	3850	4273	4940	5776	6170	4433	941	4334	126	6929	2330	0.21	4273	4438	正态分布	4433	4058
Tl	2045	0.44	0.49	0.57	0.68	0.82	0.94	1.01	0.70	0.18	0.68	1.43	1.17	0.22	0.25	0.68	0.60	其他分布	0.60	0.70
U	211	2.16	2.50	2.77	3.18	3.59	3.98	4.27	3.24	0.72	3.15	2.02	6.94	1.31	0.22	3.18	3.33	正态分布	3.24	3.24
V	3650	29.05	33.59	43.01	56.1	70.9	88.5	98.5	58.5	20.99	54.8	10.40	123	7.32	0.36	56.1	50.6	剔除后对数分布	54.8	48.40
W	211	1.35	1.49	1.66	1.90	2.44	2.69	2.95	2.04	0.56	1.97	1.59	4.66	0.78	0.28	1.90	1.81	对数正态分布	1.97	1.80
Y	211	18.08	19.80	22.24	24.92	29.13	33.73	37.23	25.90	5.82	25.29	6.43	44.49	14.42	0.22	24.92	24.40	对数正态分布	25.29	24.84
Zn	3758	45.89	51.1	59.3	70.0	83.6	99.6	108	72.6	18.68	70.2	11.87	126	21.10	0.26	70.0	68.4	偏峰分布	68.4	64.4
Zr	211	237	258	290	333	362	401	437	332	62.7	326	28.39	587	172	0.19	333	320	正态分布	332	325
SiO$_2$	211	63.7	65.6	70.1	74.3	78.0	79.6	81.5	73.6	5.66	73.3	11.92	84.2	52.8	0.08	74.3	66.7	正态分布	73.6	71.6
Al$_2$O$_3$	211	9.55	10.06	11.36	12.52	14.39	16.29	16.99	12.85	2.27	12.65	4.37	20.80	8.43	0.18	12.52	13.20	正态分布	12.85	12.84
TFe$_2$O$_3$	211	2.46	2.74	3.32	3.77	4.69	5.97	7.16	4.20	1.54	3.99	2.35	12.77	2.09	0.37	3.77	4.39	对数正态分布	3.99	3.56
MgO	211	0.38	0.41	0.51	0.64	0.85	1.19	1.39	0.72	0.31	0.66	1.59	1.83	0.29	0.44	0.64	0.41	对数正态分布	0.66	0.51
CaO	211	0.15	0.18	0.24	0.34	0.54	0.88	1.16	0.45	0.35	0.37	2.39	2.23	0.08	0.77	0.34	0.29	对数正态分布	0.37	0.24
Na$_2$O	211	0.17	0.23	0.45	0.62	0.91	1.18	1.41	0.71	0.40	0.59	2.05	2.61	0.08	0.56	0.62	0.61	正态分布	0.71	0.64
K$_2$O	3921	1.17	1.41	1.93	2.52	3.08	3.56	3.83	2.52	0.82	2.37	1.83	5.72	0.27	0.33	2.52	2.46	正态分布	2.52	2.35
TC	211	0.84	0.94	1.06	1.28	1.54	1.85	2.23	1.37	0.48	1.31	1.42	4.04	0.56	0.35	1.28	1.32	对数正态分布	1.31	1.28
Corg	3732	0.51	0.64	0.88	1.15	1.45	1.78	2.03	1.20	0.49	1.10	1.56	5.15	0.08	0.41	1.15	1.23	对数正态分布	1.10	1.23
pH	3674	4.24	4.41	4.68	5.01	5.43	5.95	6.27	4.77	4.63	5.10	2.58	6.84	3.54	0.97	5.01	5.01	其他分布	5.01	5.02

第四章 土壤元素背景值

表 4-29 林地土壤元素背景值参数统计表

元素/指标	N	$X_{5\%}$	$X_{10\%}$	$X_{25\%}$	$X_{50\%}$	$X_{75\%}$	$X_{90\%}$	$X_{95\%}$	$\bar{X}$	S	$\bar{X}_g$	S_g	X_{max}	X_{min}	CV	X_{me}	X_{mo}	分布类型	林地背景值	金华市背景值
Ag	1569	48.00	50.00	62.0	80.0	100.0	130	150	84.8	30.09	79.9	12.83	180	30.00	0.35	80.0	70.0	其他分布	70.0	70.0
As	5768	2.64	3.13	4.21	5.66	7.93	10.88	12.50	6.35	2.95	5.71	3.07	15.51	0.10	0.46	5.66	5.74	其他分布	5.74	5.74
Au	1509	0.48	0.55	0.66	0.86	1.20	1.61	1.88	0.97	0.43	0.89	1.53	2.35	0.20	0.44	0.86	0.72	其他分布	0.72	0.71
B	5921	10.89	13.40	18.50	26.50	38.30	53.3	61.4	29.87	15.09	26.18	7.18	71.8	1.10	0.51	26.50	17.00	对数正态分布	17.00	16.80
Ba	1654	336	385	496	646	834	1037	1155	684	258	637	43.49	2435	116	0.38	646	633	其他分布	637	592
Be	1558	1.67	1.75	1.96	2.20	2.47	2.77	2.95	2.24	0.39	2.20	1.63	3.34	1.24	0.17	2.20	2.10	剔除后对数分布	2.20	1.90
Bi	1554	0.19	0.21	0.24	0.29	0.35	0.44	0.48	0.30	0.09	0.29	2.16	0.56	0.11	0.29	0.29	0.25	其他分布	0.25	0.28
Br	1574	1.85	2.04	2.42	3.37	5.44	7.35	8.66	4.10	2.14	3.63	2.46	10.70	1.00	0.52	3.37	2.48	其他分布	2.48	2.20
Cd	5836	0.07	0.09	0.12	0.17	0.22	0.28	0.32	0.17	0.07	0.16	3.09	0.38	0.02	0.42	0.17	0.14	剔除后对数分布	0.16	0.14
Ce	1654	65.0	70.0	77.0	86.0	96.2	106	112	87.2	15.33	85.9	13.26	205	43.86	0.18	86.0	102	对数正态分布	85.9	82.8
Cl	1599	39.19	43.07	51.2	60.9	72.4	83.3	89.4	62.4	15.47	60.4	10.91	107	24.80	0.25	60.9	64.7	剔除后对数分布	60.4	60.2
Co	5724	3.21	3.76	4.90	6.47	8.73	11.50	13.30	7.09	3.00	6.49	3.19	16.40	0.60	0.42	6.47	10.30	其他分布	10.30	10.20
Cr	5896	11.60	14.00	19.30	27.40	39.23	54.3	62.5	30.83	15.39	27.16	7.24	76.5	0.48	0.50	27.40	20.80	其他分布	20.80	26.40
Cu	5837	6.60	7.90	10.30	14.00	18.70	24.03	27.00	15.00	6.19	13.75	4.88	33.91	1.00	0.41	14.00	12.50	剔除后对数分布	13.75	16.00
F	1554	325	359	421	506	611	731	801	526	143	507	36.65	949	166	0.27	506	484	偏峰分布	484	485
Ga	1621	13.30	14.10	15.80	17.30	18.90	20.50	21.50	17.37	2.40	17.20	5.20	23.70	11.02	0.14	17.30	17.10	偏峰正态分布	17.37	16.57
Ge	5967	1.23	1.29	1.38	1.48	1.60	1.73	1.82	1.49	0.17	1.48	1.29	1.98	1.02	0.12	1.48	1.46	其他分布	1.46	1.46
Hg	5836	0.03	0.04	0.05	0.07	0.10	0.12	0.14	0.08	0.03	0.07	4.66	0.17	0.01	0.44	0.07	0.06	其他分布	0.06	0.06
I	1576	0.85	0.97	1.38	2.37	4.13	5.97	7.25	2.99	2.00	2.40	2.33	8.99	0.38	0.67	2.37	1.08	其他分布	1.08	0.86
La	1604	33.40	36.29	39.72	44.00	48.20	51.9	54.6	44.01	6.26	43.56	8.89	61.7	27.07	0.14	44.00	45.10	剔除后正态分布	44.01	43.22
Li	1565	23.90	25.69	29.40	34.30	39.70	45.90	50.2	35.03	7.88	34.16	7.72	57.4	13.10	0.23	34.30	32.80	剔除后对数分布	34.16	34.82
Mn	5975	148	176	257	412	622	842	986	466	257	397	33.76	1235	41.30	0.55	412	204	偏峰分布	204	256
Mo	5719	0.51	0.58	0.71	0.89	1.15	1.50	1.72	0.97	0.36	0.90	1.45	2.07	0.10	0.37	0.89	0.76	其他分布	0.76	0.76
N	5998	0.55	0.68	0.90	1.18	1.50	1.85	2.06	1.22	0.45	1.14	1.51	2.49	0.10	0.37	1.18	1.25	其他分布	1.14	1.28
Nb	1538	16.60	17.80	19.80	21.70	23.90	26.40	28.00	21.92	3.33	21.66	5.98	31.40	13.00	0.15	21.70	20.70	剔除后对数分布	21.66	21.24
Ni	5812	4.09	4.90	6.57	9.11	12.90	17.50	20.01	10.18	4.84	9.08	3.97	24.90	0.30	0.48	9.11	6.30	其他分布	6.30	6.70
P	5902	0.15	0.20	0.32	0.47	0.65	0.87	0.99	0.51	0.25	0.44	2.03	1.24	0.03	0.49	0.47	0.34	剔除后对数分布	0.44	0.42
Pb	5792	22.50	24.61	28.30	32.17	36.40	41.60	44.84	32.63	6.58	31.96	7.60	51.5	14.90	0.20	32.17	28.80	其他分布	28.80	30.60

续表 4-29

元素/指标	N	$X_{5\%}$	$X_{10\%}$	$X_{25\%}$	$X_{50\%}$	$X_{75\%}$	$X_{90\%}$	$X_{95\%}$	$\bar{X}$	S	$\bar{X}_g$	S_g	X_{max}	X_{min}	CV	X_{me}	X_{mo}	分布类型	林地背景值	金华市背景值
Rb	1608	90.3	102	121	142	158	174	187	140	28.09	137	17.50	218	63.0	0.20	142	140	偏峰分布	140	140
S	1654	132	151	187	235	290	344	380	244	82.6	231	23.89	1121	62.4	0.34	235	246	对数正态分布	231	230
Sb	1539	0.39	0.42	0.49	0.58	0.72	0.88	0.99	0.62	0.18	0.59	1.54	1.16	0.11	0.29	0.58	0.51	其他分布	0.51	0.57
Sc	1576	5.60	6.00	6.80	7.60	8.86	10.30	11.00	7.88	1.64	7.72	3.31	12.53	3.94	0.21	7.60	7.30	偏峰分布	7.30	7.30
Se	5831	0.14	0.16	0.19	0.25	0.33	0.43	0.48	0.27	0.10	0.25	2.35	0.57	0.03	0.38	0.25	0.20	其他分布	0.20	0.20
Sn	1546	2.43	2.74	3.32	4.42	6.20	8.50	9.83	5.02	2.27	4.57	2.67	12.00	0.60	0.45	4.42	4.70	其他分布	4.70	6.90
Sr	1555	36.00	39.84	50.00	65.7	89.9	119	135	72.9	30.27	67.1	11.69	165	17.90	0.42	65.7	60.0	剔除后对数分布	67.1	68.3
Th	1587	10.70	12.08	14.17	16.22	19.00	21.90	23.83	16.66	3.82	16.22	5.16	27.40	6.30	0.23	16.22	15.20	剔除后对数分布	16.22	15.41
Ti	1576	2689	2962	3466	3971	4601	5162	5529	4043	853	3952	119	6488	1678	0.21	3971	3978	剔除后对数分布	3952	4058
Tl	3449	0.49	0.55	0.66	0.80	0.97	1.10	1.20	0.82	0.22	0.79	1.36	1.45	0.20	0.26	0.80	0.90	其他分布	0.90	0.70
U	1587	2.40	2.60	2.94	3.36	3.82	4.25	4.57	3.39	0.65	3.33	2.07	5.22	1.60	0.19	3.36	2.60	剔除后对数分布	3.39	3.24
V	5831	24.77	29.10	38.10	50.5	66.6	84.2	95.1	53.8	21.40	49.62	9.95	119	5.08	0.40	50.5	42.30	剔除后对数分布	49.62	48.40
W	1654	1.36	1.52	1.76	2.06	2.50	3.10	3.52	2.22	0.75	2.12	1.67	8.83	0.91	0.34	2.06	1.80	对数正态分布	2.12	1.80
Y	1564	18.90	20.20	22.03	24.50	27.60	31.29	33.25	25.08	4.28	24.73	6.40	37.62	13.00	0.17	24.50	25.20	剔除后对数分布	24.73	24.84
Zn	5895	47.00	51.7	59.9	71.0	84.5	99.1	108	73.3	18.43	71.0	11.97	128	20.80	0.25	71.0	66.8	剔除后对数分布	71.0	64.4
Zr	1605	233	247	276	317	357	395	420	319	57.5	314	27.94	487	153	0.18	317	312	剔除后正态分布	319	325
SiO_2	1654	64.1	66.0	68.9	71.8	75.3	78.2	79.8	71.9	4.87	71.8	11.79	86.0	50.8	0.07	71.8	71.6	正态分布	71.9	71.6
Al_2O_3	1654	10.51	11.11	12.28	13.50	14.88	16.17	16.81	13.59	1.93	13.46	4.53	21.15	8.54	0.14	13.50	12.90	正态分布	13.59	12.84
TFe_2O_3	1577	2.38	2.60	2.98	3.54	4.17	4.85	5.44	3.64	0.89	3.54	2.14	6.24	1.39	0.25	3.54	3.19	剔除后对数分布	3.54	3.56
MgO	1569	0.36	0.40	0.47	0.58	0.73	0.92	1.04	0.62	0.20	0.59	1.57	1.20	0.22	0.32	0.58	0.51	剔除后对数分布	0.59	0.51
CaO	1517	0.14	0.17	0.22	0.29	0.38	0.51	0.58	0.31	0.13	0.29	2.31	0.70	0.06	0.41	0.29	0.26	其他分布	0.26	0.24
Na_2O	1654	0.25	0.30	0.44	0.66	0.93	1.22	1.39	0.72	0.36	0.63	1.82	2.24	0.10	0.50	0.66	0.46	其他分布	0.63	0.64
K_2O	6156	1.30	1.63	2.20	2.82	3.31	3.73	3.97	2.75	0.80	2.61	1.92	4.97	0.56	0.29	2.82	2.99	剔除后对数分布	2.99	2.35
TC	1569	0.74	0.85	1.07	1.34	1.74	2.28	2.56	1.46	0.54	1.37	1.53	3.11	0.31	0.37	1.34	1.23	其他分布	1.37	1.28
Corg	5715	0.52	0.64	0.88	1.16	1.50	1.89	2.11	1.21	0.47	1.11	1.56	2.54	0.06	0.39	1.16	1.10	剔除后对数分布	1.11	1.23
pH	5702	4.44	4.59	4.81	5.08	5.41	5.83	6.09	4.91	4.85	5.14	2.58	6.61	3.78	0.99	5.08	5.15	其他分布	5.15	5.02

林地区表层土壤各元素/指标中,大多数指标变异系数小于0.40,分布相对均匀;Cu、CaO、Cd、Co、Sr、Au、Hg、Sn、As、Ni、P、Cr、Na_2O、B、Br、Mn、I、pH共18项指标变异系数大于0.40,其中pH变异系数大于0.80,空间变异性较大。

与金华市土壤元素背景值相比,林地区土壤元素背景值中绝大多数元素/指标背景值与金华市背景值基本接近;Sn、Cr、Mn背景值略低于金华市背景值,在金华市背景值的60%～80%;I、K_2O、Tl背景值略高于金华市背景值,与金华市背景值比值在1.2～1.4之间。

第五章 土壤碳与特色土地资源评价

第一节 土壤碳储量估算

土壤是陆地生态系统的核心,是"地球关键带"研究中的重点内容之一。土壤碳库是地球陆地生态系统碳库的主要组成部分,在陆地水、大气、生物等不同系统中的碳循环研究有着重要作用。

一、土壤碳与有机碳的区域分布

1. 深层土壤碳与有机碳的区域分布

如表5-1所示,金华市深层土壤中总碳(TC)极大值为2.26%,极小值为0.14%,算术平均值为0.50%。金华市TC基准值(0.48%)基本接近于浙江省基准值,明显低于中国基准值。在区域分布上,TC含量受地形地貌及地质背景的明显控制,山地丘陵区土壤中TC含量相对较高。低值区则主要分布于兰溪市、金东区、义乌市和东阳市等地,这些区域在地形地貌类型上属于山麓盆地区,风化剥蚀较强,而且主要低值区主要为紫红色碎屑岩类,成土条件较差,土壤粗骨性较强。

金华市深层土壤有机碳(TOC)极大值为2.09%,极小值为0.19%,算术平均值为0.44%。TOC基准值(0.41%)接近于浙江省基准值,略高于中国基准值。高值区主要分布于区域内山地丘陵区,低值区主要分布于兰溪市、金东区、义乌市和东阳市等地。

表5-1 金华市深层土壤总碳与有机碳统计参数表

元素/指标	N/件	$\overline{X}$/%	$\overline{X}_g$/%	S/%	CV	X_{max}/%	X_{min}/%	X_{mo}/%	X_{me}/%	浙江省基准值/%	中国基准值/%
TC	690	0.50	0.48	0.19	0.37	2.26	0.14	0.42	0.46	0.43	0.90
TOC	690	0.44	0.41	0.18	0.42	2.09	0.19	0.35	0.39	0.42	0.30

注:浙江省基准值引自《浙江省土壤元素背景值》(黄春雷等,2023);中国基准值引自《全国地球化学基准网建立与土壤地球化学基准值特征》(王学求等,2016)。

2. 表层土壤碳与有机碳的区域分布

如表5-2所示,在金华市表层土壤中,总碳(TC)极大值为2.55%,极小值为0.31%,算术平均值为1.34%。金华市TC背景值(1.28%)与浙江省背景值和中国背景值基本接近。高值区主要分布于婺城区、武义县、磐安县和浦江县北部一带的山地区,低值区分布在兰溪市、金东区、义乌市和东阳市等地的盆地区。

表层土壤有机碳(TOC)极大值为2.40%,极小值为0.06%,算术平均值为1.22%。金华市TOC背景值(1.23%)接近于浙江省背景值,而远高于中国背景值,是中国背景值的2.05倍。在区域分布上,TOC含量分布特征基本与TC相同,高值区主要分布于婺城区、武义县和磐安县一带山地区,低值区主要分布于兰溪市、金东区、义乌市和东阳市等地的盆地区。

表5-2 金华市表层土壤总碳与有机碳参数统计表

元素/指标	N/件	$\overline{X}$/%	$\overline{X}_g$/%	S/%	CV	X_{max}/%	X_{min}/%	X_{mo}/%	X_{me}/%	浙江省背景值/%	中国背景值/%
TC	2572	1.34	1.28	0.42	0.31	2.55	0.31	1.27	1.28	1.43	1.30
TOC	26 906	1.22	1.14	0.43	0.35	2.40	0.06	1.23	1.20	1.31	0.60

注:浙江省背景值引自《浙江省土壤元素背景值》(黄春雷等,2023);中国背景值引自《全国地球化学基准网建立与土壤地球化学基准值特征》(王学求等,2016)。

二、单位土壤碳量与碳储量计算方法

依据奚小环等(2009)提出的碳储量计算方法,利用多目标区域地球化学调查数据,根据《多目标区域地球化学调查规范(1:250 000)》(DZ/T 0258—2014)要求,计算单位土壤碳量(USCA)与碳储量(SCR)。即以多目标区域地球化学调查确定的土壤表层样品分析单元为最小计算单位,土壤表层碳含量单元为4km^2,深层土壤样根据表深层土壤样的对应关系,利用ArcGIS对深层样测试分析结果进行空间插值,碳含量单元为4km^2,依据其不同的分布模式计算得到单位土壤碳量,通过对单位土壤碳量进行加和计算得到土壤碳储量。

研究表明,土壤碳含量由表层至深层存在两种分布模式,其中有机碳含量分布为指数模式,无机碳含量分布为直线模式。区域土壤容重利用《浙江土壤》(俞震豫等,1994)中的土壤容重统计结果进行计算(表5-3)。

表5-3 浙江省主要土壤类型土壤容重统计表

单位:t/m^3

土壤类型	红壤	黄壤	紫色土	石灰岩土	粗骨土	基性岩土	水稻土
土壤容重	1.20	1.20	1.20	1.20	1.20	1.20	1.08

(一)有机碳(TOC)单位土壤碳量(USCA)计算

1. 深层土壤有机碳单位碳量计算

深层土壤有机碳单位碳量计算公式为:

$$USCA_{TOC,0-120cm} = TOC \times D \times 4 \times 10^4 \times \rho \quad (5-1)$$

式中:$USCA_{TOC,0-120cm}$为0～1.20m深度(即0～120cm)土壤有机碳单位碳量(t);TOC为有机碳含量(%);D为采样深度(1.20m);4为表层土壤单位面积(4km^2);10^{4}为单位土壤面积换算系数;ρ为土壤容重(t/m^3)。式(5-1)中TOC的计算公式为:

$$TOC = \frac{(TOC_{表} - TOC_{深}) \times (d_1 - d_2)}{d_2(\ln d_1 - \ln d_2)} + TOC_{深} \quad (5-2)$$

式中:$TOC_{表}$为表层土壤有机碳含量(%);$TOC_{深}$为深层土壤有机碳含量(%);d_1取表样采样深度中间值0.1m;d_2取深层样平均采样深度1.20m(或实际采样深度)。

2. 中层土壤有机碳单位碳量计算

中层土壤(计算深度为 1.00m)有机碳单位碳量计算公式为：

$$USCA_{TOC,0-100cm} = TOC \times D \times 4 \times 10^4 \times \rho \tag{5-3}$$

式中：$USCA_{TOC,0-100cm}$ 表示采样深度为 1.20m 以下时，计算 1.00m(100cm)深度土壤有机碳含量(t)；d_3 为计算深度 1.00m；其他参数同前。其中，TOC 计算公式为：

$$TOC = \frac{(TOC_{表} - TOC_{深}) \times [(d_1 - d_3) + (\ln d_3 - \ln d_2)]}{d_3(\ln d_1 - \ln d_2)} + TOC_{深} \tag{5-4}$$

3. 表层土壤有机碳单位碳量计算

表层土壤有机碳单位碳量计算公式为：

$$USCA_{TOC,0-20cm} = TOC \times D \times 4 \times 10^4 \times \rho \tag{5-5}$$

式中：TOC 为表层土壤有机碳实测值(%)；D 为采样深度(0~0.2m)。

(二)无机碳(TIC)单位土壤碳量(USCA)计算

1. 深层土壤无机碳单位碳量计算

深层土壤无机碳单位碳量计算公式为：

$$USCA_{TIC,0-120cm} = [(TIC_{表} + TIC_{深})/2] \times D \times 4 \times 10^4 \times \rho \tag{5-6}$$

式中：$TIC_{表}$ 与 $TIC_{深}$ 分别由总碳实测数据减去有机碳数据取得(%)；其他参数同前。

2. 中层土壤无机碳单位碳量计算

中层土壤无机碳单位碳量计算公式为：

$$USCA_{TIC,0-100cm(深120cm)} = [(TIC_{表} + TIC_{100cm})/2] \times D \times 4 \times 10^4 \times \rho \tag{5-7}$$

式中：$USCA_{TIC,0-100cm(深120cm)}$ 表示采样深度为 1.20m 时，计算 1.00m 深度(即 100cm)土壤无机碳单位碳量(t)；D 为 1.00m，TIC_{100cm} 采用内插法确定(%)；其他参数同前。

3. 表层土壤无机碳单位碳量计算

表层土壤无机碳单位碳量计算公式为：

$$USCA_{TIC,0-20cm} = TIC_{表} \times D \times 4 \times 10^4 \times \rho \tag{5-8}$$

式中：$TIC_{表}$ 由总碳实测数据减去有机碳数据取得(%)；其他参数同前。

(三)总碳(TC)单位土壤碳量(USCA)计算

1. 深层土壤总碳单位碳量计算

深层土壤总碳单位碳量计算公式为：

$$USCA_{TC,0-120cm} = USCA_{TOC,0-120cm} + USCA_{TIC,0-120cm} \tag{5-9}$$

当实际采样深度超过 1.20m(120cm)时，取实际采样深度值。

2. 中层土壤总碳单位碳量计算

中层土壤总碳单位碳量计算公式为：

$$USCA_{TC,0-100cm(深120cm)} = USCA_{TOC,0-100cm(深120cm)} + USCA_{TIC,0-100cm(深120cm)} \tag{5-10}$$

3. 表层土壤总碳单位碳量计算

表层土壤总碳单位碳量计算公式为：

$$\text{USCA}_{\text{TC},0-20\text{cm}} = \text{USCA}_{\text{TOC},0-20\text{cm}} + \text{USCA}_{\text{TIC},0-20\text{cm}} \tag{5-11}$$

（四）土壤碳储量（SCR）

土壤碳储量为研究区内所有单位碳量总和，其计算公式为：

$$\text{SCR} = \sum_{i=1}^{n} \text{USCA} \tag{5-12}$$

式中：SCR 为土壤碳储量(t)；USCA 为单位土壤碳量(t)；n 为土壤碳储量计算范围内单位土壤碳量的加和个数。

三、土壤碳密度分布特征

金华市表层、中层、深层土壤碳密度空间分布特征如图 5-1～图 5-3 所示。

由图可知，金华市土壤碳密度由表层→中层→深层呈现出规律性变化特征，整体表现为山地丘陵区高于山麓盆地区，碳酸盐岩类风化物土壤母质区高于碎屑岩类风化物土壤母质区、紫色碎屑岩类风化物土壤母质区，黄壤区高于其他土壤类型区。

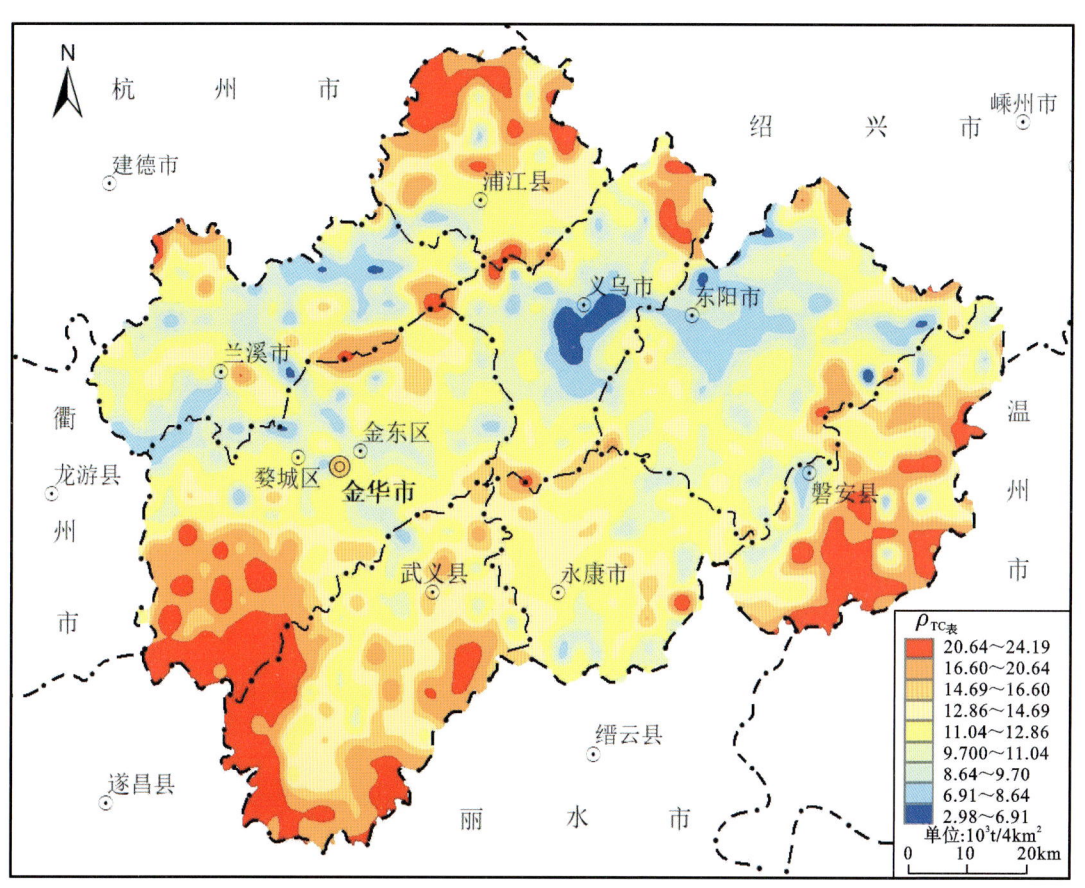

图 5-1 金华市表层土壤 TC 碳密度分布图

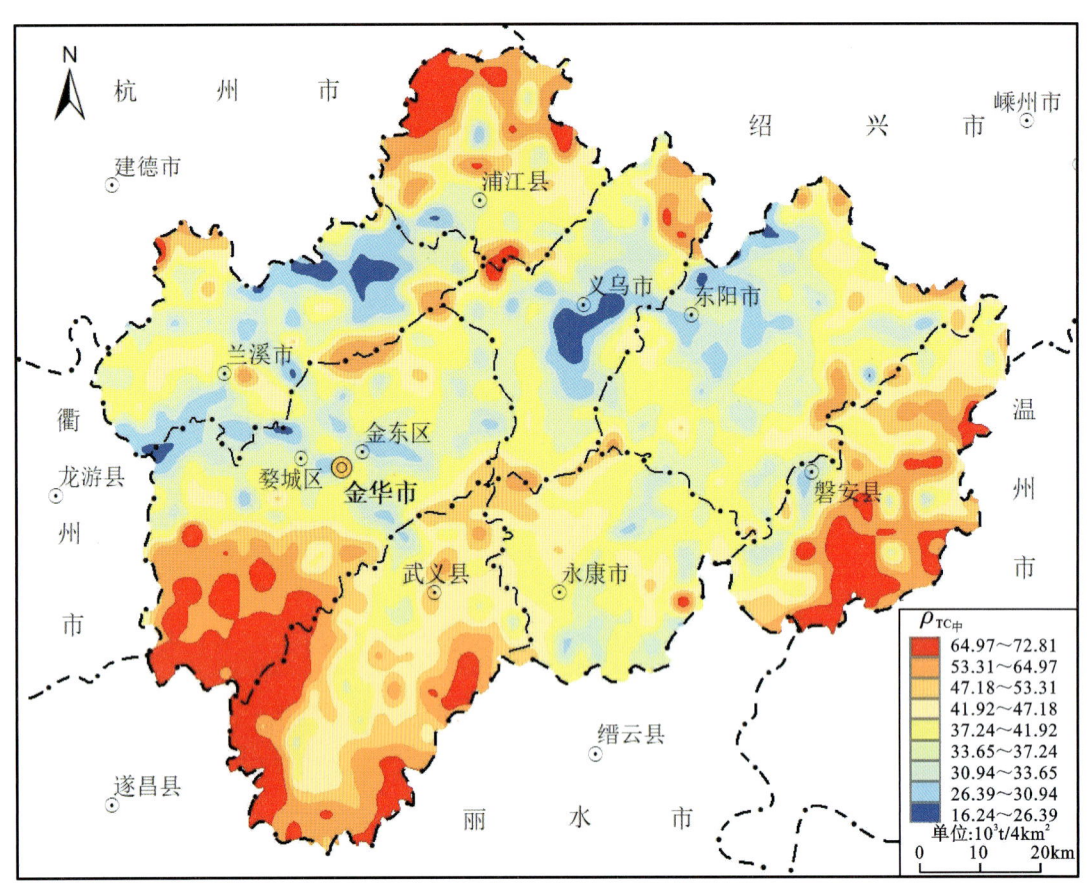

图 5-2 金华市中层土壤 TC 碳密度分布图

表层(0~0.2m)土壤碳密度高值区分布于区内婺城区—武义县、磐安县、浦江县等地的低山丘陵区。低值区主要分布于兰溪市、金东区、义乌市和东阳市等地的盆地区。碳密度极大值为 $24.19\times10^3 t/4km^2$，极小值为 $2.98\times10^3 t/4km^2$。

中层(0~1.0m)土壤碳密度高值、低值区分布基本与表层土壤相同，不同之处在于随着土体深度的增加，与盆地区接触带土壤中碳密度逐渐增高。碳密度极大值为 $72.81\times10^3 t/4km^2$，极小值为 $16.24\times10^3 t/4km^2$。

深层(0~1.2m)土壤碳密度低值区仍然主要分布在兰溪市、金东区、义乌市和东阳市等地的盆地区，高值区仍然主要分布在婺城区—武义县、磐安县、浦江县等地的低山丘陵区。土壤中碳密度极大值为 $78.61\times10^3 t/4km^2$，极小值为 $19.34\times10^3 t/4km^2$。

由以上分析可知，金华市土壤碳密度分布主要与地形地貌、土壤母质类型、土壤深度有关。在地形地貌方面，低山丘陵区土壤碳密度大于山麓盆地区；在土壤母岩母质方面，碳酸盐岩类风化物土壤母质区土壤碳密度大于碎屑岩类风化物土壤母质区、紫色碎屑岩类风化物土壤母质区；在土壤类型方面，黄壤区土壤碳密度大于其他土壤类型区。

四、土壤碳储量分布特征

1. 土壤碳密度及碳储量

根据土壤碳密度及碳储量计算方法，金华市不同深度土壤的碳密度及碳储量计算结果如表 5-4 和图 5-4 所示。

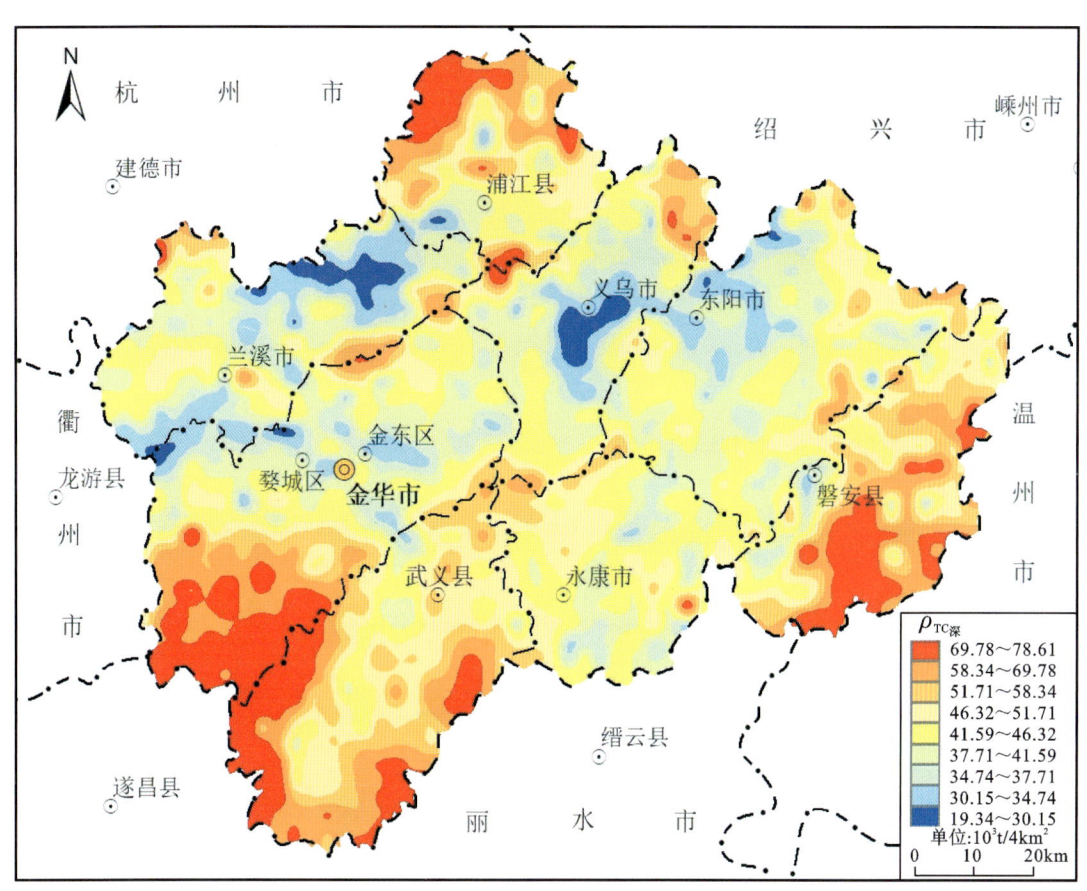

图 5-3　金华市深层土壤 TC 碳密度分布图

表 5-4　金华市不同深度土壤碳密度及碳储量统计表

土壤层	碳密度/10^3 t·km^{-2}			碳储量/10^6 t			TOC 储量占比/%
	TOC	TIC	TC	TOC	TIC	TC	
表层	3.12	0.34	3.46	34.21	3.78	37.99	90.05
中层	9.67	1.50	11.17	106.03	16.44	122.47	86.58
深层	10.76	1.53	12.29	118.02	16.79	134.81	87.55

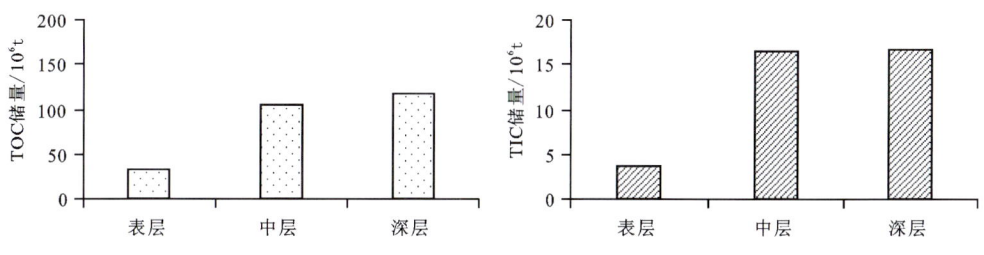

图 5-4　不同深度土壤有机碳储量与无机碳储量对比柱状图

金华市表层、中层、深层土壤中 TIC 密度分别为 0.34×10^3 t/km^2、1.50×10^3 t/km^2、1.53×10^3 t/km^2；TOC 密度分别为 3.12×10^3 t/km^2、9.67×10^3 t/km^2、10.76×10^3 t/km^2；TC 密度分别为 3.46×10^3 t/km^2、

$11.17×10^3t/km^2$、$12.29×10^3t/km^2$;其中表层TC密度略高于中国全碳密度$3.19×10^3t/km^2$(奚小环等,2010),中层TC密度略低于中国平均值$11.65×10^3t/km^2$。而金华市土地利用类型、地形地貌类型齐全,代表了浙江省的碳密度的客观现状,说明金华市碳储量已接近"饱和"状态,固碳能力十分有限。

从不同深度土壤碳密度可以看出,随着土壤深度的增加,TOC、TIC、TC均呈现逐渐增加趋势。在表层(0~0.2m)、中层(0~1.0m)、深层(0~1.2m)不同深度土体中,TOC密度之比为1∶3.10∶3.45,TIC密度之比为1∶4.41∶4.44,TC密度之比为1∶3.30∶3.63。

金华市深层土壤中(0~1.2m)TC储量为$134.81×10^6t$,其中TOC储量为$118.02×10^6t$,TIC储量为$16.79×10^6t$,TOC储量与TIC储量之比约为7∶1(图5-4)。土壤中的碳以TOC为主,占TC的87.55%,随着土体深度的增加,TOC储量的比例有减少趋势,TIC储量的比例逐渐增加,但仍以TOC为主。

2. 主要土壤类型土壤碳密度及碳储量分布

金华市共分布有7种主要土壤类型,不同土壤类型土壤碳密度及碳储量统计结果如表5-5所示。

表5-5 金华市不同土壤类型土壤碳密度及碳储量统计表

土壤类型	面积	深层(0~1.2m)			中层(0~1.0m)			表层(0~0.2m)		
		TOC密度	TIC密度	SCR	TOC密度	TIC密度	SCR	TOC密度	TIC密度	SCR
	km^2	$10^3t/km^2$		10^6t	$10^3t/km^2$		10^6t	$10^3t/km^2$		10^6t
粗骨土	1556	11.18	1.52	19.76	10.03	1.49	17.93	3.22	0.34	5.55
红壤	4220	11.08	1.52	53.16	9.93	1.50	48.24	3.16	0.35	14.82
黄壤	1104	16.79	1.69	20.40	15.24	1.75	18.76	5.16	0.42	6.16
基性岩土	84	10.97	1.49	1.05	9.86	1.44	0.95	3.19	0.33	0.30
石灰岩土	12	7.33	1.43	0.11	6.38	1.29	0.09	1.73	0.28	0.02
水稻土	2428	8.32	1.55	23.95	7.46	1.47	21.68	2.39	0.33	6.59
紫色土	1564	9.04	1.44	16.38	8.11	1.37	14.82	2.60	0.31	4.55

深层土壤中,TOC密度以黄壤最高,达$16.79×10^3t/km^2$,其次为粗骨土、红壤、基性岩土等,最低为石灰岩土,仅为$7.33×10^3t/km^2$。TIC密度以黄壤最高,达$1.69×10^3t/km^2$,其次为水稻土、粗骨土(红壤)等,最低为石灰岩土,仅为$1.43×10^3t/km^2$。

中层土壤中,TOC密度以黄壤最高,达$15.24×10^3t/km^2$,其次为粗骨土、红壤、基性岩土等,最低为石灰岩土,仅为$6.38×10^3t/km^2$。TIC密度以黄壤最高,达$1.75×10^3t/km^2$,其次为红壤、粗骨土、水稻土等,最低为石灰岩土,仅为$1.29×10^3t/km^2$。

表层土壤中,TOC密度以黄壤最高,达$5.16×10^3t/km^2$,其次为粗骨土、基性岩土、红壤等,最低为石灰岩土,仅为$1.73×10^3t/km^2$。TIC密度以黄壤为最高,达$0.42×10^3t/km^2$,其次为红壤、粗骨土、基性岩土、水稻土等,最低为石灰岩土,仅为$0.28×10^3t/km^2$。

通过以上对比分析可以看出,土壤碳密度(TOC、TIC)的分布受地形地貌的影响较为明显。分布于山地丘陵区的土壤类型中,TOC和TIC密度较高,如黄壤、粗骨土、红壤、基性岩土等;而分布于盆地的土壤类型TOC和TIC密度相对较低,如水稻土、紫色土、石灰岩土等。

表层土壤碳储量(SCR)为$37.99×10^6t$,最高为红壤,碳储量为$14.82×10^6t$,占总表层碳储量的39.01%;其次为水稻土,碳储量为$6.59×10^6t$,占总表层碳储量的17.35%;最低为石灰岩土,为0.02×

10^6 t。表层土壤中整体碳储量从大到小的分布规律为红壤、水稻土、黄壤、粗骨土、紫色土、基性岩土、石灰岩土。

中层土壤碳储量（SCR）为 $122.47×10^6$ t，储量从大到小依次为红壤、水稻土、黄壤、粗骨土、紫色土、基性岩土、石灰岩土。

深层土壤碳储量（SCR）为 $134.81×10^6$ t，碳储量从大到小依次为红壤、水稻土、黄壤、粗骨土、紫色土、基性岩土、石灰岩土。

金华市深层、中层、表层土壤碳储量从大到小基本分布规律为红壤、水稻土、黄壤、粗骨土、紫色土、基性岩土、石灰岩土。

整体来看，土壤中碳储量的分布主要与不同土壤类型中TOC密度、分布面积、人为耕种影响（水稻土长期农业耕种）等因素有关。

3. 主要土壤母质类型土壤碳密度及碳储量分布

金华市土壤母质类型主要分为变质岩类风化物、古土壤风化物、基性火成岩类风化物、松散岩类沉积物、碎屑岩类风化物、碳酸盐岩类风化物、中酸性火成岩类风化物、紫色碎屑岩类风化物八大类型。在分布面积上以中酸性火成岩类风化物、紫色碎屑岩类风化物、松散岩类沉积物3类为主，古土壤风化物、碳酸盐岩类风化物、碎屑岩类风化物、变质岩类风化物、基性火成岩类风化物相对较少。

金华市不同土壤母质类型土壤碳密度分布统计结果如表5-6所示。

表5-6 金华市不同土壤母质类型土壤碳密度统计表　　　　　　　　单位：10^3t/km²

土壤母质类型	深层（0～1.2m）			中层（0～1.0m）			表层（0～0.2m）		
	TOC	TIC	TC	TOC	TIC	TC	TOC	TIC	TC
变质岩类风化物	11.23	1.65	12.88	10.00	1.64	11.64	3.08	0.38	3.46
古土壤风化物	8.40	1.74	10.14	7.52	1.63	9.15	2.38	0.36	2.74
基性火成岩类风化物	10.99	1.45	12.44	9.82	1.38	11.20	3.09	0.31	3.40
松散岩类沉积物	8.37	1.62	9.99	7.53	1.52	9.05	2.44	0.34	2.78
碎屑岩类风化物	10.18	1.37	11.55	9.13	1.38	10.51	2.93	0.32	3.25
碳酸盐岩类风化物	11.88	2.94	14.82	10.84	3.27	14.11	3.75	0.82	4.57
中酸性火成岩类风化物	12.30	1.51	13.81	11.06	1.51	12.57	3.59	0.35	3.94
紫色碎屑岩类风化物	8.73	1.50	10.23	7.83	1.42	9.25	2.51	0.32	2.83

由表5-6中可以看出，TOC密度在不同深度土壤中有明显差异，TOC密度在深层土壤中由高至低依次为中酸性火成岩类风化物、碳酸盐岩类风化物、变质岩类风化物、基性火成岩类风化物、碎屑岩类风化物、紫色碎屑岩类风化物、古土壤风化物、松散岩类沉积物；在中层土壤中，由高至低依次为中酸性火成岩类风化物、碳酸盐岩类风化物、变质岩类风化物、基性火成岩类风化物、碎屑岩类风化物、紫色碎屑岩类风化物、松散岩类沉积物、古土壤风化物，与深层差异不大；在表层土壤中，由高至低依次为碳酸盐岩类风化物、中酸性火成岩类风化物、基性火成岩类风化物、变质岩类风化物、碎屑岩类风化物、紫色碎屑岩类风化物、松散岩类沉积物、古土壤风化物。

TIC密度在深层土壤中由高至低则依次为碳酸盐岩类风化物、古土壤风化物、变质岩类风化物、松散岩类沉积物、中酸性火成岩类风化物、紫色碎屑岩类风化物、基性火成岩类风化物、碎屑岩类风化物；在中层土壤中，由高至低依次为碳酸盐岩类风化物、变质岩类风化物、古土壤风化物、松散岩类沉积物、中酸性火成岩类风化物、紫色碎屑岩类风化物、碎屑岩类风化物（基性火成岩类风化物）；在表层土壤中，由高至低依次为碳酸盐岩类风化物、变质岩类风化物、古土壤风化物、中酸性火成岩类风化物、松散岩类沉积物、碎屑岩类风化物、紫色碎屑岩类风化物、基性火成岩类风化物。

土壤 TC 密度在深层、中层土壤中完全相同，由高至低依次为碳酸盐岩类风化物、中酸性火成岩类风化物、变质岩类风化物、基性火成岩类风化物、碎屑岩类风化物、紫色碎屑岩类风化物、古土壤风化物、松散岩类沉积物；在表层土壤中，由高至低依次为碳酸盐岩类风化物、中酸性火成岩类风化物、变质岩类风化物、基性火成岩类风化物、碎屑岩类风化物、紫色碎屑岩类风化物、松散岩类沉积物、古土壤风化物。深层、中层土壤密度差异不大。

金华市不同土壤母质类型土壤碳储量统计结果如表5-7和表5-8所示。

表 5-7 金华市不同土壤母质类型土壤碳储量统计表（一） 单位：10^6 t

土壤母质类型	深层（0~1.2m）			中层（0~1.0m）			表层（0~0.2m）		
	TOC	TIC	TC	TOC	TIC	TC	TOC	TIC	TC
变质岩类风化物	2.61	0.38	2.99	2.32	0.38	2.70	0.71	0.09	0.80
古土壤风化物	4.67	0.97	5.64	4.18	0.91	5.09	1.33	0.20	1.53
基性火成岩类风化物	1.32	0.17	1.49	1.18	0.17	1.35	0.37	0.04	0.41
松散岩类沉积物	11.15	2.16	13.31	10.03	2.02	12.05	3.25	0.45	3.70
碎屑岩类风化物	6.15	0.83	6.98	5.52	0.83	6.35	1.77	0.19	1.96
碳酸盐岩类风化物	0.24	0.06	0.30	0.22	0.06	0.28	0.07	0.02	0.09
中酸性火成岩类风化物	72.81	8.95	81.76	65.48	8.96	74.44	21.24	2.09	23.33
紫色碎屑岩类风化物	19.07	3.27	22.34	17.10	3.11	20.21	5.47	0.70	6.17

表 5-8 金华市不同土壤母质类型土壤碳储量统计表（二）

土壤母质类型	面积	深层（0~1.2m）SCR	中层（0~1.0m）SCR	表层（0~0.2m）SCR	深层碳储量全市占比
	km²	10^6 t	10^6 t	10^6 t	%
变质岩类风化物	232	2.99	2.70	0.80	2.22
古土壤风化物	556	5.64	5.09	1.53	4.18
基性火成岩类风化物	120	1.49	1.35	0.41	1.11
松散岩类沉积物	1332	13.31	12.05	3.70	9.87
碎屑岩类风化物	604	6.98	6.35	1.96	5.18
碳酸岩类风化物	20	0.30	0.28	0.09	0.22
中酸性火成岩类风化物	5920	81.76	74.44	23.33	60.65
紫色碎屑岩类风化物	2184	22.34	20.21	6.17	16.57

金华市 TC 储量以中酸性火成岩类风化物、碎屑岩类风化物、松散岩类沉积物为主，三者之和占全市碳储量的80%以上。在不同深度的土体中，TOC、TC储量分布规律相同，由高到低依次为中酸性火成岩类风化物、紫色碎屑岩类风化物、松散岩类沉积物、碎屑岩类风化物、古土壤风化物、变质岩类风化物、基性火成岩类风化物、碳酸岩类风化物；TIC 储量与前两者不同，碳储量由高到低依次为中酸性火成岩类风化物、紫色碎屑岩类风化物、松散岩类沉积物、古土壤风化物、碎屑岩类风化物、变质岩类风化物、基性火成岩类风

化物、碳酸盐岩类风化物。

4. 主要土地利用现状条件土壤碳密度及碳储量

土地利用对土壤碳储量的空间分布有较大影响。周涛和史培军（2006）研究认为，土地利用方式的改变，潜在地改变了土壤的理化性状，进而改变了不同生态系统中的初级生产力及相应土壤 TOC 输入。

表 5-9～表 5-11 为金华市不同土地利用现状条件土壤碳密度及碳储量统计结果。

表 5-9　金华市不同土地利用现状条件土壤碳密度统计表　　单位：$10^3 t/km^2$

土地利用类型	深层(0～1.2m)			中层(0～1.0m)			表层(0～0.2m)		
	TOC	TIC	TC	TOC	TIC	TC	TOC	TIC	TC
水田	9.21	1.55	10.76	8.27	1.48	9.75	2.65	0.33	2.98
旱地	9.42	1.39	10.81	8.42	1.33	9.75	2.65	0.30	2.95
园地	9.92	1.48	11.40	8.91	1.44	10.35	2.87	0.33	3.20
林地	11.76	1.51	13.27	10.57	1.51	12.08	3.42	0.35	3.77
建筑用地及其他用地	8.94	1.63	10.57	8.02	1.54	9.56	2.57	0.35	2.92

表 5-10　金华市不同土地利用现状条件土壤碳储量统计表（一）　　单位：$10^6 t$

土地利用类型	深层(0～1.2m)			中层(0～1.0m)			表层(0～0.2m)		
	TOC	TIC	TC	TOC	TIC	TC	TOC	TIC	TC
水田	11.13	1.87	13.00	9.98	1.79	11.77	3.20	0.40	3.60
旱地	3.05	0.45	3.50	2.73	0.43	3.16	0.86	0.10	0.96
园地	8.49	1.27	9.76	7.63	1.23	8.86	2.45	0.28	2.73
林地	77.79	10.01	87.80	69.94	9.96	79.90	22.65	2.32	24.97
建筑用地及其他用地	17.56	3.19	20.75	15.75	3.03	18.78	5.05	0.68	5.73

表 5-11　金华市不同土地利用现状条件土壤碳储量统计表（二）

土地利用类型	面积	深层(0～1.2m)SCR	中层(0～1.0m)SCR	表层(0～0.2m)SCR	深层碳储量全市占比
	km^2	$10^6 t$	$10^6 t$	$10^6 t$	%
水田	1208	13.00	11.77	3.60	9.64
旱地	324	3.50	3.16	0.96	2.60
园地	856	9.76	8.86	2.73	7.24
林地	6616	87.80	79.90	24.97	65.13
建筑用地及其他用地	1964	20.75	18.78	5.73	15.39

由表可以看出，TOC 密度在不同深度的土体中，由高到低均表现为林地、园地、旱地、水田、建筑用地及其他用地；TIC 密度和 TC 密度则不同，规律性不明显，TIC 密度在不同深度的土体中均是建筑用地及其他用地相对最高，旱地相对最低，TC 密度在不同深度的土体中均是林地相对最高，建筑用地及其他用地相对最低。

就碳储量而言,金华市不同深度土体中,TOC、TIC、TC 储量均以林地、建筑用地及其他用地为主,两者碳储量之和占全市 TC 储量的 80% 以上,是金华市主要的"碳储库"。

第二节 特色土地资源评价

硒(Se)是地壳中的一种稀散元素,1988 年中国营养学会将硒列为 15 种人体必需微量元素之一。医学研究证明,硒对保证人体健康有重要作用,主要表现在提高人体免疫力和抗衰老能力,参与人体损伤肌体的修复,对铅、镉、汞、砷、铊等重金属的拮抗作用等方面。我国有 72% 的地区属于缺硒或低硒地区,2/3 的人口存在不同程度的硒摄入不足问题。

土壤中含有一定量的天然硒元素且有害重金属元素含量小于农用地土壤污染风险筛选值要求的土地,可称为天然富硒土地。天然富硒土地是一种稀缺的土地资源,是生产天然富硒农产品的物质基础,是应予以优先进行保护的特色土地资源。

一、土壤硒地球化学特征

金华市表层土壤中 Se 含量变化区间为 0.03~10.93mg/kg,平均值为 0.25mg/kg,变异系数为 0.31,全市表层土壤中 Se 含量相对均匀。

Se 元素的地球化学空间分布明显受控于本市内岩石地层特征及地形地貌特征,具有区域分散局部富集的特点。表层土壤中 Se 元素的高值区主要集中分布于金华市西南部的婺城区、武义县一带,在兰溪市、浦江县、金东区、义乌市和磐安县等地的局部地区也有分布,与中酸性火成岩类风化物以及碳酸盐岩类风化物分布关系密切。其中,最具规模的(高值区)位于婺城区安地镇、蒋堂镇及兰溪市上华街道一带;而低值区主要分布于磐安县—永康市—东阳市及义乌市—兰溪市北部一带,与紫红色碎屑岩分布有关(图 5-5)。

金华市深层土壤中 Se 含量变化范围为 0.06~0.61mg/kg,平均值为 0.19mg/kg。深层土壤中的 Se 元素含量虽普遍低于表层土壤,但两者的空间分布特征基本一致,说明土壤中的 Se 元素含量除了受植被、气候、地貌等明显的表生作用影响外,显然也承袭了成土母质母岩中的 Se 元素含量特征(图 5-6)。

二、土壤硒评价

按照《土地质量地质调查规范》(DB33T 2224—2019)中土壤硒的分级标准(表 5-12),对金华市土地质量地质调查获得表层土壤样点分析数据进行统计与评价,结果如图 5-7 所示。

金华市达到高(富)硒等级的表层土壤样本有 2812 件,占比 9.02%,主要分布在婺城区、武义县、兰溪市南部、金东区北部、义乌市西部、浦江县北部、东阳市东北部、磐安县东北部等地。富硒土壤的分布主要与表层土壤中有机质含量及质地有关,丘陵山地区有机质含量较高,土质湿黏,有利于吸附 Se 元素,导致表层土壤 Se 的富集。Se 含量处于适量等级的样本数最多,有 21843 件,占比 70.04%,主要分布在兰溪市—婺城区—金东区—义乌市—东阳市一带盆地区、武义县—永康市—东阳市一带盆地区、浦江县南部。边缘硒土壤有 5724 件,占比 18.35%,主要分布在兰溪市东部—义乌市北部、东阳市南部、磐安县西南部等地。缺乏硒土壤占比较少,仅为 2.59%,零星分布于东阳市、永康市、磐安县、武义县等地。这些区域土壤养分含量低,质地以砂、粉砂为主,黏质少,总体保肥能力弱,土壤中的元素易迁移流失。

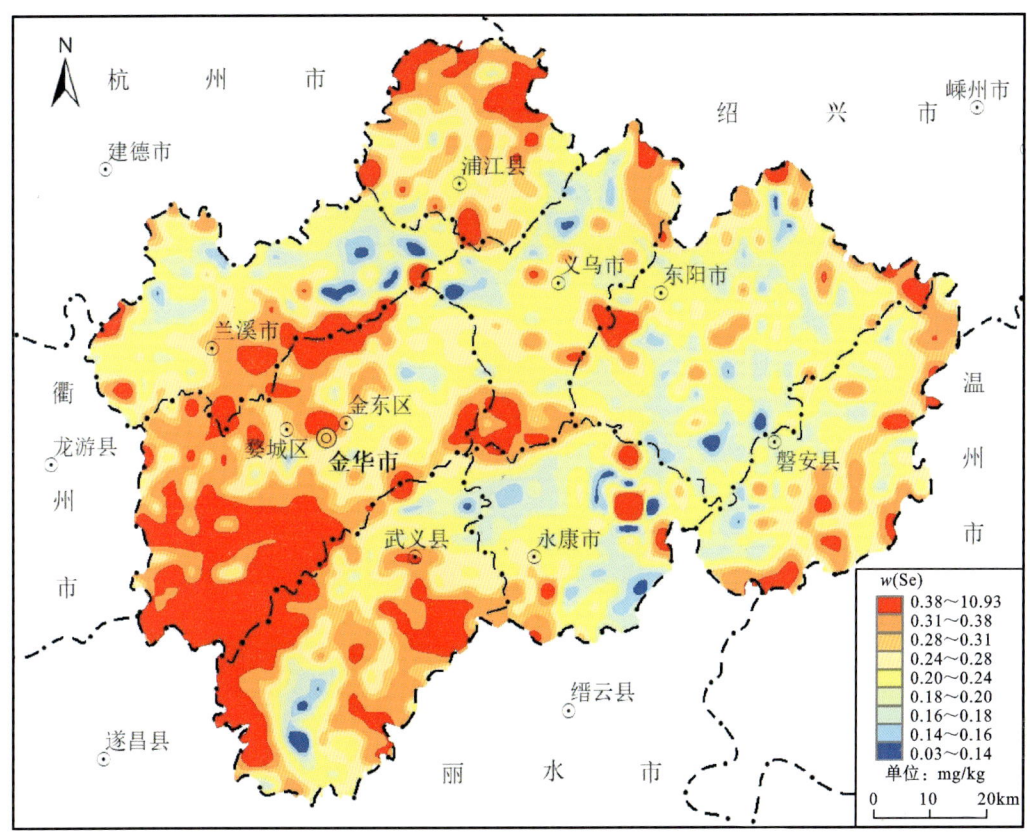

图 5-5 金华市表层土壤硒元素(Se)地球化学图

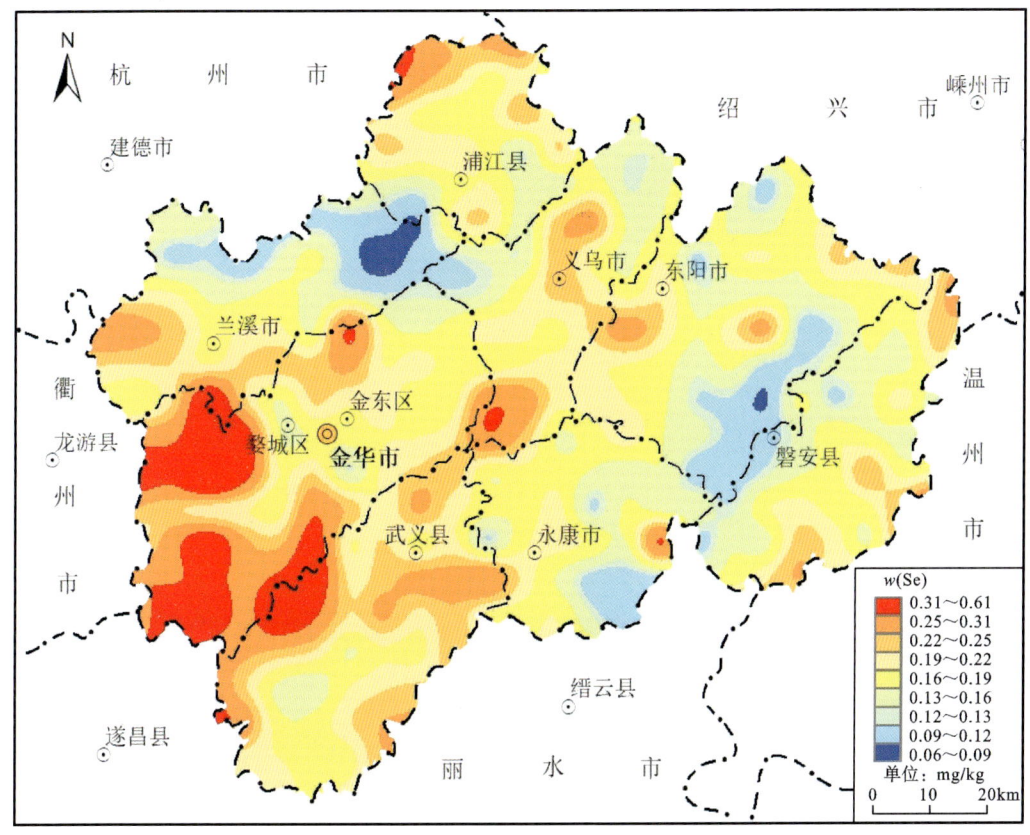

图 5-6 金华市深层土壤硒元素(Se)地球化学图

表 5-12　土壤硒元素(Se)等级划分标准与图示　　　　　　　　　单位:mg/kg

指标	缺乏	边缘	适量	高(富)	过剩
标准值	≤0.125	0.125～0.175	0.175～0.40	0.40～3.0	>3.0
颜色					
R;G;B	234;241;221	214;227;188	194;214;155	122;146;60	79;98;40

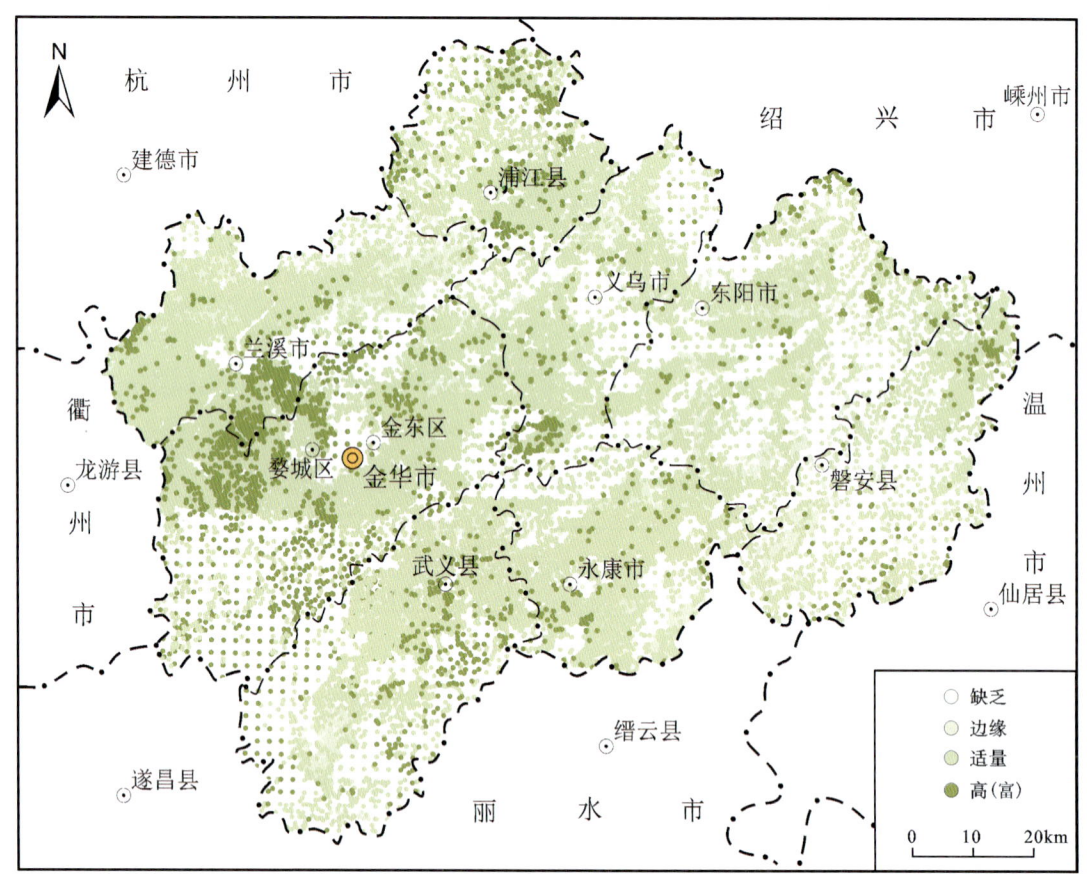

图 5-7　金华市表层土壤硒元素(Se)评价图

表 5-13　金华市表层土壤硒评价结果统计表

评价结果	样本数/件	占比/%	主要分布区域
高(富)	2812	9.02	婺城区、武义县、兰溪市南部、金东区北部、义乌市西部、浦江县北部、东阳市东北部、磐安县东北部
适量	21 843	70.04	兰溪市—婺城区—金东区—义乌市—东阳市一带盆地地区、武义县—永康市—东阳市一带盆地地区、浦江县南部
边缘	5724	18.35	兰溪市东部—义乌市北部、东阳市南部、磐安县西南部
缺乏	807	2.59	零星分布于东阳市、永康市、磐安县、武义县

三、富硒土地

1. 概念与定义

富硒土地是一个资源的概念,是经过对富硒土壤的综合评估后,能明确其利用功能的土地。

中国地质调查局于 2019 年颁布了《天然富硒土地划定与标识(试行)》(DD 2019-10),并将富硒土地定义为:含有丰富天然硒元素且有害重金属元素含量小于农用地土壤污染风险筛选值要求的土地。

2. 分类及指标

依据土壤的酸碱性类型,将富硒土地划分为一般富硒土地、无公害富硒土地和绿色富硒土地 3 种类型。各种类型的划定指标和条件,如表 5-14 所示。

表 5-14 富硒土地类型划分指标

类型		土壤类型	pH	土壤硒标准值/mg·kg^{-1}	条件
富硒土地	绿色富硒土地	中酸性土壤	≤7.5	≥0.40	镉、汞、砷、铅、铬含量符合《土壤环境质量 农用地土壤污染风险管控标准(试行)》(GB 15618—2018)标准,水质、肥力满足《绿色食品 产地环境质量》(NY/T 391—2021)要求
		碱性土壤	>7.5	≥0.30	镉、汞、砷、铅、铬含量符合《土壤环境质量 农用地土壤污染风险管控标准(试行)》(GB 15618—2018)标准,水质、肥力满足《绿色食品 产地环境质量》(NY/T 391—2021)要求
	无公害富硒土地	中酸性土壤	≤7.5	≥0.40	镉、汞、砷、铅、铬含量符合《土壤环境质量 农用地土壤污染风险管控标准(试行)》(GB 15618—2018)标准,水质满足《无公害农产品 种植业产地环境条件》(NY/T 5010—2016)要求
		碱性土壤	>7.5	≥0.30	镉、汞、砷、铅、铬含量符合《土壤环境质量 农用地土壤污染风险管控标准(试行)》(GB 15618—2018)标准,水质满足《无公害农产品 种植业产地环境条件》(NY/T 5010—2016)要求
	一般富硒土地	中酸性土壤	≤7.5	≥0.40	镉、汞、砷、铅、铬含量符合《土壤环境质量 农用地土壤污染风险管控标准(试行)》(GB 15618—2018)标准
		碱性土壤	>7.5	≥0.30	镉、汞、砷、铅、铬含量符合《土壤环境质量 农用地土壤污染风险管控标准(试行)》(GB 15618—2018)标准

在《天然富硒土地划定与标识(试行)》(DD 2019-10)中,对富硒土地指标做了如下说明:当土壤中硒含量未达到富硒标准阈值,镉、汞、铅、砷、铬元素符合《土壤环境质量 农用地土壤污染风险管控标准(试行)》(GB 15618—2018)标准,但农作物富硒比例大于 70% 时,也可以划入富硒土地。也就是说,硒的生物效应可以作为判定富硒土地的指标,这是基于土壤硒的生物地球化学复杂性所做出的规定。

对金华市乃至浙江省土壤地球化学的研究发现,浙江省广泛分布的黑色岩系(碳质岩类)和具有专属性的地质体存在既富硒又重金属偏高的现象。这应是一种特殊的富硒土壤,而这类富硒土壤在通过土壤改良后,可以产出安全的富硒农产品。因此,在富硒土地类型划分时,可将这种富硒土地作为安全利用富硒土地一类划出。

四、天然富硒土地圈定

为满足对天然富硒土地资源利用与保护的需求,依据富硒土壤调查和耕地环境质量评价成果,按以下条件对金华市天然富硒土地进行圈定:①土壤中 Se 元素的含量大于等于 0.40mg/kg(pH≤7.5)或土壤中 Se 元素的含量大于等于 0.30mg/kg(pH>7.5)(实测数据大于 20 条);②土壤中的重金属元素 Cd、Hg、As、Pb 及 Cr 含量小于农用地土壤污染风险筛选值要求;③土地地势较为平坦,集中连片程度较高。

根据上述条件,金华市共圈定天然富硒土地 3 处(图 5-8),为后续更好地开发利用富硒土壤,天然富硒土地的圈定倾向于地势较为平坦且集中程度高的耕地、园地区域,其中金华市西部婺城区域面积较大。兰溪市、义乌市等区域多位于山地丘陵区,耕地分布少,因此该区域富硒区面积相对较小(表 5-15)。受调查程度的限制,圈定的范围仅是初步的评估,但在资源的利用方向上,已具有了明确的意义。随着调查研究程度的加深,评价将会更加科学。

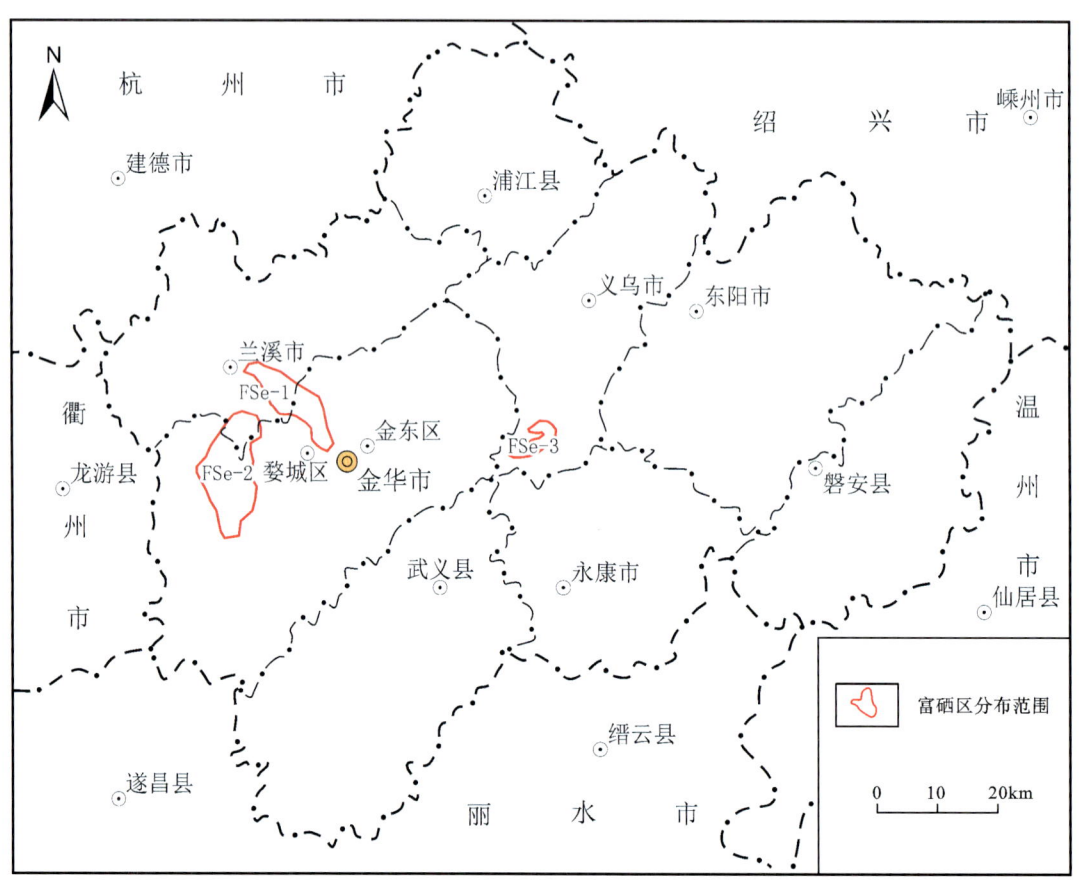

图 5-8 金华市天然富硒区分布图

天然富硒区土壤类型分布差异显著,婺城区乾西镇-兰溪市灵洞镇富硒区(FSe-1)和婺城区蒋堂镇-兰溪市上华街道富硒区(FSe-2)的富硒土壤主要为第四系覆盖区,义乌市赤岸富硒区(FSe-3)的富硒土壤主要为变质岩类风化物土壤汇聚型。

表 5-15 金华市天然富硒区一览表

富硒区编号	区域面积/km²	土壤样本数/件		富硒率/%	土壤 Se 含量/mg·kg⁻¹	
		采样点位	富硒点位		范围	平均值
FSe-1	73.32	430	218	50.70	0.09~1.17	0.40
FSe-2	130.19	658	309	46.96	0.05~1.07	0.41
FSe-3	19.45	114	61	53.51	0.13~1.04	0.41

五、天然富硒土地分级

依据土壤硒含量、土壤肥力质量、硒的生物效应及土地利用情况将圈定的天然富硒土地划分为3级，其中以Ⅰ级为佳，可作为优先利用的选择。

Ⅰ级：土壤 Se 含量大于 0.55mg/kg，土壤养分中等及以上，集中连片程度高。

Ⅱ级：土壤 Se 含量大于 0.40mg/kg，土壤养分中等及以上。

Ⅲ级：土壤 Se 含量大于等于 0.40mg/kg（pH≤7.5）或土壤 Se 含量大于等于 0.30mg/kg（pH>7.5），土壤养分以较缺乏—缺乏为主。

根据上述条件，共划出Ⅱ级天然富硒区 2 处，Ⅲ级天然富硒区 1 处（表 5-16）。

表 5-16 金华市天然富硒区分级一览表

富硒区等级	编号	面积/km²	土壤富硒率/%	土壤 Se 含量平均值	土壤养分
Ⅱ级	FSe-2	130.19	46.96	0.41	中等—较丰富
	FSe-3	19.45	53.51	0.41	中等—较丰富
Ⅲ级	FSe-1	102.00	52.44	0.40	中等—较缺乏

第六章 结 语

  土壤来自岩石,土壤中元素的组成和含量继承了岩石的地球化学特征。组成地壳的岩石具有原生不均匀性的分布特征,这种不均匀性决定了地壳不同部位地球化学元素的地域分异。在岩土体中,元素的绝对含量水平对生态环境具有决定性作用。大量的研究表明,现代土壤中元素的含量及分布与成土作用、生物作用,土壤理化性状(土壤质地、土壤酸碱性、土壤有机质等)及人类活动关系密切。

  20 世纪 70 年代,地质工作者便开展了土壤元素背景值的调查,目的是通过对土壤元素地球化学背景的研究,发现存在于区域内的地球化学异常,进而为地质找矿指出方向。这一找矿方法成效显著,我国的勘查地球化学也因此得到快速发展,并在这一领域走在了世界的前列。随着分析测试技术的进步和社会经济发展的需要,自 20 世纪 90 年代,土壤背景值的调查研究按下了快进键,尤其是"浙江省土地质量地质调查行动计划"的实施,使背景值的调查精度和研究深度有了质的提升,金华市土壤元素背景值研究就建立在这一基础之上。

  土壤元素背景值,在自然资源评价、生态环境保护、土壤环境监测、土壤环境标准制定及土壤环境科学研究(如土壤环境容量、土壤环境生态效应等)等方面,都具有重要的科学价值。《金华市土壤元素背景值》的出版,也是浙江省地质工作者为金华市生态文明建设所做出的一份贡献。

主要参考文献

陈永宁,邢润华,贾十军,等,2014.合肥市土壤地球化学基准值与背景值及其应用研究[M].北京:地质出版社.

代杰瑞,庞绪贵,2019.山东省县(区)级土壤地球化学基准值与背景值[M].北京:海洋出版社.

黄春雷,林钟扬,魏迎春,等,2023.浙江省土壤元素背景值[M].武汉:中国地质大学出版社.

苗国文,马瑛,姬丙艳,等,2020.青海东部土壤地球化学背景值[M].武汉:中国地质大学出版社.

王学求,周建,徐善法,等,2016.全国地球化学基准网建立与土壤地球化学基准值特征[J].中国地质,43(5):1469-1480.

奚小环,杨忠芳,廖启林,等,2010.中国典型地区土壤碳储量研究[J].第四纪研究,30(3):573-583.

奚小环,杨忠芳,夏学齐,等,2009.基于多目标区域地球化学调查的中国土壤碳储量计算方法研究[J].地学前缘,16(1):194-205.

俞震豫,严学芝,魏孝孚,等,1994.浙江土壤[M].杭州:浙江科学技术出版社.

张伟,刘子宁,贾磊,等,2021.广东省韶关市土壤环境背景值[M].武汉:中国地质大学出版社.

周涛,史培军,2006.土地利用变化对中国土壤碳储量变化的间接影响[J].地球科学进展,21(2):138-143.